室内装饰工程施工技术

主　编　郭洪武

普通高等教育艺术设计类
"十二五"规划教材·环境设计专业

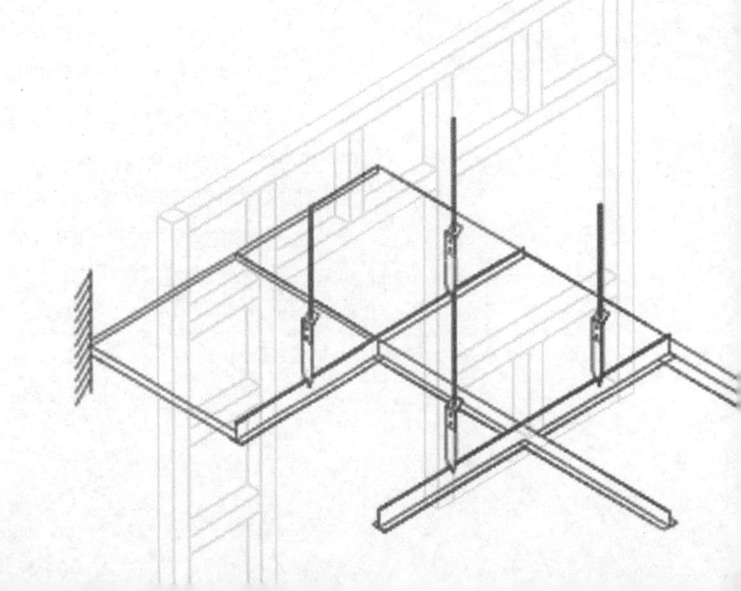

内 容 提 要

本教材通过9章内容分门别类地将室内装修的施工技术进行一一详解，从总的项目到分项工程，完整地罗列了各个环节的施工准备，梳理了施工过程，同时整理了大量施工中应注意的问题及解决方法。本教材图文并茂，实用性强，对于相关专业学生理论联系实际学习该课程有很好地指导作用。

本教材可作为环境设计专业、室内设计及建筑装饰相关专业课程学习的教材使用，也可作为室内装修技术人员实际工作中的参考用书。

图书在版编目（CIP）数据

室内装饰工程施工技术 / 郭洪武主编. -- 北京 : 中国水利水电出版社, 2013.9(2023.8重印)
普通高等教育艺术设计类“十二五”规划教材. 环境设计专业
ISBN 978-7-5170-1287-0

Ⅰ. ①室… Ⅱ. ①郭… Ⅲ. ①室内装饰－工程施工－高等学校－教材 Ⅳ. ①TU767

中国版本图书馆CIP数据核字(2013)第229724号

书　名	普通高等教育艺术设计类“十二五”规划教材·环境设计专业 **室内装饰工程施工技术**
作　者	郭洪武　主编
出版发行	中国水利水电出版社 （北京市海淀区玉渊潭南路1号D座　100038） 网址：www.waterpub.com.cn E-mail：sales@mwr.gov.cn 电话：(010) 68545888（营销中心）
经　售	北京科水图书销售有限公司 电话：(010) 68545874、63202643 全国各地新华书店和相关出版物销售网点
排　版	中国水利水电出版社微机排版中心
印　刷	北京市密东印刷有限公司
规　格	210mm×285mm　16开本　13.5印张　418千字
版　次	2013年9月第1版　2023年8月第3次印刷
印　数	6001—7000册
定　价	**40.00**元

前言

随着装饰装修技术和装饰材料的不断发展及国民生活水平的不断提高，人们对工作和居住环境的要求越来越高。如何利用现代科学技术和新型装饰材料，来营造良好的室内环境与气氛，满足人们对物质和精神生活的需求，是室内设计和装饰装修工程所要达到的目的。

室内装饰工程从属于建筑装饰工程，是指采用适当的材料和正确的结构，以科学的技术工艺方法，对建筑内部固定表面的装饰和可移动设备的布置和装饰，从而塑造一个既符合生产和生活物质功能要求的美观实用，具有整体效果，又符合人们生理、心理要求的室内环境。但是，一个优秀的室内设计方案的诞生，必然涉及大量的结构优化、材料搭配以及装饰效果等方面问题。这就要求从业人员对多学科交叉的室内装饰工程有更深刻地理解和认识，具有更深的艺术造诣和艺术创新水平；能够科学合理运用装饰材料，确定装饰材料的施工方案与工艺操作，进而全面、准确地完成整个艺术创作，使室内设计和装饰工程具有较强的时代感。

然而，在教学实践中，我们感到培养学生实际工程施工操作能力尤为重要，故本教材参考国家《建筑装饰装修工程质量验收规范》(GB 50210)和现行国家及地方关于装饰工程管理的规定文件等内容，结合艺术与技术的特点，以室内各个界面施工工艺流程为主线，对涉及室内装修的不同界面的装修结构与工艺过程进行了详细地阐述。内容立足于既符合人们对室内的装饰装修质量和环境艺术的要求，又体现当前国内装饰装修行业的施工技术水平。力求使读者懂得室内装饰施工技术的基本规律和要点，了解室内装饰装修施工的要求，掌握装饰装修施工中的重点，确保室内装饰装修工程施工质量优质、高效的完成。

本教材叙述简洁、条理性强、通俗易懂、图文并茂，突出实用性和可操作性。不仅可作为大专院校相关专业教材使用，也可用作室内装修工程施工技术人员、设计人员和工程管理人员的培训教材，亦可供装饰装修工程业余爱好者参考使用。

本教材共分为9章，由北京林业大学材料科学与技术学院郭洪武主编，北京林业大学材料科学与技术学院博士研究生刘毅、硕士研究生林妤参与了文字录入和绘图工作。本教材在编写过程中还参考了大量的书籍和有关资料，引用了部分文献和图片，并得到了北京城建长城装饰工程有限公司的支持和帮助，在此表示衷心感谢。

由于编者业务水平有限，加之资料不齐、时间仓促等原因，书中遗漏、错误之处在所难免，敬请专家同行和广大读者不吝赐教。

编　者

2013年3月

目　　录

第1章

绪 论

近年来，随着我国经济的迅速发展与人民物质文化生活水平的不断提高，人们也更加有意识地追求建筑室内空间具有创意的装修设计。实现这些具有艺术效果的装修设计，只有通过装饰工程来实现。建筑室内装饰是为保护建筑物的主体结构，完善建筑物的实用功能，采用装饰材料，对建筑的室内表面与空间进行相关处理的过程。因此，具有良好艺术效果的室内装饰工程，不仅取决于好的设计方案，还取决于优良的施工质量。这就要求从事室内装饰工程施工的技术人员，必须深刻领会设计意图，仔细阅读施工图纸，精心制定施工方案，并认真付诸实施，确保工程质量，才能使室内装饰作品获得理想的装饰艺术效果。

1.1 工程管理与质量控制

凡新建、扩建、改建工程和对原有房屋等建筑物、构筑物进行室内装饰的，均属于装饰装修工程范围。装饰工程的总体要求：安全适用、优化环境、经济合理，并符合城市规划、消防、供电、环保等有关规定和标准。

1.1.1 工程的内容及特点

1.1.1.1 工程的内容

室内装饰工程的内容包括装饰结构与饰面，即室内顶、墙、地面的造型与饰面，以及室内陈设品或设备的美化配置、灯光配置、家具配置，从而形成室内装饰的整体效果。有些室内装饰工程还包括水电安装、空调安装及某些结构改动。因此，根据室内使用性质的不同，可划分两种主要范围住宅室内、公共室内。住宅室内的对象是私人居住空间；公共室内指除了住宅室内以外的所有建筑的内部空间，如公共建筑、工商建筑、旅游和娱乐性建筑等。按国家标准《建筑装饰装修工程质量验收规范》（GB 50210—2018）的规定，建筑装饰工程包括的主要内容有抹灰工程、门窗工程、吊顶工程、幕墙工程等10项。但是，按照建筑室内装饰行业的习惯，室内装饰工程一般包括下列主要内容。

（1）建筑室内空间功能区域的再分配。装修施工做法分固定式和活动式两种方式，如轻质隔断墙、屏风、陈设物平面布置划分等。

（2）暴露设备的封闭美化，如各种管道、线路等。

（3）室内建筑基层饰面加工，如室内顶墙面喷刷各种涂料、裱糊壁纸，地面铺设木质地板、地砖、地毯等。

（4）门窗的改造和安装，如塑钢门窗、断桥铝门窗、铝包木门窗、木质门、不锈钢门、玻璃门等。

（5）功能设备和专业设备的安装。功能设备，如空调、消防器材、音响系统、照明及通、排风设备等；专用设备，如厨房设备、餐厅设备、美容设备以及健身房等各种娱乐设施。

(6) 工作和生活设施的布置，如各类家具、窗帘、床上用品等。

(7) 工艺品陈设的布置，如壁画、字画、雕刻品、盆景和花草等。

1.1.1.2 工程的特点

1. 涉及面广

室内装饰工程不仅在设计和施工上包含了许多建筑工程项目，一些与传统建筑工程无关的项目，如家具类、装潢类，以及弱电安装类也常常出现在装饰工程设计图纸中，成为发包项目的有机组成部分。因此，目前的室内装饰工程比其他单位工程涉及面广得多。

2. 依附性

室内装饰工程是在建筑建成后对室内进行的装修、装饰，因此室内装饰工程必须依附于建筑母体，即已完工的建筑结构主体（土建工程），设计施工前需要对照建筑施工图、结构施工图、竣工图对结构主体进行检测和清理修整，这往往要增加资金投入。

3. 技术与艺术的统一

室内装饰工程在饰面的处理上，表现出较强的技术性和艺术性。在视觉功能和美学功能上，装饰表面要求美观舒适；在结构和表面处理工艺上，装饰面需要较高的工艺技术。

4. 时代性

随着社会的发展和科技的进步，装饰材料不断涌现并广泛使用，新施工工艺和新技术不断更新发展。室内装饰工程随着时代的发展而发展，随着科技的进步而进步。

5. 设计的标准化程度低

由于室内装饰工程设计、施工门槛较低，很多从业人员没有经过正规的专业培训，因此造成设计的标准化程度低，许多分部、分项产品的批量常常较小，琐碎而杂乱。

6. 投资比例差距较大

由于业主的需求不同、装修档次的不同，室内装饰工程造价相差比较大。装修档次高的室内装饰工程其造价往往超过土建工程，甚至成倍增加。

7. 工期短，使用小型设备，难以流水作业

室内装饰工程的施工合同工期一般较短，如家装室内装饰工程多数专业施工在2个月内完成，较大型的装饰工程也一般在6～12个月完成；工作面一般较狭窄，很少使用或完全不用大、中型施工机具，手工操作仍然是主要的施工手段；材料和半成品的水平、垂直运输基本上靠人力，一些较重构件的就位也依靠人工，难以组织流水作业。

8. 工序多、工艺复杂，要求专业配合

由于室内装饰施工工序多、工艺复杂，在一项虽小却独立的装饰工程中，各工种及工序间都存在相互依存、相互制约的关系，如一间卧室的装修需要泥工、木工、油漆工、水电工等不同工种的共同协作才能完成，缺一不可。同时工种之间也是相互制约的，施工不可能随心所欲，各行其是，如顶棚开设灯孔、预留孔洞尺寸，都要按照不同工种的要求进行。因此，室内装饰施工各工种及工序间要求紧密配合，专业施工。

总之，室内装饰工程特点增加了装饰工程施工管理及造价管理的难度，相关人员必须重视和解决造价管理课题，为此，既要强调相关的法令、法规、政策，分析和澄清一些问题，也要结合工程实践提出更为有效的造价编制方法，以实现室内装饰工程造价的合理确定和有效控制。

1.1.2 工程项目管理的内容及特点

装饰工程项目工程按管理的工作范围大小来分，可分为全过程和阶段性管理两类。装饰工程项目管理属于“阶段性管理”，即装饰工程项目实现过程中某一特定阶段的管理工作。

1.1.2.1 工程项目管理的内容

1. 设计管理

在管理工作项目中，特别是在国外装饰工程行业，设计任务常常由装饰工程施工单位承担。装饰

工程设计管理的主要内容包括以下 4 个方面：①明确业主对设计内容和配合施工进度出图的时间要求、设计费用，签订设计合同；②组织设计班子，与专业工程师签订专业设计分包合同；③制定设计进度计划，并监督检查其实施情况，按时提供设计图样；④编辑工程设计概、预算，或编制标底控制造价。

2. 工程管理

（1）确定施工方案，做好施工准备。施工方案的技术经济比较，选定最佳可行方案；选择使用的装修施工机械；设计装饰工程施工平面布置图；确定各工种工人、机具和材料的需要量。

（2）编制施工进度计划。编制施工进度计划网络图；建立检查进度的报表制度和计算机数据处理程序；施工图样供应情况的监督检查；物资供应情况的监督检查；劳动力调配的监督检查；工程质量管理。

（3）合同与造价管理。编制投标报价方案；与业主、分包商及设备、材料供应商签订合同；检查合同执行情况，处理索赔事宜；工程中间验收及竣工验收，结算工程款；控制工程成本；月度结算和竣工决算及损益计算。

1.1.2.2 工程项目管理的特点

项目是在一定的约束条件下，具有特定目标的、一次性的任务。项目各种各样，不同的项目有不同的内容，长江三峡水利枢纽工程、京九铁路等是大项目；对某酒店的二次室内装修、某办公楼的改扩建或某套房的改造工程等属于小项目。所有这些经济或社会活动都包含着策划、评估、计划、实施、控制、协调、结束等，基本内容都可以称之为项目。

1. 一次性

这是项目与其他重复劳动的最大区别，项目总是具有其独特性。研制一项产品，建造一栋楼房，甚至写一篇论文，都不会有完全相同的重复，即使类似的项目也会因地点、时间和外部环境不同而有差别。一次性属性是项目的最重要属性，其他属性都由此衍生而来。

2. 有一定的约束条件

项目必须有限定的资源消耗、限定的时间、空间要求和相应的规定标准。如生日聚会就要限定具体的时间、地点，费用也要有一定的限额；又如，一项室内装饰工程，要有在特定的室内空间、某个时间段、额定的资金、达到约定的室内装饰的目的等约束条件。

3. 具体确定目标

作为一个项目，必须有确定的目标，包含成果性的目标及其他需要满足条件的目标。如建造一栋住宅，其目标就是在规定的时间内，用一定的资金，建造成质量上合乎标准、造型上合理美观、功能上满足使用要求的民用建筑物。

由此可知，项目可以定义为：在一定的约束条件下，具有特定目标的、一次性的任务。项目是一个外延很广泛的概念，在企事业、机关、社会团体以致生活的方方面面都有项目和项目管理问题。可以说，室内装饰施工项目就是项目一般原理在室内装饰工程上的具体运用。

4. 项目的生命周期和阶段性

项目的生命周期是指项目从开始到实现目标的全部时间。项目是一次性的渐进过程，从项目的开始到结束可分成若干阶段，这些阶段构成了项目的整个生命周期。

不同的项目因目标不一、约束条件不同而划分为不同的阶段。如建设项目可以分为：发起和可行性研究阶段、规划和设计阶段、制造与施工阶段、移交与投产阶段；工业品开发项目可以分为：需要调研阶段、开发方案可行性论证阶段、设计与样品试制阶段、小批量试产阶段、批量生产阶段。

每一个项目阶段都以它的某种可交付成果的完成为标志，如建设项目的设计阶段要交付设计方案、初步设计和施工设计；工业品开发项目的样品试制阶段要交付合乎设计的样品等。通常前一阶段的交付成果经批准后，才可以开始下一阶段的工作，一方面是为了保证前一阶段成果符合阶段性目标，避免返工；另一方面是为了保证不同阶段，不致因人员流动和外部条件变化而衔接不上。

大多数项目的生命周期都可以归纳为启动、规划、实施、结尾几个阶段，其资源投入模式大致相同，即开始投入较低、逐步增高，当接近结束时迅速降低，如图1-1所示。

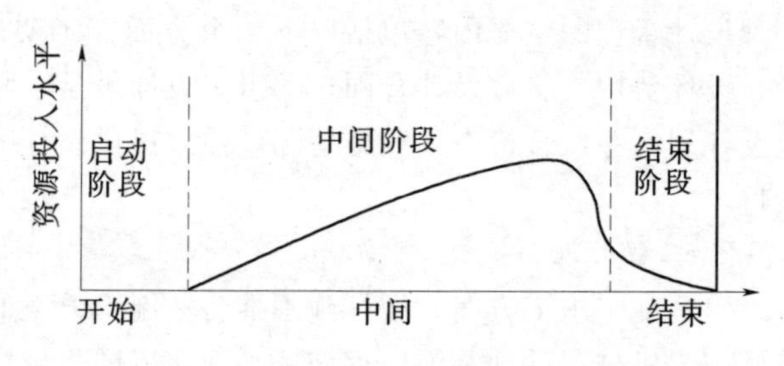

图1-1 典型的项目生命周期资源投入模式

1.1.3 工程的质量控制及管理要求

1.1.3.1 工程质量控制内容

1. 比较方案，择优方案

通过实体工程量的测量，将设计的要求结合使用的装饰材料，有效地、合理地布置在工程的立面和平面上。

2. 核对材料，量材使用

目前的装饰材料质量不稳定，必须在进场后进行检查和按照标准对比，找出其特征，充分利用好的一面，创造好的效果。如将一些颜色花纹不一致的大理石或花岗石，组合成一定的图案或形象。

3. 摆砖放线，落到设计

将设计的图案、做法、要求，合理地放到实体工程上去，体现设计意图，使图样变成实物。

4. 树立样板，做出示范

把规范标准的要求实物化，为大面积施工确立质量标准，统一操作工艺，也是为用户做出承诺的样板。

5. 收尾工作，成品保护

这是工程完工的最后一道工序。工业产品讲究整理工序和包装，工程不能包装，但可以干干净净、完完整整地反映出工程的本来面目，交给用户一个整洁完整的工程。

6. 合理安排工艺程序，按科学规律办事

施工工序不要颠倒，尽量做到完善，保证工序质量在控制范围之内。

1.1.3.2 工程质量管理要求

1. 影响结构事项

当原有房屋室内装饰装修时，涉及拆改主体结构和明显加大荷载时，应向房屋所在地房产行政主管部门或物业管理机构提出书面申请，得到批复后，由房屋安全鉴定单位对装饰装修方案的实施安全进行审定。装饰装修设计方案必须保证房屋的整体性、抗震性和结构安全。

2. 环境保护

装饰施工企业必须采取措施，控制装饰施工现场的各种粉尘、废气、固体废弃物，以及噪音、振动对环境的污染和危害，保障人们的正常生活、工作和人身安全，并注意保护相邻建筑物的安全，因装饰装修损坏毗连房屋，应负责修复或赔偿。

3. 招投标及资质管理

凡是政府投资的工程，行政、事业投资的工程，国有企业或国有企业控股的企业投资的投资工程，以及国家法律、法规规定的其他工程中的大型装饰装修工程，应采取公开招标或邀请招标的方式发包。对于那些不宜公开招标的军事设施工程、保密设施工程，以及特殊专业等工程，可以采取议标或直接发包。因此，对于从事建筑装饰装修的企业、设计单位，必须经建设行政主管部门进行资质审查，并取得资质证书规定的范围内承揽施工和设计任务。建设单位不得将建设装饰装修工程发包给无资质证书或不具备相应资质条件的施工单位以及设计单位。装饰施工企业内部设计部门未取得相应设计资质证书的不得接受装饰设计业务。

4. 工程质量检验规范

《建筑装饰装修工程质量验收规范》（GB 50210—2018）（以下简称《规范》）的编制修订是以验评分离、强化验收、完善手段、过程控制为原则，与《建筑工程施工质量验收统一标准》（GB 50300—2013）（以下简称《统一标准》）及相应的设计规范配套使用。目的是为了加强工程质量管理、统一建筑装饰装修工程施工质量的验收，保证工程质量。同时，也给装饰装修工程施工中的质量控制和各分项工程质量的判断提供具体的管理和技术的规定。《规范》中制定的强制性标准，是以保证工程安全、使用功能、人体健康、环境效益和公共利益为重点，对装饰装修工程施工质量作出的带有强制性的控制和验收规定。

《规范》适用于装饰装修工程施工质量的验收，《规范》应与《统一标准》配套使用。装饰装修工程施工中采用的工程技术文件、承包合同文件对施工质量验收的标准不得低于《规范》的规定。装饰装修工程施工质量的验收除了应执行《规范》外，还应符合国家现行有关标准、规范的规定。

1.1.4 装饰工程施工技术管理

装饰工程具有分工细、工具使用集中、工期短、施工工序讲求节奏与配合、人员素质参差不齐、流动性大等特点，给装饰施工的技术管理带来了很大困难，甚至会影响房屋结构。因此，在装饰工程施工中，加强对施工技术的管理，发挥施工设备及技术人员的潜力，才能使装饰工程顺利施工，进而不断提升施工技术水平，确保装饰工程工期、质量满足要求。加强装饰工程施工技术管理，可以不断提高装饰企业的施工技术水平，提升企业对外形象以及核心竞争力，所以装饰企业应当加强对施工技术管理的重视程度。

1.1.4.1 技术管理人员的要求

1. 具有一定美学基础知识

室内装饰不仅是表面造型和色彩等媒介所创造的视觉效果，而且还包括了美学表现、平面构成、立体构成及其建筑与装饰表现等综合内容而构成的整体效果。因此，要求装饰工程技术人员不仅对装饰构图、造型、色彩等美学概念有一定的了解和掌握，而且对建筑与装饰表现技法要有所知晓。

2. 熟悉装饰工程设计与构造内容

装饰设计是人们运用美学原则、空间理论等来创造美观实用、舒适的空间环境，如果不熟知装饰工程设计与构造内容，就无法实现这一目标。对于施工人员，不了解设计与构造的内容，就不能正确理解设计的构思意图，更不能实现这个意图。因此，设计人员要设计出理想的空间环境，施工人员要把设计变为现实的立体效果，只有熟知装饰工程设计与构造的内容，才能从整体上考虑，创造出更为理想的室内空间环境。

3. 具有一定的材料知识

室内装饰是通过使用各种装饰材料来达到装饰功能的要求，又是通过使用各种装饰材料来表达装饰效果。因此，装饰工程技术人员必须熟悉各种常用材料的规格、性能及用途，具有识别各种常用材料质量优劣的常识，对各种材料的质感和装饰效果要有一定了解，以便更好地设计和组织施工。

4. 熟悉施工操作技能

装饰工程施工的特点就是往往要求一个人承担多个工种的施工技术，这就要求技术人员在施工工艺技术方面具备全面性和系统性，并且在工艺技术处理上有较为丰富的经验，能处理一些施工中的难点。对于施工管理人员，不仅要熟悉施工操作技能，而且要熟悉检查验收的方法和标准。装饰工程工种多、施工种类多、施工衔接多，每个施工种类的完工都需要进行工艺检查和验收。因此，管理人员必须熟知工艺检查的方法和标准，及时发现问题、解决问题、减少工料损失。

5. 具有识图绘图能力

图样是工程技术语言，在施工中管理人员要向工人分析解释图样，根据图样指导施工，图样不全或不详细的部分要及时绘制补缺。

1.1.4.2 工程施工技术管理的内容

1.1.4.2.1 健全技术管理理念

1. 建立施工技术管理体系

在建立施工技术管理体系时，一方面应该以明确的制度将各个施工项目与人员职责进行分配，对工作人员的工作进行有效地约束，以保证施工质量。另一方面，要对施工技术文件和其他施工相关文件的管理进行制度化的规范，为装饰施工程的良好施工提供保证，以此来控制装饰施工质量。

2. 建立施工技术管理制度

建立一套完善的施工装饰技术管理体系，为装饰工程施工技术管理提供制度基础。以完善有效的管理制度来保证技术管理的高效有序的进行，对装饰施工质量进行有效地控制。因此，在建立了完善的施工装饰技术管理体系之后，还要在企业内部建立强有力的实施渠道和手段，确保制度的有效实施，同时还要有良好的沟通渠道，能够对管理体系实施的具体效果进行及时的沟通反馈，以便进行及时的修正，更好地为技术管理服务。

1.1.4.2.2　装饰工程施工技术的特点

室内装饰工程是集艺术、技术、科学为一体的工程，它在建筑工程中属于后期处理工程。其自身的特点决定了装饰工程创新设计与施工的构成；装饰工程所作的工作不光是对室内空间进行美化，而且还需要考虑环境艺术美化；不仅对室内空间整体性有一定的要求，而且需要考虑室内的装饰和陈设等。随着人们对于环保的重视，装饰工程中所用的新工艺、新机具、新技术、新材料等也向着环保型方向发展，进而使得室内装饰工程和现代艺术、技术、科学等的关系更加密切。

1.1.4.2.3　装饰工程施工技术管理的方法

1. 加强培养施工技术管理人员

装饰企业不断提升施工技术管理水平的方法就是培养人才、注意人才。所以在装饰施工企业的发展战略指导下，制定技术管理人员的发展规划及实施办法，有计划有侧重地逐步培养和使用人才，并加强自身的技术与管理知识的不断更新的同时对装饰企业的人才进行有效地配置。

2. 明确施工技术管理人员的权利和职责

装饰工程施工企业应当不断建立完善各级技术责任制和技术管理机构，指明每位施工技术管理人员所具有的权利和职责；企业应当不定期的对施工技术管理人员进行国家现行的规范以及行业标准的学习，特别是关于施工质量验收相关规范和标准的学习，进而使施工中质量标准、施工方法、每个分项工程和分部工程的相关技术要求得到明确，进而有效地进行装饰工程项目的施工、质量鉴定和工程验收等。

3. 装饰工程施工前的技术管理

在装饰工程开工前，工程的负责人应当组织企业的相关技术人员对施工现场进行勘察，研究装饰工程施工的总体方案以及施工总体布置，发现不合理的地方应及时要求相关工程技术人员进行修改。

开工前应当做好工程技术交底以及施工组织设计，这是有效控制施工成本、进度、质量的前提条件。不同工期、技术含量、施工环境条件以及不同的季节、地区等因素，都有可能造成工程技术交底以及施工组织设计出现纰漏，导致装饰工程施工难以顺利进行，因而施工技术管理人员应当格外注重施工前期的技术管理。

4. 积极应用新技术、改造旧技术

由于新工艺、新材料、新设备的不断使用，网络技术和计算机的普及，装饰效果的设计、工程预算的制定都广泛应用计算机，装饰工程技术管理人员应当不断运用计算机网络，实现计算机自动化管理。另外，要敢于和积极地应用各种新材料、新工艺、新技术，尤其是节能、高效、环保、安全的技术和产品，应当优先使用，并积极主动向业主推荐。同时，装饰工程施工企业对于新材料、新工艺、新技术要有一定的预见性。

5. 注重工程质量和技术资料的检查

装饰工程施工质量是否达标，相关的技术资料是否齐全，直接反应了项目经理和施工企业的管理水平，同时这也是工程质量验收部门进行施工质量评判的依据。所以，装饰工程施工企业应当注重对装饰工程质量和相关技术资料的跟踪检查，实行班组互检、个人自检、工序交接检模式，并同项目经理、质检员、班组长的检验模式进行有效的结合，对于施工过程中发现的问题，要及时采取措施进行整改，质检员要对整改过程进行监督，确保问题得到有效地纠正。

总之，装饰工程中的技术管理工作一定要不断地改进与完善管理方式和内容，注重技术上的管理，加强对施工技术管理人员能力的培养，增强施工技术管理人员的权利和职责，注重装饰工程施工前的技术管理，积极应用新技术、改造旧技术，注重工程质量和技术资料的检查，进而保证装饰工程施工技术管理到位，确保工程施工质量。

1.2 工程质量保证与技术措施

装饰装修施工质量是保证工程质量的前提，是企业赖以生存的条件。质量的好与坏，不仅涉及材料的选用，而且还要求提高施工人员的技术水平，完善装修施工工艺。同时，装修机具必须完整、齐备。只有这样才能保证装修施工的顺利进行，从而保证工程质量。室内装饰装修工程质量的特征主要体现在功能特征、观感特征和时效特征三个方面。

1.2.1 影响工程质量因素

实践证明，影响装饰装修工程质量的主要因素为人、环境、机具、材料和方法，这5个因素之间是相互联系、相互制约的，是不可分割的有机整体。装饰工程质量管理的关键是把握好这5个因素，具体地说，就是把施工过程中影响质量的5个因素加以控制。但是，随着现代装饰装修技术的发展，新材料、新结构和新工艺的不断涌现，对施工技术和质量控制有了更高的要求。

1.2.1.1 操作人员

装饰工程包含若干个分项工程，相当一部分分项工程施工主要依靠手工操作，操作人员的技术、体力、情绪等因素在生产过程中的变化直接影响到工程质量。因此，造成施工操作误差的主要原因是质量意识差、粗心大意、操作技能低、技术不熟练，质量与分配处理不当，影响操作者积极性等。

1. 提高质量意识

树立以优质求信誉、以优质求效益的指导思想，强化“质量第一、用户至上”的意识。提高施工人员做好工程质量的自觉性和责任感，在数量、进度、效益与质量发生矛盾时，坚持把质量放在首位。

2. 工程质量与施工操作者利益结合

在推行承包责任中，把工程质量好坏列为重要考核指标，将质量好坏与施工操作者的工资和奖金挂钩，定期检查、严格考核、奖惩分明。对于提高工程质量做出重大贡献的人员要重奖；对忽视质量、弄虚作假、违章操作或者造成重大质量事故的要严肃处理。这样，充分体现奖勤罚懒，奖优罚劣，多劳多得，少劳少得，促进施工操作人员关心质量、重视质量，使质量管理有强大的经济动力和群众基础。

3. 组织技术培训

组织操作技术练兵，提高操作技能，既掌握传统工艺，又掌握新技术和新工艺。经过培训后，关键岗位、重要工序的技术力量要注意保持相对稳定。认真执行“三检制”，即自检、互检和交检。这是工程质量管理中的重要环节，通过“三检制”促进自我改进和自我能力提高。

(1) 自检。操作者自我把关，保证操作质量符合质量标准，对于班组来说，就是班组自我把关，保证交付符合质量标准的产品。“三检制”应以自检为主。

(2) 互检。可由班组长组织在同工种的各班组之间进行，通过互检肯定成绩，找出差距，交流经验，共同提高。

(3) 交检。一般由工长组织进行，为了保证上道工序质量。工序之间进行交验，这是促进前道工序自我严格把关的重要手段。

1.2.1.2 机具设备

装饰工程正向工业化、装配化发展，机具设备已经成为生产符合工程质量要求的重要条件之一，对于机具设备因素的控制，应按照工艺的需要，合理的选用先进机具。为保证施工顺利进行，机具在使用之前必须检查。在使用过程中，要加强维修保养，定期检修。机具在使用后，要精心保管，建立健全管理制度，避免损失。

1.2.1.3 工作环境

工作环境，如温度、湿度、天气、环境及工序衔接等装饰工程质量影响都很大，一般应进行以下三个方面的控制。

1. 施工温度与湿度

刷浆、饰面和花饰工程，以及高级抹灰、油漆工程，环境温度不应低于5℃；中级和普通抹灰工程、玻璃工程，环境温度应在0℃以上；裱糊工程的环境温度不应低于15℃；用胶黏剂粘贴的罩面板工程的环境温度不应低于10℃。

环境湿度对于工程质量影响显著，如在砖墙面上抹灰，必须将墙面浇水湿润；对于水泥砂浆抹灰层，必须在湿润条件下养护；油漆工程基层必须干燥，若是潮湿将会产生脱层。

2. 风雨天气和环境清洁

油漆工程操作点应清理干净，做到环境整洁、通风良好，雨雾天气不宜做罩面漆。

3. 工序衔接和工序安排合理

为施工创造良好环境条件，有利于提高工程质量，装饰工程应在基体或基层的质量验收合格后方可施工。另外，有时因为抢工期或者管理人员更换，出现工序颠倒，造成返工返修，极易影响工程质量，想抢工期却延长工程时间，欲速则不达。

1.2.1.4 材料质量

装饰材料是装饰工程的物质基础，正确地选择、合理地使用材料是保证工程质量的重要条件之一。控制材料质量的措施有以下几点。

1. 按设计要求选用材料

装饰材料的品种多，颜色、花纹、图案又繁杂，为了达到理想的装饰效果，所用的材料必须符合设计要求。

2. 材料的质量必须符合现行有关标准

供应部门要提供符合要求的材料，包括成品和半成品，严防以次充好、以假代真，确保材料符合工程的质量要求。事实表明，因材料质量低劣，往往会给工程质量造成严重损失。

3. 加强进场材料的验收

材料进场后应加强验收，认真检验规格、品种、质量和数量，在验收中发现数量短缺、损坏、质量不符合要求等情况，要立即查明原因，分清责任及时处理。在使用过程中对材料质量发生怀疑时，应抽样检验合格后方可使用。

4. 做好材料管理工作

材料进场后要严格管理，按施工总平面布置图和施工顺序就近合理堆放，减少二次搬运，并应加强管理和限额发放，避免和减少材料损失。如装饰工程所用的砂浆、玻璃、油漆、涂料等，应集中加工和配制。又如装饰材料和饰件以及构件，在运输、保管和施工过程中，必须采取措施，防止损坏和变质。

1.2.1.5 操作方法

装饰工程各分项工程因所用机具、材料、工作环境及施工部位不同，必须采用相当正确的操作方法，才能保证工程质量，达到分项工程本身的使用功能、保护作用和装饰效果。反之，采用错误的操作方法是难以达到质量标准。将人、机、料和环境等各种因素有机整合，通过科学的操作方法来实施，预防可能出现的质量缺陷，从而保证工程质量。

由于新材料、新技术的不断涌现，各种新型胶结材料、膨胀螺栓和射钉枪等广泛使用，操作方法也有了很大地改进和提高。

1.2.2 保证装饰装修工程质量的措施

1.2.2.1 控制工序质量

(1) 实行质量管理小组检测制度，建立由项目工程师担任组长的质量管理小组，把群众管理经验与科学管理方法有机结合，用于解决施工工序过程管理，提高工程质量。做到各工种的操作过程控制和过程质量检查相结合，使工程质量得到有效控制。

(2) 为确保工程质量目标的实现，保证工序处于受控状态，对在本工程施工过程中需重点控制的质量特性，关键部位或薄弱环节设置质量管理点。

(3) 通过工序质量管理，对主要工序实行技术人员事先技术交底，“现场看工”质量跟踪控制，质量员对“工序质量”全过程检查。做到以工作质量保证工序质量，以工序质量保证工程质量。严格实行工程质量及隐蔽工程验收的“三级”管理验收制度。先有施工班组自行检查经专职质量员复验合格，再报请监理最终验收通过后，才能进行下一道工序施工。严格执行材料验收制度和原材料“取样封存”管理办法及“计量”管理制度。

(4) 通过对工程关键部位和重要因素设置质量管理点，有效地控制工程质量，防止出现不合格点，以及有效地实施纠正错误，同时还可以收集大量有用的数据、信息，为工程质量改进提供依据。

(5) 完善质量检测程序，认真贯彻 ISO 2000 系列质量标准，严格按质量手册的规定要求施工。项目班组从施工图开始，经图纸审核编制施工组织设计，分项分部质量验收，单位工程质量验收，竣工验收直至竣工后服务。每道环节有专人负责、专人检查、专人验收，层层把关、严格执行。同时，接受监理及质量监督机构的指导和监督，实现工程质量一次成优的目标。

1.2.2.2 检验工程质量的方法

检查装修工程质量的人员，应熟悉规范、规程，要具有施工的经验，且经质量检查的培训，能够按照标准的规定，评出正确的质量等级。

(1) 目测。如墙面的平整、顶棚的平顺、线条的垂直、色泽的均匀、图案的清晰等都是靠人的视觉判定。为了确定装饰效果和缺陷的轻重程度，又规划了正视、斜视和不等距的观察。

(2) 手感。如表面是否光滑、刷浆是否掉粉等，要用手摸检查。为了确定饰面或饰件安装或镶贴是否牢固，需要手扳或手摇检查。在检查过程中要注意成品的保护，手摸时要轻，防止因检查造成表面的污染和损坏。

(3) 听声音。为了判断装饰面层安装或镶贴的是否牢固、是否脱层、空鼓等现象，需要手敲、用小锤轻击，通过声音来鉴别。在检查过程中应注意轻敲和轻击，防止成品表面出现麻坑、斑点等缺陷。

(4) 查资料。装饰工程技术资料要比主体结构工程少一些，为了确保工程质量，必要时，要核查设计图纸、材料产品合格证、材料试验报告或测试记录等，借助有关技术资料，确定评定工程质量等级。

(5) 施工监测。装饰装修工程质量主要是观察检查，有时凭借直观观察还不够，还需要实测实量，将目测与实测结合起来进行双控，这样评出的工程质量等级更为准确合理。

1.2.3 装饰装修施工技术措施

1.2.3.1 建立施工技术管理制度

1. 图纸会审制度

有组织、有步骤地进行图纸会审及设计交底工作，把问题消灭在桌面上，避免待工和不必要的返工损失。

2. 施工组织设计及方案的编审制度

在保证工程质量、合理安排施工程序的前提下，组织指导编制单位工程施工组织设计及最佳的施工方案作为施工指导文件。

3. 技术交底制度

为了使施工管理人员和操作人员了解工程任务，技术要点、施工工艺及质量要求，使之做到心中有数，使施工的工程有计划、有组织地完成任务。所以，在每个工程及重点分项工程施工前都必须做好技术交底工作。

4. 技术复核制度

在施工过程中，对重要的关键部位和分部工程都必须加强技术复核工作，避免发生重大的差错，影响工程质量和下道工序进行。

5. 施工技术核定单管理制度

在施工过程中，时常会发现图纸的差错，或与实际情况不符，或因施工条件、材料规格品种、质量不能完全符合设计要求，以及有关部门提出的合理化建议等原因，需要修改施工图纸时，应填写《施工技术问题核定单》，并送设计单位和建设单位签复方生效。它是施工、验收、结算的重要依据。

6. 实行样板制度

每道工序及主要分部分项工程，特别是地面、饰面施工必须预先订标准、订材料，先做样板，样板须经甲方认定后，方可组织大面积施工。

7. 质量检查验收制度

对分部分项特别是隐蔽工程经常进行抽查、检查，并及时验收，发现问题及时处理，不留隐患。对关键部位组织专人负责，实行生产控制，隐蔽工程必须经检查合格后方可进行下道工序施工。

8. 重要部位中间验收制度

工程技术文件归档管理制度：单位工程技术档案，重大质量、安全事故的调查、分析、处理的原始记录及有关资料，新结构、新材料、新工艺的试验、鉴定资料，重大技术问题处理的各项原始记录都应及时收集、整理、归档。

9. 竣工后回访保修制度

竣工后回访，能了解工程施工的不足，以及由此而引发的问题，使以后施工中有所借鉴。另外，可以了解到新技术、新材料所使用的效果，并对此提出改进，使其不断完善。

1.2.3.2 控制工艺操作

装修工程质量的管理与检验的目的是为了保证施工质量达到设计要求和有关质量验收标准。要实现这一目标，最重要的还是在施工过程中保证技术措施的实施。

1. 施工现场指导

室内装饰装修施工应坚持按图施工的原则。但在实际施工中各种随机因素很多，装修设计与结构体发生矛盾也是常有的事，有时风道、水管可能通过结构体，是否按原方案执行必须由结构工程师决定。还有其他一些难以预料的问题，由于装修每个工种、每道工序的转换很频繁，出现的很多新问题，都必须在现场作出决策或临场修改设计方案。因此，应设立现场工程师和设计师，以减少或避免不必要的返工或停工。

2. 统一放线验线

装修施工中的工种配合、工序搭接、相互衔接的尺寸要求很严格。如何保证尺寸一致、互不错位，这就需要实行统一放线、验线。

3. 控制施工操作

施工操作的好坏，一是取决于施工人员的技术熟练程度和文化艺术修养；二是取决于操作人员对工作的态度。从质量管理来说，首先要提高施工队伍的操作技术，进行相关专业技术培训。其次，要把质量监督贯彻到每道工序操作的全过程，发现操作上的问题及时纠正。

4. 加强隐蔽工程监管验收

装修工程中的隐蔽工程验收很复杂，而且在整个装修工程中占有相当大的比例。通常将被最外层装修面覆盖的工程都列入隐蔽工程项目。如各种管道线路、吊挂安装、基层防水工程、龙骨排列、隔音墙的填充材料等均应列入隐蔽验收工程内容，经验收合格后，才可消除质量上的隐患。

5. 合格的材料与设备

装修工程中所用的材料和设备，都要经过检验。先是进场验收，材料与设备进入施工现场要进行进场验收，将储存、搬运中造成损坏的材料和设备给予剔除。装修前检验，一般由施工人员在安装前进行检查，再次将残次品清除出来。

6. 加强工程保护

施工完好的工程，竣工时不一定完好，这在装修施工中常有发生。其原因是对刚完工的工程缺乏相应的保护和保养措施。如铺贴地砖，通常需要进行3～5天的养护期，在此期间的地面上不可上人或堆放重物，只有在粘接层水泥砂浆完全固化后，方可使用。否则将造成地砖的错位、不平和出现空鼓等质量缺陷。另外，油漆、裱糊工程等均应有一个养护过程，若不等养护好，进行下道工序施工时将对饰面造成损坏。总之，对工程的保护是确保装修工程质量的一项重要措施。

1.3 施工组织设计的内容及构成

室内装饰工程施工组织设计是用来指导室内装饰工程施工全过程各项活动的一个经济、技术、组织等方面的综合性文件。具体是指装饰工程施工之前，进行调查了解、搜集有关资料，掌握工程的性质和要求，并结合施工条件和自身情况，拟定一个切实可行的工程施工计划方案。但是，根据室内装饰工程的规模大小、结构特点、技术繁简程度和施工条件的不同，室内装饰工程施工组织设计通常又分为三大类，即室内装饰工程施工组织总设计、单位室内装饰工程施工组织设计、分部（分项）室内装饰工程作业设计。

因此，不同的装饰工程，有着不同的施工组织设计。室内装饰工程的施工组织设计同土建工程的施工组织设计一样，应根据工程本身的特点以及各种施工条件等来进行编制。

1.3.1 施工组织设计内容

1.3.1.1 工程的概况及特点

在编制施工组织设计前，首先要弄清设计的意图，即装饰装修的目的及意义。为此，应对工程进行认真分析、仔细研究，弄清工程的内容及工程在质量、技术、材料等各方面的要求，熟悉施工的环境和条件，掌握在施工过程中应该遵守的各种规范及规程，并根据工程量的大小、施工要求及施工条件确定施工工期。为使工程在规定的工期内保质保量地完成，还必须确定各种材料和施工机具的来源及供应情况。

1.3.1.2 施工方案与方法

1. 施工方案

选择正确的施工方案，是施工组织设计的关键。施工方案一般包括对所装修工程的检验和处理方法、主要施工方法和施工机具的选择、施工起点流向、施工程序和顺序的确定等内容。特别是二次改造工程，在进行装修之前，一定要对基层进行全面检查，将原有的基层必须铲除干净，同时对需要拆除的结构和构件的部位数量、拆除物的处理方法等，均应作出明确规定。由于装修工程的工艺比较复杂，施工难度也比较大，因此在施工前必须明确主要施工项目。例如，墙体、天棚的装修施工方法，在确定现场的垂直运输和水平运输方案的同时，应确定所需的施工机具，此外还应该绘出安装图、排料图及定位图等。

2. 施工方法

施工方法必须严格遵守各种施工规范和操作规程。施工方法的选择必须是建立在保证工程质量及安全施工的前提下，根据各分部（分项）工程的特点，确定具体施工方法，特别是墙柱面、天棚、楼地面工程的施工方法，首先应做出样板间进行实样交底。

1.3.1.3 施工进度计划

施工进度计划应根据工程量的大小、工程技术的特点和工期的要求，结合确定的施工方案和施工方法，预计可能投入的劳动力及施工机械数量、材料、成品或半成品的供应情况，以及协作单位配合施工的能力等诸多因素，进行综合安排。

1. 确定施工顺序

按照装饰装修工程的特点和施工条件等，处理好各分项工程间的施工顺序。

2. 划分施工过程

施工过程应根据工艺流程、所选择的施工方法以及劳动力来进行划分，通常要求按照施工的工作过程进行划分。对于工程量大、相对工期长、用工多等主要工序，均不可漏项；其余次要工序，可并入主要工序。对于影响下道工序施工和穿插配合施工较复杂的项目，一定要细分、不漏项；所划分的项目，应与装修工程的预算项目相一致，以便以后概算（决算）。

3. 划分施工段

施工段要根据工程的结构特点、工程量，以及所能投入的劳动力、机械、材料等情况来划分，以确保各专业工作队能沿着一定顺序，在各施工段上依次并连续地完成各自的任务，使施工有节奏地进行，从而达到均衡施工、缩短工期、合理利用各种资源之目的。

4. 计算工程量

工程量是组织室内装饰工程施工，确定各种资源的数量供应，以及编制施工进度计划，进行工程核算的主要依据之一。工程量的计算，应根据图纸设计要求以及有关计算规定来进行。

5. 机械台班及劳动力

机械台班的数量和劳动力资源的多少，应根据所选择的施工方案、施工方法、工程量大小及工期等要求来确定。要求既能在规定的工期内完成任务，又不产生窝工现象。

6. 确定各分项工程或工序的作业时间

要根据各分项工程的工艺要求、工程量大小、劳动力设备资源、总工期等要求，确定各分项工程或工序的作业时间。

1.3.1.4 施工准备工作

施工准备工作，是指开工前及施工过程中的准备工作，主要包括技术准备、现场准备以及劳动力、施工机具和材料物资的准备。其中，技术准备主要包括熟悉与会审图纸，编审施工组织设计，编审施工图预算，以及准备其他有关资料等；现场准备主要包括结构状况，基底状况的检查和处理，有关生产和生活临时设施的搭设，以及水、电管网线的布置等。

1.3.1.5 施工平面图

施工平面图主要表示单位工程所需各种材料、构件、机具的堆放，以及临时生产、生活设施和供水、供电设施等合理布置的位置。对于局部装修项目或改建项目，由于现场能够利用的场地很少，各种设施都无法布置在现场，所以一定要安排好材料供应运输计划及堆放位置、道路走向等。

1.3.1.6 技术组织措施

技术组织措施包括工程质量、安全指标以及降低成本、节约材料等措施。

1.3.1.7 技术经济指标

主要技术经济指标是对确定的施工方案及施工部署的技术经济效益进行全面的评价，用以衡量组织施工的水平。一般用施工工期、劳动生产率、质量、成本、安全、节约材料等指标表示。

1.3.2 施工组织设计的构成

（1）封面。装饰工程施工组织设计，编制单位，编制时间。

（2）工程简介与关键词。工程简介主要包含的内容有装饰工程主要施工项目，工程关键任务，工程质量保证。关键词一般包括装饰工程，施工组织设计，装饰装修，施工方案。

（3）编制说明。

1）编制依据。工程合同，施工图纸，国家或地区装饰工程施工验收规范、技术规程及标准，以及施工现场的实际情况。

2）施工中应严格遵循有关规范、规程、规定执行，将国家或地区装饰工程施工验收规范、技术规程及标准的名称逐条写清楚。

（4）工程概况。建设单位，工程名称，工程性质用途，计划开竣工日期，监理单位，设计单位，施工单位，建筑面积，工程造价，结构形式，地理位置。

（5）施工准备。施工采用的标准、规范；施工组织机构及管理投入；主要实物工程量；图纸会审和技术交底；现场勘测；各专业之间的配合关系。

（6）现场管理措施。标准化工作；表格化管理；现场质量施工管理体系；成本控制管理；安全文明管理体系；施工进度控制措施。

（7）主要分部工程的施工方案和技术措施。各部位或主要分部（分项）工程的施工方案及措施，包括工艺流程、施工方案、保证施工质量及措施、施工质量要求等工程的质量管理与控制。

（8）竣工验收资料。施工组织设计或方案；施工工程各项技术交底；重点工程拟定的技术质量标准、规程规范；施工中采用的新技术、试验实施资料；设计变更文字记录；分项、分部检验记录；隐蔽工程验收记录；竣工验收记录。

1.4　装饰装修施工组织程序的制定

凡装饰装修工程的施工，都应制定出施工程序计划作为工程施工指导方案，但不同的装饰装修工程，有着不同的施工程序，应列出施工程序计划表，对装饰工程项目内容及施工程序进行优化配置，将各工程项目按一定的先后施工次序编排好，以便合理安排工作，达到高质量完成工程之目的。

1.4.1　工程项目种类

作为一项室内装饰装修工程包含的工程项目内容多且复杂，主要含有以下几方面。

（1）木作工程：木天花板、木隔断、木造型饰体、木家具、木制楼梯以及木地板的铺装工程等。

（2）油漆、壁纸工程：木作油漆、家具油漆、地板油漆、金属构件油漆、顶、墙面贴壁纸，家具和饰面贴薄木单板等。

（3）泥水、石材工程：抹砂浆、铺贴瓷砖瓷片、石材立面安装、石材地面铺设、石组景观、石雕刻等。

（4）粉刷喷涂工程：内墙面涂乳胶漆、喷塑、刮花、压花和滚花等工程。

（5）金属工程：轻钢龙骨、铝合金龙骨吊顶、不锈钢楼梯扶手和拦档、铁艺楼梯扶手和拦档、金属构架、铝合金和塑钢门窗等工程。

（6）门窗工程：木质门窗，铝合金、塑钢、不锈钢门窗等。

（7）地毯工程：地面铺设、墙面粘贴、楼梯台阶包设等项目工程。

（8）水电工程：配管线、安装灯具、安插座、安洁具、敷设供排水管等工程。

（9）空调工程：柜式、分体式空调安装，中央空调安装及有关风管、冷却水管、水塔安装等工程。

（10）玻璃镜面工程：门窗玻璃、隔断玻璃、装饰镜面、雕蚀玻璃等工程。

（11）石膏板、埃特尼板类工程：吊顶、隔断墙等项目工程。

（12）招牌广告工程：门面招牌、广告灯箱、壁画广告、饰字画案等工程。

（13）饰面工程：贴防火板、宝丽板、三合板，包人造革皮、包不锈钢等各类饰面处理项目内容。

（14）设备安装工程：各种专用和功能设备的安装及五金件安装等工程项目。

（15）窗帘工程：帘导轨、百叶帘、垂直帘、布幔安装工程。

（16）绿化工程：室内盆栽、花架植栽、阳台花园、屋顶花园等工程。

（17）拆除、清洁工程：打墙、拆旧设施、改位、清运清洁等工程。

1.4.2　工程项目的划分

一项室内装饰工程，由施工准备开始到交付使用，要经历若干个工序和工种的配合。装饰工程的质量主要取决于每道工序和工种的操作与管理水平，为了便于工程质量的管理、检验及验收，便于合理、准确地预算出工程造价，通常把室内装饰工程项目按其复杂程度，划分为若干个分项、分部、单位工程和单项工程进行。因此，一项室内装饰工程建设项目一般可由单项工程、单位工程、分部工程和分项工程组成，如图 1－2 所示。

1. 单项工程

单项工程是指具有独立的设计文件，竣工后可以发挥生产能力或效益等功能的工程。具有独立存在意义的一个完整工程，是一个复杂的综合体，由若干个单位工程组成。例如，学校的教学楼、实验室、图书馆、体育馆、学生宿舍楼等室内装饰装修工程，均可以称为一个单项工程。

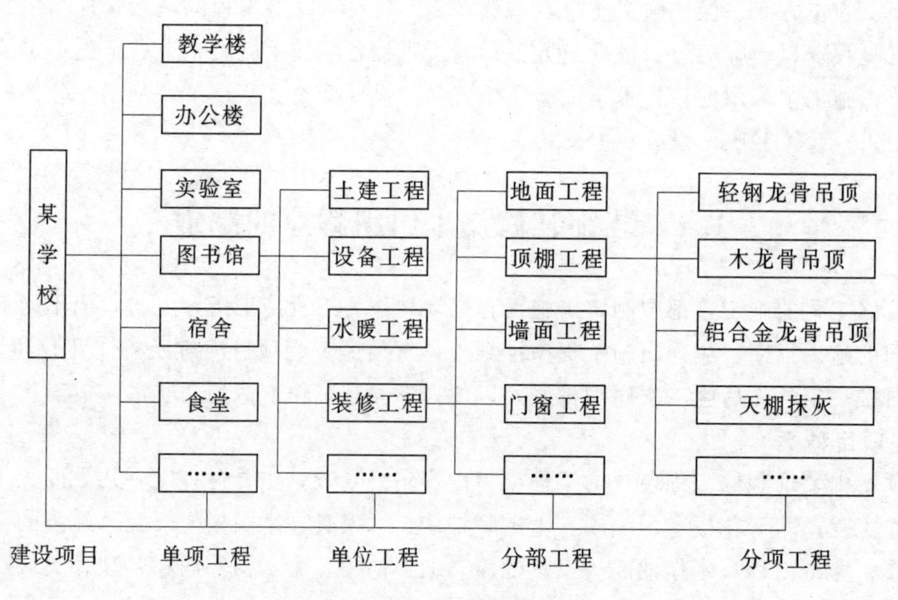

图 1-2　工程项目构成

2. 单位工程

凡是具有单独设计，可以独立施工，但完工后不能独立发挥生产能力或效益的工程，称为一个单位工程。一个单项工程一般都由若干个单位工程所组成。通常单位工程是按照单位空间的分部和分项工程的总和来划分的，涉及 7 个部分，即顶棚工程、墙柱面工程、地面工程、门窗工程、隔断工程、门厅与过道工程和卫生间工程。

3. 分部工程

组成单位工程的若干个分部工程称为分部工程。一般按照不同的部位来划分，是多工种的综合作业工程。具体有饰面工程、配套陈设工程、电气工程、给排水及暖通工程、环境园林工程等 5 项。

4. 分项工程

组成分部工程的若干个施工过程称为分项工程。装饰工程一般按照选用的施工方法、施工顺序、材料、结构构件和配件等不同来划分，也可按照不同的工种来划分，即把单一工种作为主体作业的工程。如轻钢龙骨纸面石膏板吊顶、墙面涂料涂饰、墙面壁纸裱糊、墙面镶贴瓷砖、地面镶贴花岗石、油漆涂饰等工程。

1.4.3　施工顺序安排

施工顺序安排并没有一个固定的程序，主要是按工程工期要求，根据建筑和装饰结构、构造、劳动力、机械和材料等供应情况，选择合适的施工顺序。

1. 施工顺序安排作用

确定施工方案、编制工程进度计划，保证前道工序不致被后道工序工程损坏和污染。

2. 施工顺序安排原则

不同的室内装饰工程，其施工顺序安排也不尽相同，但一般都遵循这样一个核心原则：结构施工先进行，饰面施工后进行；先顶面，后墙面、地面；水电配管线先进行，灯具、开关、插座、洁具、水龙头等设备安装后进行；不影响其他项目的独立工程（如空调、金属厨具等），可安排穿插在中间进行；易受污损及材料较贵、保养不易的工程（如玻璃、镜片、壁纸、地毯、窗帘等）应最后进行。

3. 流程图

该流程图基本囊括了全部装饰装修工程项目种类，但不同的装饰装修工程，可根据自身的工程项目内容，确定具体装饰装修工程项目的施工流程图，如图 1-3 所示。

1.4.4　施工组织程序

室内装饰工程施工是一项十分复杂的生产活动，需要按照一定的规则或程序来进行。同土建工程

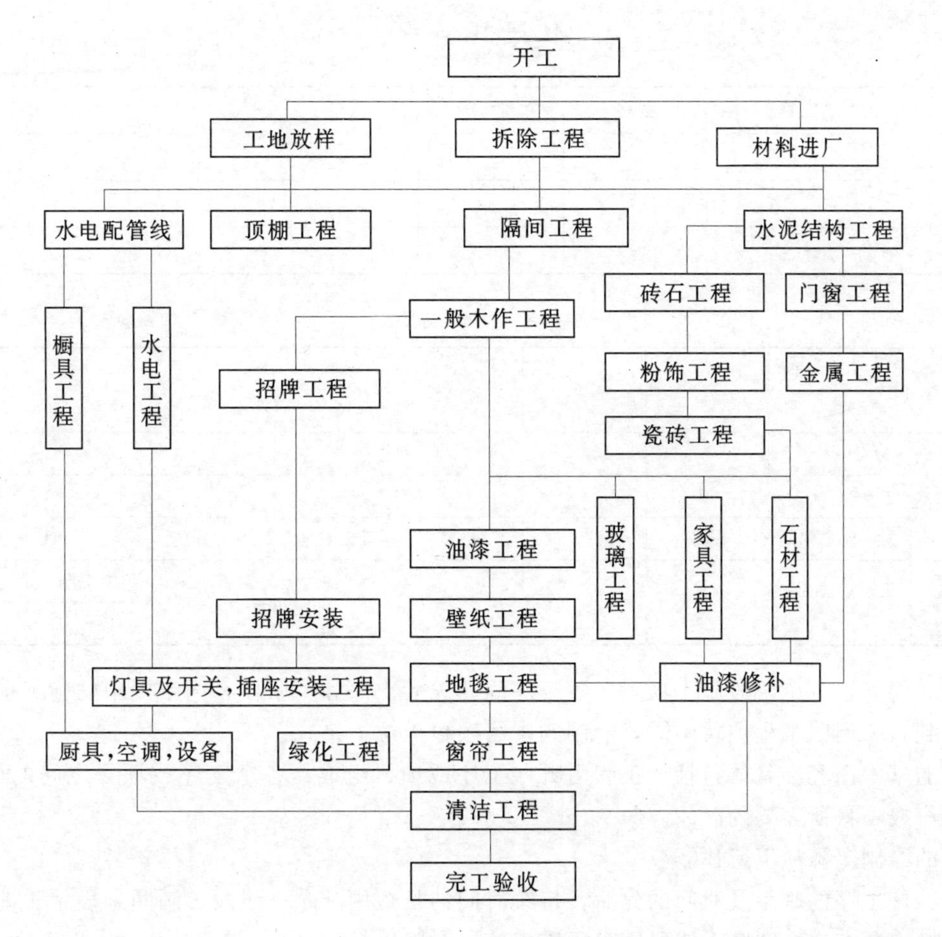

图 1-3　施工流程图

相比，室内装饰工程施工一般可分为如下几个阶段。

1.4.4.1　进场前的准备工作

进场前的准备工作是施工管理中一个重要环节，准备工作的好与坏，直接影响工程施工的顺利开展。为了避免盲目性，提高计划性和科学性，准备工作的根本目的是：组织和制定管理所需要的数据和资料。

1. 熟悉施工说明书和施工图纸

装饰装修工程现场施工管理人员、施工技术骨干以及设计人员，共同对施工图纸和施工说明书做全面的熟悉和了解，特别是对一些特殊要求的施工部位，应作重点记录，遇不明之处，设计人员可补画施工大样图明示，使施工管理人员和施工技术人员对整个工程概况做到心中有数。

2. 工程量的计算

施工现场管理人员和专项负责人，根据施工图纸并结合工程预算书项目，统计核算出各项施工项目单位数量表。如顶棚面积、裱糊壁纸面积、地毯及石材铺设面积，以及灯具、插座数量等，这些数据是调配施工人员、工种和拟定材料计划表的有利依据。

3. 材料计划表

在开工之前必须全面落实各种材料的供应。根据工程量的大小及施工进度计划，合理安排各种材料的供应，以确保施工的顺利进行。为了避免产生材料的浪费一般采用表 1-1 的形式，使之一目了然。

4. 制定施工进度表

制定施工进度表主要是用于控制施工进度，以及人员、材料和机具的调度。进度表的编排是按照工程期限将各施工项目的工作量、完成项目所需要的时间，科学地编排在时间表内。

表格式。表 1-2 主要反映出先进行的工程项目及后进行的项目，以及穿插进行的工程项目的完工日期。

表 1-1　　材料计划表

工程名称：

编号	材料名称	规格	单价（元）	数量	产地	要求进场时间

表 1-2　　表格式进度表

<table>
<tr><td colspan="2">日　期
工程名称</td><td></td><td></td><td></td><td></td><td></td><td colspan="2"></td></tr>
<tr><td colspan="2"></td><td></td><td></td><td></td><td></td><td></td><td colspan="2"></td></tr>
<tr><td colspan="2"></td><td></td><td></td><td></td><td></td><td></td><td colspan="2"></td></tr>
<tr><td rowspan="3">承包方
（乙方名称）</td><td>工程名称</td><td>图号</td><td>设计</td><td>制表</td><td>开工日期</td><td>完工日期</td><td colspan="2">线条用意</td></tr>
<tr><td rowspan="2"></td><td rowspan="2"></td><td rowspan="2"></td><td rowspan="2"></td><td rowspan="2"></td><td rowspan="2"></td><td>施工期</td><td>安装期</td></tr>
<tr><td>—</td><td>……</td></tr>
</table>

网络式。能表达各个阶段施工项目，各工序间的先后次序和关联性，网络图中的施工项目的先后次序是从左到右。但因工程项目不同，绘制的网络图也无统一格式。

网络图的基本内容。具体包括本工程由哪些工序或项目组成；各个工序或项目之间的衔接关系；完成每个工序或项目所需要的时间。

网络图的绘制步骤如下所述。

第一步：按工序的联系及时间的先后，持续时间的长短用圆圈—线段—圆圈来表示。即每一个工序的开始和结束各有一个圆圈，线段则表示施工持续时间。

第二步：圆圈内注明施工过程的代号，线段上方注明施工过程名称；下方注明施工过程所需要的时间，如图 1-4 所示。

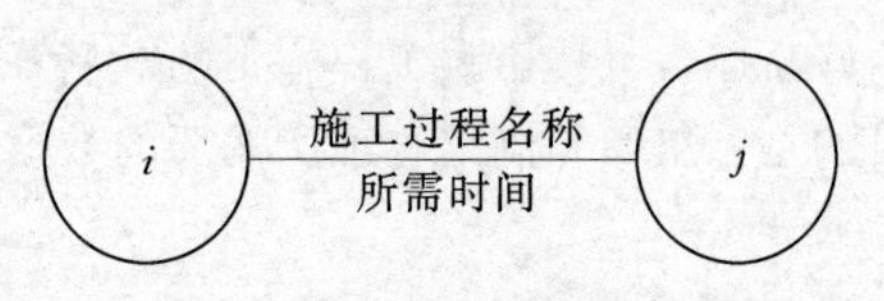

图 1-4　网络图

第三步：不同水平线上的有关工序可用垂直线或斜线加以连接，它们只表示工序之间的联系，并不占用工期。

第四步：不同工序或项目在施工时需要同步进行时，可用垂直虚线加以连接，以表示其相关联性。

第五步：水平线段的起止，表示工序的最早可能开工时间和最迟必须完工时间。当该线段长度大于该工序所需的持续时间时，则表示该工序有时差，其伸缩性用水平虚线表示。

网络图的绘图原则如下所述。

（1）突出关键线路。凡是线路上无时差的工序的连续线路即为关键线路，施工时控制了关键线路的各施工工序的时间，就等于控制了工程总工期。

（2）图形清晰，注字明确。

（3）尽可能形象化。

（4）线段关系表达方式尽可能有规律性。

（5）可以充分运用时间坐标。

5. 工地勘察

工程开工前应进工地实地勘察，了解施工现场的环境，如了解材料堆放地点、水电的来源及是否需要设置临时设施。此外，了解施工地点是否与旁邻产生纠纷，以便提早给予疏通和定出解决方案，使施工顺利进行。

除上述以外，工地勘察的主要目的是核对施工空间与设计图是否有误差。尤其是具体尺寸，如开关、插座、梁柱、水电管路、门窗洞口等。若在外地施工，还需要了解工地交通运输、施工人员食宿情况等，做到心中有数。

6. 材料进场

材料进场主要做好以下几方面的工作。

(1) 根据材料计划表并配合工程进度表确定材料的品种、数量及进场时间。

(2) 材料堆放位置应事先安排好，堆放点集中。

(3) 不得影响施工的进行和反复搬运、损材费工。

(4) 选择较高的地势堆放，分类堆码、便于取用。

(5) 易燃、易爆、易碎、易潮、易污染的材料分开地点堆放，应加强保护措施以保安全。如地毯、玻璃等。

(6) 即用的材料进场时应直接放置在工作面，便于节省搬运工序。

(7) 做好材料的验收工作，包括质量、规格、品种、数量等是否与要求一致。

7. 接通工地临时水电

水电是保证施工顺利进行必备的条件，在工程开工之前检查水电的来源及有无问题是必不可少的工序。有时即将施工的现场缺水、缺电，或者是远离工地，因此必须安装临时水电源，确保工程按期进行。

8. 施工部署及技术交底

施工部署及技术交底主要是施工管理人员在掌握了全盘施工资料后，按照施工内容进行人员部署，划分各工序的职责范围，并召集各工序施工骨干人员进行技术交底，交待注意事项，对一些图纸上技术要求高或者需要特殊处理的部位，要明确指出。如果遇到一些施工人员不熟悉或未干过的新工艺、新方法，应提前交待该工艺的技术规范资料，共同研究出施工方案，使工程顺利进行。

9. 办理工地保险

施工现场因有各种装饰材料，以及施工人员使用电动工具进行施工操作，因此，为了材料的防火、防盗以及施工人员的伤亡，必须办理工地保险。主要是与当地保险公司联系，办理短期保险，以便万无一失。

1.4.4.2 施工进行期的管理工作

工程开工前，必须召集所有工地人员，简明地交待有关事项，如工期、质量、防火、安全、纪律、分工情况等。使施工人员对工程有一定的认识，做到心中有数。

1. 工地放大样

在进行地面及墙面施工时，依照平面图纸的尺寸弹线放样，将所有要制作的家具、柜子、隔墙等依次放好大样，并查对实地放样与平面图纸尺寸是否有差异，若发现问题及时与设计人员联系，待共同认可后方可施工。

2. 施工调度

施工调度包含三个方面，即人员（工种）、材料及机具的调度。根据施工进度表及实际情况合理地进行调度，可避免产生施工间断所造成的：一方面出现人员、材料、机具利用不足产生的浪费；另一方面为弥补工期损失而突击赶工，致使施工人员劳动强度增大、工程质量降低、工程成本提高。因此搞好施工调度管理，对提高工作效率、缩短工期、提高经济效益有着重大意义。

(1) 人员（工种）的调度管理。主要是为了使施工的进展具有均衡性和节奏性，消除停工、窝工现象。也就是说在保证重点工程的同时，可安排一部分人员去做辅助工程和附属工程。当各工序同时展开时，管理人员应注意安排一些后备工程，以便某工序受阻时，能抽出多余人员去做后备工程。

(2) 材料的调度管理。施工期间，管理人员应对各种材料库存量登记清楚，并预计出未来数天内对材料的需求量，及时给予调购，保证供给，禁止出现停工待料现象。并注意保持工地清洁，切勿使材料乱置于场地。

为了避免施工人员对材料的浪费，主要抓两个方面工作：一是设计好施工主材料和高档材料的开料方法，然后再进行裁切下料；二是要抓剩余材料的再利用。此外，要防止偷盗现象。

(3) 机具的调度管理。主要实行施工机具的领用登记制度，谁领用谁保管谁负责为原则，防止出现不正常的损坏和遗失。调度好各工序机具的使用，是为了避免机具的闲置，提高机具的使用率，从而提高工效和施工速度。此外，还必须加强机具的维护与保养，使用前必须进行检查是否有问题。

3. 资金管理

某项工程，除了对人员、材料、机具进行管理外，更重要的是使用资金。材料购置、劳务支出等均须管理者支配。因此，管理者必须具有一定的工程成本核算和财务、统计知识。

一般程序为：向财务领款——购置材料——杂项开支——劳务费预付——劳务费结算——整理工程财务报表——向财务缴回发票单据和余款。

领款：财务应做好领款登记表，见表1-3所示。

工程财务报表：主要是为了控制财务开支目的，如表1-4所示。

表1-3　　　　领款登记表

日　期	支票号码	限额（元）	支票领用人姓名	项目支出名称	发票金额（元）

表1-4　　　　工程财务报表

工程名称＿＿＿＿　　　　开支类别＿＿＿＿　　　　页数＿＿＿＿

日　期	项　目	规格或说明	金额（元）	签　收	备　注
合　计					

表1-4是将工程费用分门别类登记入工程财务报表。例如木材、铝合金、石材等，材料费用、劳务开支费用、临时用水、电费、住宿费用、材料运输费用等，分别登记入各自己的报表，并将各个单项进行合计。

4. 施工日记

施工日记主要是为了反映出整个工程施工详细过程，在工程管理中起到备忘、核对检查作用。施工日记应载明当天的日期、天气、施工项目、施工人数、材料使用、工作速度、施工现场状况及有关工程的事项。

5. 施工检查

施工检查是施工管理中的一个重要环节，能反映出管理人员的管理水平和责任心。

(1) 工艺质量检查。检查各阶段工序在施工中是否符合室内装饰工程质量验收规范要求，及时发现问题进行纠正。其过程一般分为四个阶段进行验收，验收的主要内容为：隐蔽工程的验收阶段（如土建改造、水、电布排等内容）；底龙骨、底衬板工程验收阶段（如材质、规格、尺寸）；白坯、饰面的验收阶段（如材质、光洁度、定色）；竣工验收阶段（如整体质量、规格）。

(2) 安全检查。主要是检查施工现场是否有火灾隐患以及防盗措施。具体规定是施工现场禁止吸烟，若需用电气焊时，应对现场进行清理；严禁非电气人员安装及维修电路。并且禁止闲散人员进入施工现场；每日施工完毕，应注意锁好门窗、巡视工地。

(3) 施工进度检查。除了检查关键工序的施工进展外，还要经常了解其他工序的进度，发现问题应及时解决。

6. 与甲方（业主）的联系和交流

工程施工中，管理人员应经常和甲方联系，约同甲方检查工地，介绍施工情况，并及时将甲方的意见反馈回来，互相沟通，增强甲方对施工的信心。主要联系工作有以下内容。

(1) 工程开工时，请甲方在开工报表上签章，以便作工期计算的基础。

(2) 陪同甲方查看工地，并介绍施工情况。

(3) 按时参加甲方召开的工程会议。

(4) 重视甲方提出的更改设计的意见，对不能做到的，必须予以解释，更改的费用必须得到甲方签字盖章认可。

(5) 邀请甲方参加对隐蔽工程的验收。

(6) 协助甲方办理消防及报建手续。

(7) 呈报工程进度月报表，请甲方在报表上签章，作为工作量签证，敦促甲方按时拨款。

1.4.4.3 完工的善后工作

工程施工结束后，大部分施工人员撤离现场，管理人员应选择少数技术好、细心和责任心强、能胜任的多面手人员，带领他们留守施工工地，进行善后工作。善后工作有以下几个方面。

1. 工程收尾工作

认真检查各施工项目的质量，有缺点的地方，限期改善、修整，对隐蔽的部位，尤其需要仔细检查。

2. 现场清洁工作

清理工地，使现场整齐干净，对涂饰面与非涂饰面之间的分界处的涂料污点，应彻底刮除干净。所有玻璃、镜面应抹擦干净。

3. 内部初步验收

在以上两项工作完成后，应作内部初步验收，试水、试电，将全部灯具试开检查。检查上述有缺点的地方是否已及时修整，力求在甲方验收时能一次通过。

4. 填写完工报表

装饰工程施工方初步验收合格后，按照规定详细填写工程完工报表，呈请甲方检查验收，并在验收证明上签字盖章，确定甲乙双方正式验收时间。

5. 现场机具、余料撤场

收缴机具，清点数量并检查是否有损坏，如有损坏，应按不同情况提出处理意见。机具应封装后起运，以免损坏。剩余材料应整理捆绑，对易损、易污材料应加以保护，合理装车，避免造成不应有的损失。

6. 计算实际工程量

工程竣工验收合格后，应按照实际完成的工程项目，分别计算其实际的工程数量，目的便于进行工程成本的核算，同时也为今后同类装饰工程估算报价提供详细的参考资料，进而提高装饰工程预算报价的速度。

1.5 装饰装修施工技术现状及发展趋势

中国建筑装饰行业是近20年高速持续发展的行业，是建筑业的延伸与发展，在国民经济发展中发挥了重要作用。同时，建筑装饰行业的施工技术、部品制造技术也有了很大的进步，尤其幕墙专业已经接近国际水平，有的工种已经进行了彻底的改变，建筑装饰行业常用的各种电动工具已经在全行业得到了普及。有的企业已经开始走装饰配件生产工厂化、现场施工装配化的路子，这种应用全新生产方式的示范工程已经显示出工期短、质量好、无污染等特点。

1.5.1 装饰装修施工技术发展现状

建筑装饰施工技术的现状、中国建筑装饰行业的形成是中国社会经济文化发展的特殊现象，受工业专业化发展程度制约，装饰部品组合尚不成熟，售后服务滞后。由于现代建筑装饰本身涉及学科的多元化和科技的边缘性，使装饰从建筑业中逐渐分离出来，形成一个相对专业的建筑装饰行业。

中国建筑装饰行业规模之大、发展之快在建筑业发展史上是罕见的，从20世纪70年末期开始，几年间中国建筑装饰行业由几家企业发展到20万家企业，500万人从业。全国建筑装饰总产值高达7500亿元，其中家装4000亿元，行业总产值占GDP的6%，行业的飞速发展引起社会各界广泛关注。装饰行业的发展变化，真实地反映国内经济的发展速度和人民生活质量与消费方向。

装饰行业20年的发展不是原来水平上的重复，而是摆脱传统操作方法，不断更新施工工艺技术，研究新材料。施工方式的变化决定着施工水平，不同历史时期的不同施工方式代表着不同的施工水平。20世纪70年代末以前，中国的建筑装饰施工方法基本上是传统的手工操作方法，其特点是效率低、质量差、较简单。20世纪70年代末期到90年代末期在改革开放的推动下，大量新产品、新材料、先进的施工机具涌进深圳并很快普及到全国，建筑装饰行业基本形成，并且得到超常规的发展，连续十几年以高达20%的速度发展。20世纪末到21世纪初出现的在国内领先或接近国际先进水平的工艺技术，在建筑装饰行业中占主要地位。进入21世纪，企业家的市场意识不断增强，根据国内市场的需求，他们走出国门寻找国外成熟而国内没有的工艺技术，并且经过改造后在国内达到领先水平，接近国际水平的新工艺技术。如背栓系列、石材干挂技术、组合式单体幕墙技术、点式幕墙技术、金属幕墙技术、微晶玻璃与陶瓷复合技术、木制品部品集成技术、石材毛面铺设整体研磨等。有人称，部品生产工厂化、施工现场装配化的出现，是装饰行业第三次革命。

随着建筑高技派的出现，越来越多的工业产品直接在装饰工程上进行装配，金属材料装饰、玻璃制品的装饰、复合性材料的装饰、木制品部品集成装饰等技术的应用，带来了装饰工程施工本质的变化：产品精度高，工程质量好，施工工期短，无污染，时代感强。

装饰部品生产工厂化的推广，使单一材料的组合发展为不同材质、不同产品的复合集成，多元化组合在工厂完成，减少了现场的组合次数，增强组合体的完整性。装饰施工中少不了层面之间的连接和固定，各种高性能的黏结剂的问世彻底改变了传统的钉销连接紧固方式，在保证使用强度的基础上，弹性黏结改变了钢性黏结的弊病。各种现场免漆饰面工艺与工厂产品应用，根本改变了现场油漆作业所带来的有害污染，为工程竣工即刻使用创造了福音。

1.5.2 装饰装修施工技术发展趋势

我国建筑装饰行业施工技术现在正处于先进施工方式与落后施工方式、新工艺技术与老工艺技术并存的过渡期，就全国范围来看，东西部之间、城乡之间差别较大。一种新的施工方式代表着一种新的生产水平，在我国高新技术工艺出现的时候，最需要国家技术政策的引导和支持、行业的支持与扶植，使新的工艺技术在应用初期减少风险性，使其不断完善与成熟，并早日完成新老交替，早日变为新的生产力。

高新技术含量的工艺技术必然生产出性能优越的好产品，产品性能优越，销量就会增加，为提高生产效率创造了条件。增加科技投入的结果必定给企业带来较大的利润空间，同时也是提高企业核心竞争力的重要途径。当前我国建筑装饰行业确有一些接近国际先进水平的施工技术和产品，这是行业的主导，是发展方向。但我国施工技术的总体水平与国际先进水平相比还有较大的差距，如企业管理上的差距，工艺技术上的差距，产品与材料、机具与测试仪器、仪表质量上的差距，施工队伍素质上的差距等，诸多差距中，思想认识上的差距是主要差距。

建筑装饰行业施工技术发展的总方向是节能高效、绿色环保、以人为本。而业主对装饰施工的要求具体表现在5个方面，即保证装饰功能需要、工程施工质量好、工期越短越好、环保要求坚决保证和回报越快越好。市场、业主就是建筑装饰行业服务的对象。分析一下现状，幕墙技术、石材干挂技术、水电的安装已基本实现工厂生产现场安装的要求。在施工中实现木制品、油漆作业部品生产工厂化，施工现场装配化，对施工全局实施部品生产工厂化、施工现场装配化至关重要。在这方面已经取得了成功的经验，那就是成功应用了木制品部品集成技术与免漆面工艺技术，虽然只是少数，但为全行业提供样板与示范。至于全行业有没有条件推广这些工艺技术，中国建筑装饰协会工程委员会做了一个抽样调查（其中部分为一级企业），有独立机制做加工木制品能力的企业占11.4%，有固定点加工能力的正规木制品厂占20%，免漆饰面板已能够批量投产。现在，提出在全行业推行部品生产工厂化，施工现场装配化是有条件的，只不过发展的程度不同而已。部品生产工厂化是生产产品的一种方法，实现施工现场装配化才是目的。部品生产工厂化只是实现现场装配化的重要环节，部品生产工厂化是国家实现工业专业分工发展的结果，专业化生产产品最能体现本专业特点、功能上的需求和标准化要求。

综上所述，当前在建筑装饰工程施工技术方面，部品生产工厂化与现场施工装配化方面的经验是成熟的，已具备继续发展的条件，在今后若干年内建筑装饰行业的施工技术将向着部品生产工厂化、现场施工装配化这种全新的方式发展、推广，经过一两年的时间，我国建筑装饰行业的施工水平将大为改观，全行业整体水平将有很大的提高。

思考题

（1）室内装饰工程的内容及特点。

（2）室内装饰工程项目管理的特点。

（3）影响室内装饰工程质量的主要因素。

（4）保证室内装饰工程质量应采取的措施。

（5）施工组织设计的概念及构成内容。

（6）装饰工程施工程序管理的具体内容。

（7）简述室内装饰工程发展趋势。

第2章

室内吊顶装修施工技术

吊顶在整个室内装饰中占有相当重要的地位，是现代室内装饰的重要组成部分。随着人们对建筑造型多样化的要求，吊顶的形状越来越复杂，吊顶在选用材料、造型方面追求多样化。如为了满足防火、防腐、通风等需求，顶棚往往采用特殊的造型和材料，顶棚要与室内采光、灯饰紧密结合，以增强室内装饰的效果和气氛。因此吊顶工程已逐步成为较独立的工程体系。在设计施工中必须考虑用途、功能、强度与周围环境协调等。在选材上也应考虑与室内环境的整体配合，使色彩造型为一体；要遵循既省材、牢固、安全，又美观、实用的原则。

室顶是室内的天，也称天花板、天棚，是室内装饰处理的重要部位。通过对室内天花的处理，可以表现出空间的形状，获得不同的空间感觉，同时可以延伸和扩大空间，给人们的视觉起导向作用。此外，室内吊顶具有保温、隔热、隔声和吸音的作用。

2.1 吊顶工程概述

顶棚装饰装修因楼层原因，如管道、线路、灯具、风口、消防喷淋等设备，装修时，一般要结合这些设施，并在满足设备功能的前提下进行顶棚的造型装修及材料选择。

2.1.1 吊顶的种类

2.1.1.1 按顶棚的构造做法分类

按顶棚的构造做法有直接式吊顶、悬吊式顶棚。

1. 直接式吊顶

直接式吊顶是将吊顶材料直接固定在建筑物楼板、屋面板或屋架底部，吊顶的造型式样多为平面式，结构式吊顶也属于此类，分为有龙骨吊顶和无龙骨吊顶两种，基本构造组成如图 2－1 所示。

直接式吊顶构造简单、构造层厚度小；可充分利用空间、处理方法简单、装饰效果多样化；材料用量少、施工方便、造价低等特点。直接式吊顶适用于没有隐藏管线设备、设施的内部空间的普通建筑以及室内建筑高度空间受限制的场所。

2. 悬吊式顶棚

悬吊式顶棚又称吊顶，是在原有顶面的基础上，重新塑造出一个新的顶界面。顶棚表面与楼盖或屋盖结构层底面有一定的距离，通过悬挂构件与主体结构连接形成整体。悬吊式顶棚与结构层之间的距离，可根据设计要求确定。若顶棚内敷设各种管线，为其检修方便，可根据情况不同程度地加大空间高度，并可增设检修走道板，以保证检修人员安全、方便，并且不会破坏顶棚面层。

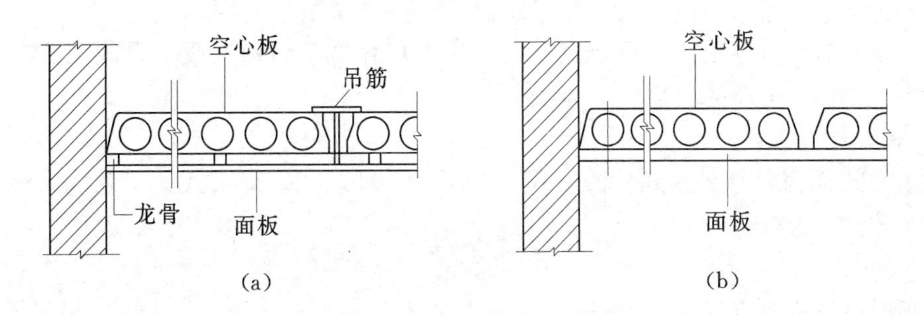

图 2-1　直接式吊顶构造示意图

(a) 有龙骨吊顶；(b) 无龙骨吊顶

悬吊式顶棚按结构形式一般包括活动式装配吊顶、隐蔽式装配吊顶、板材式吊顶、开敞式吊顶和整体式吊顶等，如图 2-2 所示。

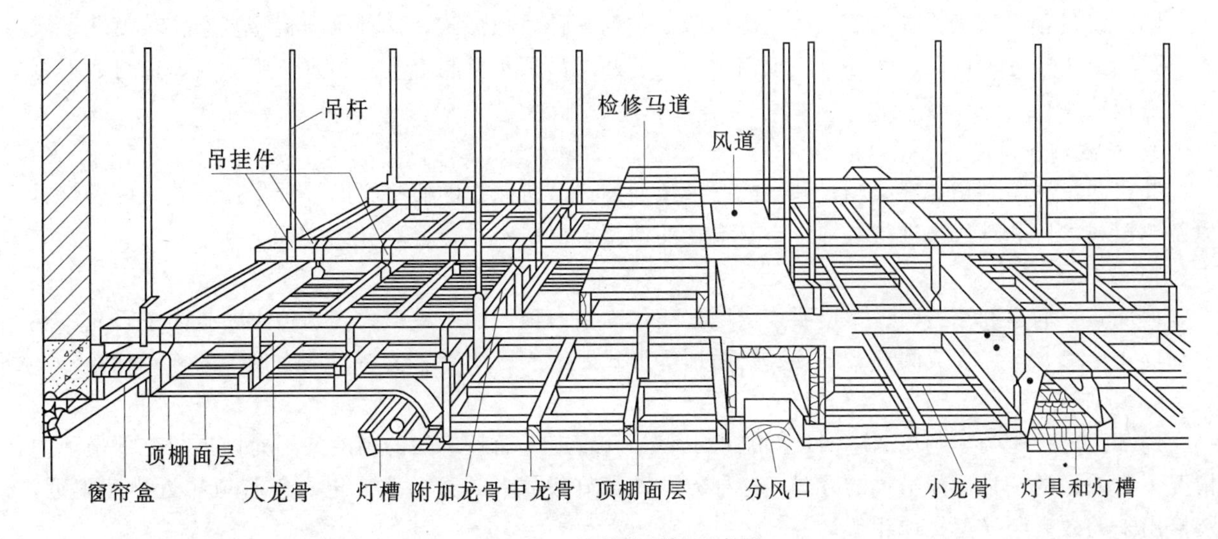

图 2-2　悬吊式顶棚示意图

2.1.1.2　按顶棚龙骨材料分类

按顶棚龙骨材料分有木龙骨吊顶、轻钢龙骨吊顶和铝合金龙骨吊顶。

1. 木龙骨吊顶

木龙骨吊顶是将木龙骨通过吊杆与楼底面固定，然后在木龙骨上安装基层板或饰面板。

2. 轻钢龙骨吊顶

轻钢龙骨吊顶是一种新型轻质装饰结构，由主龙骨通过吊挂件与建筑楼底面固定，然后次龙骨与主龙骨安装好后，再配以轻型饰面板材而成。

3. 铝合金龙骨吊顶

铝合金龙骨吊顶属轻型活动式吊顶，其饰面板用搁置、粘接、卡接或自攻螺钉等方式连接在铝合金龙骨分格边缘上，龙骨架即是吊顶的承重构件，又是吊顶饰面板的收口压条。

2.1.1.3　按顶棚外观形式分类

按顶棚外观形式分有：平滑式顶棚、井格式顶棚和悬浮式顶棚。

1. 平滑式顶棚

平滑式顶棚是顶棚表面做成平面或曲面的连续体。这类顶棚既可采用直接式顶棚，也可做成吊顶，常用于室内面积较小、层高较低或有较高卫生要求和光线反射要求的房间。

2. 井格式顶棚

井格式顶棚一般是将井格式的楼盖或屋盖结构经过抹灰或其他装饰处理，结合灯具、通风口等设备的布置，形成简洁的井格，常用于大型宴会厅、休息厅等建筑物。

3. 悬浮式顶棚

悬浮式顶棚是将各种装饰物（如织物、金属薄片等）悬吊于结构层或平滑式顶棚下，形成格栅状、自由状或有节奏感、韵律感的顶棚。

2.1.1.4 按吊顶的造型式样分类

按吊顶的造型式样分类有平面式、凹凸式、井格式、玻璃式、局部式、藻井式、格栅式、异型式、多层式、结构式和开敞式。

1. 平面式

平面式吊顶是指表面没有任何造型和层次，这种顶面构造平整、简洁、大方，材料也较其他的吊顶形式为省，适用于各种居室的吊顶装饰。它常用各种类型的装饰板材拼接而成，也可以表面刷浆、喷涂、裱糊壁纸、墙布等。（刷乳胶漆推荐石膏板拼接，便于处理接缝开裂）用木板拼接要在严格处理接口，一定要用水中胶或环氧树脂处理。

2. 凹凸式

凹凸式吊顶是指表面具有凹入或凸出构造处理的一种吊顶形式，这种吊顶造型复杂富于变化、层次感强、适用于厅、门厅、餐厅、等顶面装饰。凹凸式吊顶常常与灯具（吊灯、吸顶灯、筒灯、射灯等）搭接使用。

3. 井格式

井格式吊顶是利用井字梁因形利导或为了顶面的造型所制作的假格梁的一种吊顶形式。配合灯具以及单层或多种装饰线条进行装饰，丰富天花的造型或对居室进行合理分区。

4. 玻璃式

玻璃式顶面是利用透明、半透明或彩绘玻璃作为室内顶面的一种形式，这种主要是为了采光、观赏和美化环境，可以作成圆顶、平顶、折面顶等形式。给人以明亮、清新、室内见天的神奇感觉。

5. 局部式

局部式吊顶是为了避免居室的顶部有水、暖、气管道，而且房间的高度又不允许进行全部吊顶的情况下，采用的一种局部吊顶的方式。这种方式的最好模式是，这些水、电、气管道靠近边墙附近，装修出来的效果与异型吊顶相似。

6. 藻井式

这类吊顶的前提是房间必须有一定的高度（高于 2.85m），且房间较大。藻井式吊顶的式样是在房间的四周进行局部吊顶，可设计成一层或两层，装修后的效果有增加空间高度的感觉，还可以改变室内的灯光照明效果。

7. 格栅式

先用木材作成框架，镶嵌上透光或磨砂玻璃，光源在玻璃上面。这也属于平板吊顶的一种，但是造型要比平板吊顶生动和活泼，装饰的效果比较好。一般适用于居室的餐厅、门厅，格栅式吊顶的优点是光线柔和、轻松和自然。

8. 异型式

异型式吊顶是局部吊顶的一种，主要适用于卧室、书房等房间，在楼层比较低的房间，客厅也可以采用异型吊顶。方法是用平板吊顶的形式，把顶部的管线遮挡在吊顶内，顶面可嵌入筒灯或内藏日光灯，使装修后的顶面形成两个层次，不会产生压抑感。异型式吊顶采用的云型波浪线或不规则弧线，一般不超过整体顶面面积的 1/3，超过或小于这个比例，就难以达到好的效果。

9. 多层式

影剧院、会议厅等顶棚常常采用暗槽灯，不产生眩光，以取得柔和均匀的光环境，同时高低错落的多层式顶棚满足建筑物理的声学要求，使风口、管道、灯具结合得更自然。

10. 织物式

织物式吊顶是 20 世纪 90 年代初较为流行的一种吊顶形式，如图 2-3 所示。这种吊顶是将织物用各种方法悬挂在顶棚上，常给人以富丽、高贵、亲切之感，但使用周期较短。

图 2-3　织物式吊顶示意图

11. 开敞式

开敞式吊顶又称格栅式吊顶，其艺术效果是通过将特定形状的单体构件及其巧妙组合造成单体构件的韵律感，从而收到既遮又透的独特效果。单体构件是开敞式吊顶的基本组成构件，其造型繁多，一般采用木材、塑料、金属等材料制成。铝合金材料具有质轻、防火、易加工等优点，故应用较多。格栅式单体构件是开敞式吊顶中应用较多的一种形式，其常见尺寸为 610mm×610mm，是用双层 0.5mm 厚的薄板加工而成，表面可以是阳极保护膜也可是漆膜，色彩按设计要求加工。

开敞式吊顶的安装固定可分为两种类型：①是将单体构件固定在骨架上，然后将骨架用吊杆与结构相连；②是将单体构件直接用吊杆与结构相连，不用骨架支持。也有的将单体构件先用卡具连成整体，然后再通过通长钢管与吊杆相连，不仅减少吊杆数量，较之直接将单体构件用吊杆悬挂更为简便。

由于开敞式吊顶其上部空间的设备、管道和结构均清晰可见，因此要采取措施以模糊上部空间，如可将上面的管线设备及混凝土刷一层灰暗色，以突出吊顶的效果。其格栅形式如图 2-4 所示。

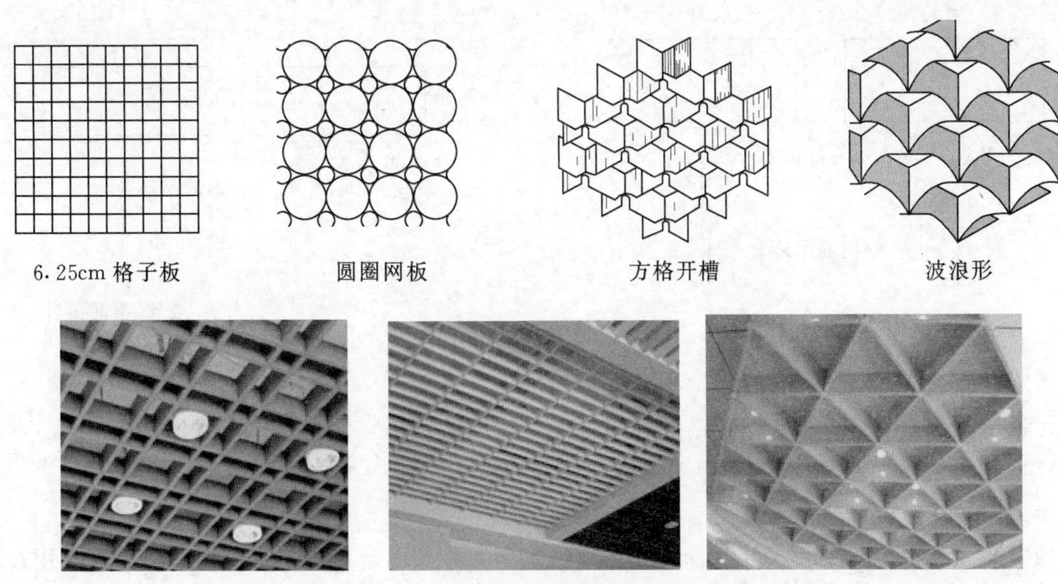

图 2-4　开敞式顶棚格栅形式示意图

2.1.1.5 按顶棚饰面材料分类

各种装饰石膏板、纸面石膏板、钙塑板、岩棉板、木夹板、玻璃、膨胀珍珠岩装饰吸音板、吸音矿棉板、各种金属装饰板（条形和方形铝合金装饰板）等。常见的主要有以下几种。

（1）木质材料。主要利用实木板、胶合板以及木塑板，是室内吊顶中最常用的材料，具有隔音、保温调节室内湿度等优点。主要用于居室客厅、影剧院、音乐厅、桑拿室等室内。

（2）纸面石膏板。主要有普通型、防潮型、阻燃型，纸面石膏板做吊顶，在材料表面可刷涂料或贴顶纸，施工方便，强度高，加工性能好。多用于居室客厅吊顶、公共建筑室内吊顶。

（3）矿棉板。具有良好的吸音效果，施工简便，多用于商场、学校教室等对吸音有一定要求的建筑室内。

（4）玻璃。主要利用磨砂玻璃、艺术玻璃、彩绘玻璃等，玻璃吊顶是结合照明灯具共同组合的吊顶形式，更能增添室内的艺术效果。多用于娱乐场所、居室的客厅和门厅等。

（5）PVC塑料扣板、塑钢板。吊顶由40mm×40mm的方木板组成骨架，在骨架下面装钉塑料扣板或塑钢板，这种吊顶主要适合于装饰卫生间顶棚。

（6）铝合金扣板。铝合金扣板与传统的吊顶材料相比，质感和装饰感方面更优。铝合金扣板分为吸音板和装饰板两种，吸音板孔型有圆孔、方孔、长圆孔、长方孔、三角孔、大小组合孔等，底板大都是白色或铝色；装饰板特别注重装饰性，线条简洁流畅，有古铜、黄金、红、蓝、奶白等颜色可以选择。主要用于厨房、卫生间以及公共建筑室内吊顶。

2.1.2 吊顶的结构组成

尽管吊顶的造型式样千变万化，但是吊顶的基本构造是由吊点、吊杆、龙骨骨架和基层板或罩面板四部分组成，其主要区别是龙骨、面层材料、位置的变化。

1. 吊点

吊点分为预埋件和重新设置件。重新设置件通常采用木方、角铁作为吊点材料。吊点的布局按每平方米1个吊点设置，但要避开楼板的接缝，吊挂大型设备要单设吊点。

2. 吊杆

吊杆又称吊筋，其作用是将整个吊顶系统与结构件相连接，将整个吊顶荷载传递给结构构件承受。此外还可以用其调整吊顶棚的空间高度以适应不同场合和不同艺术处理的需要。

（1）按施工方法划分为建筑施工期间预埋吊筋或连接吊筋的埋件；二次装修使用射钉，将吊筋固定在建筑基层上，如图2-5所示。

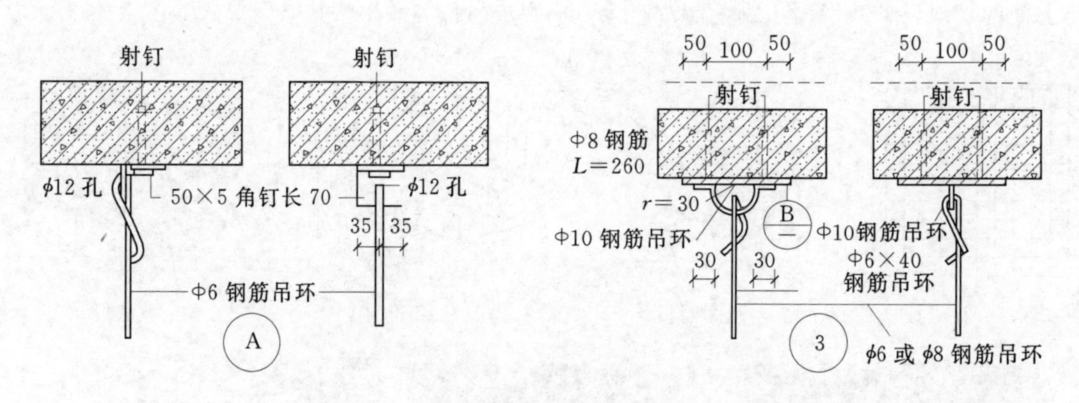

图2-5 吊筋节点示意图

（2）按荷载类型划分为上人吊顶吊筋和不上人吊顶吊筋。

（3）按材料划分为木方、型钢、方钢、圆钢铅丝等类型。

3. 龙骨骨架

吊顶龙骨骨架是由各种大小的龙骨组成，其作用是支撑并固定顶棚的罩面板以及承受作用在吊顶上的其他附加荷载。按骨架的承载能力可分为上人龙骨骨架和不上人龙骨骨架；按龙骨在骨架中所起作用可分为承载龙骨、覆面龙骨与边龙骨。承载龙骨是主龙骨，其与吊杆相连接，是骨架中的主要受力构件；覆面龙骨又称次龙骨，在骨架中起联系杆件的作用并为罩面板搁置或固定的支撑件；边龙骨又称封口角铝，主要用于吊顶与四周墙相接处，支撑该交接处的罩面板。按吊定龙骨的材质分有木材与金属两大类别，但木龙骨因防火性差已较少使用，常用的是木龙骨和金属龙骨。

4. 基层板或罩面板

吊顶用基层板或罩面板品种繁多，按尺寸规格大小一般可分为2大类：①幅面较大的板材，规格一般为（600～1200mm）×（1000～3000mm）；②幅面较小呈正方形的吊顶装饰板材，规格一般为（300～600mm）×（300～600mm）。罩面板安装完毕后，一般无需重新做饰面处理，而基层板安装后，必须进行饰面处理。

2.1.3 吊顶的细部处理

2.1.3.1 室内灯光与顶棚构造

室内照明多数是通过顶棚的灯光布置来完成的，灯光布置对室内气氛和装饰效果起着相当重要的作用。从照明形式上可分为点式、条式、块式、网格式和星光式布局。

对于顶棚来说，一般直接与顶棚结合的有嵌入式灯具、通电式轨道灯等，不直接与顶棚结合的灯具有吊灯。此外，还有通过吊顶构造变化形成的各种灯槽，如图2-6所示。

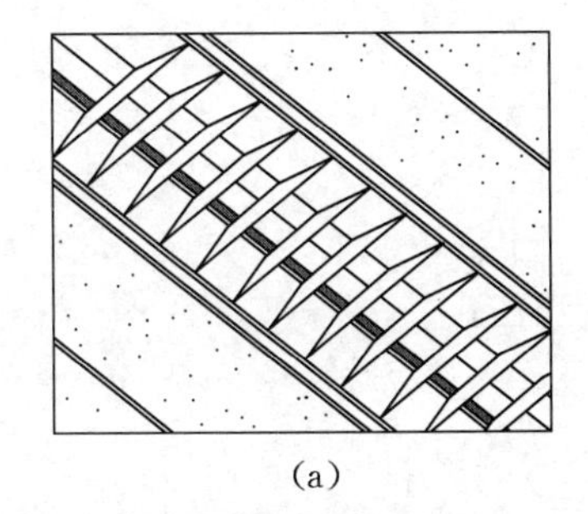
(a)

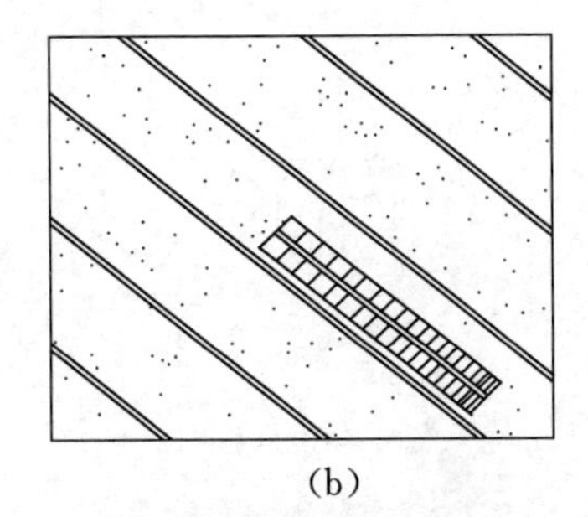
(b)

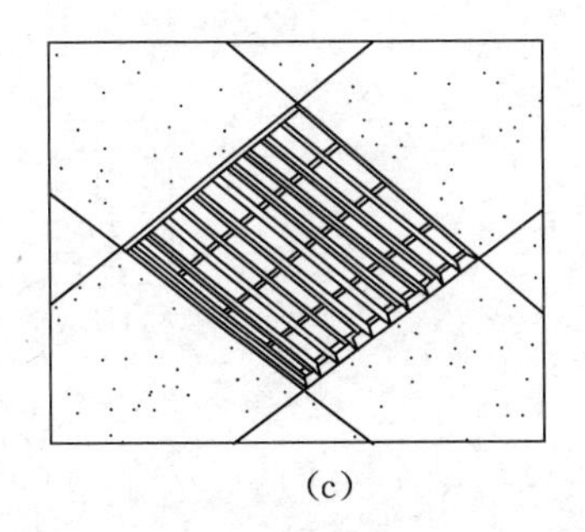
(c)

图2-6 不同照明方式与顶棚的结合

(a) 条块式灯具与条式顶棚的组合；(b) 条式灯具与条式顶棚的组合；(c) 块式灯具与方板式顶棚的组合

嵌入式灯具镶嵌在顶棚内，底面与顶棚平齐或少许凸出。外形以圆形多见，有大小不同的种类，较大的多为筒体灯，筒体内有螺丝灯口安装普通白炽灯或节能灯；小的只是在顶棚面板上安装灯圈，照明采用专用小射灯。这种灯具安装是在顶棚面上打孔，然后将灯具卡入顶棚。

(1) 吸顶灯。吸顶灯分明装吸顶灯和暗装吸顶灯。其中，明装吸顶灯是灯具露在顶棚之外，直接安装在顶棚上即可；暗装吸顶灯又称嵌入式筒体灯，常与顶棚构造体系相适应，可与装配式方板吊顶结合，如图2-7所示。

(2) 通电轨道支架。通电轨道是由L形、T形和十字形连接器连接成直角形组合支架，可以将支架当龙骨，直接搁置方形饰面板，轨道上安装灯具。也可将轨道吊挂在顶棚下面，在轨道上任意安插各种灯具，以适应不同的功能要求，如图2-8所示。

(3) 吊灯安装。当吊灯安装在直接顶棚时，一般用膨胀螺栓打入结构层上直接固定吊灯灯杆。吊灯固定在悬吊式顶棚上时，应将其固定在主龙骨或附加主龙骨上，当灯具较重时，一定单设吊挂点。

(4) 反射灯槽照明。反射灯槽是将光源安装在顶棚内的一种灯光装置，灯光借槽内的反光面将灯光反射至顶棚表面从而使室内得到柔和的光线，这种照明方式通风散热好，维修方便，如图2-9所示。

2.1.3.2 顶棚上人孔

吊顶也必须经常保持良好的通风以利于散湿、散热，从而避免构件、设备等发霉腐烂。在吊顶上设置上人孔洞既要满足使用要求，又要尽量隐藏，使吊顶完整统一。

吊顶上人孔的尺寸一般不小于600mm×600mm。如图2-10所示是使用活动板做吊顶上人孔的构造示意图，使用时可以打开，合上后又可以与周围保持一致。

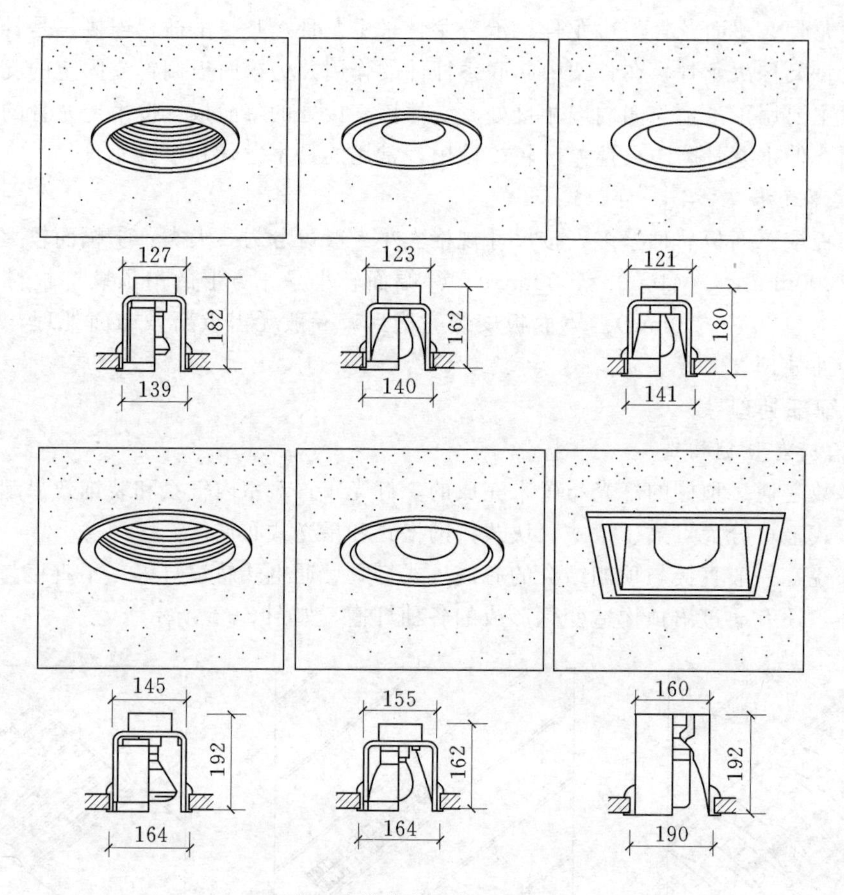

图 2-7　嵌入式筒体灯示意图（单位：mm）

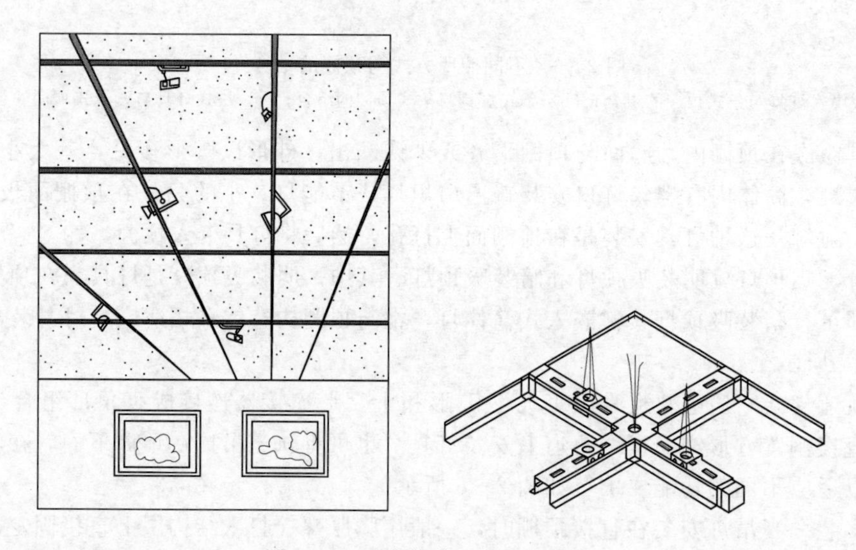

图 2-8　通电轨道灯安装示意图

2.1.4　吊顶的施工条件

(1) 审查施工图纸并检查建筑结构尺寸，同时校核空间及结构是否有需要处理的质量问题。

(2) 施工所需要的全部材料及所需用的电动机具必须备齐。同时保证材料的品种、质量以及尺寸规格等符合设计要求，电动机具也必须满足施工作业的要求。

(3) 已确定灯位、通风口及各种照明孔口的位置。

(4) 顶棚以上部分的电器布线、空调管道、消防管道、供水管道、报警线路等必须安装就位，并基本调试完毕。同时从顶棚经墙体引下来的各种开关、插座等线路也已安装完毕。

(5) 顶棚空间及顶棚基层已经清理并检查确认无误。

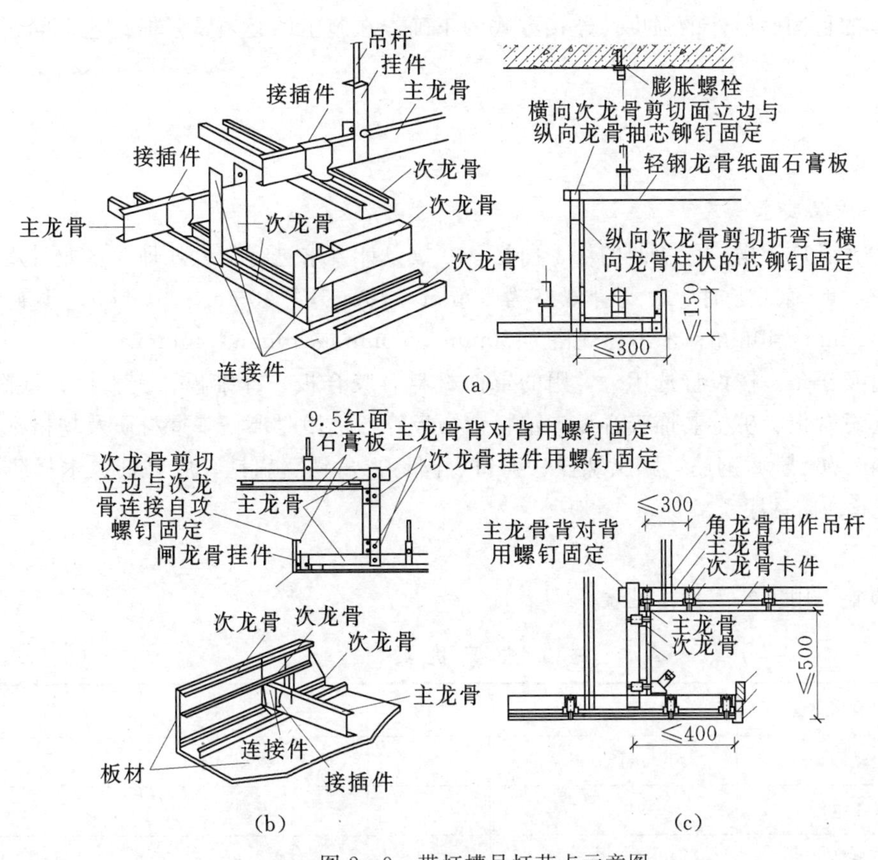

图 2-9 带灯槽吊灯节点示意图

(a) X方向参考做法；(b) Y方向参考做法；(c) 标准设计图集做法

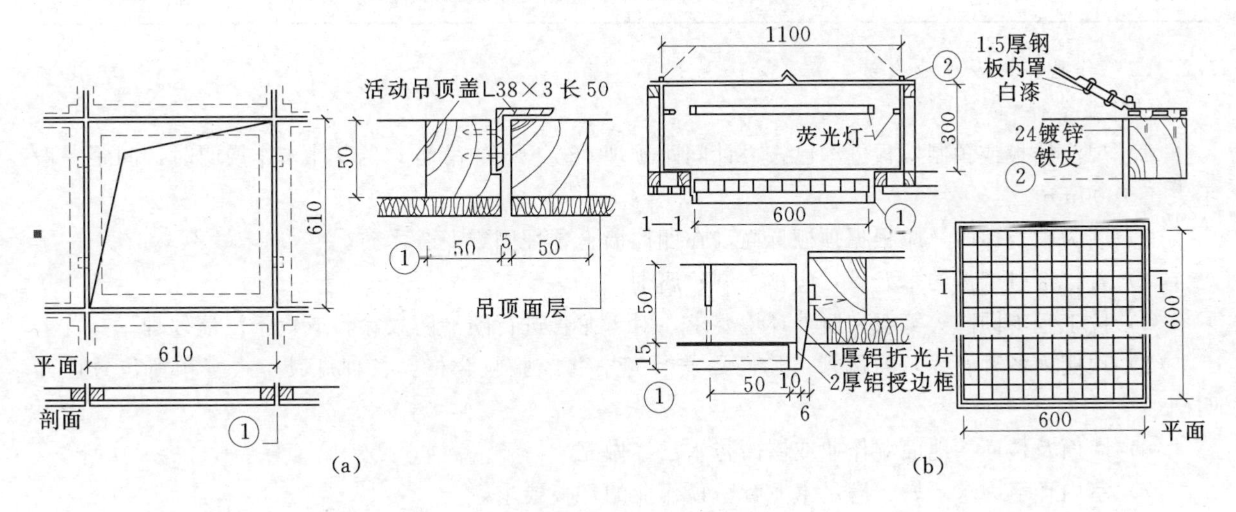

图 2-10 顶棚上人孔示意图（单位：mm）

(a) 活动板进人孔；(b) 灯罩进人孔

(6) 顶棚罩面板应在龙骨架安装完毕，经检验合格后方可进行施工。

(7) 轻钢骨架顶棚在大面积施工前，应做样板间，对顶棚的起拱度、灯槽、窗帘盒、通风口等处进行构造处理，经鉴定后再大面积施工。

(8) 根据室内的空间高度确定是否搭接设备架。如果有需要搭接的，则必须事先搭好，并保证安全。

2.2 木龙骨吊顶施工技术

木质天花的施工方法较多，但结构上却大同小异，都需要解决稳固和平整这两大问题。而吊顶稳固的关键在于吊点的稳固、吊杆的强度、连接方式的正确，在施工中必须紧紧抓住这个问题进行工艺操作。

2.2.1 施工准备

2.2.1.1 准备工作

1. 原材料及半成品要求

（1）木料。木龙骨应干燥、无扭曲的红、白松，并按设计要求进行阻燃处理。木龙骨规格按设计要求，如设计要求无明确规定时，大龙骨规格为 50mm×70mm 或 50mm×100mm；小龙骨规格为 50mm×50mm 或 40mm×40mm；木吊杆规格为 50mm×50mm 或 40mm×40mm。

（2）罩面板材及压条。按设计选用。常用的罩面材料有胶合板、纤维板、实木板、纸面石膏板、矿棉板、吸音穿孔石膏板、矿棉装饰吸音板、塑料装饰板等，选用时严格掌握材质及规格标准。

（3）其他材料。$\phi6$ 或 $\phi8$ 钢筋、膨胀螺栓、射钉、圆钉、角铁、扁铁、胶黏剂、木材防腐剂、阻燃剂、8 号镀锌铅丝、防锈漆。

2. 主要机具

木质龙骨吊顶施工用主要工具，见表 2-1。

表 2-1　施工主要机具

序号	机具名称	规　格	序号	机具名称	规　格
1	电动圆锯	ϕ400mm/1.4kW	5	线刨	
2	木工电刨		6	木刨	
3	电钻	ϕ4～13	7	射钉枪	SDT-A301
4	电锤	ZIC-22	8	电焊机	BX-200

2.2.1.2 作业条件及作业人员

1. 作业条件

（1）现浇楼板或预制楼板缝中已按设计间距预埋 $\phi6$ 或 $\phi8$ 的吊筋。当设计未作说明时，间距一般不大于 1000mm。

（2）墙为砌筑体时，应根据顶棚标高，在四周墙上预埋固定龙骨木砖。

（3）直接接触墙体的木龙骨，应预先刷防腐剂。

（4）按工程不同防火等级和所处环境要求，对木龙骨进行喷涂防火涂料或置于浸渍处理。

（5）顶棚内各种管线及通风管道均已经安装完毕并经验收合格。各种灯具、报警预留位置已经明确。

（6）墙面及楼面、地面湿作业或屋面防水已经做完。

（7）室内环境力求干燥，满足木龙骨吊顶作业的环境要求。

（8）操作台已经搭设好并经过安全验收。

2. 作业人员

（1）机运工、电工、电焊工必须持证上岗。

（2）主要作业木工具备中级工以上技能。

（3）龙骨安装、罩面板安装的主要作业人员必须有过三项以上同类型分项工程成功作业经历。

（4）作业人员经安全、质量、技能培训，满足作业的各项要求。

2.2.2 施工工艺

2.2.2.1 工艺流程

抄平弹线—→木龙骨处理—→安装吊杆—→安装主龙骨—→安装次龙骨—→管道及灯具固定—→吊顶罩面板的安装收口与整理。

2.2.2.2 工艺操作

2.2.2.2.1 抄平弹线

弹线包括：标高线、顶棚造型位置线、吊挂点布局线、大中型灯位线。

（1）确定标高线。根据室内墙上 50cm 水平线，用尺量至顶棚设计标高，在该点画出高度线，用一条塑料透明软管灌满水后，将软管的一端水平面对准墙面上的高度线。再将软管的另一端头水平面，在同侧墙面找出另一点，当软管内水平面静止时，画下该点的水平面位置，再将这两点连线，即得吊顶高度水平线。用同样方法在其他墙面做出高度水平线。操作时应注意，一个房间的各个墙的高度线测点共用一个基准高度点。沿墙四周弹一道墨线，这条线便是吊顶四周的水平线，其偏差不能大于 5mm。

（2）确定造型位置线。对于较规则的建筑空间，其吊顶造型位置可先在一个墙面量出竖向距离，以此画出其他墙面的水平线，即得吊顶位置外框线，而后逐步找出各局部的造型框架线。对于不规则的空间画吊顶造型线，宜采用找点法，即根据施工图纸测出造型边缘距墙面的距离，从墙面和顶棚基层进行实测，找出吊顶造型边框的有关基本点，将各点连线，形成吊顶造型线。

（3）确定吊点位置。对于平顶天花，其吊点一般是按每平方米布置 1 个，在顶棚上均匀排布。对于有叠级造型的吊顶，应注意在分层交界处布置吊点，吊点间距 0.8～1.2m，较大的灯具应安排单独吊点来吊挂。

通常木顶棚是不上人的，如果有上人的要求，吊点应适当加密、加固。

2.2.2.2.2 木龙骨处理

对吊顶用的木龙骨进行筛选，将其中腐蚀部分、斜口开裂、虫蛀等部分剔除。对工程中所用的木龙骨均要进行防火处理，一般将防火涂料涂刷或喷于木材表面，也可把木材放在防火涂料槽内浸渍。

对于直接接触结构的木龙骨，如墙边龙骨、梁边龙骨、端头伸入或接触墙体的龙骨应预先刷防腐剂。要求涂刷的防腐剂具有防潮、防蛀、防腐朽的功效。

2.2.2.2.3 安装吊杆

1. 吊杆固定件的设置方法

（1）用 M8 或 M10 膨胀螺栓将小于 25mm×3mm 或小于 30mm×3mm 角铁固定在现浇楼板底面上。对于 M8 膨胀螺栓要求钻孔深度不小于 50mm，钻孔直径 10.5mm 为宜；对于 M10 膨胀螺栓要求钻孔深度不小于 60mm，钻孔 ϕ13mm 为宜。

（2）用 ϕ5 以上高强射钉将小于 40mm×4mm 角钢或钢板等固定在现浇楼板的底面上。

（3）在浇灌楼面或屋面板时，在吊杆布置位置的板底预埋铁件，铁件选用 δ 等于 6mm 厚钢板，锚爪用 4ϕ8 L 不小于 150mm。

（4）现浇楼板浇筑前或预制板灌缝前预埋 ϕ10 钢筋。（对于不上人屋面，吊筋规格可选 ϕ6 或 ϕ8）要求预埋位置准确，若为现浇楼板时，应在模板面上弹线标示出准确位置，然后在模板上钻孔预埋吊筋。对于钢模板也可先将吊杆连接筋预弯 90°后紧贴模板面埋设，待拆模后剔出。

以上前两种方式固定吊杆连接件的方法不适应于上人屋面。如图 2－11 所示，为木龙骨吊顶常采用的吊点固定形式。

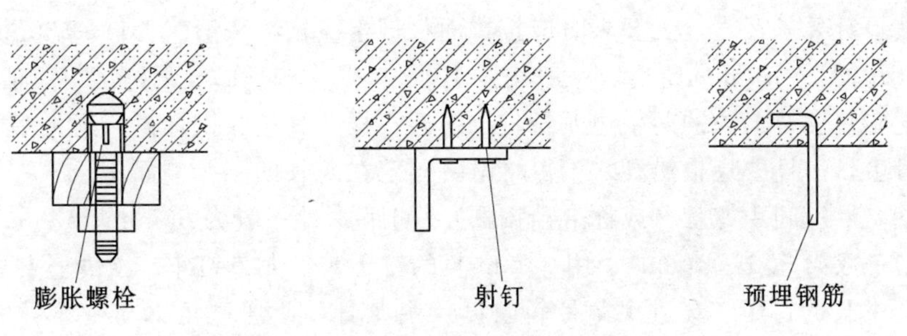

图 2－11　吊点固定安装方法示意图

2. 吊杆的连接

对于木龙骨吊顶，吊杆与主龙骨的连接通常采用主龙骨钻孔，吊杆下部套丝，穿过主龙骨用螺母紧固。吊杆的上部与吊杆固定件连接一般采用焊接，施焊前拉通线，所有丝杆下部找平后，上部再搭接焊牢。吊杆与上部固定件的连接也可采用在角钢固定件上预先钻孔或预埋的钢板埋件上加焊 $\phi10$ 钢筋环，然后将吊杆上部穿进后弯折固定。

吊杆纵横间距按设计要求，原则上吊杆间距应不大于1000mm，吊杆长度大于1000mm时，必须按规范要求设置反向支撑；吊顶灯具、风口及检修口等处应增设附加吊杆。图2-12为木龙骨吊顶构造示意图。

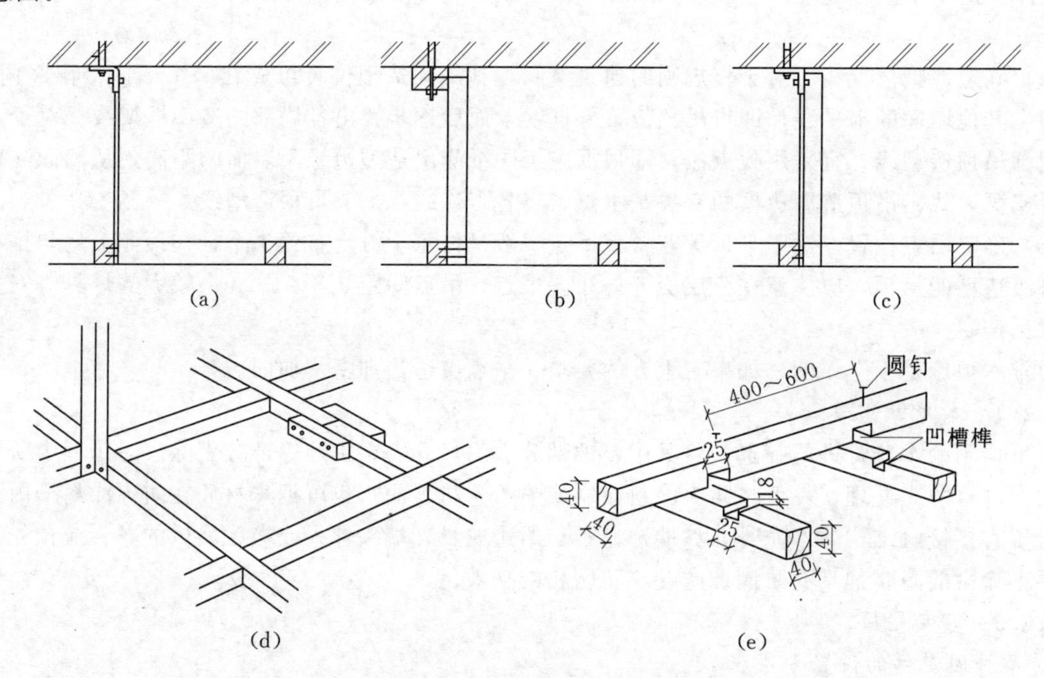

图2-12　木龙骨构造示意图（单位：mm）

(a) 用扁铁固定；(b) 用木方固定；(c) 用角铁固定；(d) 骨架连接；(e) 龙骨凹槽榫连接

2.2.2.2.4　安装主龙骨

主龙骨常用50mm×70mm的枋料，较大房间采用60mm×100mm的木枋。主龙骨与墙相接处，主龙骨应伸入墙面不少于110mm，入墙部分涂刷防腐剂。

主龙骨的布置要按设计要求，分档划线，分档尺寸还应考虑要与面层板块尺寸相适应。

主龙骨应平等于房间长向安装，同时应起拱，起拱高度为房间跨度的1/250左右，主龙骨的悬臂段不应大于300mm。主龙骨接长采取对接，相邻主龙骨的对接接头要互错开，主龙骨挂好后应基本调平。

2.2.2.2.5　安装次龙骨

次龙骨一般采用50mm×50mm或40mm×50mm的木枋，底面刨光、刮平、截面厚度应一致。小龙骨间距应按设计要求，设计无要求时应按罩面板规格决定，一般为400～500mm。钉中间部分次龙骨时应起拱，房间7～10m的跨度，一般按3/1000起拱；10～15m的跨度，一般按5/1000起拱。

按分档线先定位安装通长的两根边龙骨，拉线后各根龙骨按起拱标高，通过短吊杆将小龙骨用圆钉固定在大龙骨上，吊杆要逐根错开，不得将吊钉固定在龙骨的同一侧面上。

先钉次龙骨，后钉间距龙骨（或称卡挡搁栅）。间距龙骨一般为50mm×50mm或40mm×50mm的方木，其间距一般为300～400mm，用33mm长的钉子与次龙骨钉牢。次龙骨与主龙骨的连接，多是采用80～90mm长的钉子，穿过次龙骨斜向钉入主龙骨，或通过角钢与主龙骨的连接。次龙骨的接头和断裂及大节疤处，均需用双面夹板夹住，并应错开使用，接头两侧最少各钉2个钉子。在墙体砌筑时，一般是按吊顶标高沿墙四周牢固地预埋木砖，间距多为1m，用以固定墙边安装龙骨的方木

（或称护墙筋）。

主付木龙骨组合示意图，如图 2－13 所示。但是，跌级天棚施工，在地面上开线弹墨定位，再用悬垂挂线定出吊装跌级造型的准确位置。安装好吊装的支撑吊杆，试吊后临时挂起，通线后调平，再把跌级造型件紧固，所用方木、夹板均需进行防火、防虫处理。骨架吊装时，一定是先吊装高，后吊低处，其剖面示意图如图 2－14 所示。

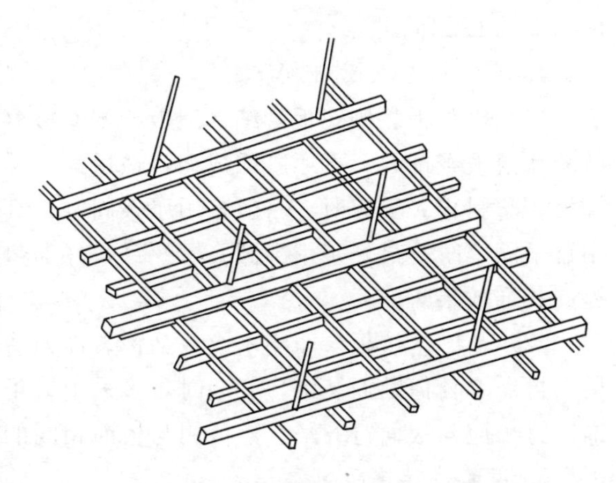

图 2－13 木龙骨吊顶组合示意图

2.2.2.2.6 管道及灯具固定

吊顶时要结合灯具位置、风扇位置做好预留洞穴及吊钩。当平顶内有管道或电线穿过时，应预先安装管道及电线，然后再铺设面层，若管道有保温要求，应在完成管道保温工作后，才可封钉吊顶面层，大的厅堂宜采用高低错落形式的吊顶。

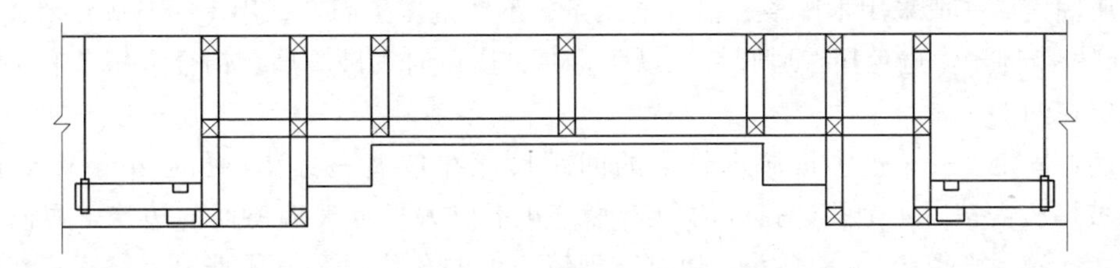

图 2－14 木龙骨跌级吊顶剖面示意图

2.2.2.2.7 吊顶罩面板的安装

木龙骨吊顶，其常用的罩面板有装饰石膏板（白平板、穿孔板、花纹浮雕板等）、胶合板、纤维板、木丝板、刨花板、印刷木纹板等。

1. 装饰石膏板的安装

装饰石膏板可用木螺丝与木龙骨固定，木螺丝与板边距应不小于 15mm，间距 170～200mm 为宜，并均匀布置。螺钉帽应嵌入板内深度 1mm 为宜，并应涂刷防锈漆，钉眼用腻子找平，再用与板面颜色相同的色浆涂刷。

2. 胶合板顶棚饰面

胶合板顶棚被广泛应用于中、高级民用建筑室内顶棚装饰，但需要注意面积超过 $50m^2$ 的顶棚不准使用胶合板饰面。

用清漆饰面的顶棚，在钉胶合板前应对板材进行挑选，板面颜色一致的夹板钉在同一个房间，相邻板面的木纹应力求协调自然。安装时，应按房间的中心线或灯框的中心线顺线向四周展开，光面朝下。胶合板对缝时，应弹线对缝，可采用 V 形缝，也可采用平缝，缝宽 6～8mm。顶棚四周应钉压条，以免龙骨收缩，顶棚四周出现沿墙离缝。板块间拼缝应均匀平直，线条清晰。固定胶合板的钉距为 80～150mm，胶合板应钉得平整，四角方正。不应有凹陷和凸起。

胶合板顶棚以涂刷聚氨酯清漆为宜。先把胶合板表面的污渍、灰尘、木刺和浮毛清理干净，再用油性腻子嵌钉眼，然后批嵌腻子，上色补色，砂纸打磨，刷清漆二至三道。漆膜要光亮，木纹清晰，不应有漏刷、皱皮、脱皮等缺陷。色彩调和，不应有咬色、显斑和露底等缺陷。

3. 纤维板顶棚饰面

纤维板分为软质、硬质、半硬质三种。适宜吊顶面板的主要是硬质纤维平板。安装前，必须进行加湿处理，即把板块浸入 60℃的热水中 30min，或冷水浸泡 24h。将硬质纤维板浸水后码垛堆起再使其自然湿透，而后晒干即可安装。在工地现场可采取隔天浸水，晚上晾干，第二天使用的方法。因硬质纤维板浸水时四边易起毛，板的强度降低，为此，浸水后轻拿轻放，尽量减少摩擦。如采用钉子固定时，钉距应为 80～120mm。钉长应为 20～30mm。钉帽砸扁敲进板面 0.5mm，其他与胶合板相同。

4. 其他人造板顶棚饰面

（1）木丝板、刨花板、细木工板。木丝板（万利板）是利用木材的短残料刨成木丝，加入水泥及硅酸盐溶液经铺料、冷压凝固成型，最后经干燥、养护而成的板材。而刨花板、细木工板贴面多用胶合板、塑料板。安装时，一般多用压条固定，其板与板间隔要求为3～5mm。如不采用压条固定而采用钉子固定时，最好采用半圆头木螺钉，并加垫圈。钉距为100～120mm，钉距应一致纵横成线，以提高装饰效果。

（2）印刷木纹板。印刷木纹板又称装饰人造板，是在人造板表面印刷上花纹图案而成。印刷木纹板不再需要任何贴面装饰，安装时，多采用钉子固定法，钉距不大于120mm。为了防止破坏板面装饰，钉子应与板面钉齐平，然后用与板面相同的油漆涂饰。

5. 镜面玻璃饰面

镜面玻璃安装前，应根据吊顶龙骨尺寸和玻璃镜面尺寸，在基层弹线，确定镜面玻璃的排列方式，并尽量做到每块尺寸相同。

（1）嵌压固定。一般采用木压条、铝合金压条、不锈钢压条固定。用木压条固定时，最好用20～35mm的射钉枪来固定，避免用普通圆钉，以防止在钉压条时震破玻璃。铝合金压条和不锈钢压条可用木螺钉固定在凹部。

（2）玻璃钉固定。安装前，按照木骨架的间距尺寸在玻璃上打孔，孔径小于玻璃钉端头直径3mm。每块玻璃板需钻出4个孔，孔位均匀布置，并不应太靠近玻璃镜面的边缘，以防开裂。玻璃块逐块就位后，先用直径2mm的钻头，通过玻璃镜面上的孔位，在吊顶骨架上钻孔，然后再呈对角线拧入玻璃钉，以玻璃不晃动为准，最后在玻璃钉上拧入装饰帽。

（3）粘结与玻璃钉双固定。在一些重要场所，或玻璃面积大于1m^{2}的顶面，经常采用粘结与玻璃钉双固定的方法，以保证玻璃在偶然开裂时，不至于下落伤人。安装时，首先将玻璃镜面的背面清扫干净后涂刷一层白乳胶，用一层薄的牛皮纸粘结在背面，并刮平整。然后分别在玻璃镜面背面的牛皮纸上和顶面木质基层上涂刷万能胶，当胶面不黏手时，把玻璃按弹线位置粘贴到顶面木质基层上，使其与顶面黏合紧密，并注意边角处的粘贴情况，最后用玻璃钉将其进一步固定。应当注意的是，在粘贴玻璃时，不能将万能胶直接涂饰在玻璃背面，以防止对玻璃镜面涂层的腐蚀损伤。

6. PVC扣板饰面

PVC吊顶是以聚氯乙烯为原料，经挤压成型组装成框架再配以玻璃而制成。它具有重量轻、耐腐蚀、抗老化、隔热性隔声性好、保温防潮、防虫蛀又防火等特点。主要适用于厨房、卫生间。但是由于PVC吊顶目前还存在型材质量不够稳定，五金件不配套，伪劣产品混杂其中等问题，所以选购PVC材料时必须选设备条件好，质量有保证的厂家的产品。查看产品是否有出厂检验产品合格证，产品表面是否被划伤，有无在运输过程中损坏，配套五金件的质量等问题，必须请专业施工队安装，才能保证使用和装饰质量。工艺要求如下所述。

（1）根据吊顶的设计标高在四周墙上弹线，其水平允许偏差为±5mm。

（2）四周墙面固定安装塑料顶角线，塑料顶角线应对缝严密，与墙四周严密，缝隙均匀。

（3）固定安装木龙骨，木龙骨吊顶木方不小于25mm×30mm，且木方规矩。并符合纸面石膏木龙骨工艺要求。

（4）木龙骨架调平后，安装塑料扣板。用钉固定时，钉距不宜大于200mm，塑料扣板拼接整齐，接缝应均匀平直，色泽一致，无变形，无污迹。

（5）面板与墙面、灯具等交接处应严密，不得有漏缝现象，轻型灯具（及排风扇）应与龙骨连接紧密，重型灯具或吊扇，不得与吊顶龙骨连接，应在基层板上另设吊件。

2.2.2.2.8 收口与整理

（1）木吊顶的收口部分主要是吊顶面与墙面之间、与柱面之间、与窗帘盒之间、与吊顶上设备之间以及吊顶面各交接面之间的衔接处理，通常采用装饰实木线条作为收口收边材料。

（2）整个饰面工作完成后，经过一段时间的干燥，饰面层有可能出现少量的缺陷，必须进行修补整理。其主要内容包括：油漆面与非油漆面的清理，油漆面有起泡和色泽不均，裱糊的壁纸起泡，镶贴面不平整和翘边等清理内容。

2.2.3 关键控制点控制及检验方法

1. 关键控制点控制

（1）龙骨、罩面板。龙骨、罩面板等材料进场验收，与业主协商，明确更具体的材质、类型、规格、等级及性能要求，购专业厂家生产的产品。

（2）吊杆安装。吊杆材质、规格、防腐处理、位置、间距、标高、丝扣规格及吊杆与楼板连接的牢固性。

（3）龙骨安装。龙骨间距、标高、主次龙骨连接的牢固性，安装前四周必须弹出安装控制线，龙骨的阻燃和防腐处理。

（4）罩面板的安装。拉通线检查龙骨的平直度，挂线安装，固定方式正确可靠，边安装边用靠尺检查平整度。

（5）外观。吊顶面洁净，色泽一致，压条平直通顺严实，与灯具、风口篦子交接部位吻合、严密。

2. 罩面板及钢木架安装允许偏差及检验方法

罩面板及钢木架安装允许偏差及检验方法，见表2-2。

表2-2　　罩面板及钢木架安装允许偏差及检验方法

<table>
<tr><th colspan="3" rowspan="2">项　目</th><th colspan="7">允许偏差（mm）</th><th rowspan="2">检验方法</th></tr>
<tr><th>胶合板</th><th>塑料板</th><th>纤维板</th><th>钙塑板</th><th>刨花板</th><th>木丝板</th><th>木板</th></tr>
<tr><td rowspan="6">面板</td><td colspan="2">表面平整</td><td colspan="2">2</td><td colspan="2">3</td><td colspan="2">4</td><td>3</td><td>用2m靠尺和楔形塞尺检查</td></tr>
<tr><td colspan="2">立面垂直</td><td colspan="2">3</td><td colspan="2">4</td><td colspan="2">4</td><td>4</td><td>用2m托线板检查</td></tr>
<tr><td colspan="2">压条平直</td><td colspan="2">3</td><td colspan="2">3</td><td colspan="2">3</td><td>—</td><td rowspan="2">拉5m线，不足5m拉通线和尺量检查</td></tr>
<tr><td colspan="2">接缝平直</td><td colspan="2">3</td><td colspan="2">3</td><td colspan="2">3</td><td>3</td></tr>
<tr><td colspan="2">接缝高低</td><td colspan="2">0.5</td><td colspan="2">1</td><td colspan="2">—</td><td>1</td><td>用直尺和塞尺检查</td></tr>
<tr><td colspan="2">压条间距</td><td colspan="2">2</td><td colspan="2">2</td><td colspan="2">3</td><td>—</td><td>尺量检查</td></tr>
<tr><td rowspan="5">木骨架</td><td rowspan="2">顶棚主筋截面尺寸</td><td>木方</td><td colspan="7">−3</td><td rowspan="4">拉线和尺量检查</td></tr>
<tr><td>原木</td><td colspan="7">−5</td></tr>
<tr><td colspan="2">吊杆、格栅（立筋、横撑）截面尺寸</td><td colspan="7">−2</td></tr>
<tr><td colspan="2">顶棚起拱高度</td><td colspan="7">短向宽度的1/200±10</td></tr>
<tr><td colspan="2">顶棚四周水平线</td><td colspan="7">±5</td><td>尺量或用水准仪</td></tr>
</table>

2.2.4 成品保护

吊顶装饰完毕后，不得随意剔槽，严禁上下人损坏吊顶安灯具、风口等时不得损坏和污染吊顶。后续作业时，应采取保护措施，以防污染。

2.3 轻钢龙骨石膏板吊顶施工技术

轻钢龙骨一般采用薄钢板或镀锌铁皮卷压成型，分为主龙骨、次龙骨及连接件。在悬吊和连接方法上，又分为上人吊顶与不上人吊顶。上人吊顶一般需考虑龙骨应承受的集中载荷，不上人吊顶一般只考虑龙骨与饰面材料本身的自重。与轻钢龙骨配套的饰面板材主要有：各种装饰石膏板，矿棉板、铝合金板等。不论采用哪一种饰面板，其施工工艺过程都是大同小异的。下面以最常见的、并较典型的轻钢龙骨纸面石膏板吊顶施工为例，来介绍轻钢龙骨吊顶施工的有关内容。

2.3.1 吊顶的设计

2.3.1.1 吊顶龙骨的选择

1. 吊顶承重龙骨规格的选择

在吊顶工程中，根据吊顶所承受的荷载情况来选择采用的龙骨规格是关系到吊顶工程质量好坏、造价高低的最重要的因素。在设计中，除了考虑吊顶本身的自重之外，还要考虑到上人检修、吊挂灯具等设备的集中附加荷载。

2. 吊顶承载龙骨和覆面龙骨配合选择

任何一种规格的承重龙骨（主龙骨），可以和任何一种规格的覆面龙骨（次龙骨）互相配合使用。原则是在满足以下两点要求的情况下，尽量减少龙骨的用量和配套材料。

（1）满足吊顶的力学要求。根据龙骨所承受的荷载情况来进行合理配合龙骨的组合形式。

（2）满足吊顶的表面形式。根据吊顶表面龙骨显现与否来分，可分为明龙骨吊顶和暗龙骨吊顶。

2.3.1.2 饰面材料的选择

合理的选择吊顶采用的饰面板材的品种、规格是吊顶工程中的一项很重要的环节。在满足对吊顶的设计要求和使用性能要求的前提下，应尽量降低吊顶工程的造价。

1. 品种的选择

（1）根据不同的室内使用功能来选择。

（2）考虑材料自身的物理、化学性能（如抗断裂、阻燃、无污染）。

2. 规格的选择

在满足设计的力学性能和龙骨布局合理性的前提下，应尽量选择幅面较大、厚度较薄的板材，这样可以节省材料和施工时间，降价工程造价。

2.3.1.3 吊顶承重龙骨的分布

承载龙骨间距大小对吊顶的承受荷载及吊顶的刚性有很重要的作用，一般为900～1100mm之间。当单位面积荷载为25kg/m^{2}时，其间距不大于1100mm；当单位面积荷载为50kg/m^{2}时，其间距不大于900mm。

2.3.1.4 吊杆与楼板的连接

吊杆与楼板的连接是关系到吊顶是否能承受设计荷载的关键。如果连接不牢或脱落，会造成经济损失，重则伤人。一般吊杆与楼板上的吊点采用焊接，而吊点必须采用射钉或膨胀螺栓等可靠性好的连接件来固定吊点，不宜采用黏接方式。同时，吊杆也必须通过计算来选择。

2.3.1.5 吊顶形式的选择

（1）按组成吊顶轻钢龙骨骨架的龙骨品种来分，有承载龙骨吊顶和无承载龙骨吊顶两种。

（2）按覆面龙骨分布的情况来分，有横向分布的覆面龙骨吊顶和无横向分布的覆面龙骨吊顶。有横向分布覆面龙骨的特点是吊顶的稳定性好，饰面板缝牢固可靠，缺点是浪费材料，增加施工时间（因为需要将横向分布的覆面龙骨切割成等长的小段，以便用龙骨支托将其嵌装于相邻的纵向分布的覆面龙骨之间，这势必增加覆面龙骨和龙骨支托的用量）。由此看来，通常不宜采用有横向分布的覆面龙骨的吊顶。

2.3.2 施工准备

1. 原材料、半成品要求

（1）龙骨。主龙骨是轻钢吊顶龙骨体系中的主要受力构件，整个吊顶的荷载通过主龙骨传给吊杆。主龙骨的受力模型为承受均布荷载和集中荷载的连续梁，因此，主龙骨必须满足强度和刚度的要求。次龙骨（中、小龙骨）的主要作用是固定饰面板，中、小龙骨多数是构造龙骨，其间距由饰面板尺寸决定。轻钢龙骨按截面形状分为U形、T形骨架两种形式，按组成吊顶轻钢龙骨骨架的龙骨规格区分，主要有四种系列，即D60系列、D50系列、D38系列和D25系列。

（2）零配件。吊杆（轻型用$\phi6$或$\phi8$，重型用$\phi10$）、吊挂件、连接件、挂插件、花篮螺丝、射钉、自攻螺钉等。

(3) 罩面板。轻钢龙骨骨架常用的罩面板材料有装饰石膏板、纸面石膏板、吸引穿孔石膏板、矿棉装饰吸声板。施工时按设计要求选用，当设计深度不足，如罩面板未标明具体规格尺寸、等级以及质量密度、抗弯强度或断裂荷载、吸水率等技术性能要求时，用在订货前与设计或业主联系确定，明确各种要求，以便以后的验收，压缝常选用铝压条。

(4) 胶黏剂。按主材的性能选用，使用前应做粘结试验。

2. 主要机具

轻钢龙骨吊顶施工常用施工机具，见表2-3。

表2-3　主要工机具一览表

序号	工机具名称	规格	序号	工机具名称	规格
1	水平仪	DS2	6	电锤	ZIC-22
2	电动除锈机		7	自攻螺钉钻	1200r/min
3	手提式电动砂轮机	SIMJ-125	7	型材切割机	J2GS-300型
4	手提式电动圆锯	9英寸	9	射钉枪	SDT-A301
5	电钻	ϕ4～13	10	液压升降台	ZTY6

3. 施工条件

(1) 审查施工图纸并检查建筑结构尺寸，同时校核空间及结构是否有需要处理的质量问题。

(2) 各种吊顶材料，尤其是各种零配件经过进场验收，各种材料、人员、机具配套齐全。

(3) 顶棚以上部分的电器布线、空调管道、消防管道、供水管道、报警线路等必须安装就位，调试完毕并通过验收。同时，确定好灯位、通风口及各种明露孔口位置。

(4) 根据室内的空间高度确定是否搭接设备架。如果有需要搭接的，则必须事先搭好，并保证安全。

(5) 轻钢骨架顶棚大面积施工前，应做样板间，对顶棚的起拱度、灯槽、通风口等处进行构造处理，通过做样板间决定分块及固定方法，经鉴定认可后，方可大面积施工。

4. 施工人员要求

(1) 机运工、电工、电焊工必须持证上岗，并有过成功的施工经验。

(2) 施工人员经安全、质量、技能培训，满足施工的各项要求。

2.3.3 施工工艺

2.3.3.1 工艺流程

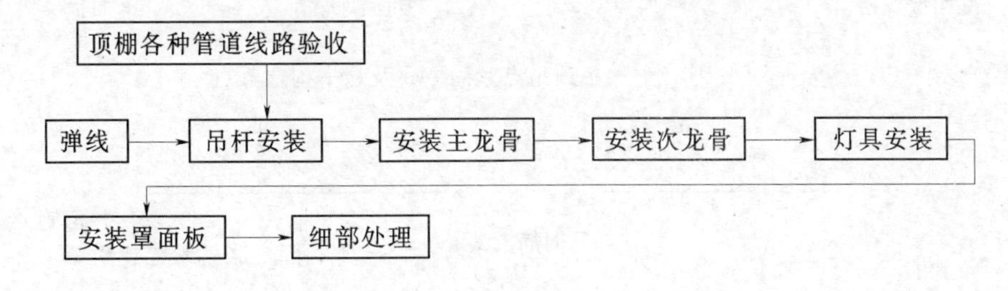

2.3.3.2 操作工艺

1. 弹线

弹线主要包括：标高线、顶棚造型位置线、吊挂点布置线、大中型灯位线。

(1) 确定标高线。根据室内墙上+50cm水平线，用尺量至顶棚的设计标高划线、弹线。若室内+50cm水平线未弹通线或通线偏差较大时，可采用一条塑料透明软管灌满水后，将软管的一端水平面对准墙面上的高度线。再将软管另一端头水平面，在同侧墙面上找出另一点，当软管内水平面静止时，画出该点的水平面位置，再将这两点连线，即得吊顶高度水平线，用同样方法在其他墙面上做出高度水平线。操作时应注意，一个房间的基准高度点只用一个，各面墙的高度线测点共用，沿墙四周弹一道墨线，这条线便是吊顶四周的水平线，其偏差不能大于 3mm。

(2) 确定造型位置线。对于较规则的建筑空间，其吊顶造型位置可先在一个墙面量出竖向距离，以此画出其他墙面的水平线，即得吊顶位置外框线，然后逐步找出各局部的造型框架线。对于不规则的空间画吊顶造型线，宜采用找点法，即根据施工图纸测出造型边缘距墙面的距离，从墙面和顶棚基层进行引测，找出吊顶造型边框的有关基本点或特征点，将各点连线，形成吊顶造型框架线。

(3) 确定吊点位置。双层轻钢 U 形、T 形龙骨骨架吊点间距不大于 1200mm。单层骨架吊顶吊点间距为 800～1500mm（视罩面板密度、厚度、强度、刚度等性能而定）。对于平顶天花，在顶棚上均匀排布，对于有叠层造型的吊顶，应注意在分层交界处吊点布置，较大的灯具及检修口位置也应该安排吊点来吊挂。

2. 吊杆安装

(1) 吊杆紧固件或吊杆与楼面板或屋面板结构的连接固定主要有以下 4 种常见方式。

1) 用 M8 或 M10 膨胀螺栓将小于 25×3 或小于 30×3 的角钢固定在楼板底面上，注意钻孔深度应不小于 60mm，孔径略大于螺栓直径 2～3mm。

2) 用 $\phi5$ 以上的射钉将角钢或钢板等固定在楼板底面上。

3) 浇捣混凝土楼板时，在楼板底面（吊点位置）预埋铁件，可采用 150mm×150mm×6mm 钢板焊接 4 个 $\phi8$ 锚爪；锚爪在板内锚固长度不小于 200mm。

4) 采用短钢筋法在现浇板浇筑时或预制板灌缝时，预埋 $\phi6$、$\phi8$ 或 $\phi10$ 的短钢筋，外露部分（露出板底）不小于 150mm。

对于上面所述的 1)、2) 两种方法不适宜上人吊顶。

(2) 吊杆与主龙骨的连接以及吊杆与上部紧固件的连接如图 2-15 和图 2-16 所示。

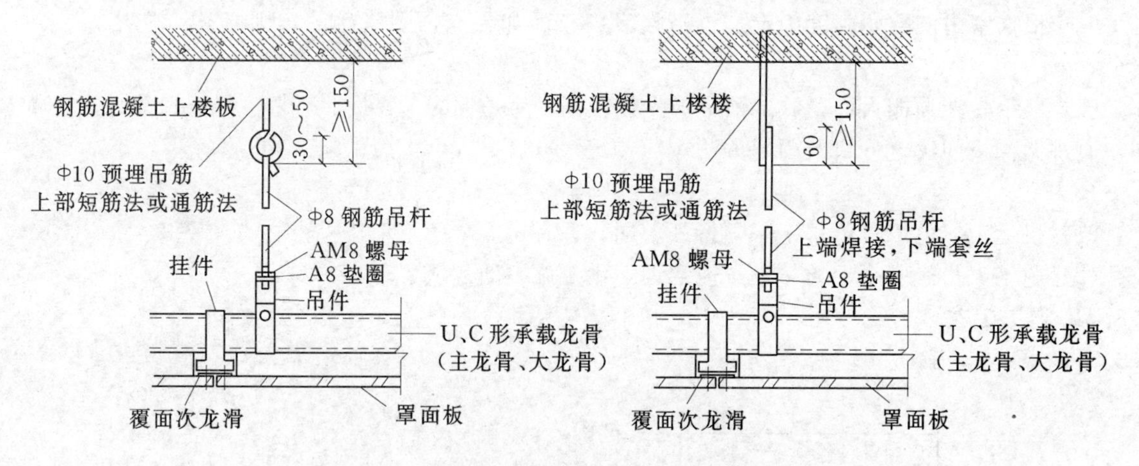

图 2-15　上人吊顶吊点紧固方式及悬吊构造节点

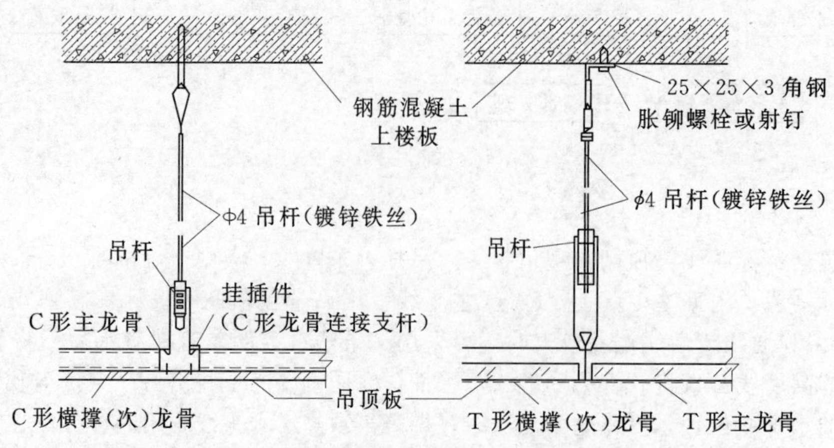

图 2-16　不上人吊顶吊点紧固方式及悬吊构造节点

3. 安装主龙骨

（1）根据吊杆在主龙骨长度方向上的间距在主龙骨上安装吊挂件。

（2）将主龙骨与吊杆通过垂直吊挂件连接。上人吊顶的悬挂，用一个吊环将龙骨箍住，用钳夹紧，既要挂主龙骨，同时也要阻止龙骨摆动。不上人吊顶悬挂，用一个专用的吊挂件卡在龙骨的槽内，使之达到悬挂的目的。轻钢大龙骨一般选用连接件接长，也可以焊接，但宜点焊。连接件可用铝合金，也可用镀锌钢板，须将表面冲成倒刺，与主龙骨方孔相连，可以焊接，但宜点焊，连接件应错位安装。遇到观众厅、礼堂、展厅、餐厅等大面积房间采用此类吊顶时，需每隔 12m 在大龙骨上部焊接横卧大龙骨一道，以加强大龙骨侧向稳定性及吊顶整体性。

（3）根据标高控制线使龙骨就位。待主龙骨与吊件及吊杆安装就位以后，以一个房间为单位进行调整平直。调平时按房间的十字和对角拉线，以水平线调整主龙骨的平直，对于由 T 形龙骨装配的轻型吊顶，主龙骨基本就位后，可暂不调平，待安装横撑龙骨后再进行调平调正。较大面积的吊顶主龙骨调平时，应注意其中间部分应略有起拱，起拱高度一般不小于房间短向跨度的 1/200～1/300。

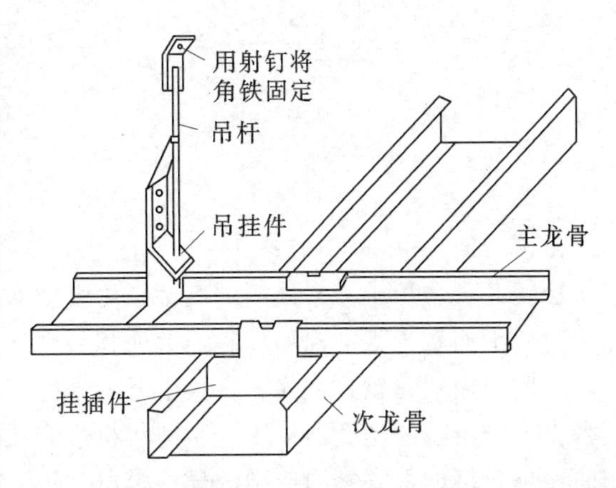

图 2-17　主、次龙骨连接

4. 安装次龙骨、横撑龙骨

（1）安装次龙骨。在覆面次龙骨与承载主龙骨的交叉布置点，使用其配套的龙骨挂件（或称吊挂件）将二者上下连接固定，龙骨挂件的下部勾住覆面龙骨，上端搭在承载龙骨上，将其 U 形或 W 形腿用钳子嵌入承载龙骨内，如图 2-17 所示。双层轻钢 U、T 形龙骨骨架中龙骨间距为 500～1500mm，如果间距大于 800mm 时，在中龙骨之间增加小龙骨，小龙骨与中龙骨平行，与大龙骨垂直用小吊挂件固定。

（2）安装横撑龙骨。横撑龙骨用中、小龙骨截取，其方向与中、小龙骨垂直，装在罩面板的拼接处，底面与中、小龙骨平齐，如装在罩面板内部或者作为边龙骨时，宜用小龙骨截取。横撑龙骨与中、小龙骨的连接，采用配套挂插件（或称龙骨支托）或者将横撑龙骨的端部凸头插入覆面次龙骨上的插孔进行连接。

（3）边龙骨固定。边龙骨宜沿墙面或柱面标高线钉牢，固定时，一般常用高强水泥钉，钉距不宜大于 500mm。如果基层材料强度较低，紧固力不好，应采取相应的措施，改用膨胀螺栓或加大钉的长度等办法。边龙骨一般不承重，只起封口收边的作用。

5. 罩面板安装

（1）对于轻钢龙骨吊顶，罩面板材安装方法有明装、暗装和半隐装三种。明装是纵横 T 形龙骨骨架均外露、饰面板只要搁置在 T 形龙骨两翼上即可的一种方法；暗装是饰面板边部有企口，嵌装后骨架不外露；半隐装是饰面板安装后外露部分骨架的一种方法。

（2）罩面板与轻钢骨架固定方式分为：罩面板自攻螺钉钉固法、罩面板胶结粘固法和罩面板托卡固定法。

1）自攻螺钉钉固法。自攻螺钉钉固法的施工要点是先从顶棚中间顺通长次龙骨方向装一行罩面板，作为基准，然后向两侧延伸分行安装。固定罩面板的自攻螺钉间距为 150～170mm，钉帽应凹进罩面板以内 1mm。

2）胶结黏固法。胶结黏固法的施工要点是按主材料性质选用适宜的胶结材料，使用前必须做胶结试验，掌握好压合时间。罩面板应经选配修整，使厚度、尺寸、边楞一致。每块罩面板胶结时应预装，然后再预装部位龙骨框底面刷胶，同时在罩面板四周边宽 10～15mm 的范围内刷胶，大约过 2～3min 后，将罩面板压黏在预装部位，每间顶棚先由中间行开始，然后向两侧分行粘结。

3）托卡固定法。当轻钢龙骨为 T 形或 H 形时，多为托卡固定法安装罩面板。T 形轻钢骨架通长次龙骨安装完毕，经检查标高、间距、平直度符合要求后，垂直通长次龙骨弹分块及卡档龙骨线。罩面板安装由顶棚中间行次龙骨的一端开始，先装一根边卡档次龙骨，再将罩面板侧槽卡入T形次龙骨翼缘（安装）或将无侧槽的罩面板装在T形次龙骨翼缘上面（明装），然后安装另一侧卡档次龙骨。按上述程序分行安装，若为明装时，最后分行拉线调整T形明龙骨的平直。

托卡固定法托卡罩面板的基本方式，如图2-18所示。

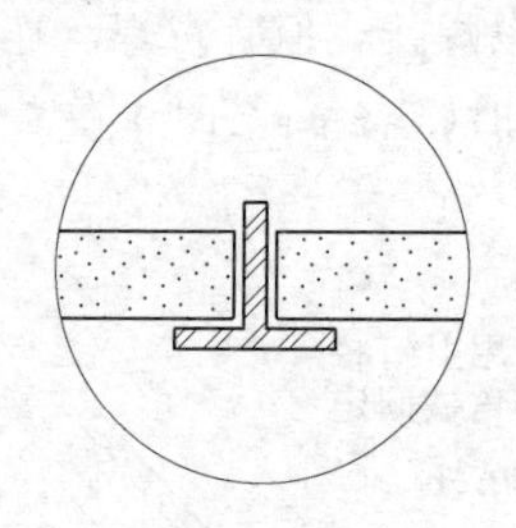
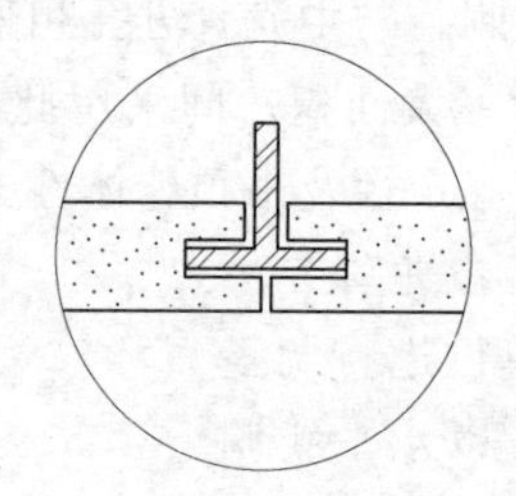
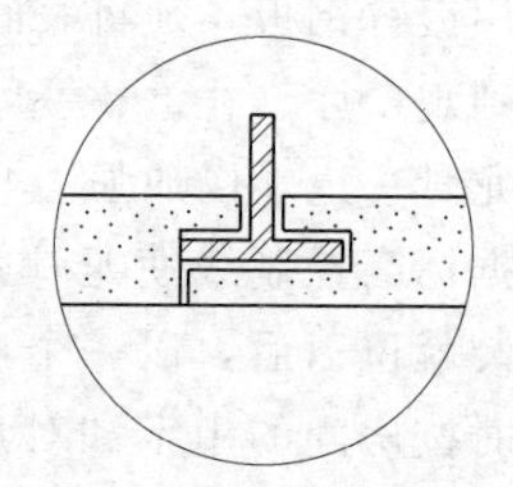

图2-18　罩面板托卡固定法示意图

6. 基层板的安装

轻钢龙骨吊顶中，常采用的基层板为纸面石膏板，下面介绍纸面石膏板安装施工方法。

（1）纸面石膏板的现场加工。大面积板料切割可使用板锯，小面积板料切割采用多节刀进行灵活裁割。用专用圆孔锯在纸面石膏板上开各种圆形孔洞，用针锉在板上开各种异型孔洞；用针锯在纸面石膏板上开出直线型孔洞；用边角刨将板边制成倒角；用滚锯切割小于120mm的纸面石膏板条，使用曲线锯，可以裁割不同造型的异型板材。

（2）纸面石膏板的罩面钉装。大多数采用横向铺钉的形式，纸面石膏板在吊顶面的平面排布，需从整张的一侧开始向不够整张的另一侧逐步安装。板与板之间的接缝缝隙，其宽度一般为6～8mm。纸面石膏板的板材应在自由状态下就位固定，以防止出现弯棱、凸棱等现象。纸面石膏板的长边（包封边），应沿着纵向次龙骨铺设。板材与龙骨固定时，应从一块板的中间向板的四边循序固定，不得采用在多点上同时作业的做法。

用自攻螺钉铺钉纸面石膏板时，钉距以150～170mm为宜，螺钉应与板面垂直。自攻螺钉与纸面石膏板板边的距离，距包封边（长边）以10～15mm为宜，距切割边（短边）以15～20mm为宜。钉头略埋入板面，但不能致使板材纸面破损。自攻螺钉进入轻钢龙骨的深度，应不小于10mm，在装钉操作中如出现有弯曲变形的自攻螺钉时，应予以剔除，在相隔50mm的部位另安装自攻螺钉。

纸面石膏板的拼接缝处，必须是安装在宽度不小于40mm的T形龙骨上，其短边必须采用错缝安装，错开距离应不小于300mm，一般是以一个覆面龙骨的间距为基数，逐块铺排，余量置于最后。安装双层石膏板时，表层与基层板的接缝也应错开，并不得在同一根龙骨上接缝。

（3）注意事项。吊顶施工中应注意工种之间的配合，避免返工拆装损坏龙骨及板材。吊顶上的风口、灯具、烟感探头、喷洒头等可在吊顶板就位后安装，也可留出周围吊顶板。待上述设备安装后再进行安装，对于T形明露龙骨吊顶应在全面安装完成后对明露龙骨及板面做最后调整，以保证平直。

（4）纸面石膏板的嵌缝。纸面石膏板拼接缝的嵌缝材料主要有2种：①嵌缝石膏粉；②穿孔纸带。嵌缝石膏粉的主要成分是石膏粉加入缓凝剂。嵌缝及填嵌钉孔等所用的石膏腻子，由嵌缝石膏粉加入适量清水（嵌缝石膏粉与水的比例为1：0.6），静止5～6min后经人工或机械调制而成，调制后应放置30min再使用。注意石膏腻子不可过稠，调制时水温不低于5℃，若在低温下调制应使用温水。调制后不可再加石膏粉，避免腻子中出现结块和渣球。穿孔纸带就是打有小孔的牛皮纸带，纸带上的小孔在嵌缝时可以保证石膏腻子多余部分挤出。纸带宽度为50mm，使用时应先将其置于清水中浸湿，这样做有利于纸带与石膏腻子的结合。此外，另有与穿孔纸带起着相同作用的玻璃纤维网格胶带，其成品已浸过胶液，具有一定的挺度，并在一面涂有不干胶。它有着较牛皮纸带更优异的拉结作用，在石膏板板缝处有更理想的嵌缝效果，故在一些重要部位可用它取代穿孔牛皮纸带，以防止板缝开裂的可能性。玻璃纤维网格胶带的宽度一般为50mm，价格高于穿孔纸带。

(5) 整个吊顶面的纸面石膏板铺钉完成后，应进行检查，并将所有的自攻螺钉的钉头涂刷防锈漆，然后用石膏腻子嵌平。此后即作板缝的嵌缝处理，其程序如下。

1) 第一步清扫板缝。用小刮刀将嵌缝石膏腻子均匀饱满地嵌入板缝，并在板缝处刮涂约 60mm 宽、1mm 厚的腻子，随即贴上穿孔纸带（或玻璃纤维网格胶带），使用宽约 60mm 的腻子刮刀顺穿孔纸带方向压刮，将多余的腻子挤出，并刮平、刮实，不可留有气泡。

2) 第二步用宽约 150mm 的刮刀将石膏腻子填满宽约 150mm 的板缝处带状部分。

3) 第三步用宽约 300mm 的刮刀再补一遍石膏腻子，其厚度不可超过 2mm。

4) 第四步待腻子完全干透后（约 12h），用 2 号砂布或砂纸将嵌缝石膏腻子打磨平滑，其中间部分略微凸起，但要向两边平滑过渡。

7. 细部处理

(1) 吊顶龙骨的组合。T 形龙骨、U 形龙骨的组合形式及龙骨节点构造示意图如图 2-19 所示。

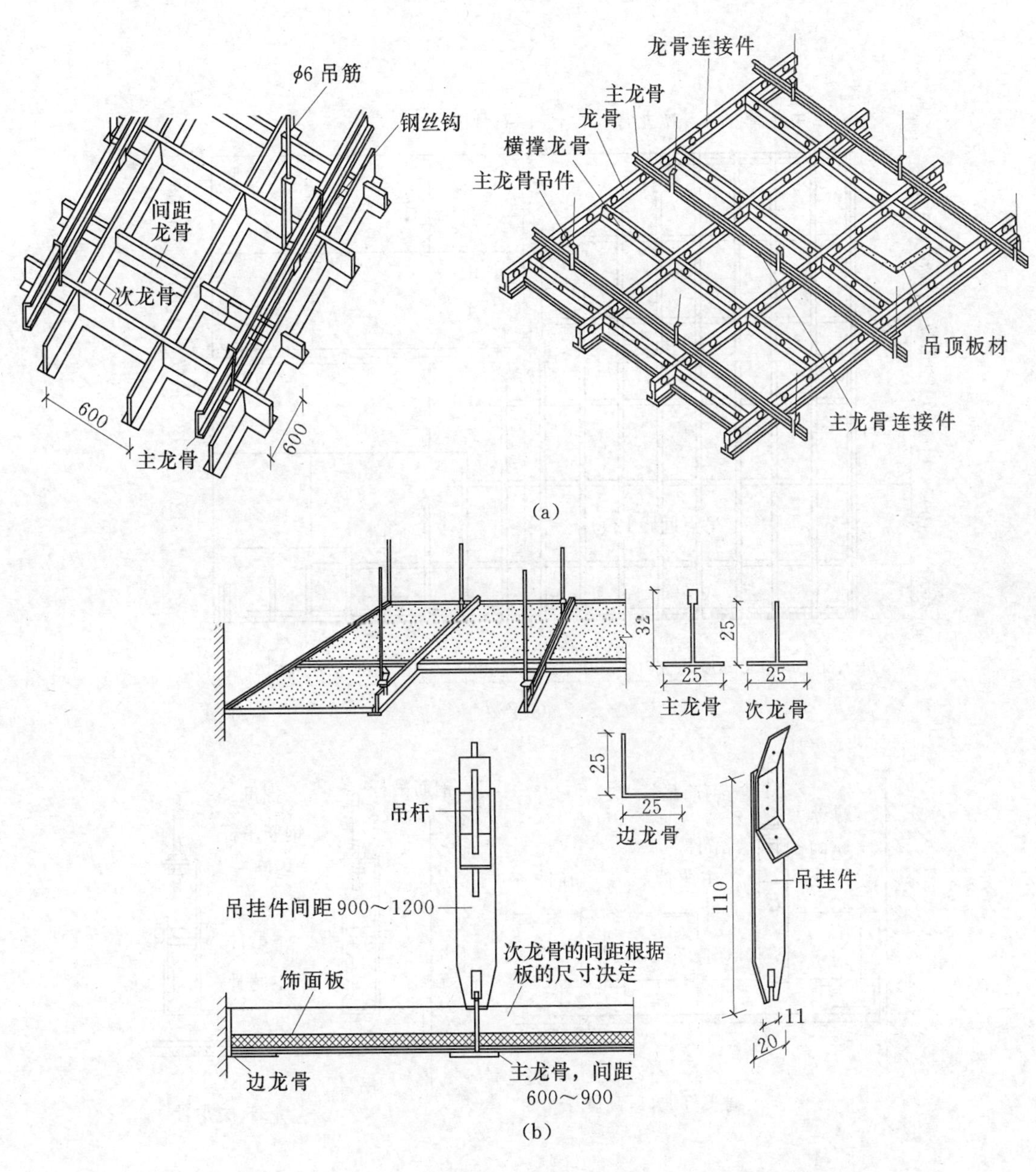

图 2-19（一） 吊顶龙骨的组合形式及龙骨节点构造示意图

(a) T 形吊顶龙骨组装示意图；(b) T 形吊顶龙骨构造示意图

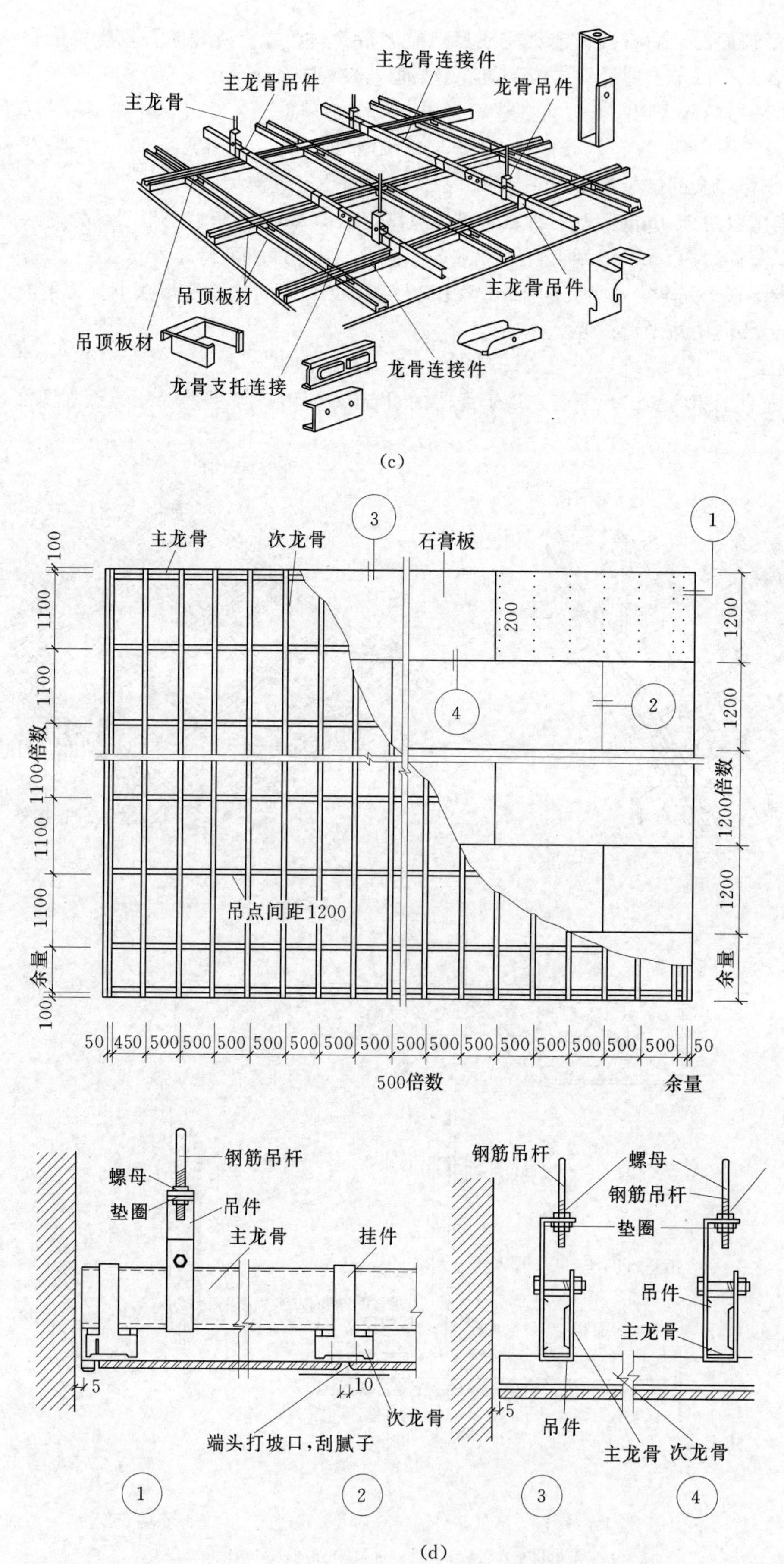

图 2-19（二） 吊顶龙骨的组合形式及龙骨节点构造示意图

(c) U形、C形吊顶龙骨主、配件组合示意图；(d) 石膏板吊顶构造示意图

(2) 吊顶的边部节点构造。轻钢龙骨纸面石膏板吊顶与墙、柱立面结合部位，一般处理方法归纳为3类：①平接式；②留槽式；③间隙式。吊顶的边部节点构造如图2-20所示。

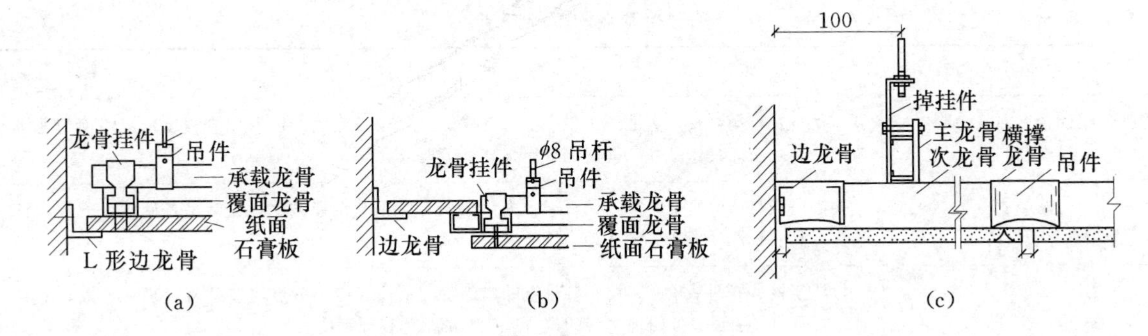

图2-20　吊顶的边部节点构造

(a) 平接式；(b) 留槽式；(c) 间隙式

(3) 吊顶与隔墙的连接。轻钢龙骨纸面石膏板吊顶与轻质隔墙相连接时，隔墙的横龙骨（沿顶龙骨）与吊顶承载龙骨用M6螺栓紧固，吊顶的覆面龙骨依靠龙骨挂件与承载龙骨连接；覆面龙骨的纵横连接则依靠龙骨支托。吊顶与隔墙面层的纸面石膏板相交的阴角处，固定金属护角。

(4) 烟感器和喷淋头的安装。施工中应注意水管预留必须到位，既不可伸出吊顶面，也不能留短，烟感器及喷淋头旁800mm范围内不得设置任何遮挡物。

8. 轻钢龙骨罩面板顶棚允许偏差及检验方法

轻钢龙骨罩面板顶棚允许偏差及检验方法，见表2-4。

表2-4　　轻钢龙骨罩面板顶棚允许偏差及检验方法

项类	项　　目		允许偏差（mm）			检验方法
			纸面石膏板	矿棉板	吸声石膏板	
龙骨	龙骨间距		2	2	2	尺量检查
	龙骨平直		3	2	2	拉5m线，用钢直尺检查
	起拱高度		±10	±10	±10	拉线尺量
	龙骨四周水平		±5	±5	±5	拉通线或用水平仪检查
罩面板	表面平整	暗装	2	2	2	用2m靠尺和塞尺检查
		明装	—	3	2.5	
	接缝平直		3	3	3	拉5m线，用钢直尺检查
	接缝高低	暗装	1	1.5	1	用钢直尺或塞尺检查
		明装	—	2	1.5	
	顶棚四周水平		±5	±5	±5	拉通线或用水平仪检查
压条	压条平直		3	3	3	拉5m线，用钢直尺检查
	压条间距		2	2	2	尺量检查

9. 关键控制点

轻钢龙骨吊顶关键控制点，见表2-5。

2.3.4 成品保护

(1) 龙骨、罩面板及其他吊顶材料在入场存放、使用过程中要严格管理，保证板材不受潮、不变形、不污染。

(2) 罩面板安装必须在棚内管道、试水、保温等一切程序完全验收后进行。

(3) 吊顶施工过程中，注意对已经安装好的门窗，已经施工完毕的楼地面、墙面、窗台等的保护，防止损伤和污染。

（4）吊顶施工过程中注意保护顶棚内各种管道线路，禁止将吊杆、龙骨等临时固定在各种管道上。

表2-5　　关键控制点的控制方法

关键控制点	主要控制方法
龙骨、配件、罩面板的购置与进场验收	广泛进行市场调查；实地考察供方生产规模、生产设备或生产线的先进程度；定购前与业主协商一致，明确具体品种、规格、等级、性能等要求
吊杆安装	控制吊杆与结构的紧固方式，对于上人吊顶，必须采用预埋方式；控制吊杆间距、下部丝杆端头标高一致性；吊杆防腐处理
龙骨安装	拉线复核吊杆调平程度；检查各吊点的紧固程度；注意检查节点构造是否合理；核查在检修孔、灯具口、通风口处附加龙骨的设置；骨架的整体稳固程度
罩面板安装	安装前必须对龙骨安装质量进行验收，使用前应对罩面板进行筛选，剔除规格、厚度尺寸超差和棱角缺损及色泽不一致的版块
外观	吊顶面洁净，色泽一致；压条平直、通顺严实；与灯具、风口篦子交接部位吻合、严实

2.4　轻钢龙骨铝板、铝塑板吊顶施工技术

轻钢龙骨铝板、铝塑板吊顶工艺操作简单，应用范围广泛。主要应用于工厂、办公楼装修、商用空间以及居室厨房和卫生间的顶棚装饰装修。

2.4.1　施工准备

1. 技术准备

编制轻钢骨架罩面板顶棚工程施工方案，并对施工人员进行书面技术及安全交底。

2. 材料要求

（1）轻钢骨架主件为大、中、小龙骨；配件有吊挂件、连接件、插接件。

（2）零配件有吊杆、膨胀螺栓、铆钉。

（3）按设计要求选用的罩面板，其材料品种、规格、质量应符合设计要求。

3. 主要机具

（1）电动机具。电锯、无齿锯、射钉枪、手电钻、冲击电锤、电焊机。

（2）手动机具。拉铆枪、手锯、钳子、螺丝刀、扳子、钢尺、钢水平尺、线坠等。

4. 作业条件

（1）吊顶工程在施工前应熟悉施工图纸及设计说明。

（2）吊顶工程在施工前应熟悉现场。

1）施工前按设计要求对房间的净高、洞口标高和吊顶内的管道、设备及其支架的标高进行交接验收。

2）对吊顶内的管道、设备的安装及水管试压进行验收。

3）检查材料进场验收记录和复验报告、技术交底记录。

2.4.2　关键质量要点

1. 材料的关键要求

金属板面层涂饰必须色泽一致，表面平整，几何尺寸误差在允许范围内。

2. 技术关键点

弹线必须准确，经复验后方可进行下道工序。金属板加工尺寸必须准确，安装时拉通线。

3. 质量关键要求

（1）吊顶龙骨必须牢固、平整，利用吊杆或吊筋螺栓调整拱度。安装龙骨时，应严格按放线的水

平标准线和规方线组装周边骨架。受力节点应装钉严密、牢固、保证龙骨的整体刚度。龙骨的尺寸应符合设计要求，纵横拱度均匀，互相适应。吊顶龙骨严禁有硬弯，如果有必须调直再进行固定。

(2) 吊顶面层必须平整，施工前应弹线，中间按平线起拱。长龙骨的接长应采用对接，相邻龙骨衔头要错开，避免主龙骨向边倾斜。龙骨安装完毕，应经检查合格后再安装饰面板。吊件必须安装牢固，严禁松动变形。龙骨分格的几何尺寸必须符合设计要求和饰面板块的模数。饰面板的品种、规格符合设计要求，外观质量必须符合材料技术标准的规格。旋紧装饰板的螺丝时，避免板的两端紧中间松，表面出现凹形，板块调平规方后方可组装，不妥处应经调整再进行固定，边角处的固定点要准确，安装要严密。

(3) 接缝应平整，板块装饰前应严格控制其角度和周边的规整性，尺寸要一致。安装时应拉通线找直，并按拼缝中心线，排放饰面板，排列必须保持整齐。安装时应沿着中心线和边线进行，并保持接缝均匀一致。压条应沿着装订线装钉，并应平顺光滑，线条整齐，接缝密和。

2.4.3 铝板吊顶工艺

2.4.3.1 工艺流程

顶棚标高弹水平线⟶划龙骨分档线⟶安装水电管线⟶固定吊挂杆件⟶安装主龙骨⟶安装次龙骨⟶安装罩面板⟶安装压条。

2.4.3.2 操作工序

1. 弹线

用水准线在房间内每个墙（柱）角上抄出水平点（若墙体较长，中间也应适当抄几个点），弹出水准线（水准线一般距离地面 500mm），从水准线量至吊顶设计高度加上金属板的厚度和折边的高度，用粉线沿墙（柱）弹出水准线，即为吊顶次龙骨的下皮线。同时，按吊顶平面图，在混凝土顶板弹出主龙骨的位置。主龙骨应从吊顶中心向两边分，最大间距为 1000mm，遇到梁和管道固定点大于设计和规程要求，应增加吊杆的固定点。

2. 固定吊挂杆件

采用膨胀螺栓固定吊挂杆件。采用 $\phi 8$ 的吊杆，还应设置反向支撑。吊杆可以采用冷拔钢筋和盘圆钢筋，但采用盘圆钢筋应采用机械将其拉直。吊杆的一端同 $L30\times30\times3$ 角码焊接（角码的孔径应根据吊杆和膨胀螺栓的直径确定），另一端可以用攻丝套出大于 100mm 的丝杆，也可以买成品丝杆焊接。制作好的吊杆应做防锈处理，制作好的吊杆用膨胀螺栓固定在楼板上，用冲击电锤打孔，孔径应稍大于膨胀螺栓的直径。

3. 安装龙骨

(1) 安装边龙骨。边龙骨的安装应按设计要求弹线，沿着墙上的水平龙骨线把 L 形镀锌轻钢条用自攻螺钉固定在预埋木砖上，如为混凝土墙可用射钉固定，射钉间距应不大于吊顶次龙骨的间距。如罩面板是固定的单铝板或铝塑板可以用密封胶纸直接收边，也可以加阴角进行修饰。

(2) 安装主龙骨。主龙骨应吊挂在吊杆上。住龙骨间距 900～1000mm。主龙骨为 UC50 型，一般宜平行竖向安装，同时应起拱，起拱高度为房间跨度的 1/200～1/300。主龙骨的悬臂端不应大于 300mm，否则应增加吊杆。主龙骨的接长应采取对接，相邻龙骨的对接接头要相互错开，主龙骨挂好后应基本调平。

(3) 安装次龙骨。次龙骨间距根据设计要求施工。可以用型钢做主龙骨，与吊杆直接焊接或螺栓连接，金属罩面板的次龙骨，应使用专用次龙骨，与主龙骨直接连接。

用 T 形镀锌钢板铁片连接件把次龙骨固定在主龙骨上时，次龙骨的两端应搭在 L 形边龙骨的水平翼缘上。在通风、水电等洞口周围应设附加龙骨，附加龙骨的连接应拉铆钉铆固。

4. 金属（条、方）扣板安装

(1) 条板式吊顶龙骨一般可直接吊挂，也可以增加主龙骨，主龙骨间距不大于 1000mm，条板式吊顶龙骨与条板配套。(专用型轻钢龙骨)

(2) 方板吊顶次龙骨分明装 T 形和暗装卡口两种，可根据金属方板式样选定，次龙骨与主龙骨间用固定件连接。

（3）金属板吊顶与四周墙面所留空隙，用金属压条与吊顶找齐，金属压缝条的材质宜与金属板面相同。

（4）铝板吊顶安装与结构示意图，如图 2-21 和图 2-22 所示。

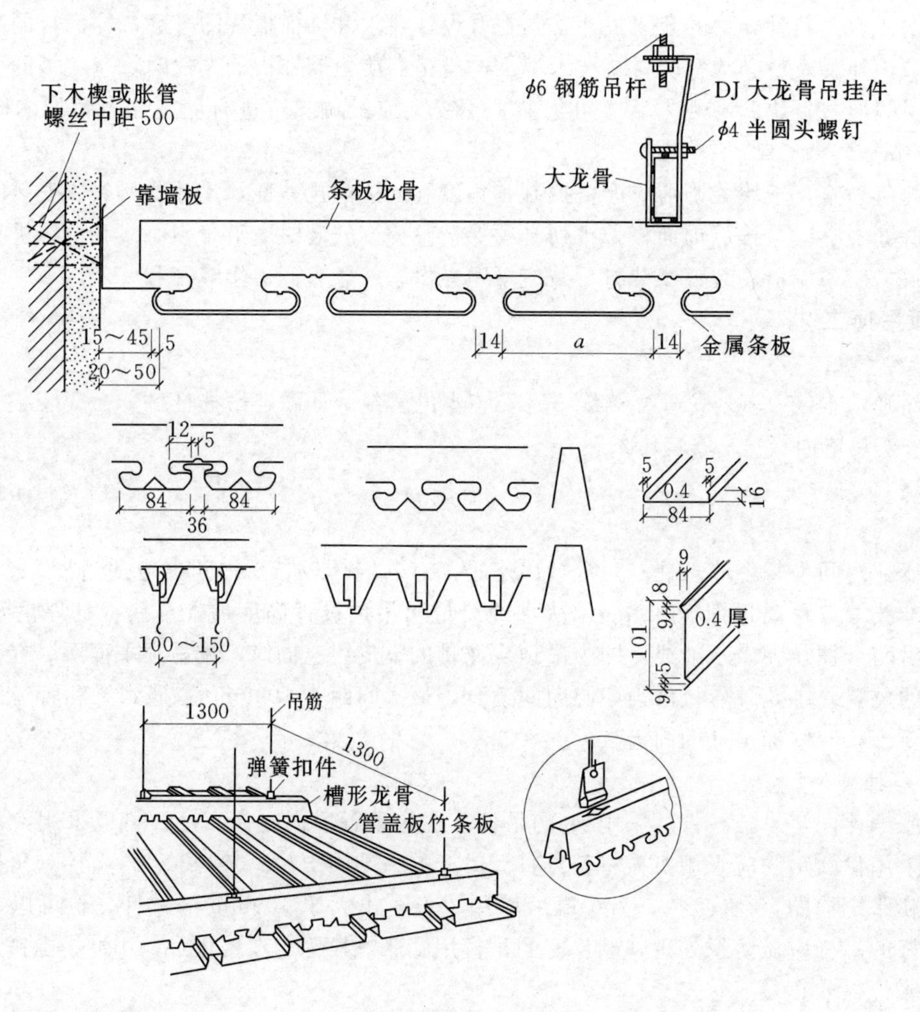

图 2-21　条形板安装示意图

（5）饰面板上的灯具、烟感器、喷淋头、风口蓖子等设备的位置应合理、美观，与饰面的交接应吻合、严密。并做好检修口的预留，使用材料宜与母体相同，安装时应严格控制整体性，刚度和承载力。

5. 注意事项

大于 3kg 重型灯具、电扇及其他重型设备严禁安装在吊顶工程的龙骨上。

2.4.4 铝塑板饰面施工

铝塑板吊顶施工工艺操作与铝板基本相同，不同点在于轻钢龙骨骨架安装好之后，要安装九厘板作为基层板，然后用专用胶粘贴在基层上。

1. 工艺流程

顶棚标高弹水平线⟶划龙骨分档线⟶安装水电管线⟶固定吊挂杆件⟶安装主龙骨⟶安装次龙骨⟶封九厘板基层⟶安装罩面板。

2. 铝塑板安装

（1）铝塑板采用双面铝塑板，根据设计要求，裁成需要的形状，用胶粘贴在事先封好的九厘米板基层上，并根据设计要求留出胶缝。

（2）刷胶均匀，安装时击打铝塑板要用力均匀，确保铝塑板安装后的平整度、光洁度，不出现凹

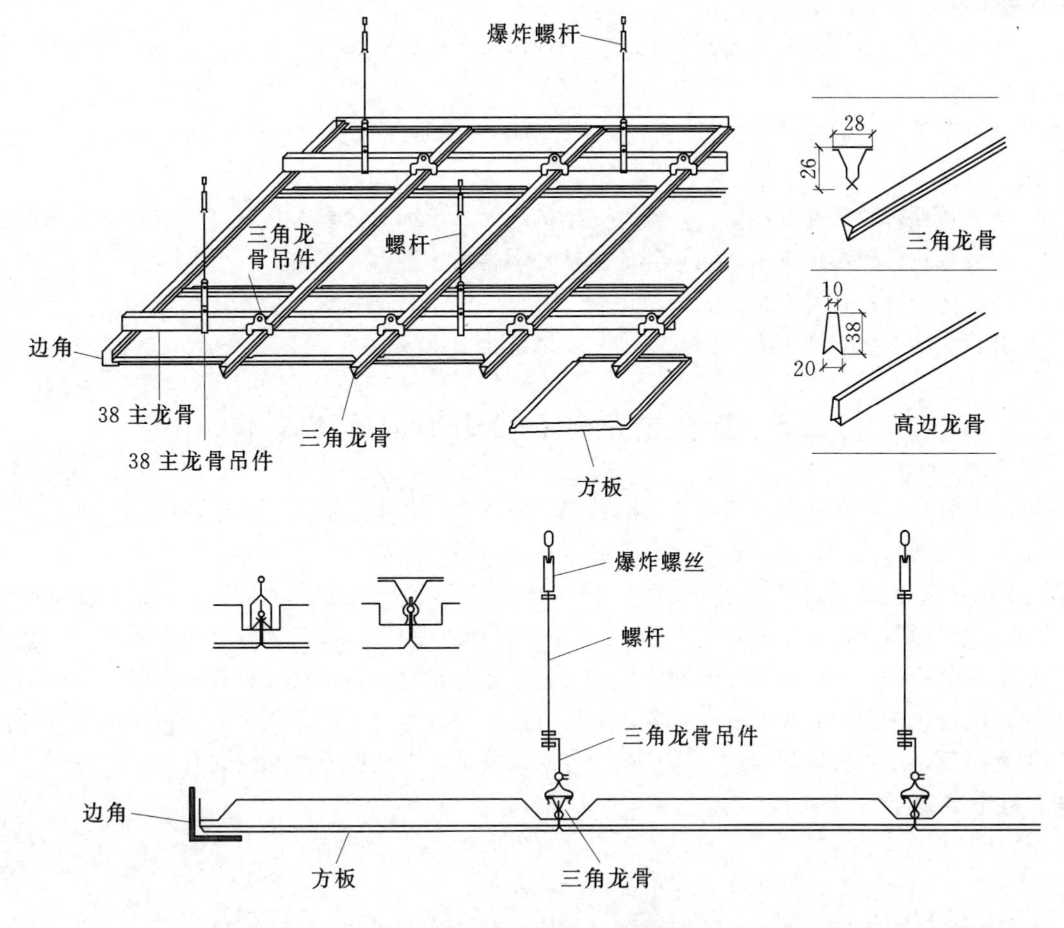

图 2-22　卡入式方板顶棚构造

凸不平现象。

2.4.5　施工时应注意的问题

（1）基层处理。基层必须平整、干净，基层安装牢固，接缝应尽量根据现场情况调整，达到最佳安装效果为止，接缝均匀宽窄一致。

（2）铝塑板刷胶均匀，在安装时必须注意击打铝塑板时要用力均匀，确保铝塑板安装后平整度、光洁度，不准出现凹凸不平现象。

（3）胶缝处理时，注意饰面保护，打胶均匀光洁，无明显接痕。

（4）轻钢骨架金属罩面板顶棚允许偏差项目，见表 2-6。

表 2-6　　轻钢骨架金属罩面板顶棚允许偏差

项类	项　目	允许偏差（mm）		检验方法
		钙塑板	条扣板	
龙骨	龙骨间距	2	2	尺量检查
	龙骨平直	2	2	拉 5m 线，用钢直尺检查
	起拱高度	±10	±10	拉线尺量
	龙骨四周水平	±5	±5	水平仪检查
罩面板	表面平整	1.5	1.5	用 2m 靠尺和塞尺检查
	接缝平直	1.5	1.5	拉 5m 线，用钢直尺检查
	接缝高低	0.5	0.5	用钢直尺或塞尺检查
	顶棚四周水平	±3	±3	拉通线或用水平仪检查
压条	压条平直	1	1	拉 5m 线，用钢直尺检查

2.4.6 成品保护

(1) 轻钢骨架及罩面板安装应注意保护顶棚内各种管线，轻钢骨架的吊杆、龙骨不准固定在通风管道及其他设备上。

(2) 轻钢骨架、罩面板及其他吊顶材料在入场存放、使用过程中严格管理，保证不变形、不受潮、不生锈。

(3) 施工顶棚部位已安装的门窗，施工完毕的地面、墙面、窗台等应注意保护，防止污损。

(4) 已装轻钢骨架不得上人踩踏，其他吊挂件不得吊于轻钢骨架上。

(5) 为了保护成品，罩面板安装必须在棚内管道、试水、保温等一切工序全部验收后进行。

(6) 安装饰面板时，施工人员应戴线手套，以防止污染板面。

2.5 铝合金龙骨石膏板吊顶施工技术

铝合金龙骨是以铝合金挤压而成的顶棚骨架支撑材料，铝合金龙骨吊顶与轻钢龙骨吊顶相比，是属于轻型活动板式吊顶，其饰面板放在龙骨的分格内而不需要固定。龙骨即是吊顶的承重件，又是吊顶饰面板的压条。但是，如果铝合金龙骨一般也与轻钢龙骨组合使用。即主要承重龙骨为轻钢龙骨（根据荷载大小分别选取38系列、50系列、60系列轻钢主龙骨），然后铝合金主龙骨按一定间距用吊钩与轻钢主龙骨挂接，横撑次龙骨的断面与铝合金主龙骨相同，长度按板材规格而定，其端部的凸头可直接插入铝合金主龙骨的长型安装孔内，然后弯折连接。因此，多采用小幅面板材装饰石膏板、矿棉石膏板等吊顶，小幅面板材插接或搭接在龙骨的两翼上，形成明龙骨和暗龙骨。

2.5.1 施工准备

1. 材料准备

(1) 龙骨。铝合金龙骨的尺寸、规格符合设计要求。

(2) 零配件。吊挂件、连接件、插接件、吊杆、射钉等。

(3) 饰面板。装饰石膏板、矿棉石膏板规格、尺寸和质量符合设计要求。

2. 主要机具

主要机具包括手枪钻、冲击电锤、电动螺丝刀、电焊机等。

3. 作业条件

(1) 吊顶方案已审批，已作技术、安全书面交底。

(2) 按设计要求，应对室内顶棚进行全面检查，如果不符合施工要求，应及时采取补救措施。

(3) 龙骨安装前，吊顶内各种管线已安装完成，并进行了隐蔽验收，房间净高、洞口、标高经复核符合设计要求，通风口、灯位及各种露明孔口位置已确定。

(4) 罩面板安装前，吊顶内水管试压验收合格，吊杆及预埋件已做防腐处理。

(5) 面板安装前，墙柱面装修基本完成，涂料只剩最后一遍面漆并经验收合格。

2.5.2 施工工艺

2.5.2.1 工艺流程

顶棚标高弹水平线⟶划龙骨分档线⟶吊杆安装⟶主龙骨安装⟶次龙骨安装⟶面板安装。

2.5.2.2 施工操作

1. 弹线定位

弹线定位包括吊顶标高线和龙骨布置分格定位线。

(1) 吊顶标高线确定。标高线用水柱法标出吊顶平面位置，然后按位置弹出标高线以及龙骨的分格定位线。

(2) 龙骨分格定位。为了安装方便，根据饰面板的尺寸和龙骨分格的布置，一般龙骨中心线的间距尺寸大于饰面板2mm左右。安装时，控制龙骨的间隔需要用模规，模规可用刨光的木方来制作，模规的两端要求平整、尺寸准确，与要求的龙骨间隔一致。

(3) 龙骨分格布置。尽量保证龙骨分格的均匀性和完整性，以保证吊顶的装饰效果。若室内的吊顶面积与龙骨分格尺寸不等分，会出现与标准分格尺寸不等的分格时，应进行收边分格布置。收边分格方法有如下 2 种：①标准分格设置在吊顶中部，分格收边在吊顶四周；②标准分格布置在人流活动量大或较显眼的部位，把收边分格置于不被人注意的次要位置。

分格布置放样。先按一定的比例在图纸上画出吊顶面积，然后按龙骨布置的原则在图纸上对吊顶龙骨进行分格安排。确定好安排位置后，最后将定位的位置画在墙面上。

2. 固定角铝

沿标高线固定角铝，角铝的底面与标高线齐平。角铝的固定方法可以水泥钉直接将其钉在墙柱面上，固定位置间隔为 400～600mm。

3. 固定吊点

铝合金龙骨吊顶的吊件，通常使用角钢块作为吊点。固定时，用膨胀螺钉或射钉固定固定角钢块上的孔，并在角铁块上打孔，一般为两个孔，其中一个为调整孔。

4. 固定吊杆

铝合金龙骨吊顶所用的吊杆为镀锌铁丝，如使用双股，可用 18 号镀锌铁丝，如果用单股，使用不宜小于 14 号镀锌铁丝。固定时，通过角钢块上的孔，将吊挂龙骨用的镀锌铁丝绑牢在吊点上。另外，也可以用伸缩式吊杆，伸缩式吊杆的型式较多，用的较为普遍的是 8 号铅丝调直，用一个带孔的弹簧钢片将两根铅丝连结起来，调节与固定主要是靠弹簧钢片。用力压弹簧钢片时，将弹簧钢片两端的孔中心重合，吊杆就可伸缩自由。当手松开后，孔中心错位，与吊杆产生剪力，将吊杆固定，操作非常方便。

5. 安装龙骨

铝合金龙骨一般有主龙骨与次（中）龙骨之分。安装时，先将各主龙骨吊起后，在稍高于标高线的位置上临时固定，如果吊顶面积较大，可分成几个部分吊装。然后在主龙骨之间安装次（中）龙骨，也就是横撑龙骨。横撑龙骨截取应使用模规来测量长度，安装时也应用模规来测量龙骨间距。

6. 安装板材

铝合金龙骨吊顶所用板材是搭接或插接在龙骨的两翼上，其装配形式如图 2-23～图 2-25 所示。

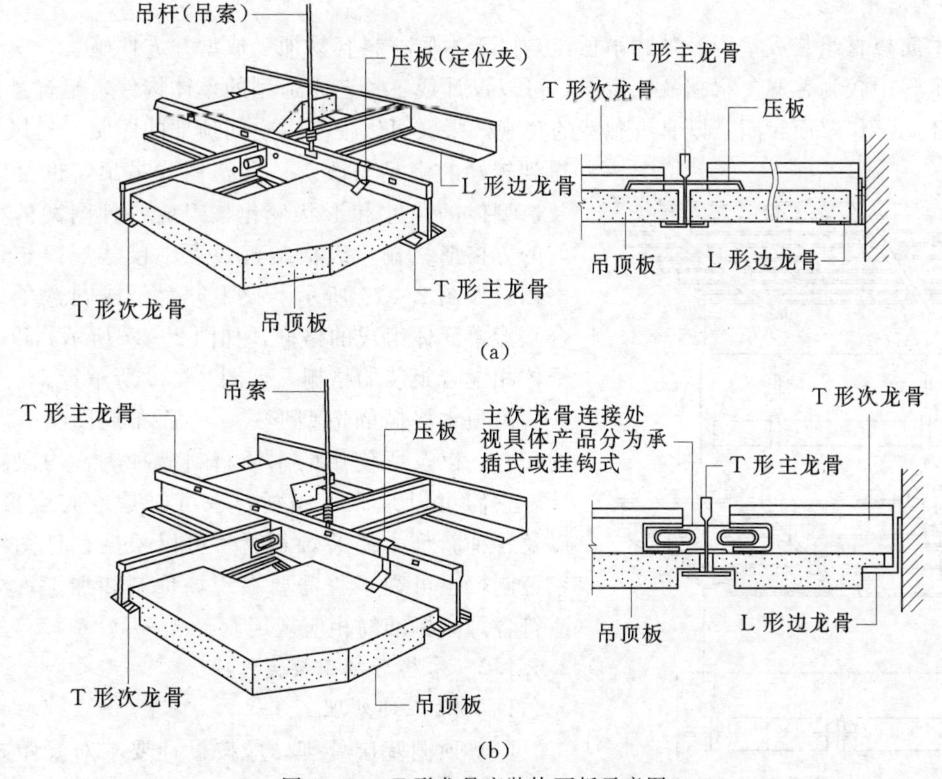

图 2-23　T 形龙骨安装饰面板示意图

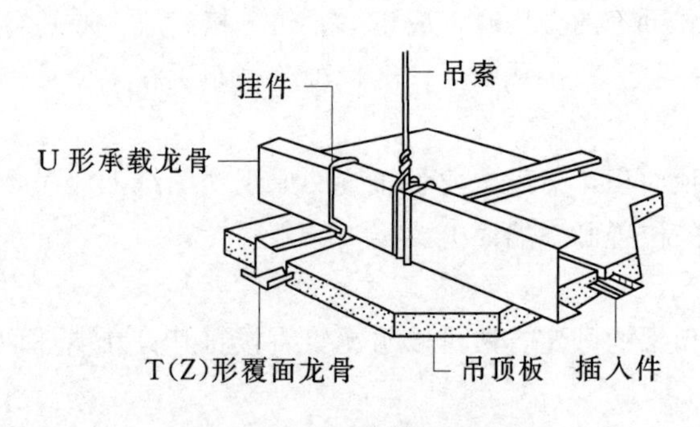

图 2-24　平板搭接法示意图

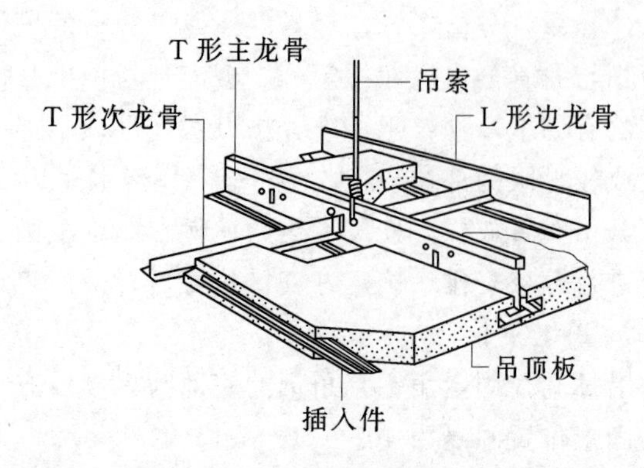

图 2-25　企口板嵌装法示意图

2.5.3　饰面板安装应注意的问题

企口饰面板安装在T形龙骨上，安装时不用自攻螺钉，而是插放在T形龙骨上。企口槽饰面板安装要注意几个问题。

(1) 调平T形龙骨，保证T形龙骨的边框线（两肢）平直。

(2) 安装过程中，接插企口用力要轻，避免硬插硬撬而造成企口处开裂。

(3) 装饰板的企口槽部分强度比较薄弱，在搬运和安装时要注意保护。

(4) 如果企口槽饰面板是连环卡扣式固定，安装时需按照顺序依次进行。

2.6　开敞式吊顶施工技术

开敞式吊顶是运用立体构成的艺术效果，将单体和单体构件组合形式进行吊顶，吊顶质量好坏的关键是单体和单体构件的组合。这种吊顶形式目前在室内装饰工程中较为常见，主要起到既遮又透的艺术效果。下面介绍几种最常见的开敞式吊顶。

2.6.1　木格栅吊顶

2.6.1.1　木格栅形式

采用木质板材组装成室内开敞式吊顶，是由于木质材料容易加工成型并方便施工，所以在小型装饰性吊顶工程中较为普遍。根据装饰意图，可以设计成各种艺术造型的单体构件，组合悬吊后使顶棚既形成整体又不作罩面封闭，既具有独特的美观效果又可以使室内空间顶部的照明、通风和声学功能得到较好的满足与改善。其格栅式吊顶，也可以利用板块及造型体的尺寸和形状变化，组成各种图案的格栅，如均匀的方格形格栅，纵横疏密或大小尺寸规律布置的叶片形格栅，如图2-26所示，大小方盒子或圆盒子（或方圆结合）形单元体组成的格栅，如图2-27所示，以及单板及盒子体相配合组装的格栅，如图2-28所示等。

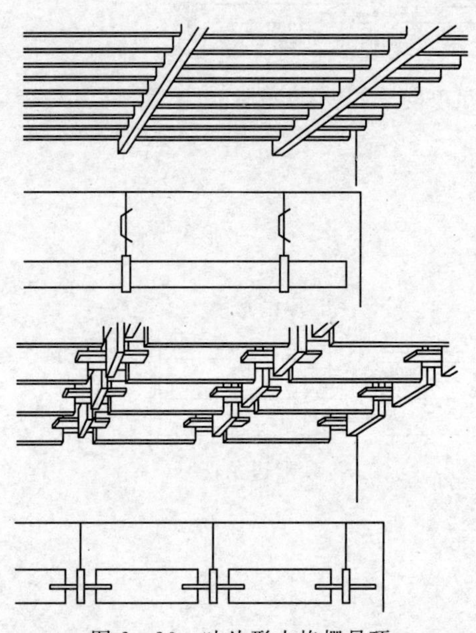

图 2-26　叶片形木格栅吊顶

吊顶木格栅的造型形式、平面布局图案、与顶棚灯具的配合，以及所使用的木质材料品种等，均取决于装饰设计。它们可以是原木锯材，也可以是木胶合板、防火板，以及各种新型木质装饰板材。可以根据设计图纸与有关厂家订制，也可视工程需要在现场预制和加工，但所用材料应符合国家标准的相应规定。

2.6.1.2　木格栅施工要点

1. 吊顶上部处理

(1) 顶棚基层处理。应按设计要求对开敞式吊顶的基层明露部分进行处理，施涂涂料时，涂料品种和色彩应符合设计要求。

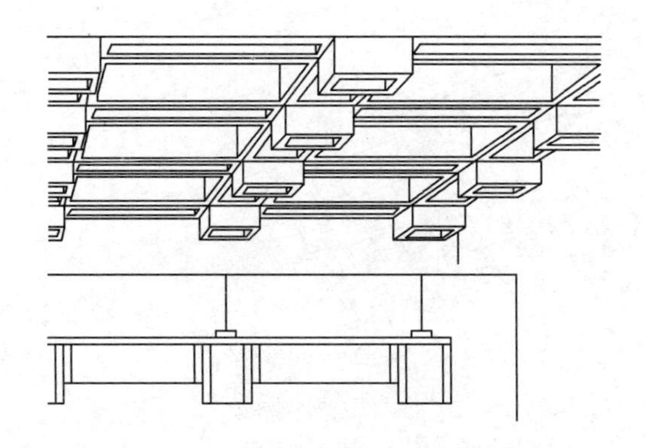
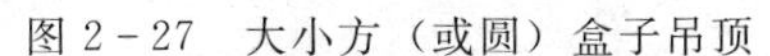

图 2-27　大小方（或圆）盒子吊顶

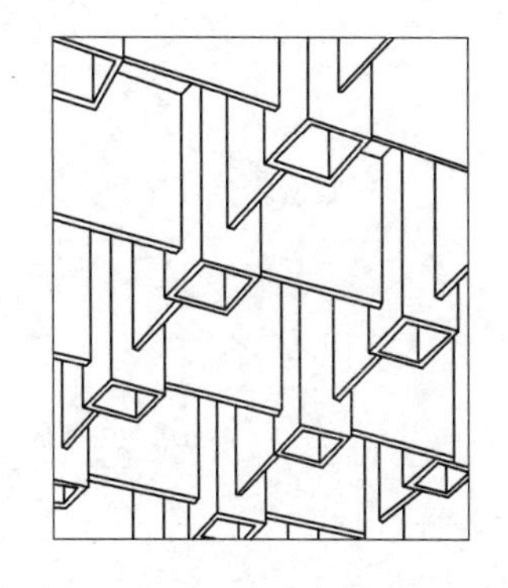

图 2-28　单板与盒子形相结合的吊顶

(2) 管线及设备处理。吊顶上部的电器及供水管线或有关设施，均已布置和安装到位，必要时应对较明显的管道和设备等进行涂装，以保证开敞式吊顶面的美观效果。

(3) 施工放线。根据格栅吊顶的平面图，弹出构件材料的纵横布置线、造型较复杂部位的轮廓线，以及吊顶标高线，同时确定并标出吊顶吊点。

(4) 吊点的紧固处理。按设计要求采用金属膨胀螺栓或射钉固定吊点连接件，或直接固定钢筋吊杆、镀锌铁丝及扁铁吊件等。

2. 格栅单体的组合与拼装

(1) 格栅单体构件的组合。木质材料的吊顶格栅在局部组合时，应依照图纸所规定的造型形状和构件的装配形式而定。有的是订制加工在先，在现场分别悬吊后再进一步作整体连接；有的则是采用较简单的板材于现场边加工边进行组合吊装。不论采取何种组合方式，均应按图加工、照图组装，以准确的尺寸将构件装配到位，重点的立体图形必须制作合格。

(2) 局部格栅的拼装。单体与单体、单元与单元，作为格栅吊顶的富有韵律感的图案构成因素，必要时应尽可能在地拼装完成，然后再按设计要求的方法托起悬吊。为保证构件间连接牢固，应根据木工作业的有关技术要求，采用钉固、胶黏、榫接以及采用方木或铁件加强。

3. 格栅的吊装

(1) 格栅的就位。对于室内小面积吊顶装饰形式，不同造型的格栅构件或单元体可以联片后整体吊装。但为操作方便，对于分格尺寸较小的格栅或上口有封闭板的造型体，宜局部安装或先固定背板，然后再安装竖向单元体，以及将格栅联结成片。

(2) 调平与固定。木格栅就位后，在整体吊顶面联结紧固之前，应拉通线依照吊顶设计标高进行调平，将下凸部分上托用吊杆拉紧，将上凹部分放松吊杆使下移，而后再把各部位加固。对于条格布置紧凑，且双向跨度较大的格栅式吊顶，其整幅吊顶面的中央部分应也略有起拱。

2.6.2　金属格栅吊顶

2.6.2.1　金属格栅类型

1. 空腹型

材质以铝合金为主，一般是以双层 0.5mm 厚度的薄板加工而成，常见规格 90mm×90mm×60mm、125mm×125mm×60mm、158mm×158mm×60mm、90mm×1260mm×60mm、126mm×1260mm×60mm、126mm×630mm×60mm，壁厚 10mm。还有的产品采用铝合金、镀锌钢板或不锈钢板的单板，常见规格 200mm×200mm、125mm×125mm、150mm×150mm、75mm×75mm、110mm×110mm，长度分别有 2m、1.95m、1.98m。施工时纵横分格安装，其单板如图 2-29 所示。

2. 花片型

采用 1mm 厚度的金属板，以其不同形状及组成的图案分为不同系列，如图 2-30 所示。这种格栅吊顶在自然光或人工照明条件下，可取得特殊的装饰效果，并具有质量轻、结构简单和安装方便等

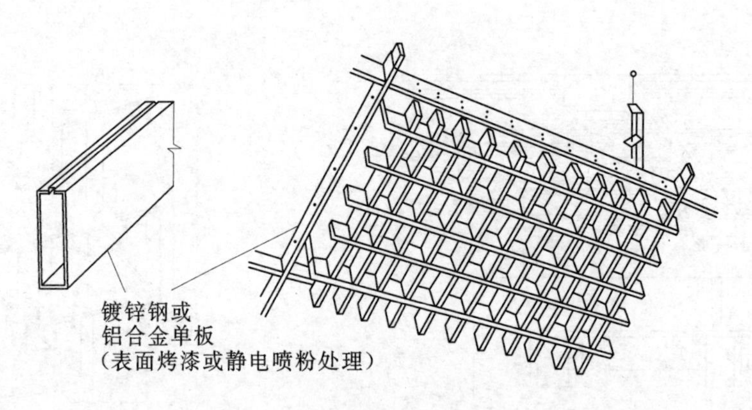

图 2-29　金属单板及吊顶格栅示意图

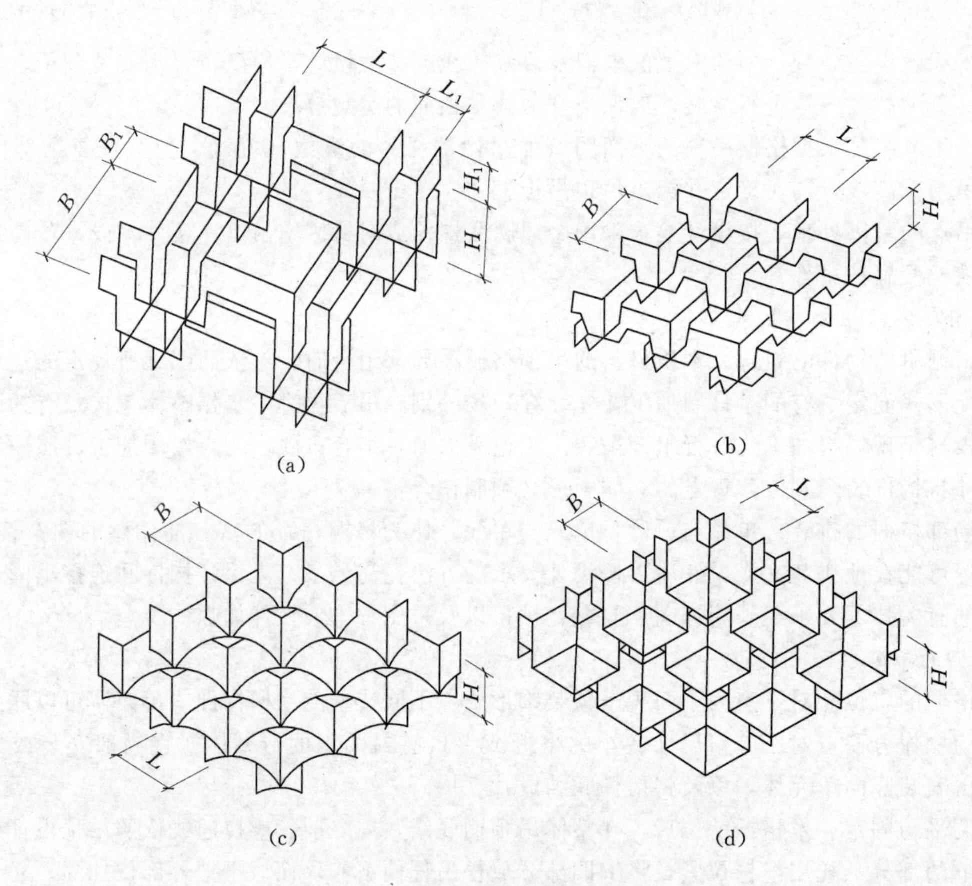

图 2-30　金属花片格栅的不同系列图形

(a) $L=170$，$L_1=80$，$B=170$，$B_1=80$，$H=50$，$H_1=25$；(b) $L=100$，$B=100$，$H=50$；
(c) $L=100$，$B=100$，$H=50$；(d) $L=150$，$B=150$，$H=50$

特点。

2.6.2.2　施工要点

1. 双层构造安装

（1）设置轻钢U、C形（槽型）承载龙骨，先行悬吊、调平并固定。

（2）金属格栅拖起至吊顶标高，分片与承载龙骨连接，调平后逐片衔接。

（3）覆面层金属格栅单体的连接组合方式，应视具体产品的应用技术而定。如有的产品设有十字连接件用以格栅单板间的纵横拼装；有的产品设有托架式槽型及其横撑龙骨，用以架设金属格栅；有的产品则配有特制的夹件，专用于花片格栅的吊挂连接。

（4）金属格栅与承载龙骨的连接，采用挂钩、挂件、吊码、连接耳等各种不同的配套件。

2. 单层构造安装

(1) 采用金属单板装配的吊顶格栅，目前最为简易的方式如图 2-31 和图 2-32 所示。格栅单板的纵横连接系用半槽扣接的嵌卡方式，主格栅在下，副格栅在上，采用等距离的开口咬接吻合。同时在格栅上开有吊挂孔眼，使用其配套吊件勾挂后与吊杆连接，吊件上设有长形孔以螺钉调节吊顶的平整度。

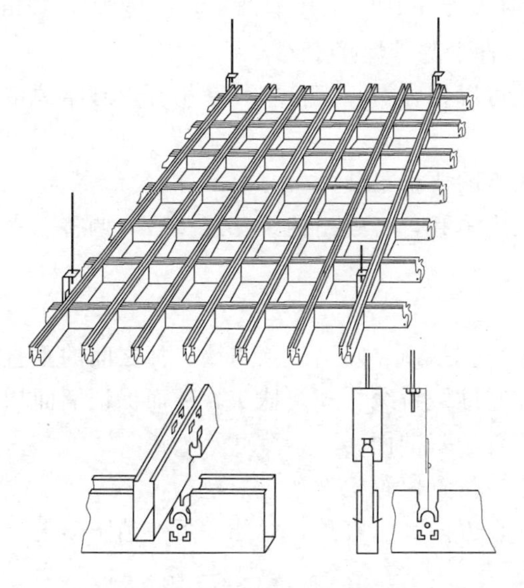

图 2-31 金属单板格栅的装配和悬吊示意图

图 2-32 金属格栅组装示意图

(2) 当采用其他金属格栅产品时，应参照该产品的使用说明，配套安装施工。有的产品设有边槽板，宜先将其边槽板于吊顶标高线就位固定；有的使用十字连接件、夹簧吊挂件、各种托架、支撑槽等进行金属格栅的装配和悬吊，组合与吊装的方式方法即照其实施。

2.6.2.3 铝格栅吊顶施工

铝格栅吊顶层次感强，多用于现代风格的室内顶棚装饰，在安装和拆卸上都比较方便。这里就详细介绍铝格栅吊顶的安装方法。

1. 准备工作

(1) 施工准备。顶棚的各种管线、设备及通风道，消防报警、消防喷淋系统施工完毕，并已办理交接和隐蔽工程验收手续。管道系统要求试水、打压完成。提前完成吊顶的排板施工大样图，确定好通风口及各种明露孔口位置。准备好施工的操作平台架子或可移动架子。在金属吊顶大面积施工前，必须做样板间或样板段，分块及固定方法等应经试装并经鉴定合格后方可大面积施工。

(2) 施工工具。电锯、无齿锯、手锯、手枪钻、螺丝刀、方尺、钢尺、钢水平尺。

2. 施工流程

顶棚标高弹水平线⟶吊杆安装⟶轻钢龙骨安装⟶弹簧片安装⟶格栅主副骨组装⟶格栅安装。

3. 操作工艺

(1) 弹线。用水准仪在房间内每个墙（柱）角上抄出水平点（若墙体较长，中间也应适当抄几个点），弹出水准线（水准线距地面一般为 500mm），从水准线量至吊顶设计高度，用粉线沿墙（柱）弹出水准线，即为吊顶格栅的下皮线。同时，按吊顶平面图，在混凝土顶板弹出主龙骨的位置。主龙骨应从吊顶中心向两边分，最大间距为 1000mm，并标出吊杆的固定点，吊杆的固定点间距 900～1000mm。如遇到梁和管道固定点大于设计和规程要求，应增加吊杆的固定点。

(2) 固定吊挂杆件。采用膨胀螺栓固定吊挂杆件，可以采用 $\phi6$ 的吊杆。吊杆可以采用冷拔钢筋和盘圆钢筋，但采用盘圆钢筋应采用机械将其拉直。吊杆的一端同 $L30\times30\times3$ 角码焊接（角码的孔径应根据吊杆和膨胀螺栓的直径确定），另一端可以用攻丝套出大于 100mm 的丝杆，也可以买成品丝杆焊接。制作好的吊杆应做防锈处理，吊杆用膨胀螺栓固定在楼板上，用冲击电锤打孔，孔径应稍大于膨胀螺栓的直径。

（3）轻钢龙骨安装。轻钢龙骨应吊挂在吊杆上（如吊顶较低可以省略掉本工序，直接进行下道工序）。一般采用38轻钢龙骨，间距900～1000mm。轻钢龙骨应平行房间长向安装，同时应起拱，起拱高度为房间跨度的1/200～1/300。轻钢龙骨的悬臂段不应大于300mm，否则应增加吊杆。主龙骨的接长应采取对接，相邻龙骨的对接接头要相互错开。轻钢龙骨挂好后应基本调平，跨度大于15m以上的吊顶，应在主龙骨上，每隔15m加一道大龙骨，并垂直主龙骨焊接牢固。

（4）弹簧片安装。用吊杆与轻钢龙骨连接（如吊顶较低可以将弹簧片直接安装在吊杆上省略掉本工序），间距900～1000mm，再将弹簧片卡在吊杆上。

（5）格栅主副骨组装。将格栅的主副骨在下面按设计图纸的要求预装好。

（6）格栅安装。将预装好的格栅天花用吊钩穿在主骨孔内吊起，将整栅的天花连接后，调整至水平即可。

4. 注意事项

（1）因各层面积较大，所以必须处理好金属格栅与矿棉板，吊顶之间、吊顶与墙、柱之间的垂直或平行关系，对此，应将相关轴线引测到墙柱立面，并按此基准线拉线找规矩抹灰，从而保证墙面均与轴线平行、并两个相邻面相互垂直。以此作为吊顶平面位置的基准面。

（2）因格栅吊顶内的各种管道都设有调节阀门，须在相应位置留置检查孔。

（3）消防喷淋头的平面位置不能与格栅条重合，且应两个方向都应直顺，对此，可在消防喷淋立管上端制成大于900的蹬踏弯，以便微调喷淋头的平面位置。

（4）格栅吊顶工程允许偏差及检验方法。

格栅吊顶工程允许偏差及检验方法，见表2-7。

表2-7　　格栅吊顶工程允许偏差及检验方法

序号	项类	项目	允许偏差（mm）	检验方法
			格栅	
1	龙骨	龙骨间距	2	尺量检查
2		龙骨平直	3	尺量检查
3		起拱高度	±10	拉线尺量
4		龙骨四周水平	±5	尺量或水准仪检查
5	格栅	表面平整	2	用2m靠尺检查
6		接缝平直	1.5	拉5m线检查
7		接缝高低	1	用直尺或塞尺检查
8		顶棚四周水平	±5	拉线或用水准仪检查

5. 成品保护

（1）轻钢龙骨骨架及格栅安装应注意保护顶棚内各种管线，吊杆、龙骨不准固定在通风管道及其他设备上。

（2）骨架、格栅及其他吊顶材料在入场存放、使用过程中严格管理，格栅上不宜放置其他材料，保证格栅不变形。

（3）施工已经完毕的工程项目应加强保护，防止污染。

（4）已经安装好的骨架不准上人踩踏，吊挂件严禁吊挂其他的重物。

（5）为了保护成品，格栅安装必须在棚内管道、试水、保温等一切工序全部验收后进行。

2.6.3 金属挂片式吊顶

2.6.3.1 挂片类型

1. 金属小型挂片

采用铝合金板制成矩形小块。与配套的挂片小龙骨用挂片卡子竖直吊挂，挂片密排并旋转任意方向组成吊顶平面图案。

矩形小挂片的底边可处理成斜边、水平边，或上凹或下凸的圆弧边等，按规律吊挂及纵横固定为页片方向交叉有致的顶棚装饰花型后，即成为新颖的挂片式吊顶。根据需要，也可将挂片预制成其他形状，或采用其他材料。

2. 垂帘式金属吊顶格片

采用铝合金条板（条形格片）在特制的龙骨上利用龙骨的卡脚竖向吊挂，称为垂帘式金属条板吊顶或金属格片吊顶，如图 2-33 所示。条板经喷塑或阳极氧化，处理成白、古铜和金黄等色，也可根据需要加工。

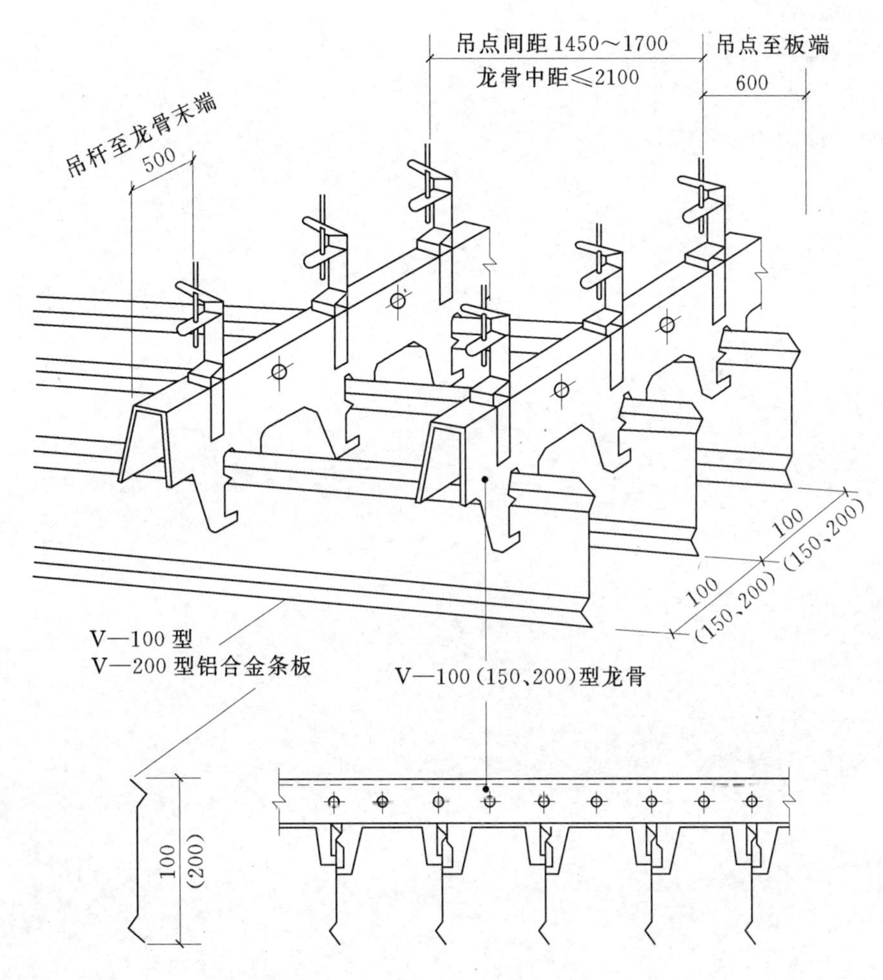

图 2-33 垂帘形挂片式吊顶的金属板与龙骨组装示意图（单位：mm）

2.6.3.2 施工要点

1. 小型挂片安装

（1）放线、安装主龙骨等做法、与普通金属龙骨吊顶施工相同。龙骨安装应平整、牢固。

（2）将挂片按设计要求勾挂在小龙骨上时应注意图案（吊顶平面线型）方向。

（3）小龙骨与主龙骨用挂件（挂钩）连接，应勾挂紧密。

（4）视现场情况，挂片的安装可在小龙骨吊装前完成，也可在大小龙骨装配调平和固定后再进行悬挂。

2. 垂帘式条板格片安装

（1）龙骨布置按设计图纸选定方向和部位，因为它直接会影响金属条板的走向。有的吊顶设计要求条板分片变换走向，以丰富吊顶面线条图案，为此必须首先确定龙骨布设方向。

（2）根据吊顶材料的应用特点，吊点间距、龙骨中距、龙骨顶端与吊杆的距离，均应在允许的范围内确定其尺寸。

（3）条板的规格应与龙骨系列配套，条板的排列间距亦须与龙骨配套，龙骨卡脚的中距即为条板布置的间距。

思考题

（1）简述室内吊顶类型及常用材料的种类。

（2）吊顶的结构组成内容及条件。

（3）轻钢龙骨吊顶的特点及龙骨组合形式。

（4）简述轻钢龙骨吊顶的工艺过程。

（5）吊顶的细部处理的主要部位。

（6）开敞式吊顶的概念及类型。

（7）吊顶施工控制的主要内容。

第3章

墙面装修施工技术

墙面是室内空间最基本的围合面，也是室内最大的围合面，无论装饰手法还是表现形式，都是最为丰富的界面。同时，还是室内装饰装修工程中最主要的施工项目内容。室内墙面装饰装修工程视材料、结构的不同，大体分为涂料涂饰施工、裱糊施工、软包施工、板材施工，以及瓷锦砖饰面施工等。

3.1 水性乳液型涂料施工技术

水性涂料具有环保性好、色彩丰富、成本低、工艺简单的特点，是理想的室内界面装饰装修常用的材料。具体分为三大类，即合成树脂乳液内墙涂料、合成树脂乳液砂壁状涂料、复层涂料。

3.1.1 施工准备

(1) 材料。涂料的品种、颜色、品牌必须符合设计要求。使用前必须将桶内的涂料搅拌均匀。需要稀释的涂料，要根据不同品种要求进行稀释处理。在冬季施工时，若发现涂料有凝固现象，可进行加温处理。

(2) 机具。刷涂施工（油漆刷或排笔、塑料小桶），滚涂施工（长毛绒滚筒、中号塑料桶），喷涂施工（气压为1.0MPa、排气量为0.8m³的空气压缩机，喷枪、耐压胶管）。

3.1.2 合成树脂乳液涂料

3.1.2.1 工艺流程

基层处理⟶填补缝隙、局部刮腻子⟶磨平⟶第一遍满刮腻子⟶磨平⟶第二遍满刮腻子⟶磨平⟶清理、粘贴纸胶带⟶涂刷底层涂料⟶复补腻子⟶磨平、局部涂刷底层涂料⟶第一遍面层涂料⟶第二遍面层涂料⟶清理。

3.1.2.2 操作工艺

1. 基层处理，填补缝隙、局部刮腻子

(1) 混凝土墙面和抹灰墙面，必须批嵌两遍腻子。第一遍应注意把气泡孔、砂眼、塌陷不平的地方刮平，第二遍腻子要找平大面。

(2) 石膏板墙面，应对板面的螺（钉）帽进行防锈处理，再用专用腻子批嵌石膏板接槎处和钉眼处，并粘贴玻璃纤维布、白的确良布或纸孔胶带。

(3) 木夹板基面，应对板面的螺（钉）帽进行防锈处理，再用专用腻子批嵌夹板接槎处和钉眼处。

(4) 旧墙面应清除浮灰，铲除起砂、翘皮、油污、疏松起壳等部位，用钢丝刷子除去残留的涂膜后，将墙面清洗干净再做修补。墙面如表面平整，可不刮腻子，但须用0～2号砂纸打磨，磨光时应注意不得破坏原基层。如不平仍须批嵌腻子找平处理，干燥后按选定的涂饰材料施工工序施工。

2. 磨平

局部刮腻子干燥后，用0～2号砂纸人工或者机械打磨平整。手工磨平应保证平整度，机械打磨严禁用力按压，以免电机过载受损。但是，对于木夹板基层，为防止木夹板基层泛底变色，木夹板表面应用硝基、醇酸清漆等做封底处理。

3. 第一遍满刮腻子

第一遍满刮用稠腻子，施工前将基层面清扫干净，使用胶皮刮板满刮一遍，刮时要一板排一板，两板中间顺一板，既要刮严，又不得有明显接槎和凸痕，做到凸处薄刮，凹处厚刮，大面积找平。待第一遍腻子干透后，用0～2号砂纸打磨平整并扫净。然后，第二遍满刮用稀腻子找平，并做到线脚顺直、阴阳角方正。腻子的批嵌和打磨墙面见图3-1和图3-2。

图3-1　腻子的批嵌

图3-2　打磨墙面

所用砂纸宜细，以打磨后不显砂纹为准。处理好的底层应该平整光滑、阴阳角线通畅顺直，无裂痕、崩角和砂眼麻点。其平整度以在侧面光照下无明显凹凸和批刮痕迹，无粗糙感觉、表面光滑为合格。

4. 清理、粘贴纸胶带

第二遍腻子刮完磨平后，施工现场及涂刷面进行清理，打扫完所有的浮灰，进行降尘、吸尘处理。然后，对门窗框、墙饰面造型、软包、墙纸及踢脚线、墙裙、油漆面等与内墙涂料分界的地方，用纸胶带或粘贴废旧纸进行遮挡，对已完工的地面也应铺垫遮挡物，确保涂刷涂料时，不污染其他已装修好的成品。

5. 涂刷底层涂料

底层涂料主要起封闭、抗碱和与面漆的连接作用。其施工环境及用量应按照产品使用说明书要求进行。使用前应搅拌均匀，在规定时间内用完，做到涂刷均匀，厚薄一致。

6. 复补腻子

对于一些脱落、裂纹、角不方、线不直、局部不平、污染、砂眼和器具、门窗框四周等部位用稀腻子复补。

7. 磨平、局部涂刷底层涂料

待复补腻子干透后，用细砂纸打磨至平整、光滑、顺直，然后将底层涂料在此局部涂刷均匀，厚薄一致。

8. 第一遍面层涂料

待修补的底层涂料干透后进行涂刷面层。第一遍面层涂料的稠度应加以控制，使其在施涂时不流坠，不显刷纹，施工过程中不得任意稀释。其施工环境及用量应按照产品使用说明书要求进行。使用前应搅拌均匀，在规定时间内用完。内墙涂料施工的顺序是先左后右、先上后下、先难后易、先边角后大面。涂刷时，蘸涂料量应适量，涂刷的厚薄均匀。如涂料干燥快，应勤蘸短刷，接槎最好在分格缝处。采用传统的施工滚筒和毛刷进行涂刷时，每次蘸料后宜在匀料板上来回滚匀或在桶边舔料，涂刷的涂膜应. 充分盖底，不透虚影，表面均匀。采用喷涂时，应控制涂料稠度和喷枪的压力，保持涂层厚薄均匀，不露底、不流坠，色泽均匀，确保涂层的厚度。

对于干燥较快的涂饰材料，大面积涂刷时，应由多人配合操作，流水作业，顺同一方向涂刷，应处理好接槎部位，做到上下涂层接头无明显接槎，涂料干后颜色均匀一致。

9. 第二遍面层涂料

水性涂料的施工，后一遍涂料必须在前一遍涂料表干后进行。涂刷面为垂直面时，最后一道涂料应由上向下刷。刷涂面为水平面时，最后一道涂料应按光线的照射方向刷。刷涂木材表面时，最后一道涂料应顺木纹方向。全部涂刷完毕，应再仔细检查是否全部刷匀刷到、有无流坠、起皮或皱纹，边角处有无积油问题，并应及时进行处理。对于流平性较差、挥发性快的涂料，不可反复过多回刷。做到无掉粉、起皮、漏刷、透底、泛碱、咬色、流坠和疙瘩，如图 3-3 所示。

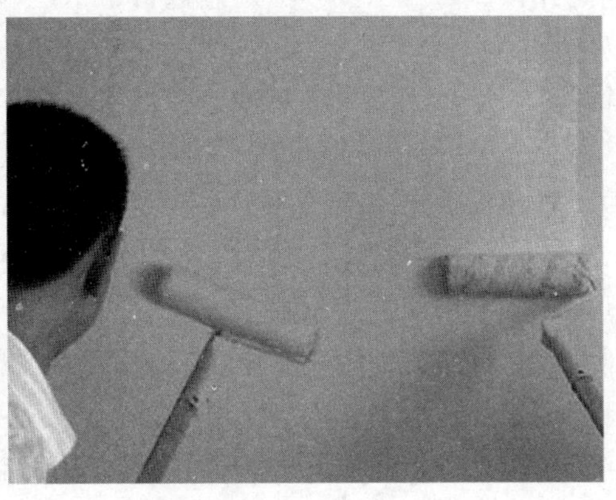

图 3-3　滚涂涂料

10. 清理

第二遍涂料涂刷完毕后，将所有纸胶带、保护膜、废旧纸等遮挡物清理干净，特别是与涂料分界处的遮挡物，揭纸时要小心，最好用裁刀顺直划一下，再揭纸或撕胶带，防止涂料膜撕成缺口，影响美观效果。

3.1.3　合成树脂乳液砂壁状涂料

1. 基层处理

填补缝隙、局部刮腻子、磨平。喷涂前应完全清除基层附着的油脂、发霉、青苔等污物，基层原有的旧涂料，若有起皮、附着层，也应清除彻底，保持基层的充分干燥。填补缝隙、局部刮腻子、磨平的操作工艺同合成树脂乳液内墙涂料涂饰工程的有关要求。

2. 涂刷底层涂料

涂刷底层涂料可用滚涂、刷涂或喷涂工艺进行，操作人员宜以两人一组，施工时一人操作喷涂，一人在相应位置指点，确保喷涂均匀，达到封住基面、防止渗色和透底为基本要求。

3. 根据设计进行分格

根据设计的喷涂分格要求，在基面上弹出分格线，沿分格线贴胶带纸，胶带纸的宽度需满足开缝的设计要求。大面积喷涂施工宜按 1.5m，左右分格，分格条必须采用质硬挺拔的材料制作。

4. 涂刷第一遍面层涂料

涂刷第一遍面层涂料，喷涂厚度 2～3mm，空气压力在 0.6～0.8MPa 间。喷涂后随即除去分格线的胶带纸。在涂刷第一遍面层涂料 4h 后，用硬砂条在涂料表面进行研磨，增加涂膜的美感，避免灰尘积留。

5. 涂刷第二遍面层涂料

待涂刷第一遍面层涂料完全硬化，约 24h 后，即可涂刷第二遍面层涂料。

3.1.4 复层涂料

3.1.4.1 工艺流程

基层处理⟶填补缝隙、局部刮腻子⟶磨平⟶涂刷底层涂料⟶涂刷中间层涂料⟶滚压⟶涂刷第一遍面层涂料⟶涂刷第二遍面层涂料。

3.1.4.2 操作工艺

1. 基层处理、填补缝隙、局部刮腻子、磨平

同合成树脂乳液内墙涂料涂饰工程的有关要求。局部刮腻子干燥后，用0～2号砂纸人工或者机械打磨平整。手工磨平应保证平整度，机械打磨严禁用力按压，以免电机过载受损。打磨后的底层应面平、线直、角方。

2. 涂刷底层涂料

涂刷底层涂料可用滚涂、刷涂或喷涂工艺进行，基层墙体应干燥，涂刷均匀、不漏刷。

3. 涂刷中间层涂料

涂刷中间层涂料时，应控制涂料的稠度，并根据凹凸程度不同要求选用喷枪嘴口径及喷枪工作压力。喷射距离宜控制在40～60cm，喷枪运行中喷嘴中心线垂直于墙面，喷枪应沿被涂墙面平行移动，运行速度保持一致，连续作业，中间层涂料厚度为1～5mm。

4. 滚压

压平型的中间层，应在中间层涂料喷涂表干后，用塑料滚筒将隆起的部分表面压平。滚压时，应注意用力一致，压点要掌握出力的大小，将喷点的凸面压出一个平面即可。

5. 涂刷第一遍面层涂料

涂刷中间层涂料12h后，方可进行涂刷第一遍面层涂料。喷涂时，应控制涂料稠度和喷枪的压力，保持涂层厚薄均匀，不露底、不流坠、色泽均匀，确保涂层厚度。

6. 涂刷第二遍面层涂料

面层涂料干燥时间间隔应按产品说明进行。喷出的涂料要成浓雾状，涂层要均匀，不宜过厚，不得漏喷。

3.1.5 成品保护

（1）每次涂刷前均应清理周围环境，防止尘土污染涂料，涂料未干燥前不得清扫地面，干燥后也不能接近墙面泼水，以免玷污饰面。

（2）每遍涂料施工后应将门窗关闭，防止摸碰。

（3）在施工进行中，如遇气温突然下降，应采取必要的措施加以保护。

（4）最后一遍有光涂料刷涂完毕后，空气要流通，以防涂膜干燥后表面无光或光泽不足。

（5）明火不要靠近墙面。

（6）涂料施工完毕，应按涂料使用说明规定的时间和条件进行养护，涂膜完全干燥后才能投入使用。

3.2 弹性涂料施工技术

弹性涂料就是以合成树脂乳液为基料，与颜料、填料及助剂配制而成，施涂一定厚度（干膜不小于150μm）后。具有覆盖基材伸缩（运动）产生细部裂纹的、有弹性的功能性涂料。

弹性涂料不仅具有普通涂料的保护和装饰作用，而且具有防水和遮盖裂缝功能。现在国际比较流行的是质感涂料，它属于弹性涂料的一种，具有以下几种特点：表现力丰富、立体感强、柔韧性、可塑性极强附着力强、擦洗、耐酸碱、不褪色、不起皮、不开裂、维修重涂容易等。适合酒店、宾馆、办公楼、娱乐文化场所、住宅、学校、医院等大型建筑物的水泥砂浆面、砂石面、石膏板、木夹板等平整粗糙基面。

3.2.1 施工准备

1. 材料

(1) 主要材料。E100 封底漆、325 水泥、E1662 弹性漆、胶带、砂布、791 胶。

(2) 根据设计要求、基层情况、施工环境和季节，选择、购买弹性涂料及其他配套材料。

2. 主要机具

主要机具包括简便水平器、线包、毛滚、喷枪、手持式电动搅拌器、小拉毛专用滚、刷子、开刀等。

3. 作业条件

(1) 门窗按设计要求安装好，并堵抹洞口四周的缝隙。

(2) 墙面基层处理完毕，并符合设计工艺要求，按抹灰面标准验收，满足喷涂条件，完成雨水管卡、设备洞口管道的安装，并将洞口四周用水泥砂浆抹平，所有的墙面需晾干。

(3) 双排架子或活动吊篮，要符合国家安全规范要求，外架排木距墙面 320cm。

(4) 所有的成品门窗要提前保护。

3.2.2 施工工艺

1. 工艺流程

墙面基层处理、验收──→弹线、分格、粘条──→刷封闭底漆──→粘贴分割线──→使用专用毛滚进行拉毛──→刷弹性漆二道──→刷面漆一道──→局部修补。

2. 施工操作

(1) 基层处理。基层应平整、光滑、无油污、无裂纹、无空洞、无砂眼、角平整、顺直。基层验收合格后，做局部的修补。

(2) 刷封底漆。将封闭底漆滚刷基层上，要求涂刷均匀、无漏刷。

(3) 粘贴分割线。为保证进行拉毛效果的均匀，建议使用胶条进行分割线粘贴。

(4) 毛滚拉毛。采用专用毛滚进行拉毛，应保证花式均匀，无节块、无连片。拉毛完成后，应让其自然干燥 4h 左右，保证表干的基础上进行弹性漆涂刷。

(5) 刷弹性漆。可按需要加入清水 5%（体积比）涂刷均匀，无透底现象。在刷漆之前，要求基面达到平整、光滑，线条平直，然后刷弹性漆，一般两道即可。

(6) 刷面漆。可按需要加入清水 5%（体积比）。均匀、无漏刷现象，分色线要线条清晰、平直、顺直，面漆一般一遍。

(7) 检查施工质量，对局部污染或其他环节进行修补。

3.2.3 施工注意的问题

1. 接槎现象

出现接槎现象的主要原因是由于涂层重叠，面漆深浅不一造成，因此在施工中要避免接槎现象，可采取以下措施。

(1) 应把接槎甩在分格线上。

(2) 施工最好一次成活，不要修补，这就需要层层验收，严把质量关，以免造成接槎现象。

2. 空鼓和裂缝现象

产生空鼓和裂缝现象的主要的原因是由于底层抹灰没有按工艺要求施工所造成的，因此在施工前，应按水泥砂浆抹灰面交验的标准来检查验收墙面，否则面层平涂不能施工。

3. 面层出现楞子现象

面层出现楞子现象的主要原因是在现浇混凝土施工中，由于模板接缝造成楞子，因此在面层施工以前，抹灰工序要对这些接缝进行修正，达到抹灰面的标准。避免面层施工后出现此现象。

3.2.4 成品保护

(1) 在施工中，将门窗及不施工部位遮挡保护。

(2) 严禁从下往上的施工顺序，以免造成颜色污染。

(3) 拆架子或落吊篮时，严禁碰损墙面涂层。

(4) 已施工完的成品，严禁蹬踩，以防污染。

3.3 硅藻泥施工技术

硅藻泥是一种天然环保内墙装饰材料，用来替代墙纸和乳胶漆，是以硅藻土为主要原材料，添加多种助剂的粉末装饰涂料，粉体包装，并非液态桶装。硅藻泥主要原料源自海洋海藻类植物经过亿万年形成的硅藻矿物——硅藻土。适用于别墅、公寓、酒店、家居、医院等内墙装饰。

3.3.1 施工准备

1. 材料

测量好施工面积，确认好肌理图案和所用的硅藻泥数量。

2. 机具

(1) 图案工具。丝印图案模具、丝印图案丝印网模具、橡胶印花滚、木镘刀、不锈钢镘刀、不锈钢齿型镘刀、塑料镘刀、橡胶镘刀、齿型刮梳等。

(2) 其他工具。滚筒、圆头拉毛滚筒刷、抹泥刀、拉毛滚等。

3.3.2 基层处理

1. 新墙体

(1) 基体强度检查。最常用的方法就是墙面泼水，检查耐水性。另外，有些虽然表面耐水性好，但下面的水泥抹灰或者找平石膏的质量很差，时间长了也会引起空鼓、脱落，这种情况需要局部铲开一小块检查一下。

(2) 平整度检查。采用目测法，顺着墙面逆光观察。一般平整度在3mm以内是没问题的，但如果平整度太差，还需找平。

2. 旧墙体

(1) 若基体原质量很好，如无空鼓、起皮、开裂等现象，把原墙面漆全部打磨一遍即可。但最好还是铲除原有涂层，提高使用寿命和吸附力。

(2) 对于原墙面已经做了耐水较好的精找平，是没必要完全铲除的。相反，如果已经出现了较为明显的墙面问题，或者在打磨掉漆膜之后，底层沾水后很容易就变成“白泥”粉化，这种情况下，必须重新处理墙体，其处理方法与内墙涂料基层处理相同。

3.3.3 施工程序

(1) 首先根据施工量准备清水，在搅拌容器中加入施工用水量90%的清水，然后倒入康力硅藻泥干粉浸泡，浸泡后用电动搅拌机搅拌约20min，搅拌同时加入另外10%的清水，充分搅拌均匀后方可使用，加水搅拌后的产品最好当天使用完毕。

(2) 硅藻泥分两遍涂抹完成，第一遍（厚度约1.5mm）完成后约50min（根据现场气候情况而定，以表面不粘手为宜，有露底的情况用料补平），涂抹第二遍（厚度约1.5mm）。涂抹后用抹刀收光，然后用工具制作图案，图案制作时间较长，部分图案在完成后需再次收光。

3.3.4 肌理施工

硅藻泥壁材肌理施工工法分为以下三大系列：平光工法、喷涂工法和艺术工法。这三种工法对基层的施工要求是相同的，即基层处理──→养护──→批刮腻子──→刷封闭底漆。

1. 平光工法

平光工法主要是为了适应目前居室室内装修用户以白色平滑为主的情况，满足那些既要选择健康装修素材，又不放弃传统平光、白色的审美取向的用户。

(1) 施工前严格检查腻子层是否符合要求；门窗、家具、木地板等物件是否保护好。

(2) 同一界面在5m^{2}以内1人，5～15m^{2}为2人，15m^{2}以上保证3人以上作业。

(3) 第一遍用不锈钢镘刀将搅拌好的材料薄薄地批涂在基面上，面积不宜过大，80cm宽度即可。

紧跟着按同一方向批涂第二遍，确保基层批涂层均匀平整无明显批刀痕和气泡产生，涂层应保证在1～1.2mm，及时检查整体涂层是否有缺陷并及时修补。

（4）待其涂层表面收水85%～90%（指压不粘和无明显压痕），再按同一方向使用0.2～0.5mm厚的不锈钢镘刀，批涂第三遍。其涂层厚度0.8～1.0m。注意推刀的力度，不要用力太大，不要反复压光。批涂过程中灯光要明亮，要能够看清楚批涂的墙面，及时修整出现的凹凸痕迹。

2. 喷涂工法

喷涂是指灰浆依靠压缩空气的压力从喷枪的喷嘴处均匀喷出。喷涂工法适合大面积施工作业，能够提高效率。

（1）材料调配时必须遵照产品的配水比例说明调配。先准备一块试板，调整好喷枪出油量和空气压力，喷涂时应手臂移动，做到手脚跟上，眼看到，同步进行，发现问题及时处理。喷涂时不得任意增减调配涂料水分比例。

（2）喷涂顺序和路线的确定影响着整个喷涂过程，喷涂前先确定其喷涂点和喷涂顺序。从总布局上，应遵循“先远后近，先上后下，先里后外”的原则。一般可按先顶棚后墙面，先室内后过道、楼梯间进行喷涂。

（3）喷涂分为2次进行。第一遍喷涂主要是为了遮住底面，防止露底。第一遍喷涂完后，用手触摸墙面不沾手时，即可喷涂第二遍。口径5.0mm的喷枪，第一遍喷涂压力为4.0kgf/cm^{2}时为宜；第二遍喷涂压力2.5～3.0kgf/cm^{2}为宜。平行喷涂距离50～60cm较合适。喷枪与墙体间距离，空气喷涂30～40cm，无气喷涂40～60cm。

（4）喷涂工法的肌理效果比较单一，多为凹凸状肌理。干燥前，适当刮压凸点，就形成平凹肌理风格。喷涂完后，要立即清理所粘贴的防护胶带，并用羊毛排刷蘸水甩干，理顺各粘贴防护胶带的边缘。

3. 艺术工法

平光工法和喷涂工法相对较稳定，也便于掌握。艺术工法就复杂了，即使使用相同的工具，做相同的肌理，艺术效果也因人而异。概括地讲，艺术工法是指使用各种工具做出各种不同风格肌理的总称。其特点是没有固定性，相同的肌理图案，不同的施工者，表现出的风格不同，千人千面；使用的工具因人而异，匠心独具，丰富多彩。表现出的肌理效果的好坏，与施工者的技艺紧密相关。

艺术工法从使用的工具看，通常有辊筒、镘刀、毛刷、丝网等。从肌理表现上看，以仿照自然图案为主，有写实的手法，也有抽象的表现，如花草、砂岩、木纹、年轮等。

3.3.5 施工注意事项

（1）施工前做好现场已有成品的保护工作，施工面以外的地方预先用养生材料进行保护。

（2）对于空鼓或出现裂纹的基底需预先处理，必要时对基底涂刷封底漆或底油，可以有效防止饰面开裂及出现色差。

（3）严格按规定比例添加清水，并用电动搅拌机充分搅拌均匀。

（4）施工过程中避免阳光直接暴晒，不宜在5℃以下环境中施工。

（5）因需要熟练工艺才能做出精彩肌理质感，需请专门技师施工。

（6）开启后应尽早使用完，储存及运输过程中注意防水、防潮。避免直接放在潮湿的地面上。

（7）施工过程中避免强风直吹，以自然干燥为宜。

3.4 液体壁纸施工技术

液体壁纸漆是装饰效果像壁纸的一种漆，该产品早已在欧美风行多年，成为室内墙面工程装饰的最佳的新型艺术装饰涂料。液体壁纸涂料无毒、无味、无辐射、防潮阻燃、耐酸碱、透气，色调随光线和温度变幻美妙无穷，即能让人感受温馨豪华的气氛，又能享受回归自然的环境。该涂料可制作各种整体大型图案，如南国椰林、塞北寒林、西湖碧莲、春天牡丹、金秋傲梅、花鸟鱼虫、青山绿水等上百种栩栩如生、呼之欲出的自然风景，给居室平添文化内涵，应用广泛，主要用于家庭、办公室、学校、酒店、宾馆等场所。

3.4.1 施工准备

（1）材料。面漆、底漆及图案必须符合设计要求。

（2）工具。主要工具有模具、刮板、滚筒、灰刀及塑料桶等。

3.4.2 基层处理

1. 基层处理要求

基层平整、干燥、洁净、无污染、具有足够的强度。

2. 基层处理方法

（1）水泥墙面。全面检查是否坚实、平整。如果墙面的抹灰层不够结实或者存在大的裂缝和孔洞，需重做墙体，若有个别孔洞使用石膏修补。如果墙面平整度较差（误差大于正负 5mm），则应先用石膏找平。

（2）腻子墙面。一定要检查墙面腻子是否为合格耐水腻子，若不是，必须铲掉重做耐水腻子。

（3）新作水泥墙面。必须等到水泥的 28d 养护期过去之后，才能进行刮腻子，否则很容易出现腻子气泡、强度不够的现象。

（4）批嵌腻子。确保墙面坚实、平整，用钢刷或其他工具清理墙面，使墙面尽量无浮土、浮沉。在墙面辊一遍混凝土界面剂（个别墙面可能需要贴布），尽量均匀，待其干燥后（一般在 2h 以上），就可以刮腻子或石膏了。

1）滚涂界面剂。封闭基层，防止腻子因水泥墙面疏松、浮土或过干等原因而出现问题，其表面比水泥墙面更适合腻子附着。

2）贴布（牛皮纸）。对于保温墙面、较疏松的墙面、已经开裂的墙面，必须贴布，以防涂层开裂。如果已经贴布，则没有必要做界面剂。

3）刮腻子。最好选用耐水腻子，刮腻子前应测量墙面的平整度（用 2m 以上检测尺），以确定要刮腻子的方法。一般墙面刮 2 遍腻子即可，既能找平，又能罩住底色。平整度较差的腻子需要在局部多刮几遍。如果平整度极差或墙面倾斜严重，可考虑先刮一遍找平石膏进行找平，之后再刮腻子。每遍腻子批刮的间隔时间应在 2h 以上（表干以后）。

4）打磨腻子。耐水腻子完全干透后后（5～7d）会变得坚实无比，此时再进行打磨就会变得异常困难。因此，刮过腻子之后 1～2d 便开始进行腻子打磨。打磨可选在夜间，用 200 瓦以上的电灯泡贴近墙面照明（白天也需要用灯泡找平），边打磨边查看平整程度。

（5）刷底漆。清理打磨后的腻子表面的浮尘后，便可以涂刷底漆。底漆涂刷一遍即可，务必均匀，待其干透后（2～4h）可以进行下一步骤。

3.4.3 工艺操作

基层处理完毕并符合要求之后，开始进行面漆施工。但是，若面层产生的效果不同，其工艺操作方法有所不同。

（1）喷涂压花系列（又称浮雕系列）。用浮雕喷枪喷出花点，然后用光塑滚筒把点压扁，干燥后即可上金属漆或乳胶漆，用透明防尘面漆罩光后效果更好。

（2）滚浆颗粒系列。用灰刀把颗粒型质感涂料直接抹到墙上抹平，或用光塑滚筒直接滚到墙上，然后滚平即可，干燥后即可上金属漆或乳胶漆，用透明防尘面漆罩光后效果更好。

（3）拉毛系列。把弹性拉毛涂料用灰刀均匀抹到墙上，然后用拉毛滚筒滚即可拉出不同的效果，根据料的厚薄和所用拉毛滚筒的纹理大小可做出大小不同的花纹。干燥后即可上金属漆或乳胶漆，用透明防尘面漆罩光后效果更好。

（4）厚降树皮系列。用光塑滚筒把刮砂质感涂料滚到墙上，拉出合适的纹理，快干时用刮板把高的地方刮平，干燥后即可上金属漆或乳胶漆，用透明防尘面漆罩光后效果更好。

（5）刮砂系列。用灰刀把刮砂型质感涂料直接抹到墙上抹平，或用光塑滚筒直接滚到墙上，滚平然后用扇形刮板的木柄蘸水后往不同的方向拉或用钉子划可做出不同的效果，干燥后即可上金属漆或乳胶漆，用透明防尘面漆罩光后效果更好。

（6）批荡系列。用灰刀把质感涂料刮到墙上，然后随意作出各种高低不平的造型，干燥后即可上金属漆或乳胶漆，可以在刷漆后及时用灰刀边把高地方的漆刮掉，也可以等漆干后用砂纸打磨，把高的地方漆除掉，直到露出底色。呈现不同的艺术效果。用透明防尘面漆罩光后效果更好。

（7）梦幻系列。用灰刀把质感涂料刮到墙上，然后随意作出各种高低不平的造型，干燥后上深色乳胶漆或金属漆，漆干后用刷子轻轻扫金属漆即可。

（8）砖系列。用分色纸先贴出自己想要的形状，然后用灰刀把质感涂料抹上去，抹好即可把分色纸撕掉，干燥后即可上金属漆或乳胶漆，用透明防尘面漆罩光后效果更好。

（9）特殊图案系列。有绘画基础的人用灰刀、批刀或其他工具根据客户要求做出各种艺术造型，如人物、风景等，干燥后即可上金属漆或乳胶漆，用透明防尘面漆罩光后效果更好。

（10）马莱漆系列。先把马莱漆调出自己想要的颜色，然后用批刀批上去，批出自己想要的形状，可以批多层，批不同的颜色。

（11）彩纹漆。在做好乳胶漆的墙面上用幻彩滚筒、幻彩刷、天然海藻、艺术刷或其他工具，用壁纸漆作出各种花纹，如图 3-4 所示。

图 3-4　用滚筒滚花

（12）云丝漆。用云丝漆喷枪把 EL-6000 型壁纸漆喷到做好乳胶漆的墙面上，根据要求喷出各种形状即可。可以另外用喷笔在上面喷出各种亮点。

（13）钻石漆。可以在任何做好的质感涂料上面刷钻石漆，用刷子刷匀即可。呈现闪闪发光的各种效果。

（14）刮梳系列。在墙上批平浮雕骨浆，要有一定厚度，然后用扇形刮板刮出自己想要的造型，干燥后即可上金属漆或乳胶漆，用透明防尘面漆罩光后效果更好。

3.4.4　注意事项

（1）搅拌。在产品刮涂前将产品打开盖子，用搅拌棒将涂料进行充分的搅拌，如果有气泡请将产品静置 10min 左右，待气泡消失。

（2）加料。将适当的涂料放于印刷工具的内框上。

（3）刮涂。将印刷工具置于墙角处，印刷模具的模面紧贴墙面，然后用刮板进行涂刮。

（4）收料。将每一个花型刮好后，收尽模具上多余的涂料，提起模具时候请垂直于墙面起落。

（5）对花。套模时候根据花型的列距和行距使横、竖、斜都成一条线就可以。以模具外框贴近已经印好花型的最外缘，找到参照点后涂刮，并依此类推至整个墙面，可以通过模具的外框找到参照点。

（6）补花。当墙面在纵向或横向不够套硬模时请使用软模补足。液体壁纸是结合乳胶漆和壁纸的优点而出现的，是两者的衍生物，是新型的环保，耐用的装饰墙面的材料。

（7）将丝网固定在被涂物体上，再用刮具把涂料均匀刮到上面。刮涂完成后，丝网应由下而上慢慢摘下。如想做特殊图案可根据需要先订做丝网，然后再施工。

(8) 印花模具采用全铝合金框架，四角都经过打磨，采用进口感光膜，图案清晰分明，弹性较强、耐水、膜面紧密、牢固，丝网孔分布均匀、平整，比一般模先上底色，在用模具印出图案具耐用3～4倍。

(9) 涂刷完48h内应确保施工现场的洁净，以免灰尘和垃圾玷污墙面。48h内不要触摸，48h后可正常使用。

3.5 仿瓷涂料施工技术

仿瓷涂料是一种双组分涂料，使用方便，常温下自然干燥，具有优良的耐沸水性、耐化学品性、耐冲击性、无毒和硬度高、附着力强等特点，涂层丰满细腻坚硬、光亮。广泛应用于办公楼、工厂、实验室以及地下车库、储藏间等室内墙面装饰装修。

3.5.1 施工准备

1. 材料

材料出厂合格证、准用证等必备，颜色符合设计要求。

2. 施工工具

施工工具包括刮刀、清扫器具、毛刷、批刀等。

3. 作业条件

(1) 对涂料有影响的其他装修工程及水电安装工程均已施工完毕，并预先加以覆盖。室内水、暖、电、卫设施及门窗都需进行必要的遮挡。

(2) 混凝土及抹灰墙面不得有起皮、起砂、松散等缺陷。

(3) 施工环境温度应高于5℃。

3.5.2 基层处理

1. 基层要求

基层表面必须坚固和无疏松、脱皮、粉化和走亮等现象，基层表面的泥土、灰尘、油污、杂物等脏迹必须洗净清除，基层含水率小于10%，pH值小于10，基层表面应平整，阴阳角及角线应密实，轮廓分明。

2. 基层处理

任何涂料在涂装前都应先进行基层处理，但对不同的装修等级，不同的基层和不同的使用环境所要求的基层处理工序和基层处理所使用的材料有不同的要求。

(1) 对于表面很平整的大模板混凝土墙面，应先清除因涂刷隔离剂而留下的油污。油污被清除并待墙面干燥时，批嵌腻子以消除水气泡孔。

(2) 传统的白灰墙面对不平整之处先用腻子找平处理，然后用砂纸打磨，尽量不破坏原基层。

(3) 石膏板、木夹板表面，需进行一些特殊处理，这是因为基层随温度的变化出现胀缩，会造成涂层开裂。需用白平布或者牛皮纸嵌缝带用聚醋酸乙烯乳液将接缝处粘结。然后用腻子批嵌找平，最后大面积批嵌腻子。

(4) 旧墙面翻新应先清除浮尘，铲除起砂、翘皮、油污等部位。墙面清理好后再批嵌腻子，最后打磨平整。

3.5.3 施工工艺

仿瓷涂料与乳液型涂料相比，施工工艺没那么简单，不同的仿瓷涂料施工方式有所不同。

1. 聚氨酯仿瓷涂料的施工方法

(1) 基层处理应平整，无灰尘、油污，表面干燥。

(2) 涂布底层涂料，第一道先涂布稀释的涂料，干燥后，再涂2遍，干燥时间为2～24h。然后用底层涂料调制的腻子刮1～3遍，间隔时间为24～48h，干硬后用1#砂布打磨。

(3) 涂面层涂料2～3遍，干燥后保养3d。

（4）要严格按规定施工顺序施工，不能与其他涂料混用；施工过程中必须防水、防潮；施工环境应通风、防火。

2. 硅丙树脂仿瓷涂料的施工方法

（1）基层应平整、干燥、洁净、无灰尘，含水率小于9%。

（2）用辊涂、刷涂、喷涂方法均可施工，涂布2遍，间隔时间约2～4h。

（3）涂料用量约为0.4～0.6kg/m²。

（4）施工现场禁止烟火，并有防火措施。

3. 水溶型聚乙烯醇仿瓷涂料的施工方法

（1）按一般的基层处理方法将基层处理干净。

（2）用0.3mm厚的弹性刮板刮涂，待第一遍彻底干燥后再刮涂第二遍，如图3-5所示。等第二遍涂膜干到不粘手但还未完全干透时用抹子压光，压光时可用抹子粘原涂料的基料，多次用力压光。

图3-5 仿瓷涂料施工

（3）涂膜完全干燥后，边角不整齐处用细砂纸打光，装饰面要有光泽，手感平滑，与瓷砖表面类似。

（4）此种涂料施工难度大，如果不涂罩面涂料，饰面易污染，而且不易除去。可能是木节在上漆前未封住，经太阳一晒，木节受热，树脂从木节中渗出而引起的。此时可用刮刀刮去油漆，然后以细砂纸打磨至露出木节后，用封节漆将木节封住，待干透后，再重新上漆。

3.6 壁纸裱糊施工技术

现代室内装饰装修中，壁纸已开始成为室内装饰装修的重要部分，以全新姿态挑战乳胶漆的位置，吸引消费者的眼光。深色的、浅色的、金属色的、个性的壁纸以独特的方式展现绚丽多彩的室内空间效果。但是，壁纸的裱糊施工工序较为复杂、技术性比较高。因此，壁纸裱糊的施工质量显得尤为重要。

3.6.1 施工准备

1. 技术准备

施工前应仔细熟悉施工图纸，掌握当地的天气情况，依据施工技术交底和安全交底，作好各方面的准备。

2. 材料要求

（1）规格大卷：门幅宽920～1200mm，长50m，每卷40～90m²。

规格中卷：门幅宽760～900mm，长25～50m，每卷20～45m²。

规格小卷：门幅宽530～600mm，长10～12m，每卷5～6m²。

其他规格尺寸由供需双方协商。

（2）外观质量检查。检查试样外观质量时，在光线充足的条件下（晴朗天气北窗的昼光）目测，必要时采用标准光源箱。

（3）可洗性要求。可洗性是壁纸在粘贴后的使用期内可洗涤的性能，这是对壁纸用在有污染和湿度较高地方的要求。可洗性按使用要求可分为可洗、特别可洗和可刷洗三个使用等级。

（4）腻子。基层处理中的底灰腻子有乳胶腻子与油性腻子之分，其配合比（重量比）如下。

1）乳胶腻子：白乳胶（聚醋酸乙烯乳液）、滑石粉、甲醛纤维素（溶液）三者重量之比为1∶10∶2.5。

2）白乳胶、石膏粉和甲醛纤维素（溶液）三者重量之比为1∶6∶0.6。

3）油性腻子：石膏粉、熟桐油、清漆（酚醛）三者重量之比为10∶1∶2，复粉、熟桐油和松节油三者重量之比为10∶2∶1。

3. 主要机具

主要机具包括裁纸工作台（4m×4m）、滚轮、壁纸刀、油工刮板、毛刷、钢板尺等。

4. 作业条件

(1) 新建筑物的混凝土或抹灰基层墙面在刮腻子前应涂刷抗碱封闭底漆。

(2) 旧墙面在裱糊前应清除疏松的旧装修层，并刷涂界面剂。

(3) 基层按设计要求木砖或木筋已埋设，水泥砂浆找平层已抹完，经干燥后含水率不大于8%，木材基层含水率不大于12%。

(4) 水电及设备、顶墙上预留预埋件已完，门窗油漆已完成。

(5) 房间地面工程已完，经检查符合设计要求。

(6) 大面积装修前，应做样板间，经监理单位鉴定合格后，可组织施工。

3.6.2 材料和质量要点

1. 材料的关键要求

(1) 裱糊面材由设计规定，并以样板的方式由甲方认定，并一次备足同批的面材，以免不同批次的材料产生色差，影响同一空间的装饰效果。

(2) 胶粘剂、嵌缝腻子等应根据设计和基层的实际需要提前备齐。其质量要满足设计和质量标准的规定，并满足建筑物的防火要求，避免在高温下因胶粘剂失去粘接力使壁纸脱落而引起火灾。

2. 技术关键要求

(1) 裁纸。对花墙纸，为减少浪费，如事先计算一间房用量，如需用5卷纸，则用5卷纸同时展开裁剪，可大大减少壁纸的浪费。

(2) 壁纸滚压。壁纸贴平后，3～5h内，在其微干状态时，用小滚轮（中间微起拱）均匀用力滚压接缝处，这样做比传统的有机玻璃片抹刮能有效地减少对壁纸的损坏。

3. 环境关键要求

壁纸中的有害物质限量值和室内用水性胶粘剂中总挥发性有机化合物必须符合国家规定的标准要求。

3.6.3 壁纸裱糊工艺

3.6.3.1 工艺流程

基层处理⟶吊直、套方、找规矩、弹线⟶计算用料、裁纸⟶刷胶⟶裱贴⟶修整。

3.6.3.2 操作工艺

1. 基层处理

根据基层不同材质，采用不同的处理方法。

(1) 混凝土及抹灰基层。裱糊壁纸的基层是混凝土面、抹灰面（如水泥砂浆、水泥混合砂浆、石灰砂浆等），要满刮腻子一遍打磨砂纸。但有的混凝土面、抹灰面有气孔、麻点、凸凹不平时，为了保证质量，应增加满刮腻子和磨砂纸遍数。刮腻子时，将混凝土或抹灰面清扫干净，使用胶皮刮板满刮一遍。刮时要有规律，要一板排一板，两板中间顺一板。既要刮严，又不得有明显接槎和凸痕。做到凸处薄刮，凹处厚刮，大面积找平。待腻子干固后，打磨砂纸并扫净。需要增加满刮腻子遍数的基层表面，应先将表面裂缝及凹面部分刮平，然后打磨砂纸、扫净，再满刮一遍后打磨砂纸，处理好的底层应该平整光滑，阴阳角线通畅、顺直，无裂痕、崩角，无砂眼麻点。

(2) 木质基层。木基层要求接缝不显接槎，接缝、钉眼应用腻子补平并满刮油性腻子一遍（第一遍），用砂纸磨平。木夹板的不平整主要是钉接造成的，在钉接处木夹板往往下凹，非钉接处向外凸。所以第一遍满刮腻子主要是找平大面。第二遍可用石膏腻子找平，腻子的厚度应减薄，可在该腻子五六成干时，用塑料刮板有规律地压光，最后用干净的抹布轻轻将表面灰粒擦净。

对要贴金属壁纸的木基面处理，第二遍腻子时应采用石膏粉调配猪血料的腻子，其配比为10∶3（重量比）。金属壁纸对基面的平整度要求很高，稍有不平处或粉尘，都会在金属壁纸裱贴后明显地看出。所以金属壁纸的木基面处理，应与木家具打底方法基本相同，批抹腻子的遍数要求在三遍以上。

批抹最后一遍腻子并打平后，用软布擦净。

（3）石膏板基层。纸面石膏板比较平整，披抹腻子主要是在对缝处和螺钉孔位处。对缝披抹腻子后，还需用棉纸带贴缝，以防止对缝处的开裂。在纸面石膏板上，应用腻子满刮一遍，找平大面，在第二遍腻子进行修整。

（4）不同基层对接处。不同基层材料的相接处，如石膏板与木夹板、水泥或抹灰基面与木夹板、水泥基面与石膏板之间的对缝，应用棉纸带或穿孔纸带粘贴封口，以防止裱糊后的壁纸面层被拉裂撕开。

（5）涂刷防潮底漆和底胶。为了防止壁纸受潮脱胶，一般对要裱糊塑料壁纸、壁布、纸基塑料壁纸、金属壁纸的墙面，涂刷防潮底漆。防潮底漆用酚醛清漆与汽油或松节油来调配，其配比为，清漆：汽油（或松节油）1：3。该底漆可涂刷，也可喷刷，漆液不宜厚，且要均匀一致。涂刷底胶是为了增加粘结力，防止处理好的基层受潮弄污。底胶一般用108胶配少许甲醛纤维素加水调成，其配比为，108胶：水：甲醛纤维素＝10：10：0.2。底胶可涂刷，也可喷刷。在涂刷防潮底漆和底胶时，室内应无灰尘，且防止灰尘和杂物混入该底漆或底胶中。底胶一般是一遍成活，但不能漏刷、漏喷。目前，市场上主要采用成品防潮底膜代替了前面提到的底漆和底胶。若面层贴波音软片，基层处理最后要做到硬、干、光。要在做完通常基层处理后，还需增加打磨和刷二遍清漆。

2. 吊直、套方、找规矩、弹线

（1）顶棚。首先应将顶子的对称中心线通过吊直、套方、找规矩的办法弹出中心线，以便从中间向两边对称控制。墙顶交接处的处理原则是：凡有挂镜线的按挂镜线弹线，没有挂镜线则按设计要求弹线。

（2）墙面。首先应将房间四角的阴阳角通过吊垂直、套方、找规矩，并确定从哪个阴角开始按照壁纸的尺寸进行分块弹线控制（习惯做法是进门左阴角处开始铺贴第一张），有挂镜线的按挂镜线弹线，没有挂镜线的按设计要求弹线控制。

（3）具体操作方法如下所述。

按壁纸的标准宽度找规矩，每个墙面的第一条纸都要弹线找垂直，第一条线距墙阴角约15cm处，作为裱糊时的准线。

在第一条壁纸位置的墙顶处敲进一枚墙钉，将有粉锤线系上，铅锤下吊到踢脚上缘处，锤线静止不动后，一手紧握锤头，按锤线的位置用铅笔在墙面划一短线，再松开铅锤头查看垂线是否与铅笔短线重合。如果重合，就用一只手将垂线按在铅笔短线上，另一只手把垂线往外拉，放手后使其弹回，便可得到墙面的基准垂线，弹出的基准垂线越细越好。

每个墙面的第一条垂线，应该定在距墙角距离约15cm处。墙面上有门窗口的应增加门窗两边的垂直线。

3. 计算用料、裁纸

按基层实际尺寸进行测量计算所需用量，并在每边增加2～3cm作为裁纸量。

裁剪在工作台上进行。对有图案的材料，无论顶棚还是墙面均应从粘贴的第一张开始对花，墙面从上部开始。边裁边编顺序号，以便按顺序粘贴。

对于对花墙纸，为减少浪费，应事先计算如一间房需要5卷纸，则用5卷纸同时展开裁剪，可大大减少壁纸的浪费。

4. 刷胶

由于现在的壁纸一般质量较好，所以不必进行润水，在进行施工前将2～3块壁纸进行刷胶，使壁纸起到湿润、软化的作用，塑料纸基背面和墙面都应涂刷胶粘剂，刷胶应厚薄均匀，从刷胶到最后上墙的时间一般控制在5～7min。

刷胶时，基层表面刷胶的宽度要比壁纸宽约3cm。刷胶要全面、均匀、不裹边、不起堆，以防溢出，弄脏壁纸。但也不能刷得过少，甚至刷不到位，以免壁纸粘结不牢。一般抹灰墙面用胶量为0.15kg/m^{2}左右，纸面为0.12kg/m左右。壁纸背面刷胶后，应是胶面与胶面反复对叠，以避免胶干得太快，也便于上墙，并使裱糊的墙面整洁平整。

金属壁纸的胶液应是专用的壁纸粉胶。刷胶时，准备一卷未开封的发泡壁纸或长度大于壁纸宽的圆筒，一边在裁剪好的金属壁纸背面刷胶，一边将刷过胶的部分向上卷在发泡壁纸卷上。

5. 裱贴

(1) 吊顶裱贴。在吊顶面上裱贴壁纸，第一段通常要贴近主窗，与墙壁平行。长度过短时（小于2m），则可跟窗户成直角贴。

在裱贴第一段前，须先弹出一条直线。其方法为，在距吊顶面两端的主窗墙角 10mm 处用铅笔做两个记号，在其中的一个记号处敲一枚钉子，按照前述方法在吊顶上弹出一道与主窗墙面平行的粉线。按上述方法裁纸、浸水、刷胶后，将整条壁纸反复折叠。然后用一卷未开封的壁纸卷或长刷撑起折叠好的一段壁纸，并将边缘靠齐弹线，用排笔敷平一段，再展开下摺的端头部分，并将边缘靠齐弹线，用排笔敷平一段，再展开弹线敷平，直到整截贴好为止。剪齐两端多余的部分，如有必要，应沿着墙顶线和墙角修剪整齐。

(2) 墙面裱贴。裱贴壁纸时，首先要垂直，后对花纹拼缝，再用刮板用力抹压平整。原则是先垂直面后水平面，先细部后大面。贴垂直面时先上后下，贴水平面时先高后低。裱贴时剪刀和长刷可放在围裙袋中或手边。先将上过胶的壁纸下半截向上折一半，握住顶端的两角，在四脚梯或凳上站稳后。展开上半截，凑近墙壁，使边缘靠着垂线成一直线，轻轻压平，由中间向外用刷子将上半截敷平，在壁纸顶端作出记号，然后用剪刀修齐或用壁纸刀将多余的壁纸割去。再按上法同样处理下半截，修齐踢脚板与墙壁间的角落。用海绵擦掉沾在踢脚板上的胶糊。壁纸贴平后，3～5h 内，在其微干状态时，用小滚轮（十间微起拱）均匀用力滚压接缝处，这样做比传统的有机玻璃片抹刮能有效的减少对壁纸的损坏。

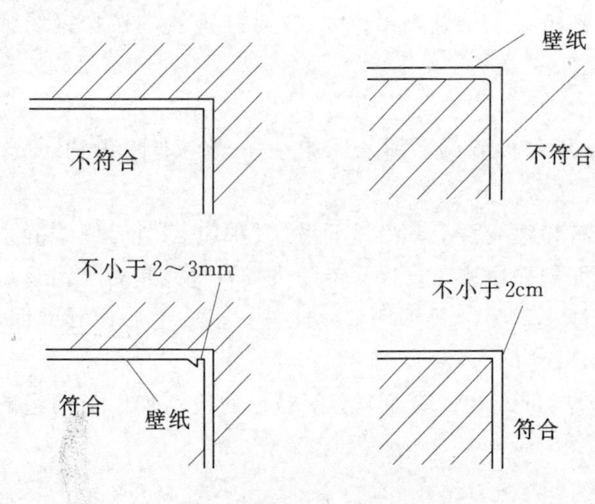

图 3-6 阴阳角壁纸交接要求

裱贴壁纸时，注意在阳角处不能拼缝，阴角边壁纸搭缝时，应先檬糊压在里面的转角壁纸，再粘贴非转角的正常壁纸。搭接面应根据阴角垂直度而定，搭接宽度一般不小于 2～3cm。并且要保持垂直无毛边，如图 3-6 所示。

裱贴前，应尽可能卸下墙上电灯等开关，首先要切断电源，用火柴棒或细木棒插入螺丝孔内，以便在裱糊时识别，以及在裱糊后切割留位。不易拆下的配件，不能在壁纸上剪口再镶上去。操作时，将壁纸轻轻糊于电灯开关上面，并找到中心点，从中心开始切割十字，一直切到墙体边。然后用手按出开关体的轮廓位置，慢慢拉起多余的壁纸，剪去不需的部分，再用橡胶刮子刮平，并擦去刮出的胶液。

除了常规的直式裱贴外，还有斜式裱贴，若设计要求斜式裱贴，则在裱贴前的找规矩中增加找斜贴基准线这一工序。具体做法是，先在一面墙两上墙角间的中心墙顶处标明一点，由这点往下在墙上弹上一条垂直的粉笔灰线。从这条线的底部，沿着墙底，测出与墙高相等的距离。由这一点再和墙顶中心点连接，弹出另一条粉笔灰线，这条线就是一条确实的斜线，斜式裱贴壁纸比较浪费材料，在估计数量时，应预先考虑到这一点。

当墙面的墙纸完成 40m^2 左右或自裱贴施工开始 40～60min 后，需安排一人用滚轮，从第一张墙纸开始滚压或抹压，直至将已完成的墙纸面滚压一遍。工序的原理和作用是，墙纸胶液的特性为开始润滑性好，易于墙纸的对缝裱贴，当胶液内水分被墙体和墙纸逐步吸收后但还没干时，胶性逐渐增大，时间均为 40～60min，这时的胶液黏性最大，对墙纸面进行滚压，可使墙纸与基面更好贴合，使对缝处的缝口更加密合。

3.6.4 金属壁纸的裱贴

金属壁纸的收缩量很少，在裱贴时可采用对缝裱，也可用搭缝裱。

金属壁纸对缝时，对花纹拼缝有要求。裱贴时，先从顶面开始对花纹拼缝，操作需要两个人同时配合，一个负责对花纹拼缝，另一个人负责手托金属壁纸卷，逐渐放展。一边对缝一边用橡胶刮平金属壁纸，刮时由纸的中部往两边压刮。使胶液向两边滑动而粘贴均匀，刮平时用力要均匀适中，刮子面要放平。不可用刮子的尖端来刮金属壁纸，以防刮伤纸面。若两幅间有小缝，则应用刮子在刚粘的这幅壁纸面上，向先粘好的壁纸这边刮，直到无缝为止。裱贴操作的其他要求与普通壁纸相同。

3.6.5 锦缎的裱贴

由于锦缎柔软光滑，极易变形，难以直接裱糊在木质基层面上。裱糊时，应先在锦缎背后上浆，并裱糊一层宣纸，使锦缎挺括，以便于裁剪和裱贴上墙。

上浆用的浆液是由面粉、防虫涂料和水配合成，其配比为（重量比）5∶40∶20，调配成稀而薄的浆液。上浆时，把锦缎正面平铺在大而干的桌面上或平滑的大木夹板上，并在两边压紧锦缎，用排刷沾上浆液从中间开始向两边刷，使浆液均匀地涂刷在锦缎背面，浆液不要过多，以打湿背面为准。

在另张大平面桌子（桌面一定要光滑）上平铺一张幅宽大于锦缎幅宽的宣纸。并用水将宣纸打湿，使纸平贴在桌面上，用水量要适当，以刚好打湿为好。

把上好浆液的锦缎从桌面上抬起来，将有浆液的一面向下，把锦缎粘贴在打湿的宣纸上，并用塑料刮片从锦缎的中间开始向四边刮压，以便使锦缎与宣纸粘贴均匀。待打湿的宣纸之后，便可从桌面取下，这时，锦缎与宣纸就贴合在一起。

锦缎裱贴前要根据其幅宽和花纹认真裁剪，并将每个裁剪完的开片编号，裱贴时，对号进行。裱贴的方法同金属纸。

3.6.6 波音软片的裱贴

波音软片是一种自粘性饰面材料，因此，当基面做到硬、干、光后，不必刷胶。裱贴时，只要将波音软片的自粘底纸层撕开一条口。在墙壁面的裱贴中，首先对好垂直线，然后将撕开一条口的波音软片粘贴在饰面的上沿口。自上而下，一边撕开底纸层，一面用木块或有机玻璃夹片贴在基面上。如表面不平，可用吹风加热，以干净布在加热的表面处摩擦，可恢复平整，也可用电熨斗加热，但要调到中低档温度。

3.6.7 施工应注意事项

（1）墙布、锦缎裱糊时，在斜视壁面上有污斑时，应将两布对缝时挤出的胶液及时擦干净，已干的胶液用温水擦洗干净。

（2）为了保证对花端正，颜色一致，无空鼓、气泡，无死摺，裱糊时应控制好墙布面的花与花之间的空隙（应相同）；裁花布或锦缎时，应做到部位一致，随时注意壁布颜色、图案、花型，确有差别应予以分类，分别安排在另一墙面或房间；颜色差别大或有死摺时，不得使用。墙布糊完后出现个别翘角，翘边现象，可用乳液胶涂抹滚压粘牢，个别鼓泡应用针管排气后注入胶液，再用辊压实。

（3）上下不亏布、横平竖直。如有挂镜线，应以挂镜线为准，无挂镜线以弹线为准。当裱糊到一个阴角时要断布，因为用一张布糊在两个墙面上容易出现阴角处墙布空鼓或皱褶，断布后从阴角另一侧开始仍按上述首张布开始糊的办法施工。

（4）裱糊前必须做好样板间，找出易出现问题的原因，确定试拼措施，以保证花型图案对称。

（5）周边缝宽窄不一致。在拼装预制镶嵌过程中，由于安装不详、捻边时松紧不一或在套割底板是弧度不均等造成边缝宽窄不一致，应及时进行修整和加强检查验收工作。

（6）裱糊前一定要重视对基层的清理工作。因为基层表面有积灰、积尘、腻子包、小砂粒、胶浆疙瘩等，会造成表面不平，斜视有疙瘩。

（7）裱糊时，应重视边框、贴脸、装饰木线、边线的制作工作。制作要精细，套割要认真细致，拼装时钉子和涂胶要适宜，木材含水率不得大于8%，以保证装修质量和效果。

3.6.8 成品保护

（1）墙布、锦缎装修饰面已裱糊完的房间应及时清理干净，不准做临时料房或休息室，避免污染和损坏，应设专人负责管理，如及时锁门，定期通风换气、排气等。

(2) 在整个墙面装饰工程裱糊施工过程中，严禁非操作人员随意触摸成品。

(3) 暖通、电气、上、下水管工程裱糊施工过程中，操作者应注意保护墙面，严防污染和损坏成品。

(4) 严禁在已裱糊完墙布、锦缎的房间内剔眼打洞。若纯属设计变更所至，也应采取可靠有效措施，施工时要仔细，小心保护，施工后要及时认真修补，以保证成品完整。

(5) 二次补油漆、涂浆活及地面磨石，花岗石清理时，要注意保护好成品，防止污染、碰撞与损坏墙面。

(6) 墙面裱糊时，各道工序必须严格按照规程施工，操作时要做到干净利落，边缝要切割整齐到位，胶痕迹要擦干净。

(7) 冬期在采暖条件下施工，要派专人负责看管，严防发生跑水，渗漏水等灾害性事故。

3.7 墙面软包施工技术

软包是一种在室内墙表面用柔性材料加以包装的墙面装饰。它使用的材料质地柔软，色彩柔和，将浓郁的风格气息完美地结合，其纵深的立体感亦能提升室内档次，创造出风格迥异的空间，引领高品位的艺术品味。具有消声、保温、耐磨等特点，应用广泛，适合于宾馆、会议室、歌舞厅、餐厅以及居室等场所的墙面装饰装修。

3.7.1 施工准备

1. 材料要求

(1) 软包墙面木框、龙骨、底板、面板等木材的树种、规格、等级、含水率和防腐处理必须符合设计图纸要求。

(2) 软包面料及内衬材料及边框的材质、颜色、图案、燃烧性能等级应符合设计要求及国家现行标准的有关规定，具有防火检测报告。普通布料需进行两次防火处理，并检测合格。

(3) 龙骨一般用白松烘干料，含水率不大于12%，厚度应根据设计要求，不得有腐朽、节疤、劈裂、扭曲等疵病，并预先经防腐处理。龙骨、衬板、边框应安装牢固、无翘曲、拼缝应平直。

(4) 外饰面用的压条分格框料和木贴脸等面料，一般采用工厂经烘干加工的半成品料，含水率不大于12%。选用优质五夹板，如基层情况特殊或有特殊要求者，亦可选用九夹板。

(5) 胶黏剂一般采用立时得粘贴，不同部位采用不同胶黏剂。

2. 施工机具

常用施工机具，如表3-1所示。

表3-1　常用施工机具

序号	名称	数量	规　格
1	电焊机	1	3.2～6.0mm
2	手电钻	2	回 JIZC-10
3	冲击电钻	2	DH22
4	专用夹具	3	
5	刮刀	2	

注　此外，还有钢板尺、裁刀、刮板、毛刷、排笔、长卷尺和锤子等。

3. 作业条件

(1) 混凝土和墙面抹灰完成，基层已按设计要求埋入木砖或木筋，水泥砂浆找平层已抹完并刷冷底子油。

(2) 水电及设备，顶墙上预留预埋件已完成。

(3) 房间的吊顶分项工程基本完成，并符合设计要求。

(4) 房间里的地面分项工程基本完成，并符合设计要求。

(5) 对施工人员进行技术交底时，应强调技术措施和质量要求。

(6) 调整基层并进行检查，要求基层平整、牢固，垂直度、平整度均符合细木制作验收规范。

(7) 基层应干燥，含水率不超过9%。

3.7.2 工艺流程与操作

1. 工艺流程

基层或底板处理──→吊直、套方、找规矩、弹线──→设置木楔──→安装木龙骨──→安装底层衬板

—→计算用料、裁面料—→粘贴面料—→修整—→安装贴脸或装饰边线、刷镶边油漆—→修整软包墙面

2. 操作工艺

(1) 基层或底板处理。在结构墙上预埋木砖抹水泥砂浆找平层。如果是直接铺贴，则应先将底板拼缝用油腻子嵌平密实，满刮腻子1～2遍，待腻子干燥后，用砂纸磨平，粘贴前基层表面满刷清油一道。

(2) 吊直、套方、找规矩、弹线。根据设计图纸要求，把该房间需要软包墙面的装饰尺寸、造型等通过吊直、套方、找规矩、弹线等工序，把实际尺寸与造型落实到墙面上。

(3) 计算用料，套裁填充料和面料。首先根据设计图纸的要求，确定软包墙面的具体做法。

(4) 粘贴面料。如采取直接铺贴法施工时，应待墙面细木装修基本完成时，边框油漆达到交活条件，方可粘贴面料。

(5) 安装贴脸或装饰边线。根据设计选定和加工好的贴脸或装饰边线，按设计要求把油漆刷好(达到交活条件)，便可进行装饰板安装工作。首先经过试拼，达到设计要求的效果后，便可与基层固定和安装贴脸或装饰边线，最后涂刷镶边油漆成活。

(6) 修整软包墙面。除尘清理，钉粘保护膜和处理胶痕。

3.7.3 施工工艺

3.7.3.1 基层处理

人造革软包，要求基层牢固，构造合理。如果是将它直接装设于建筑墙体及柱体表面，为防止墙体柱体的潮气使其基面板底翘曲变形而影响装饰质量，要求基层做抹灰和防潮处理。通常的做法是，采用1∶3的水泥砂浆抹灰做至20mm厚，然后刷涂冷底子油一道并作一毡二油防潮层。

3.7.3.2 弹线、设置木楔

木龙骨水平、竖向间距一般为450mm，根据木龙骨的间距尺寸，先在墙面上划水平标高并弹出分档线。木砖或木楔的横竖间距与龙骨间距相符，墙面上打木楔孔洞，采用ϕ16～ϕ20mm冲击电钻钻孔，钻孔位置应在弹线的交叉点上，钻孔深度不应小于60mm，埋入墙体的木楔应事先做防腐处理。

3.7.3.3 龙骨与墙板的安装

当在室内墙柱面做皮革或人造革装饰时，应采用墙筋木龙骨，墙筋龙骨一般为(20～50)mm×(40～50)mm截面的木方条，钉于墙、柱体的预埋木砖或预埋的木楔上，木砖或木楔的间距，与墙筋的排布尺寸一致，一般为400～600mm间距，按设计图纸的要求进行分隔或平面造型形式进行划分。常见形式为450～450mm见方划分。

固定好墙筋之后，即铺钉夹板作基面板，然后以人造革包填塞材料覆于基面板之上，采用钉将其固定于墙筋位置；最后以电化铝帽头钉按分格或其他形式的划分尺寸进行钉固。也可同时采用压条，压条的材料可用不锈钢、铜或木条，既方便施工，又可使其立面造型丰富。

3.7.3.4 面层固定

皮革和人造革饰面的铺钉方法，主要有成卷铺装、分块固定和压条固定三种形式。此外还有平铺泡钉压法等，由设计而定。

1. 成卷铺装法

由于人造革材料可成卷供应，当较大面积施工时，可进行成卷铺装。但需注意，人造革卷材的幅面宽度应大于横向木筋中距50～80mm；并保证基面五夹板的接缝须置于墙筋上，如图3-7所示。

2. 分块固定

分块固定是先将皮革或人造革与夹板按设计要求的分格，划块进行预裁，然后一并固定于木筋上。安装时，以五夹板压住皮革或人造革面层，压边20～30mm，用圆钉钉于木筋上，然后将皮革或人造革与木夹板之间填入衬垫材料进而包覆固定。须注意的操作要点是：首先必须保证五夹板的接缝位于墙筋中线；其次，五夹板的另一端不压皮革或人造革而是直接钉于木筋上；再次，是皮革或人造

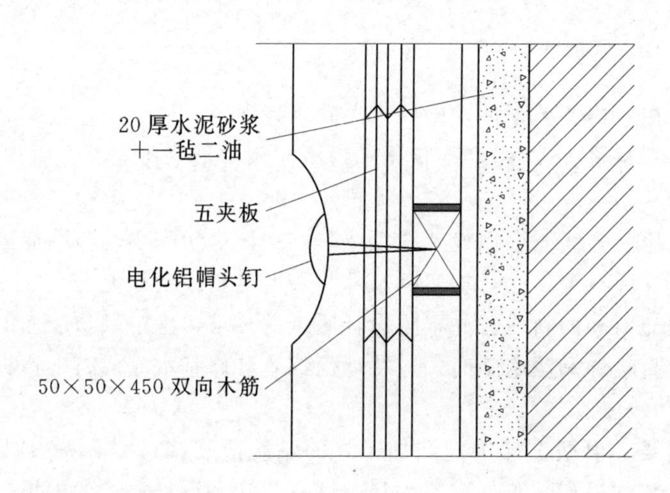

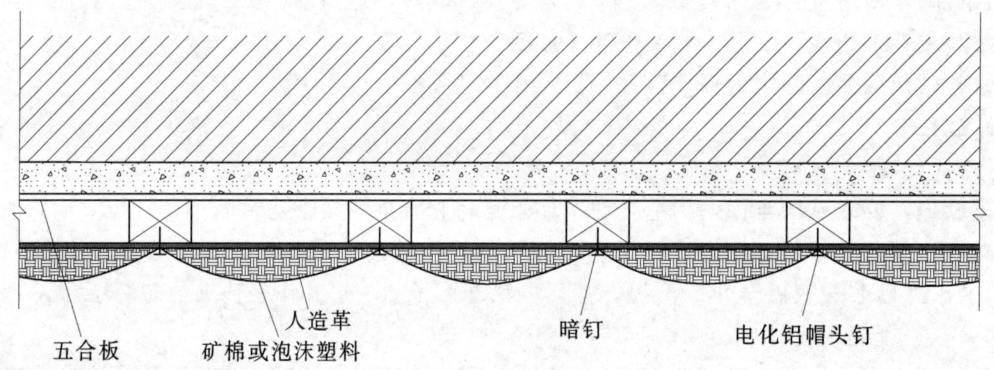

图3-7　成卷铺设法

革剪裁时必须大于装饰分格划块尺寸，并足以在下一个墙筋上剩余20～30mm的料头。如此，第二块五夹板又可包覆第二片革面压于其上进而固定，照此类推完成整个软包面。这种做法多用于酒吧台、服务台等部位的装饰，如图3-8所示。

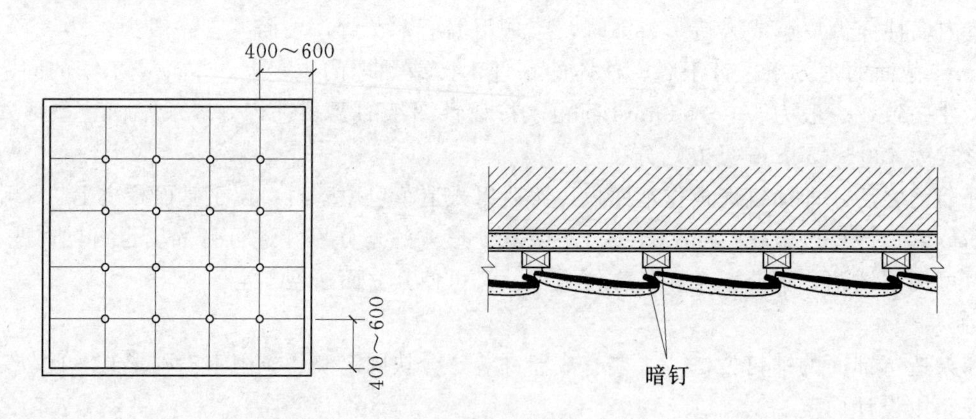

图3-8　分块固定法（单位：mm）

3. 压条固定

该方法一般用于较大面积的墙面。安装时，将五夹板平铺在木龙骨条上，并按木龙骨的间距尺寸弹线，然后将软包材料裁成条状或块状（软包材料与及龙骨间距相符）。把裁好的织物在有木龙骨条的位置上，用木压条或其他装饰条钉在木龙骨上。依次钉压，直至完成整个软包墙面的铺装，如图3-9所示。

3.7.4　施工注意事项

（1）切割填塞料“海绵”时，为避免“海绵”边缘出现锯齿形，可用较大铲刀及锋利刀沿“海

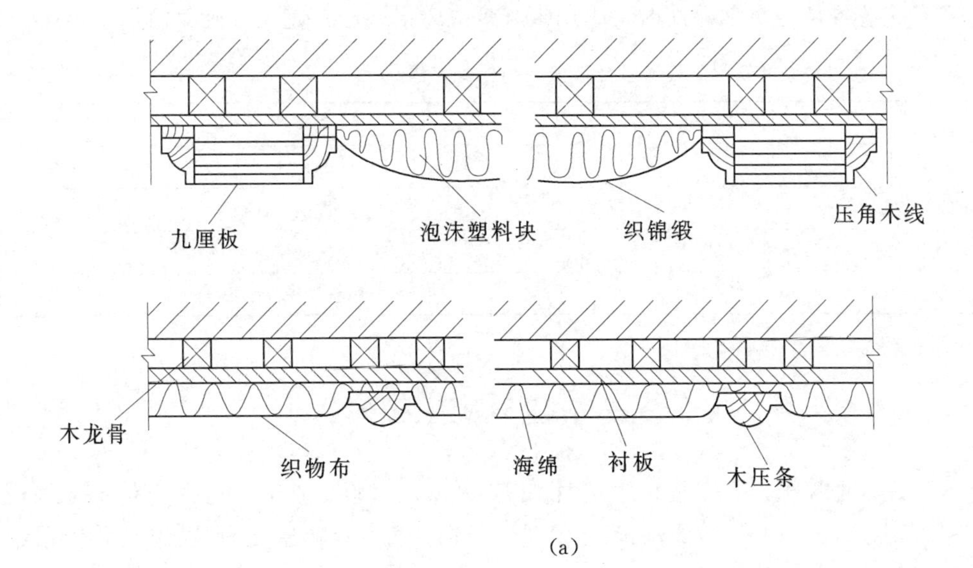

(a)

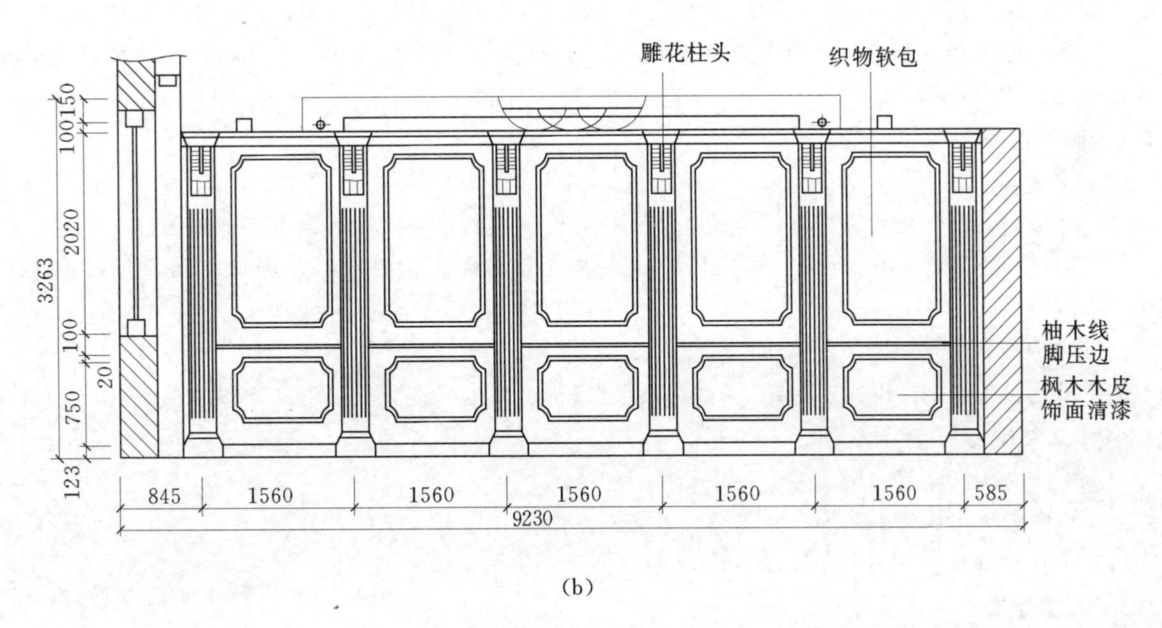

(b)

图 3-9　压条固定法（单位：mm）

(a) 剖面示意图；(b) 立面示意图

绵”边缘切下，以保整齐。

（2）在粘结填塞料“海绵”时，避免用含腐蚀成分的粘结剂，以免腐蚀“海绵”，造成“海绵”厚度减少，底部发硬，以至于软包不饱满，所以粘结“海绵”时应采用中性或其他不含腐蚀成分的胶黏剂。

（3）面料裁割及粘结时，应注意花纹走向，避免花纹错乱影响美观。

（4）软包制作好后用粘结剂或直钉将软包固定在墙面上，水平度、垂直度达到规范要求，阴阳角应进行对角。

（5）软包工程安装允许偏差和检验项目。

软包工程安装允许偏差和检验方法，见表 3-2。

3.7.5　成品保护

（1）施工过程中对已完成的其他成品注意保护，避免损坏。

（2）施工结束后将面层清理干净，现场垃圾清理完毕，洒水清扫或用吸尘器清理干净，避免扫起灰尘，造成软包二次污染。

（3）软包相邻部位需作油漆或其他喷涂时，应用纸胶带或废报纸进行遮盖，避免污染。

表 3-2　　软包工程安装允许偏差和检验方法

项次	项目	允许偏差（mm）	检验方法
1	垂直度	3	用1m垂直检测尺检查
2	边框宽度、高度	0，-2	用钢尺检查
3	对角线长度差	3	用钢尺检查
4	裁口、线条接缝高低差	1	用直尺和塞尺检查

3.8　墙面成品木挂板施工技术

木挂板也称为木质品装饰挂板，是在装修过程中制作涉及木质材料、木工、油漆的木质品装饰挂件。主要分为多层板装饰挂板（以多层板为基板）、奥松板装饰挂板（以高密度为基板）、实木板或以细木工板为基板等四大类。表面可做成平面式和凹凸式，装饰效果极佳。被广泛应用于别墅、多层或高层公寓楼、办公楼及娱乐场所的墙面装饰装修，具有隔音、保温的作用，特殊材料、特殊工艺挂板还具有一定的防火作用。

3.8.1　施工准备

1. 材料要求

（1）挂板。表面平整光滑，木纹清晰，具有良好的材质和色泽，符合施工技术要求。

（2）辅材。木龙骨含水率不得大于12%，其规格应符合设计要求，并进行防腐、防蛀、防火处理。

2. 主要机具

主要机具包括电锯、电刨、电钻、钉枪，以及锤子、喷枪等。

3. 作业条件

（1）主体结构已施工完毕。

（2）室内空气干燥，不潮湿，并已弹好50cm水平基准线。

（3）所有的材料已进场，并经过验收。

3.8.2　施工工艺

3.8.2.1　工艺流程

弹线分格⟶加工、拼装木龙骨架⟶刷防火涂料⟶墙体钻孔⟶埋入防腐木楔⟶木龙骨架安装⟶调整木骨架⟶铺钉挂板⟶挂板面层喷漆⟶质量验收。

3.8.2.2　操作要点

1. 弹线分格

依据轴线、50cm水平基准线和设计图，在墙上弹出木龙骨的分档、分格线。

2. 加工木龙骨架

木墙身的结构通常采用25mm×30mm的木方。先将木方料拼放在一起刷防腐涂料，待防腐涂料干后，再按分档加工出凹槽榫，在地面上进行拼装，制成木龙骨架。拼装木龙骨架的方格网通常是300mm×300mm或400mm×400mm（两木方中心线距离尺寸）。对于面积不大的墙身，可一次拼成木龙骨架后，安装上墙。对于面积较大的木墙身，可分做几片分装上墙。木龙骨架做好后，应涂刷三遍防火涂料。

3. 钻孔埋木楔

用直径16～20mm的冲击钻头在墙面上弹线的交叉点位置钻孔，孔距为600mm左右、孔深不小于60mm，钻好孔后，随即埋入防腐处理的木楔。

4. 安装龙骨架

立起龙骨架靠在墙面上，用吊垂线或水准尺找垂直度，确保木墙身垂直。用水平直线法检查骨架的平直度，待垂直度、平整度都达到要求后，即可用钉子将其钉固在木楔上。钉钉子时，配合校正垂直度、平整度，骨架下凹的地方加垫木块，垫平直后再钉钉子。

5. 铺钉胶合板

事先挑选好罩面板，分出不同色泽，然后按设计尺寸裁割、刨边或倒角加工。用15mm枪钉将胶合板固定在骨架上，如果用铁钉应将钉头砸扁，埋入板内1mm。钉距100mm左右，且布钉均匀。

3.8.3 木挂板的安装及面层喷漆

（1）木挂板铺钉前，要喷底漆、面漆各一道，待油漆干燥后安装。

（2）起始板的安装。挂板的起始底边要做10mm×20mm的木板及板块无缝的挂板做起始条板，同时在安装第一条挂板时，从木线条边缘为基准点开始铺钉。

（3）铺钉挂板

1）挂板是从底至上依次铺钉，挂板是“上插下搭”的连接方式，搭接尺寸为25mm；挂板施钉应从一头顺序打至另一头，不能先打两头再打中间，防止中间拱腹、弯曲。

2）从上向下每隔1m拉以条线检查挂板的水平度。

3）挂板用4.2mm×50mm十字自攻螺钉钉在挂板条上，每一根挂板条上必须施钉，钉距离板边缘20mm。

4）装上对应的阴阳角，阴阳角均要拉到位，角度要贴实。

5）木挂板安装构造，如图3-10所示。

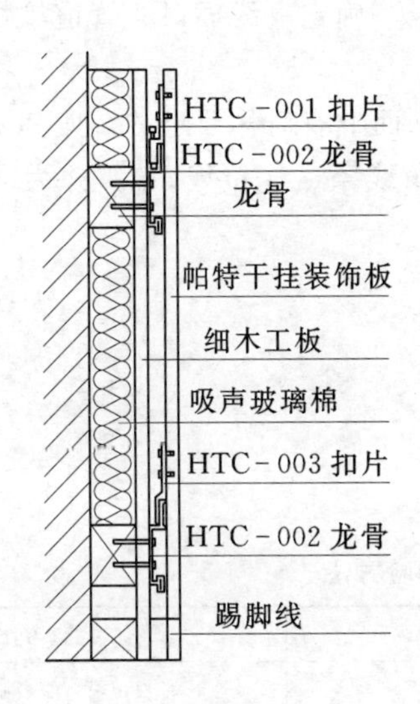

图3-10　木挂板安装构造示意图

（4）挂板面层喷漆。木挂板铺钉完成后，在挂板面层喷涂油漆，油漆施工工艺应参照厂家提供的施工说明进行。

3.8.4 注意事项与成品保护

1. 应注意问题

（1）从整个墙面整体出发，确定好挂板的位置。

（2）挂板与挂板之间的搭接缝隙应满足施工要求，且墙面铺钉平整。

2. 成品保护

（1）挂板堆放场地必须清洁，避免与重物相碰。

（2）挂板面层油漆喷涂后，确保其他涂料不能与其接触，挂板面如有污染及时清理，涂料颜色应与面层涂料颜色一致。

3.9 木质吸音板施工技术

木质吸音板是采用国内外先进技术，运用最新声学理论，声学效果明显，安装简单便捷，符合环保要求，在国内新型建筑装饰工程中得到了广泛的应用。

3.9.1 施工准备

1. 木质吸音板

木质吸音板是由饰面、芯材和吸音薄毡组成。芯材为16mm或18mm厚的进口MDF板材。芯材正面贴有饰面，背面粘贴德国科德宝黑色吸音薄毡。根据客户的要求，饰面有各种实木贴面、进口烤漆面、油漆面和其他饰面。

2. 木龙骨

(1) 吸音板覆盖的墙面必须按设计图纸或施工图的要求安装龙骨，并对龙骨进行调平处理。龙骨表面应平整、光滑、无锈蚀、无变形。

(2) 结构墙体要按照建筑规范进行施工前处理，龙骨的排布尺寸一定要和吸音板的排布相适应。木龙骨间距应小于300mm，轻钢龙骨间距不大于400mm。龙骨的安装应与吸音板长度方向垂直。

(3) 木龙骨表面到基层的距离按照具体要求，一般为50mm。木龙骨边面平整度及垂直度误差不大于0.5mm。

(4) 龙骨间隙内需要填充物的，应按设计要求先行安装、处理，并保证不影响吸音板安装。

3.9.2 安装操作

(1) 测量墙面尺寸，确认安装位置，确定水平线和垂直线，确定电线插口、管道等物体的切孔预留尺寸。

(2) 按施工现场的实际尺寸计算并裁开部分吸音板（对立面上有对称要求的，尤其要注意裁开部分吸音板的尺寸，保证两边的对称）和线条（收边线条、外角线条、连接线条），并为电线插口、管道等物体切孔预留。

(3) 安装吸音板。

1) 安装循序。遵循从左到右、从上到下的原则。

2) 横向安装时，凹口朝上；竖直安装时，凹口在右侧。

3) 安装时允许的偏差及检验方法。

安装时允许的偏差及检验方法，见表3-3。

表3-3　　木质吸音板安装允许的偏差及检验方法

项次	项　目	允许偏差（mm）	检查方法
1	垂直度	3	用1m垂直检测尺检查
2	边框高度、宽度	0；－2	用钢尺检查
3	对角线长度差	3	用钢尺检查
4	裁口、线条接缝高度差	1	用钢尺和塞尺检查

4) 有对花要求的，每一立面按照吸音板上事先编制好的编号依次从小到大进行安装。吸音板的编号应遵循从左到右、从下到上，数字依次从小到大。

(4) 吸音板在龙骨上的固定。

1) 木龙骨。用射钉安装沿企口及板槽处用射钉将吸音板固定在龙骨上，射钉必须有2/3以上嵌入木龙骨，射钉要均匀排布，并要求有一定的密度，每块吸音板与每条龙骨上连接的射钉数量不少于10个。

2) 轻钢龙骨。采用专用安装配件固定。吸音板横向安装，凹口朝上并用安装配件安装，每块吸音板依次相连。吸音板竖直安装，凹口在右侧，则从左开始用同样的方法安装。二块吸音板端要留出

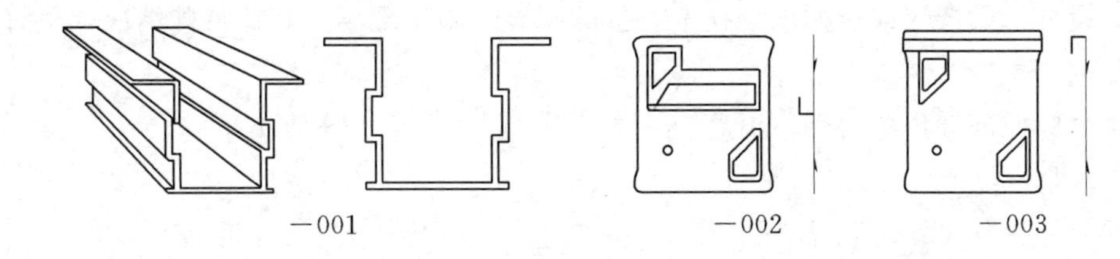

图 3-11　木质吸音板安装用龙骨

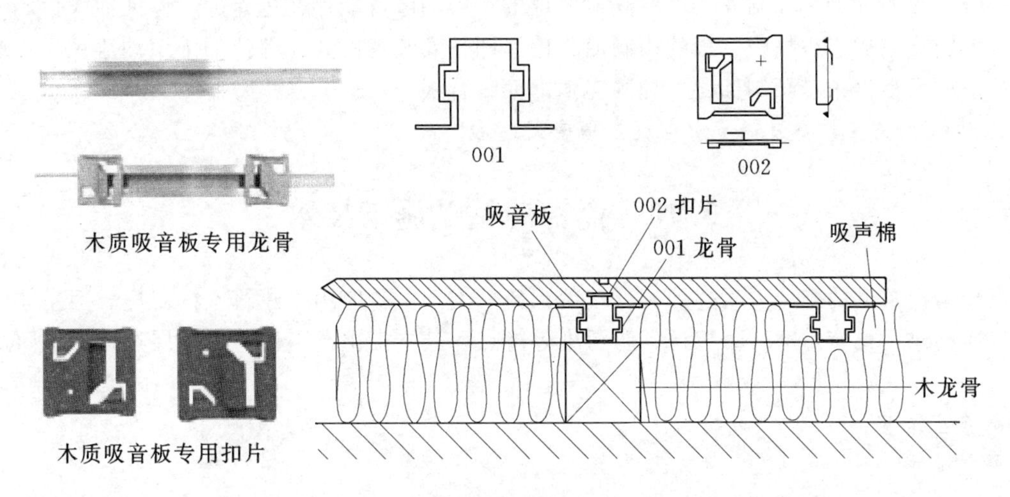

图 3-12　木质吸音板墙面内部构造示意图

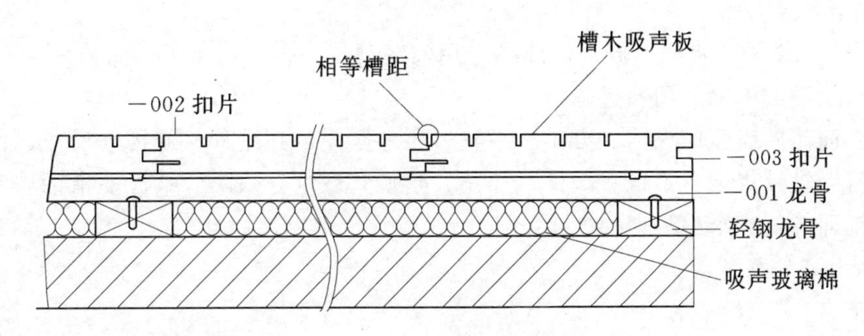

图 3-13　木质吸音板安装示意图

不小于 3mm 的缝隙。

(5) 对吸音板有吸音要求时，可采用编号为 580 收边条对其进行收边，收边外用螺钉固定。对右侧、上侧的收边线条安装时为横向膨胀预留 1.5mm，并可采用硅胶密封。

(6) 墙角处吸音板安装有两种方法，密拼或用 588 线条固定。

1) 内墙角（阴角）的密拼，用 588 线条固定。

2) 外墙角（阳角）的密拼，用 588 线条固定。

(7) 检修孔及其他施工问题。

1) 检修孔在同一平面上时，检修孔盖板除木收边外的其余表面要贴吸音板做装饰。墙面的吸音板在检修孔处不收边，只需要和检修孔边缘齐平即可。

2) 如检修孔的位置和吸音板施工墙面垂直接触，应要求更改检修孔的位置，保证吸音板的施工条件。

3) 安装时，如遇到其他施工问题（如电线插口等），连

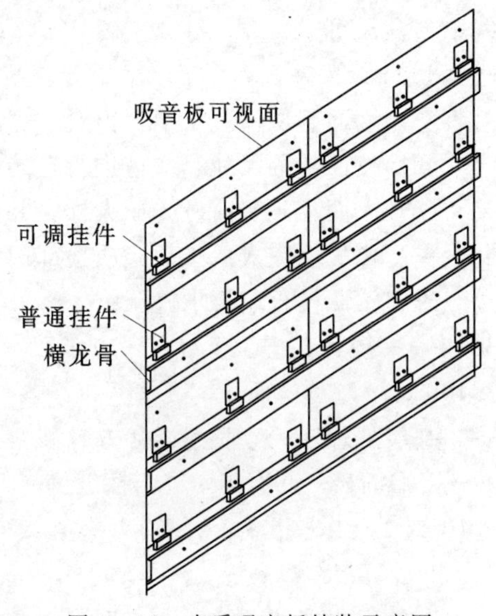

图 3-14　木质吸音板挂装示意图

接方式应按照设计师的要求或遵循现场技术人员的指导。施工现场的其他特殊情况，最好预先与厂家技术人员沟通。

(8) 吸音板墙面内部构造及挂装示意图，如图 3-11～图 3-14 所示。

3.9.3 注意事项

1. 油漆色差

(1) 实木饰面的吸音板有色差，属于自然现象。

(2) 吸音板的油漆饰面与安装场所其他部位的手工油漆可能存在色差。为保证油漆色泽一致，建议在吸音板安装完成后根据吸音板的预制油漆色泽调整安装场所其他部位的手工油漆色泽；或者事先提出要求由厂家提供未经预制油漆处理的实木饰面吸音板。

2. 木质吸音板在非安装环境中存放必须密封防潮

3.10 瓷锦砖粘贴施工技术

瓷锦砖是指常见的瓷砖、陶瓷锦砖、玻璃锦砖三类，主要应用于建筑室内厨房、卫生间以及洗手间墙面装饰装修，具有耐磨、耐擦洗、防污染等特点，其施工主要工序为：基层处理、做防水层、镶贴面砖。

3.10.1 施工准备

1. 材料要求

(1) 水泥。425 号普通硅酸盐水泥，应有出厂证明或复试单，若出厂超过三个月，应按试验结果使用。

(2) 白水泥。425 号白水泥（或采用成品专用勾缝剂）。

(3) 砂子。粗砂或中砂，用前过筛。

(4) 面砖。面砖的表面应光洁、方正、平整；质地坚固，其品种、规格、尺寸、色泽、图案应均匀一致，必须符合设计规定。不得有缺楞、掉角、暗痕和裂纹等缺陷。共性能指标均应符合现行国家标准的规定，釉面砖的吸水率不得大于 10%。

(5) 107 胶和矿物颜料等。

2. 主要机具

孔径 5mm 筛子、窗纱筛子、水桶、木抹子、铁抹子、中杠、靠尺、方尺、铁制水平尺、灰槽、灰勺、毛刷、钢丝刷、笤帚、锤子、小白线、擦布或棉丝、钢片开刀、小灰铲、石云机、勾缝溜子、线坠、盒尺等。

3. 作业条件

(1) 墙面基层清理干净，窗台、窗套等事先砌堵好。

(2) 按面砖的尺寸、颜色进行选砖，并分类存放备用。

(3) 大面积施工前应先放大样，并做出样板墙，确定施工工艺及操作要点，并向施工人员做好交底工作。样板墙完成后必须经质检部门鉴定合格后，还要经过设计、甲方和施工单位共同认定，方可组织班组按照样板墙要求施工。

3.10.2 操作工艺

3.10.2.1 工艺流程

基层处理⟶吊垂直、套方、找规矩、贴灰饼⟶抹底层砂浆⟶弹线分格⟶排砖⟶浸砖⟶镶贴面砖⟶面砖勾缝与擦缝。

3.10.2.2 工艺操作

1. 基层处理

首先将凸出墙面的混凝土剔平，对大钢模施工的混凝土墙面应凿毛，并用钢丝刷满刷一遍，再浇水湿润。如果基层混凝土表面很光滑时，亦可采取如下的“毛化处理”办法，即先将表面尘土、污垢清扫干净，用10%火碱水将板面的油污刷掉，随之用净水将碱液冲净、晾干，然后用1∶1水泥细砂浆内掺水重20%的107胶，喷或用笤帚将砂浆甩到墙上，其甩点要均匀，终凝后浇水养护，直至水泥砂浆疙瘩全部粘到混凝土光面上，并有较高的强度（用手掰不动）为止。

2. 吊垂直、套方、找规矩、贴灰饼

根据面砖的规格尺寸设点、做灰饼。纵向在墙面的阴阳角、门窗两侧以及凸出墙面的柱、垛等部位、根据垂直线，用1∶3水泥砂浆贴50mm×50mm灰饼；横向根据垂直线以门窗口上下标高为标准、拉水平交圈通线、找直套方、贴好门窗口处灰饼，然后用1∶3水泥砂浆抹竖向或横向冲筋，作为基层抹灰的厚度依据。

3. 抹底层砂浆

先刷一道掺水重10%的107胶水泥素浆，紧跟着分层分遍抹底层砂浆（常温时采用配合比为1∶3水泥砂浆），每一遍厚度宜为5mm，抹后用木抹子搓平，隔天浇水养护。待第一遍六至七成干时，即可抹第二遍，厚度约8～12mm，随即用木杠刮平、木抹子搓毛，隔天浇水养护，若需要抹第三遍时，其操作方法同第二遍，直到把底层砂浆抹平为止。若表面平整、立面垂直，阴阳角方正，不符合要求的应返工修整，发现空壳裂纹现象，应返工重抹。

4. 弹线分格

待基层灰六至七成干时，即可按图纸要求进行分段分隔弹线，同时亦可进行面层贴标准点的工作，以控制出墙尺寸及垂直、平整。

按粘贴面积计算纵横皮数，水平控制线以室内施工标准水平线为依据，按瓷砖尺寸，每隔5～10皮弹一道线，垂直控制线根据水平控制线套方，每隔1m左右弹一条。如粘贴面内有水池、脸盆、镜框，必须分别从其中心往两边排砖。预排后，根据垂直，水平控制线，在墙面上弹出瓷砖纵横网格线。

5. 排砖

根据大样图及墙面尺寸进行横竖向排砖，以保证砖缝隙均匀，符合设计图纸要求，注意大墙面要排整砖，以及在同一墙面上的横竖排列，均不得有一行以上的非整砖。非整砖行应排在次要部位，如窗间墙或阴角处等，但也要注意一致和对称。如遇有突出的卡件，应用整砖套割吻合，不得用非整砖随意拼凑镶贴。

6. 浸砖

釉面砖和外墙面砖镶贴前，首先要将面砖清扫干净，放入净水中浸泡2h以上，取出待表面晾干或擦干净后方可使用。

7. 镶贴面砖

（1）瓷砖的镶贴。

1）按地面水平线设置一根支撑面砖的地面木托板（或者是八字尺、直靠尺）。

2）调制糊状的水泥浆，配合体积比为水泥∶砂=1∶2。另外掺加水泥重量3%～4%的108胶水（也可掺入不大于水泥用量15%的石灰膏），先将108胶用两倍的水稀释，然后加在搅拌均匀的水泥砂浆中，继续搅拌至充分混合为止。

3）镶贴时，从阳角开始，自下而上，自右而左进行。将搅拌后的水泥砂浆，用铲刀，在面砖的背面饱满地刮满灰浆，厚度一般为7mm左右，四周刮成斜面，按所弹的尺寸线，将面砖坐在木托板上，贴于墙面用适当的力按压，使其略高出标志块，用橡皮锤轻轻敲击，使面砖紧贴于墙面，再用靠尺按标志块将其校正平直，如图3-15所示。

4）如墙面有孔洞，应先用砖上下左右对准孔洞划好位置，然后将面砖用胡桃钳钳住局部，然后镶贴，如图3-16所示。

5）整个墙面镶贴完毕后，用清水将面砖表层擦洗干净，然后勾缝，最后将面砖表面擦干净。

6）镶边条的铺贴顺序。一般按墙面⟶阴（阳）三角条⟶墙面进行，即先铺贴一侧墙面面砖，再铺贴阴（阳）三角条，然后再铺贴另一侧墙面面砖，这样阴（阳）三角条比较容易与墙面吻合。

图 3-15　瓷砖的粘贴

(2) 陶瓷锦砖的镶贴。

图 3-16　墙面孔洞的处理

1) 排砖、分格和放线。排砖、分格：按照设计图纸要求将陶瓷锦砖排砖、分格，根据门窗洞口、横竖装饰线条的布置，首先明确墙角、墙垛、出檐、窗台、分格或界格等节点的细部处理，按照联模竖排砖。为保证镶贴操作顺利，需绘出细部构造详图，安排砖模数画出施工大样图。

放线：在经拉毛及浇水养护好的抹灰底上，根据施工图弹出水平线和垂直线。水平线按每联（方）锦砖一道；垂直线每联一道或 2～3 联一道。垂直线与室内大角及墙垛中心线保持一致；水平线与门窗脸及窗台等相平行。若要求分格，按大样图规定的留缝宽度弹出分格线，并备好分格条。

2) 锦砖镶贴。将底灰表面浇水湿润，先薄抹一道素水泥（可掺水泥重 7%～10%的 108 胶），然后抹结合层。粘结材料可用 1：0.3 水泥细纸筋灰，或 8：1：1 水泥石灰膏纸筋混合灰浆，或 1：1.5 等于水泥：砂与掺水重量 5%的 108 胶配置的聚合物水泥砂浆，或是 1：1 水泥砂浆在掺水泥重 2%的聚醋酸乙烯乳液。粘结层选用普通灰浆时，一般厚度为 2～3mm，采用聚合物水泥砂浆可减薄至 1～2mm。镶贴时，将陶瓷锦砖铺在木垫板上，底面朝上，洒水湿润，用铁抹子挂一层厚约 2mm 的白水泥浆，使陶瓷锦砖缝隙里灌满水泥浆。另一种做法是向缝隙里灌细沙，用软毛刷刷净陶瓷锦砖地面后少刷一点水，再薄抹一层灰浆。此后即可在粘结层上镶贴陶瓷锦砖。

3) 揭纸调缝。用软毛刷蘸水刷湿锦砖护纸面，30min 后揭纸。

8. 面砖勾缝与擦缝

面砖铺贴拉缝时，用 1：1 水泥砂浆勾缝，先勾水平缝再勾竖缝，勾好后要求凹进面砖外表面 2～3mm。若横竖缝为干挤缝，或小于 3mm 者，应用白水泥配颜料进行擦缝处理。面砖缝子勾完后，用布或绵丝蘸稀盐酸擦洗干净。

3.10.3　应注意的质量问题

1. 空鼓、脱落

(1) 因冬季气温低，砂浆受冻，到来年春天化冻后容易发生脱落。因此在进行贴面砖操作时应保持正常室温。

(2) 基层表面偏差较大，基层处理或施工不当，面层就容易产生空鼓、脱落。

(3) 砂浆配合比不准，稠度控制不好，砂子含泥量过大，在同一施工面上采用几种不同的配合比砂浆，因而产生不同的干缩，亦会空鼓。应在贴面砖砂浆中加适量 107 胶，增强粘结，严格按工艺操作，重视基层处理和自检工作，要逐块检查，发现空鼓的应随即返工重做。

2. 墙面不平

主要是结构施工期间，几何尺寸控制不好，造成外墙面垂直、平整偏差大，而装修前对基层处理又不够认真。应加强对基层打底工作的检查，合格后方可进行下道工序。

3. 分格缝不匀、不直

主要是施工前没有认真按照图纸尺寸，核对结构施工的实际情况，加上分段分块弹线、排砖不细，贴灰饼控制点少，以及面砖规格尺寸偏差大，施工中选砖不细，操作不当等造成。

4. 墙面脏

主要原因是勾完缝后没有及时擦净砂浆以及其他工种污染所致，可用棉丝蘸稀盐酸加20%水刷洗，然后用自来水冲净，同时应加强成品保护。

5. 允许偏差及检验方法

允许偏差及检验方法，见表3-4。

表3-4　　　　允许偏差及检验方法

项次	项目	允许偏差（mm）	检 验 方 法
1	立面垂直度	2	2m垂直检测尺
2	表面平整度	3	2m靠尺和塞尺
3	阴阳角方正	3	直角检验尺
4	接缝直线度	2	5m通线、钢直尺
5	接缝高低差	0.5	钢直尺、塞尺
6	接缝宽度	1	钢直尺

3.10.4 成品保护

（1）要及时清擦干净残留在门窗框上的砂浆。

（2）认真贯彻合理的施工顺序，少数工种（水、电、通风、设备安装等）的活应做在前面，防止损坏面砖。

（3）油漆粉刷不得将油浆喷滴在已完的饰面砖上，如果面砖上部为外涂料或水刷石墙面，宜先做外涂料或水刷石，然后贴面砖，以免污染墙面。若需先做面砖时完工后必须采取贴纸或塑料薄膜等措施，防止污染。

（4）注意不要碰撞墙面。

3.10.5 瓷砖粘贴新工艺

瓷砖黏合剂的操作方法也十分简便。按比例加水调出适量的黏合剂，用齿型刮刀在施工基面上将瓷砖黏合剂梳刮成条纹状，然后按顺序将瓷砖粘贴在胶泥上。该工艺特点如下。

1. 粘合效果好

粘结力强，粘贴稳定性高，保水性好，耐高温，抗冻融，不返碱，不收缩。

2. 无毒，绿色环保

添加了矿物材料，不含有毒溶剂。产品符合国家建材行业标准及国家环保要求，标有中国环境标志产品认证委员会颁布的绿十环标志，具有权威性。

3. 操作方便、快捷

瓷锦砖不需湿水浸砖。

4. 可成片涂胶后再粘贴瓷砖

粘贴顺序不受限制，调整时间长。是真正能取代传统工法的新型工艺。可以很好地解决传统粘贴工艺存在的瓷砖空心、松动、脱落等一系列的问题，更好的实现工程设计和使用的要求，是良好家居、清新环境的有力保证。另外，在传统施工工艺中，粘贴瓷砖的灰浆厚度平均在1.5cm以上，使用薄粘法粘贴瓷砖，可以在0.3cm的厚度内完成瓷砖粘贴，省工省料，墙面变薄了，更为我们节省空间。

3.10.6 玻璃锦砖的镶贴

1. 抹底灰及基层处理

玻璃锦砖表面光泽度较高，镶贴时对底灰或基层平整度要求比陶瓷锦砖严格。因此，底灰或基层的表面平整度、立面垂直度和阴阳角方正度，必须符合高级抹灰的要求，既要保证每张玻璃锦砖的平整，又要保证张与张之间的平整。

玻璃锦砖呈半透明体，要求底灰的颜色一致，粘结层的颜色也一致。如果用水泥砂浆或聚合物水泥浆做粘结层，应在玻璃锦砖的背面及缝隙处刮满一层白水泥浆。如果采用胶黏剂粘贴时，胶黏剂的颜色和灰底的颜色应一致，使透过玻璃锦砖的色泽均匀一致。

2. 擦缝

玻璃锦砖呈玻璃晶体毛面，擦缝时不能同陶瓷锦砖一样满涂满刮，防止水泥砂浆将晶体毛面填满而失去光泽。因此，擦缝时只能在缝隙部位仔细刮浆，将不饱满处擦均，同时应及时用棉纱擦净，以防止污染表面。

根据设计要求，有的玻璃锦砖饰面在镶贴完毕后，可涂刷罩面剂。其方法是：待玻璃锦砖面层干燥后，涂刷为191丙烯酸清漆∶天那水＝1∶2的防水罩面剂，可避免饰面起碱泛白，使之洁净美观。

思考题

（1）简述室内墙面装修常用材料的种类。

（2）简述水性涂料涂饰施工工艺过程。

（3）涂料饰面与壁纸裱糊施工的基层处理的不同之处。

（4）墙面软包的结构组成及面层安装形式。

（5）墙面木质板材的结构组成及细部处理的部位。

（6）瓷砖与玻璃锦砖镶贴工艺有何不同。

第4章

石材立面安装施工技术

石材饰面工程是指在建筑室内外墙柱面上安装天然大理石和花岗石饰面板、人造大理石饰面板以及玻化砖等装饰板材料的装饰装修工程，是一种高档饰面材料。多用于大厅、大堂、纪念性和展示性的建筑室内外墙面或柱面上的装饰装修。

4.1 石材传统挂贴法施工技术

天然石材较重，为了保证安全，一般采用双保险的办法，即板材与基层用铜丝绑扎连接，再灌水泥砂浆。

4.1.1 施工准备

1. 材料准备

(1) 水泥。一般采用强度等级为32.5或42.5普通硅酸盐水泥和矿渣硅酸盐水泥。水泥应有出厂合格证书及性能检测报告。水泥进场需核查其品种、规格、强度等级、出场日期等，并进行外观检查，做好进场验收记录，当水泥出厂超过3个月时应按试验结果使用。

(2) 砂子。粗砂或中砂，用前过筛。不得含有草木、泥沙等杂质，含泥量不得大于3%。

(3) 大埋石、磨光花岗岩。应符合设计及国家产品标准规范的规定，对室内用花岗岩的放射性应进行进场取样复验。

(4) 石材防护剂。石材防护剂的使用应符合设计要求。石材防碱涂料是在石材板背面涂刷，以防止因灌浆水泥水化时析出大量氢氧化钙而影响石材表面的装饰效果(俗称泛碱)。

(5) 其他材料。如熟石膏、铜丝或镀锌铅丝、铅皮、硬塑料板条、配套挂件；应配备适量与大理石或磨光花岗岩等颜色接近的各种石渣和矿物颜料；胶和填塞饰面板缝隙的专用塑料软管等。

2. 主要机具

主要机具有磅秤、铁板、半截大桶、小水桶、铁簸箕、平锹、手推车、塑料软管、胶皮碗、喷壶、合金钢扁錾子、合金钢钻头、操作支架、台钻、铁制水平尺、方尺、靠尺板、底尺、托线板、线坠、粉线包、高凳、木楔子、小型台式砂轮、裁改大理石用砂轮、全套裁割机、开刀、灰板、木抹子、铁抹子、细钢丝刷、笤帚、大小锤子、小白线、铅丝、擦布或棉丝、老虎钳子、小铲、盒尺、钉子、红铅笔、毛刷、工具袋等。

3. 检查饰面尺寸，确定板材规格

根据墙、柱面校核实测的尺寸，包括饰面板之间的接缝宽度在内，来计算板块的排列，并按安装顺序编上号，绘制出分块排列的大样图。饰面板缝间的接缝宽度一般符合表4-1的规定。

表4-1　石材板块的接缝宽度表

项　次	名　　称		接缝宽度（mm）
1	天然石	光面、镜面	1
2		粗磨面、麻面、条纹面	5
3		天然面	10
4	人造石	大理石、花岗石	1

4.1.2　施工作业条件

（1）挂石材板的墙体应完成质量验收并合格，墙体上机电设备安装管线等应完成隐蔽工程验收。

（2）墙面上的后置件应做现场的拉拔强度检测，其拉拔强度应符合设计要求。

（3）墙面弹好+500mm水平线。

（4）脚手架或吊篮提前支搭好，应选用双排架子（室外高层宜采用吊篮，多层可采用桥式架子等），脚手架距墙间隙应满足安全规范的要求，同时宜留出施工操作空间，架子步高要符合施工规程的要求。

（5）墙面有门窗的可把门框、窗框立好，用1∶3水泥砂浆将缝隙堵塞严密。铝合金门窗框边缝所用嵌缝材料应符合设计要求，且塞堵密实并事先粘贴好保护膜。

（6）大理石、磨光花岗岩等进场后应堆放于室内，下垫方木，核对数量、规格，并预铺、配花、编号等，以备正式挂贴时按号取用。

（7）大面积墙面施工前应先做样板墙，经有关各方确认后方可大面积施工。

（8）石材板安装完成后，应设专人进行测温控制和保护管理，保温养护不少于7d。在养护期应防止墙面受到震动、撞击、水冲、受冻及表面污染。

4.1.3　饰面板的安装

4.1.3.1　工艺流程

基层处理⟶安装基层钢筋网⟶板材开槽⟶绑扎板材⟶灌浆⟶嵌缝⟶抛光。

4.1.3.2　基体处理与弹线

1. 基体处理

基体应具有足够的稳定性和刚度，表面应平整粗糙。光滑的基体表面应凿毛处理，凿毛深度为5～15mm，间距不大于3cm，并用水冲洗。

2. 墙柱面弹线

根据设计要求，以弹出地面标高线为基准线，以此基准安排板块的排列分格，并将分格线弹在墙面和柱面上，同时将石板块对应分格编号。

4.1.3.3　安装操作

1. 绑扎钢筋网

（1）膨胀螺栓固定铁件法。螺栓用M_{10}～M_{16}的，螺栓水平间距为板面宽，上下螺栓间距为板块高减去100mm。

（2）埋入钢筋法。在墙面上，用$\phi 6$～$\phi 8$mm的冲击电钻打孔，孔深约为60mm。间距为板面宽，上下间距为板高减去100mm。在孔内埋入钢筋，钢筋应外露出50mm以上并弯钩。

（3）将同一标高的螺栓或插筋连接直径$\phi 6$～$\phi 8$mm的水平钢筋和竖向钢筋。钢筋可采用绑扎固定，也可采用点焊固定，如图4-1所示。

2. 预拼排号

为了使大理石安装时，上下左右颜色花纹一致、纹理通顺，必须进行预拼排号。同时，阳角对接处应磨边卡角，如图4-2所示。

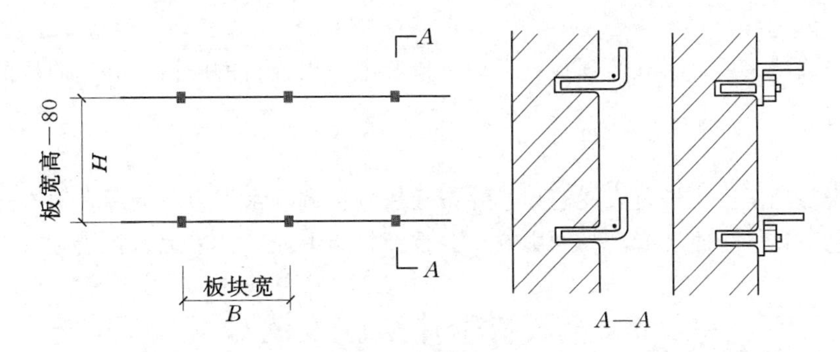

图 4－1　钢筋网的固定示意图

3. 在板材上固定不锈钢丝

（1）用手提式电动石材无齿切割机在石材背面需绑乱不锈钢丝的部位上开槽。

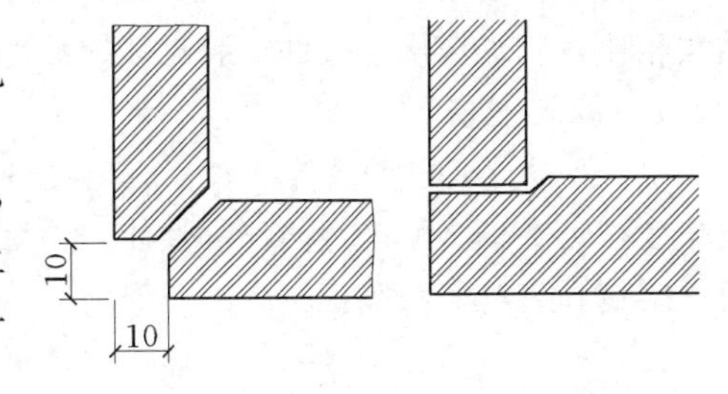

图 4－2　板材磨边切角示意图

（2）四道槽的位置。板块背面的边角处开两条竖槽，其间距为 30～40mm。然后在板块侧边处的两竖槽位置上部开一条横槽，再在板块背面上的两条竖槽位置下部开一条横槽，如图 4－3 所示。

（3）开好槽后，把备好的 18＃和 20＃不锈钢丝或铜线剪成 300mm 长，并弯成 U 形。将 U 形不锈钢丝套入槽内，并绑扎牢。但注意不锈钢丝不能拧得过紧，防止槽口断裂。

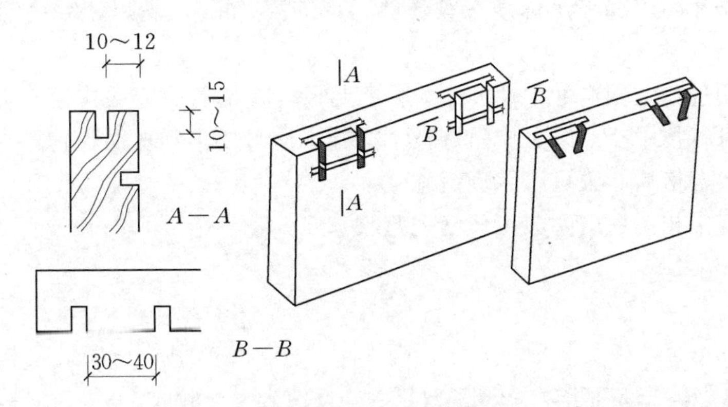

图 4－3　石材背面开槽示意图

4. 石板块安装

安装顺序一般由下往上进行，每层板块由中间或一端开始。先将墙面最下层的板块按地面标高线就位，如果地面未做出饰面层，就需用垫木把板块垫高至地面标高线位置。将板块上边外仰，把下边板块的不锈钢丝绑扎在水平钢筋上，然后再绑扎上边，绑扎好后用木楔塞稳，待确认平整后，拉出垂直线和水平线来检查安装质量。上边水平线应到灌浆完后才能拆除，以防灌浆时板材移位。

5. 临时固定石板块

石板块安装好一层即可用高强石膏（为增强石膏强度可掺 20％水泥，浅色板块可掺白水泥）调成粥状，贴于板间缝隙处，石膏固化以后，不得开裂，每一个固定饼成为一个支撑点起到临时固定作用，避免灌浆时，产生板块位移。同时还将板缝堵严，防止浆液析出。

6. 灌浆

饰面板材与结构墙体间隔 3～5cm，作为灌浆缝，一般采用体积比为 1∶3 水泥砂浆分层灌注，不要碰动板块。灌浆时，分几处分别向板块与墙体之间空隙中灌浆，每次最多不超过 200mm 的高度，待砂浆初凝后，再灌下次。若是多层石板材安装，则每层离上口 80mm 处即停止灌浆，留待上层石板灌浆时来完成，以使上下水泥砂浆连成整体。

7. 清理障碍

每一层板材安装灌浆后，必须清理板材上口有碍装上一层板材的障碍，并以同样的方法安装上一层板材。

8. 表面清理

饰面板全部安装完毕后，进行表面清理，并按板块颜色调制水泥色浆嵌缝，边嵌边擦干净，使缝隙密实干净，颜色一致。若面层光泽受到影响，要重新打蜡上光，并采取保护措施。

4.2 石材干挂法施工技术

石材干挂板法是采用特殊的金属悬挂件直接将板块支托在墙面上。因此，此方法与石材的传统挂贴法相比，要求金属连接件安装尺寸的准确和板块上凹槽位置的准确。

4.2.1 施工准备

(1) 按设计要求的品种、颜色、花纹和尺寸规格选用石材，并严格控制、检查其抗折、抗拉及抗压强度，吸水率、耐冻融循环等性能。块材的表面应光洁、方正、平整、质地坚固，不得有缺楞、掉角、暗痕和裂纹等缺陷。

(2) 膨胀螺栓、连接铁件、连接不锈钢针等配套的铁垫板、垫圈、螺帽及与骨架固定的各种设计和安装所需要的连接件的质量，必须符合国家现行有关标准的规定。若设计无明确说明，所有钢材均采用Q235碳素钢，钢材表面用热镀锌处理，钢材符合现行国家标准规定，现场焊接部位清理后采用富锌底漆外罩面进行防腐处理。若设计无说明，所有不锈钢螺栓均需配置弹簧垫片。

焊缝焊接。设计未注明焊缝采用标准三级焊缝，焊缝高6mm，满焊，镀锌钢材间焊接搭接处需打磨除去镀锌层。

(3) 嵌缝胶。采用进口或国产的中性硅酮耐候密封胶，产品符合有关国家标准规定。

(4) 对施工人员进行技术交底时，应强调技术措施、质量要求和成品保护，大面积施工前应先做样板，经相关部门验收合格后，方可组织班组施工。

(5) 与石材饰面施工相关联的隐蔽工程已经验收。

4.2.2 施工工艺

1. 工艺流程

石材验收⟶石材表面处理及开槽⟶搭设脚手架⟶测量放线⟶安装钢构件⟶底层石材安装⟶上层石材安装（整体安装完毕）⟶密封填缝⟶清理⟶验收。

2. 操作工艺

(1) 石材验收。材料进场要对每块石材进行验收，要认真检查材料的规格、型号是否正确，与料单是否相符，对存有明显缺陷和隐伤的要挑出单独码放，不得使用。石材堆放地要夯实，垫10cm×10cm通长方木，让其高出地面8cm以上，方木上最好钉上橡胶条，让石材按75°立放斜靠在专用的钢架上，每块石材之间要用塑料薄膜隔开靠紧码放。

(2) 搭设脚手架。采用钢管扣件搭设双排脚手架，要求立杆距墙面净距不小于500mm，短横杆距墙面净距不小于300mm，架体与主体结构连接锚固牢固，架子上下满铺跳板，外侧设置安全防护网。

(3) 石材表面处理。用石材护理剂进行石材六面体防护处理，此工序必须在无污染的环境下进行，将石材平放于木方上，用羊毛刷蘸上防护剂，均匀涂刷于石材表面，涂刷必须到位，第一遍涂刷完间隔24h后用同样的方法涂刷第二遍石材防护剂，间隔48h后方可使用。

(4) 石材打孔。根据设计尺寸和图纸要求，将专用模具固定在台钻上，进行石材打孔，为保证位置准确垂直，要钉一个定型石材托架，使石板放在托架上，要打孔的小面与钻头垂直，使孔成型后准确无误，孔深为25mm左右，孔径为8～10mm。

(5) 测量放线。按设计图纸要求，石材安装前要事先用经纬仪打出大角两个面的竖向控制线，最好弹在离大角20cm的位置上，以便随时检查垂直挂线的准确性，保证顺利安装。竖向挂线宜用$\phi1.0$～$\phi1.2$的钢丝为好，下边沉铁随高度而定，一般40m以下高度沉铁重量为8～10kg，上端挂在专用的角钢架上，角钢架用膨胀螺栓固定在建筑大角的顶端，一定要挂在牢固、准确、不易碰动的地方，要注意保护和经常检查，并在控制线的上、下作出标记。

(6) 支底层饰面板托架。把预先加工好的支托按上平线支在将要安装的底层石板上面。支托要支承牢固，相互之间要连接好，也可和架子接在一起，支架安好后，顺支托方向铺通长的50mm厚木板，木板上口要在同一水平面上，以保证石材上下面处在同一水平面上（根据实际情况选择是否需要本项）。

(7) 在围护结构上打孔、下膨胀螺栓。在结构表面弹好水平线，按设计图纸及石材料钻孔位置，准确地弹在围护结构墙上并作好标记，然后按点打孔，打孔可使用冲击钻，上$\phi12.5$的冲击钻头，打孔时先用尖錾子在预先弹好的点上凿一个点，然后用钻打孔，孔深在60～80mm，若遇结构里的钢筋时，可以将孔位在水平方向移动或往上抬高，上连接铁件时利用可调余量调回。成孔要求与结构表面垂直，成孔后把孔内的灰粉用小勾勺掏出，安放膨胀螺栓，宜将本层所需的膨胀螺栓全部安装就位。

(8) 上连接铁件。用设计规定的不锈钢螺栓固定角钢和平钢板。调整平钢板的位置，使平钢板的小孔正好与石板的插入孔对正，固定平钢板，用力矩扳手拧紧。

(9) 底层石材安装。把侧面的连接铁件安好，便可把底层面板靠角上的一块就位。方法是用夹具暂固定，先将石材侧孔抹胶，调整铁件，插固定钢针，调整面板固定。依次按顺序安装底层面板，待底层面板全部就位后，检查一下各板是否在一条线上，如有高低不平的要进行调整；低的可用木楔垫平；高的可轻轻适当退出点木楔，直至面板上口在一条水平线上为止；先调整好面板的水平与垂直度，再检查板缝，板缝宽应按设计要求，误差要匀开，并用嵌固胶将锚固件填堵固定。

(10) 上行石板安装。把嵌固胶注入下一行石板的插销孔内，再把长45mm的$\phi5$连接钢针通过平板上的小孔插入至石材端面插销孔，上钢针前检查其有无伤痕，长度是否满足要求，钢针安装要保证垂直。

(11) 调整固定。面板暂固定后，调整水平度，如板面上口不平，可在板底的一端下口的连接平钢板上垫一相应的双股铜丝垫，若铜丝粗，可用小锤砸扁，若高，可把另一端下口用以上方法垫一下。调整垂直度，并调整面板上口的不锈钢连接件的距墙空隙，直至面板垂直。

(12) 顶部面板安装。顶部最后一层面板除了一般石材安装要求外，安装调整后，在结构与石板缝隙里吊一通长的20mm厚木条，木条上平为石板上口下去250mm，吊点可设在连接铁件上，可采用铅丝吊木条，木条吊好后，即在石板与墙面之间的空隙里塞放聚苯板，聚苯板条要略宽于空隙，以便填塞严实，防止灌浆时漏浆，造成蜂窝、孔洞等，灌浆至石板口下20mm作为压顶盖板之用。

(13) 贴防污条、嵌缝。沿面板边缘贴防污条，应选用4cm左右的纸带型不干胶带，边沿要贴齐、贴严，在大理石板间的缝隙处嵌弹性泡沫填充（棒）条，填充（棒）条嵌好后离装修面5mm，最后在填充（棒）条外用嵌缝枪把中性硅胶打入缝内，打胶时用力要均，走枪要稳而慢。如胶面不太平顺，可用不锈钢小勺刮平，小勺要随用随擦干净，嵌底层石板缝时，要注意不要堵塞流水管，根据石板颜色可在胶中加适量矿物质颜料。

(14) 清理大理石、花岗石表面，刷罩面剂。把大理石、花岗石表面的防污条掀掉，用棉丝将石板擦净，若有胶或其他粘结牢固的杂物，可用开刀轻轻铲除，用棉丝蘸丙酮擦至干净。

4.2.3 施工应注意的问题

(1) 饰面石材板的品种、防腐、规格、形状、平整度、几何尺寸、光洁度、颜色和图案必须符合设计要求，并有产品合格证。

检验方法：观察和尺量检查；检查材质合格证书和检测报告。

(2) 面层与基底应安装牢固；粘贴用料、干挂配件必须符合设计要求和国家现行有关标准的规定，碳钢配件需做防锈、防腐处理，焊接点应做防腐处理。

(3) 饰面板安装工程的预埋件（或后置埋件）、连接件的数量、规格、位置、连接方法和防腐处理必须符合设计要求。后置埋件的现场拉拔强度必须符合设计要求，饰面板安装必须牢固。

(4) 墙面干挂石材允许偏差和检验方法应符合表 4-2 规定。

表 4-2　墙面干挂石材允许偏差和检验方法

项次	项　目	允许偏差 (mm)		检验方法
		光面	粗面	
1	立面垂直	2	3	用 2m 垂直检测尺检查
2	表面平整	2	3	用 2m 靠尺和塞尺检查
3	阳角方正	2	4	用 20cm 方尺和塞尺检查
4	接缝平直	2	4	用 5m 小线和钢直尺检查
5	墙裙上口平直	2	3	用 5m 小线和钢直尺检查
6	接缝高低	1	2	用钢板短尺和塞尺检查
7	接缝宽度	1	2	用钢直尺检查

4.2.4　石材工程成品保护

(1) 石材柱面、门套等安装完毕后，应对所有面层的阳角及时用木板保护，同时要及时擦干净残留物。

(2) 石材墙面安装完毕后，应及时贴纸或贴塑料薄膜保护，必要时可搭设防护栏，并标明成品爱护字样，以保证墙面而不被污染。

(3) 石材安装完毕，拆脚手架，若需要增加其他装饰物等，严禁将人字梯直接靠在墙面上，应采用升降梯。

(4) 不得在已经安装好的墙面处，进行焊点作业，必要时应用较厚胶合板或石棉布做好保护后，专人看管，方可施工，以确保石材表面无灼烧。

4.2.5　干挂石材施工工艺图解

石材干挂施工工艺图解，如图 4-4 所示。

4.2.6　直接挂板法

对于面积较小的室内墙柱面，可采用直接挂办法，此种方法工艺操作简单，主要利用特殊的不锈钢角将石材固定在墙体上。

(1) 不锈钢件用膨胀螺栓固定在墙体上，其上下两层的间距等于板高，左右两板之间钢角间距为 80～100mm，如图 4-5 所示。

(a)

(b)

(c)

图 4-4　干挂石材工艺图解 (一)

(a) 钢骨架的固定；(b) 槽钢角码的固定；(c) 连接槽钢的伸缩节板

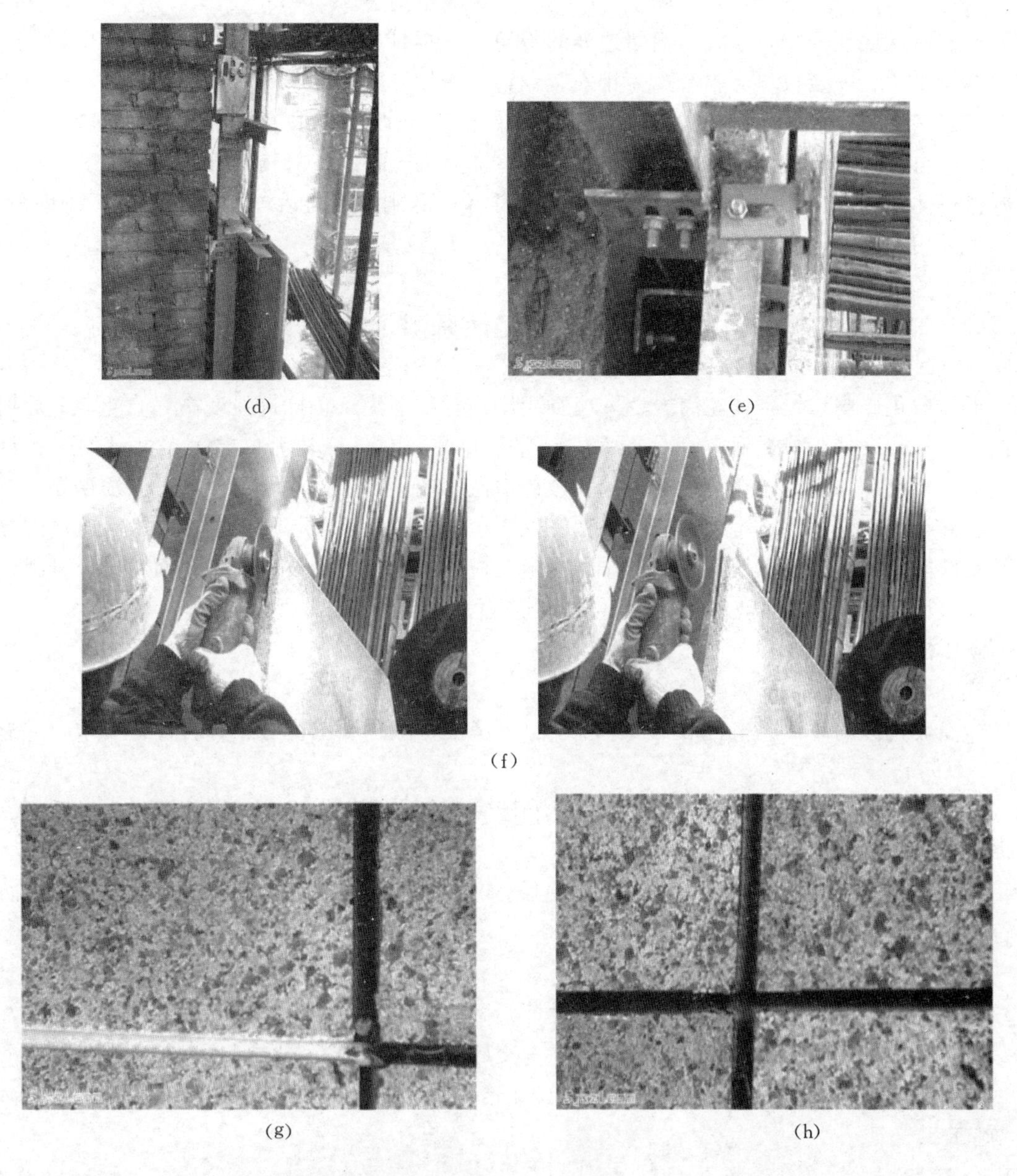

图 4-4　干挂石材工艺图解（二）

（d）石材干挂；（e）干挂石材的节点；（f）石材开槽；（g）石材完成后塞泡沫棒；（h）泡沫棒外打耐候胶

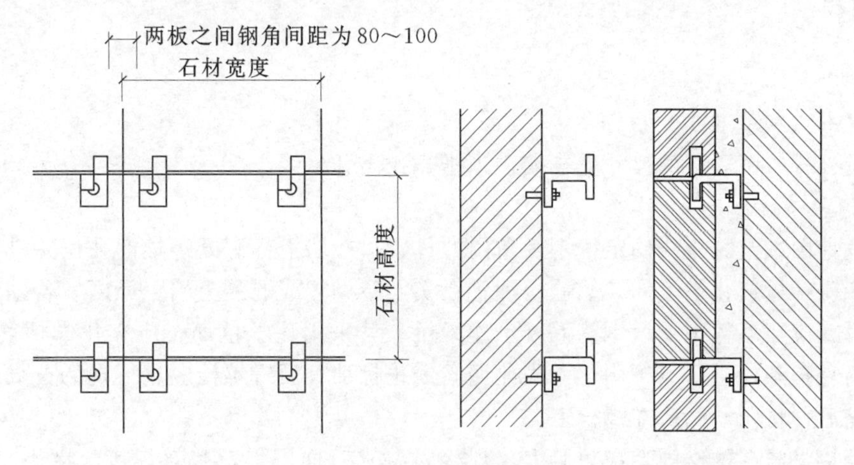

图 4-5　直接挂板法固定示意图

（2）板块上的四个凹槽位置在板厚中心线上，并距板侧边 40～50mm 处。

（3）安装时从底层开始，先在地面墙边处的板块下，摊铺一条宽于板块与墙面之距离的水泥浆，然后再向不锈钢角上安装板块。整个第一排安装调整完毕后，开始灌浆，其方法同上。

（4）在安装第二层板块前，先在第一层板块顶端抹 5mm 厚的素水泥，并有一定的稠度，以不流淌为准。然后再开始安装，依次类推完成整个饰面，最后处理板缝、打蜡其方法同上。

（5）值得注意的是，如果水泥砂浆对有的石材表面有腐蚀作用的话，则必须采用不锈钢角干挂，但缝隙处理采用的是专用嵌缝材料。

4.3 干挂玻化砖施工技术

墙面干挂玻化砖与传统干挂花岗岩、大理石相比具有以下优点：抗折强度高，自重轻；放射性污染小；色彩丰富，可加工成各种颜色、图案、纹路；色泽一致，视觉无色差；大批量加工、订货方便、快捷；尺寸精确，温度应变小；经济便宜，造价低。玻化砖干挂法施工避免了湿法镶贴工艺带来的空鼓、裂缝、脱落等缺点。其基本工艺原理是：通过螺栓将角码固定在墙面上，然后通过焊接固定竖向龙骨及横向龙骨，再用螺栓将不锈钢挂榫固定在横向龙骨上，在玻化砖的背面粘贴已开槽的花岗石挂卯，按照设计排列要求，将其固定在不锈钢挂榫上。

4.3.1 施工准备

1. 材料准备

（1）饰面玻化砖的品种规格、形状、平整度、光泽度、颜色和花纹必须符合设计要求，并有产品合格证。

（2）粘贴材料、干挂配件必须符合设计要求和国家现行有关标准规定，碳钢配件需做防锈、防腐处理，焊接点也应做防腐处理。

（3）饰面板安装工程的预埋件（或后置埋件）、连接件的数量、规格、位置、连接方法和防腐处理必须符合设计要求。

2. 开工准备

（1）编制施工方案，根据施工图进行排砖设计，画出排砖图。

（2）对现场操作人员进行岗前培训和安全技术交底。

（3）检查基层表面平整度是否满足设计和施工的要求。

4.3.2 施工工艺

4.3.2.1 工艺流程

测量放线──→安装钢构架──→不锈钢挂榫安装──→花岗石挂卯开槽、与玻化砖粘贴──→安装玻化砖──→嵌缝、打蜡。

4.3.2.2 施工操作

1. 测量放线

（1）复查水准点和基准线。

（2）根据设计排砖图和砖的尺寸先在墙上预排，弹出分格线。

2. 安装钢构架

（1）根据设计图纸及分格线确定槽钢及角码的位置，在墙上标记处螺栓的孔位并进行钻孔，钻好孔位后，埋置膨胀螺栓或化学植筋。螺栓应埋置在实心砖砌体或混凝土墙、梁内，若基体为空心砖或加气混凝土块时，应在墙体中加设钢筋混凝土连系梁。若采用化学植筋，应在化学植筋置入锚孔后，按照厂家提供的养护条件进行养护固化，固化期间禁止扰动。后置螺栓应进行现场拉拔试验。试验结果满足设计要求后，将角码固定在螺栓上。

（2）通过焊接将竖向槽钢固定在角码上，焊接时要求三面围焊，有效焊接长度不小于 10cm，焊缝高度 $h_r \geqslant 5$mm。根据分格线确定横向角钢的位置并将其两端焊接固定在竖向槽钢上。角码、角钢与槽钢的焊缝位置示意图，见图 4-6 所示。

（3）钢构架安装前先刷两遍防锈漆，安装完毕后应在焊缝处补涂防锈漆。安装槽钢及角钢时，应先临时固定，再测量标高偏差及轴线偏差，符合要求后，再连续施焊，固定槽钢及角钢。

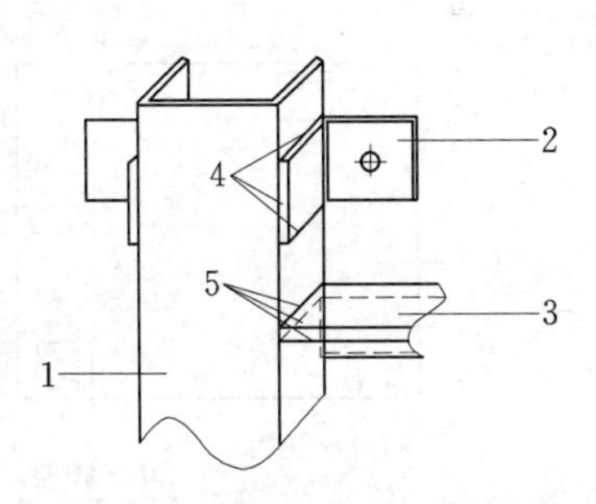

图 4-6　角码、角钢与槽钢的焊缝位置示意图

1—竖向槽钢；2—角码；3—横向角钢；4—角码与槽钢焊缝位置；5—槽钢与角钢焊缝位置

3. 不锈钢挂榫安装

（1）根据网格线和挂榫的规格，在角钢上标出玻化砖挂榫的螺栓孔位，用电钻钻孔，孔径需比挂榫螺栓直径大一号，必要时可多钻备孔。

（2）用螺栓固定不锈钢挂榫，通过在水平角钢和不锈钢挂榫之间添加垫片调整挂榫标高。不锈钢挂榫安装时，不宜将螺栓拧紧以便安装玻化砖时调整位置。

（3）普通 T 形不锈钢挂榫示意如图 4-7（a）所示，L 形不锈钢挂榫示意如图（b）所示，门窗边转角处固定的镀锌角码和不锈钢挂榫示意如图（c）所示。

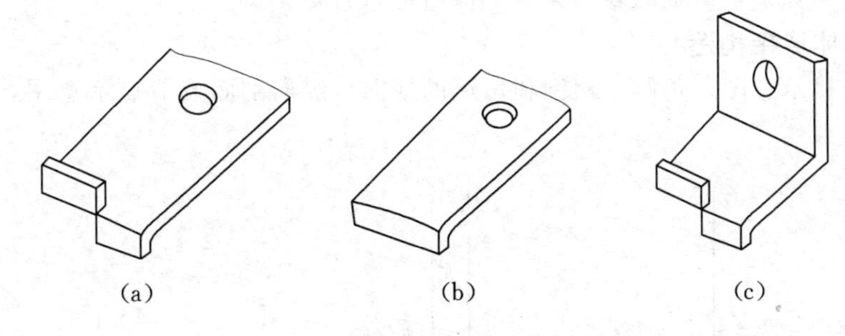

图 4-7　不锈钢挂榫示意图

（a）T 形挂榫；（b）L 形挂榫；（c）门窗边挂榫

4. 花岗石挂卯开槽与玻化砖粘贴

（1）根据不锈钢挂榫的规格，在花岗石挂卯顶部或底部中间开槽，开槽长度宜为 60mm，在有效长度内槽深度不宜小于 15mm，开槽宽度宜为 6mm 或 7mm。挂卯槽口应打磨成 45°倒角，槽内应光滑、洁净，开槽后不得有损坏或崩裂现象。

（2）将花岗石挂卯表面及玻化砖背面粘贴区域清理干净，而后将调配好的耐候胶均匀地刮在石块表面上，胶团面积不应小于花岗石挂卯单面面积的 85%，胶团厚度应不小于 2mm，再将挂卯揉压于玻化砖背面相应的位置上。每块玻化砖背面的四个角应各粘贴一块花岗石挂卯，采用 T 形不锈钢挂榫的玻化砖背面粘贴挂卯位置示意如图 4-8 所示。

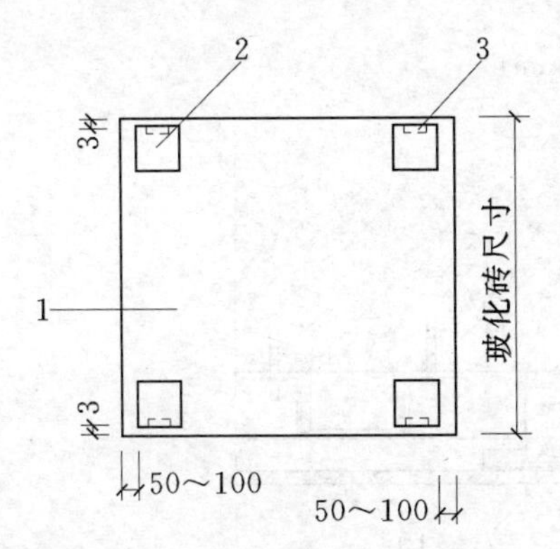

图 4-8　花岗石挂卯粘贴位置示意图（单位：mm）

1—玻化砖背面；2—花岗石挂卯；3—花岗石挂卯开槽位置

（3）除采用 T 形不锈钢挂榫外，还可采用 L 形不锈钢挂榫，但玻化砖背面上下排花岗石挂卯的粘贴位置应相互错开 10cm，以便于挂榫的安装、调整，粘贴位置示意如图 4-9 所示。

（4）花岗石挂卯粘贴后 40min 内禁止移位或者挪动，达到设计要求的强度后方可进行玻化砖安装。

5. 安装玻化砖

（1）安装一般由主要的观赏面开始，由下而上依次按一个方向顺序安装，尽量避免交叉作业以减少偏差，并注意板材色泽的一致性。

（2）正式挂砖前，应适当调整砖的缝宽及不锈钢挂榫位置。砖面上口不平时，可通过在砖底的较低一端不锈钢挂榫下垫相应的双股铜丝垫进行调整。调节垂直度时，可调整砖面上口的不锈钢挂榫

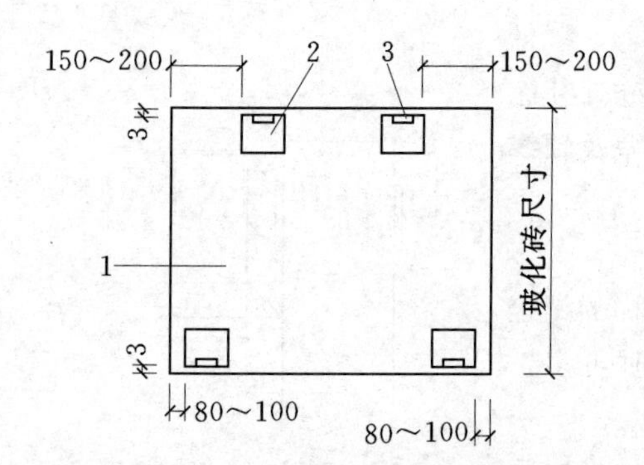

图 4-9　花岗石挂卯粘贴位置示意图
（单位：mm）
1—玻化砖背面；2—花岗石挂卯；
3—花岗石挂卯开槽位置

距离的空隙大小，直至砖面垂直，拧紧螺栓固定不锈钢挂榫。

（3）挂砖时，应先将环氧树脂型石材专用结构胶注入花岗石挂卯槽内，再将其套入不锈钢挂榫，挂榫入孔深度不宜小于 15mm，将结构胶清洁干净。

（4）每排玻化砖安装完成后，应做一次外形误差的调校，并用扭力扳手对挂榫螺栓旋紧力进行抽查复验。

6. 嵌缝、打蜡

（1）清扫拼接缝，沿面板边缘贴防污条，用注胶器进行嵌缝。防污条应选用 4cm 左右的纸带型不干胶带，边沿要贴齐、贴严，嵌缝应按设计要求的材料和深度进行，如胶面不平顺，可用不锈钢小勺刮平，小勺要随用随擦，根据玻化砖颜色可在胶中加适量矿物质颜料调整嵌缝颜色。

（2）玻化砖安装完毕后应打蜡，以避免其毛细孔暴露在外渗入油污而造成渗色。打蜡前，用水加洗涤剂冲洗干净，用布抹干，待板的表面完全干燥后进行打蜡。

4.3.3　玻化砖与墙体连接构造

玻化砖与墙体连接示意图，角码、槽钢和角钢的横向、纵向剖面及节点示意图，如图 4-10～图 4-13 所示。

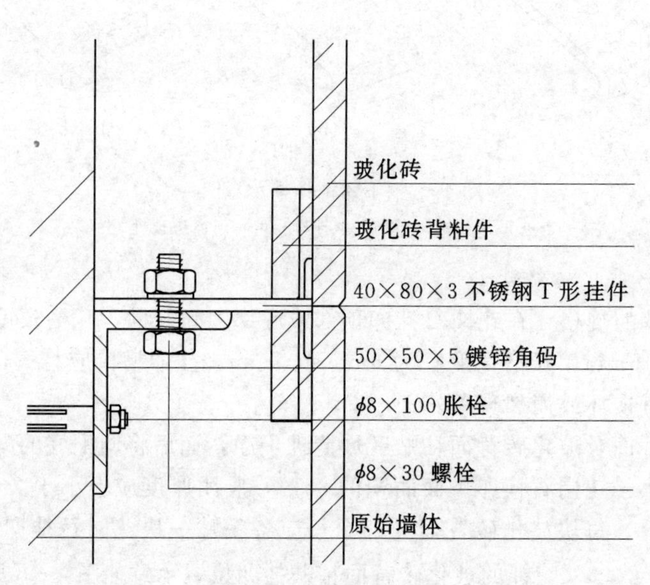

图 4-10　玻化砖与墙体连接示意图（单位：mm）

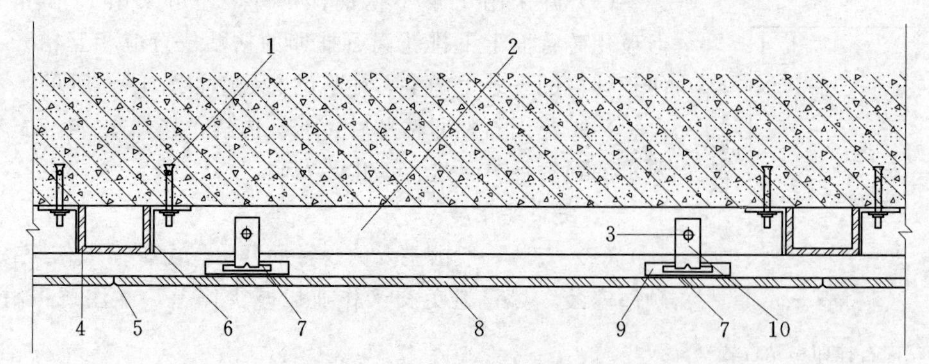

图 4-11　角码、槽钢和角钢横向剖面示意图
1—M10 镀锌膨胀螺栓或化学植筋；2—角钢；3—10mm 不锈钢螺栓；4—6＃槽钢；5—硅酮耐候密封胶勾缝；6—镀锌角码；7—环氧树脂型石材专用结构胶；8—玻化砖；9—花岗石挂卯；10—不锈钢挂榫

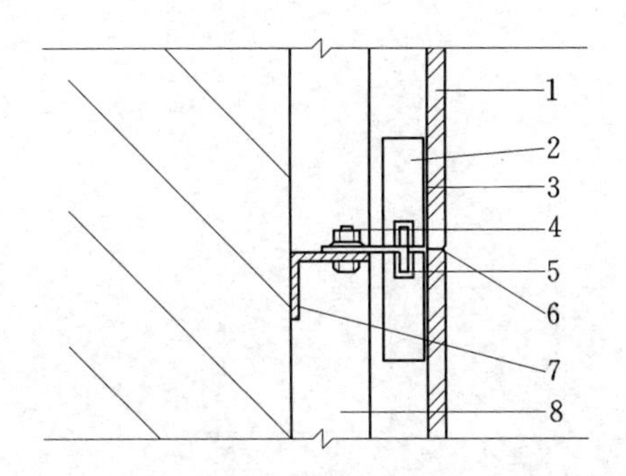

图 4-12　角码、槽钢和角钢纵向剖面示意图

1—玻化砖；2—花岗石挂卯；3—环氧树脂型石材专用结构胶；4—不锈钢螺栓；
5—不锈钢挂榫；6—硅酮耐候密封胶勾缝；7—角钢；8—槽钢

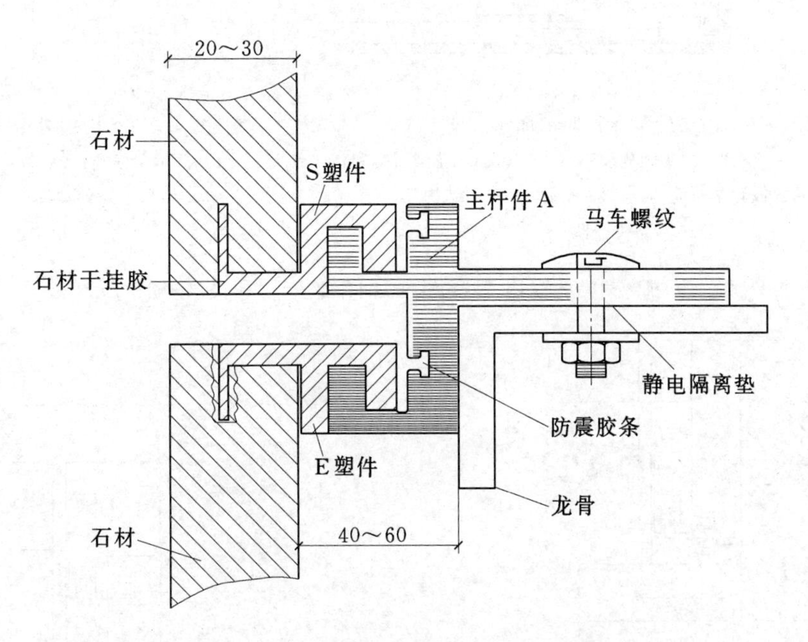

图 4-13　干挂玻化砖竖剖节点示意图

4.3.4　细部收口做法示意图

（1）墙体阴阳角横向剖面示意图，如图 4-14 和图 4-15 所示。

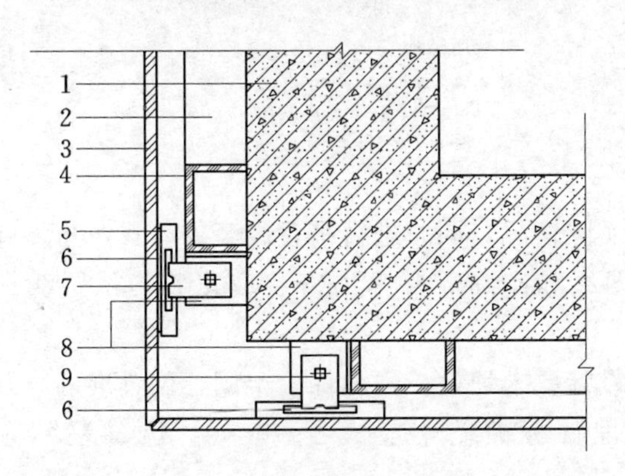

图 4-14　墙体阳角横向剖面示意图

1—预制梁；2—角钢；3—玻化砖；4—槽钢；5—花岗石挂卯；
6—专用结构胶；7—不锈钢挂榫；8—角码；9—不锈钢螺栓

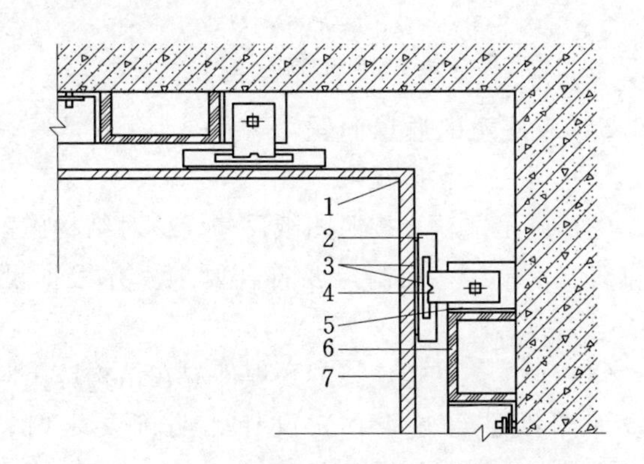

图 4-15　墙体阴角横向剖面示意图

1—硅酮耐候胶；2—花岗石挂卯；3—专用结构胶；
4—不锈钢挂榫；5—角码；6—槽钢；7—玻化砖

（2）门窗处节点剖面示意图，如图 4-16 和图 4-17 所示。

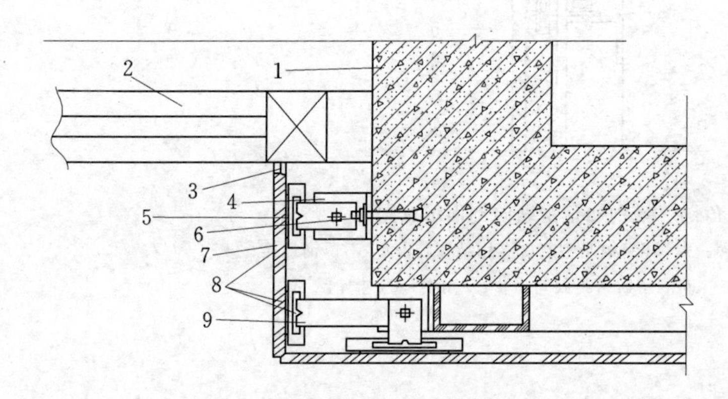

图 4-16　门窗处节点横向剖面示意图

1—预制梁；2—门窗；3—硅酮耐候胶；4—角码；5—花岗石挂卯；6—膨胀螺栓或化学植筋；7—玻化砖；8—专用结构胶；9—不锈钢挂榫

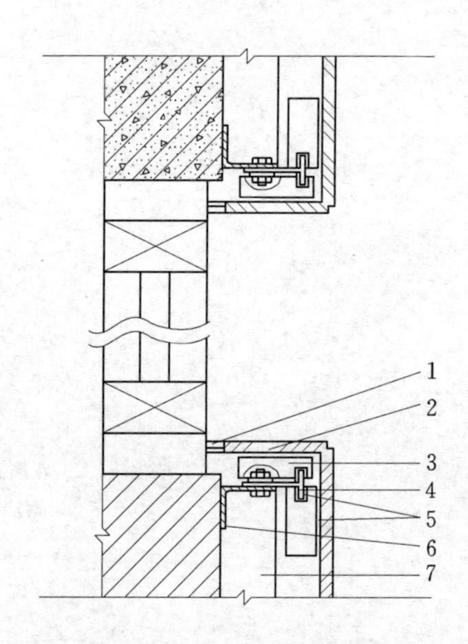

图 4-17　门窗处节点纵向剖面示意图

1—硅酮耐候胶；2—玻化砖；3—花岗石挂卯；4—不锈钢挂榫；5—专用结构胶；6—角钢；7—槽钢

（3）玻化砖与地坪、天棚交接处收口示意图，如图 4-18 和图 4-19 所示。

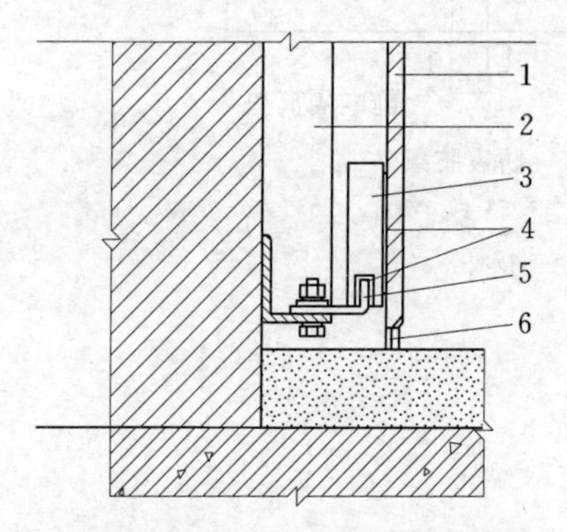

图 4-18　玻化砖下部封底示意图

1—玻化砖；2—槽钢；3—花岗石挂卯；4—专用结构胶；5—不锈钢挂榫；6—硅酮耐候密封胶

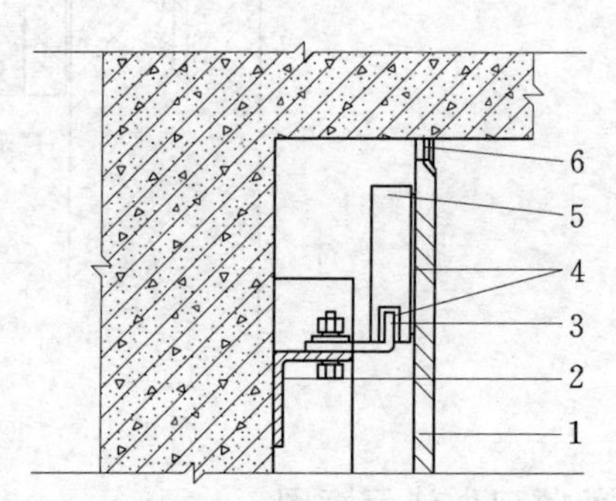

图 4-19　玻化砖上部收口示意图

1—玻化砖；2—角钢；3—不锈钢挂榫；4—专用结构胶；5—花岗石挂卯；6—硅酮耐候密封胶

4.3.5　应注意的质量问题

（1）避免玻化砖污染。

（2）施工前认真按照图纸尺寸、核对结构施工的实际情况，同时进行吊直、套方、找规矩，弹出垂直线、水平线，控制点要符合要求。并根据设计图纸和实际需要弹出安装玻化砖的位置线和分块线。

（3）与主体结构连接的预埋件应在结构施工时按设计要求埋设。预埋件应牢固，位置准确，并根据设计图纸进行复查。当设计无明确要求时，预埋件标高差不应大于 10mm，位置差不应大于 20mm。

（4）面层与基底应安装牢固；粘贴用料、干挂配件必须符合设计要求和国家现行有关标准的规定。

（5）玻化砖表面平整、洁净；拼花正确、纹理清晰通顺，颜色均匀一致；非整板部位安排适宜，阴阳角处的板压方向正确。

（6）缝格均匀，板缝通顺，接缝填嵌密实，宽窄一致，无错位。

（7）玻化砖安装允许的偏差和检验方法见表4－3。

表4－3　　玻化砖安装允许的偏差和检验方法

项次	项　　目	允许偏差（mm）		检验方法
		光面	粗面	
1	立面垂直	2	3	用2m垂直检测尺检查
2	表面平整	2	3	用2m靠尺和塞尺检查
3	阳角方正	2	4	用20cm方尺和塞尺检查
4	接缝平直	2	4	用5m小线和钢直尺检查
5	墙裙上口平直	2	3	用5m小线和钢直尺检查
6	接缝高低	0.5	2	用钢板短尺和塞尺检查
7	接缝宽度	1	2	用钢直尺检查

（8）关键控制点的控制见表4－4。

表4－4　　施工的关键控制点

序号	关键控制点	主要控制方法
1	材料、半成品进场检查	广泛进行市场调查；定购前与甲方协商，明确材质、规格、颜色、等级、性能要求；实测验收
2	挂线	大角挂竖直钢丝，安装过程中横向水平挂线
3	镶不锈钢固定件	固定件位置准确，连接板水平，膨胀螺栓孔深度不小于80mm
4	销针安放	垂直，锚固长度
5	玻化砖安装	立面垂直，上口水平，接缝平直
6	外观	避免污染、灰缝顺直

4.3.6　成品保护

（1）及时清擦干净残留在门窗框上的砂浆。

（2）铝合金和塑钢门窗必须粘贴保护膜，且在全部抹灰作业完成前保证保护膜完好无损。

（3）水、电、通信、通风、设备管道穿墙、支架固定等工作做在前面，防止面砖成活后再造成损坏。

（4）拆除架子时，不要碰撞墙面。

思考题

（1）简述石材立面干挂工艺过程。

（2）传统挂贴法与干挂法的优缺点。

（3）画图说明石材干挂时阴阳角的处理方式。

（4）石材立面安装施工时应注意的问题。

第5章

门窗安装施工技术

在室内装饰工程中，门窗施工也是一项比较重要的工程内容，施工主要是制作和安装两部分。门窗的种类很多，视其材料不同分为普通型钢门窗、铝合金门窗、木门窗、厚玻璃门、塑钢门窗等；按开启的方式分为平开门窗、折叠门、推拉门窗、地弹门、旋转门、自动感应门等，现代内装修多用的门窗主要是厂家生产的定型产品，施工现场只需安装或给定要求和尺寸定制。因此，本章节内容主要介绍实木复合门、塑钢门窗、全玻璃门以及断桥铝门窗的安装技术。

5.1 实木复合门安装技术

实木复合门在现代室内装饰工程中占有较大的比例，而且又是室内装饰造型的一个重要组成部分，同时也是创造装饰气氛与效果的一个重要手段。

实木复合门为三层复合结构，门核心骨架（基材）为30mm集成材（一般材质为松木或杉木，因其密度较小，重量较轻，含水率易控制），门芯骨架为实木网格或密度板网格，两边贴5mm中密度板（中密度板有极高的稳定性和平整度，是其他材料所不能代替的，同时起到改变基材应力的作用防止变形），表面贴0.6mm高档实木木皮（如黑胡桃、红樱桃、花梨、柚木、沙比利等），由于所贴为实木木皮也能达到实木门的效果甚至优于实木门，比如直纹或山纹拼花。

实木复合门漆面一般都是聚酯漆，只要设备先进、工艺合理，就不会出现漆面开裂和木皮气泡现象，实木复合门在工艺和用料的各个环节都起到减少木材内应力的作用，所以变形几率已经降到最低。如图5-1所示，为实木复合门的内部构造示意图。

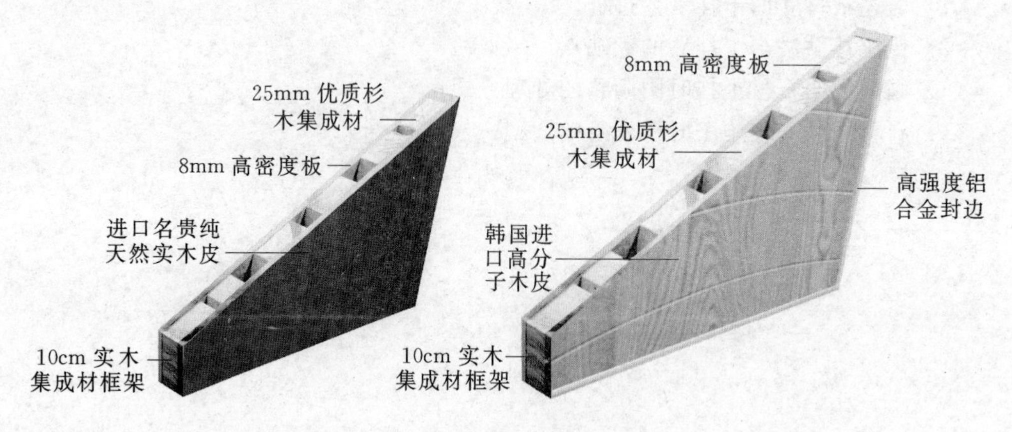

图5-1　实木复合门剖面示意图

5.1.1 安装前的准备

安装前，必须开包验货，仔细检查产品的数量、款式、颜色 、尺寸和表面是否有质量问题。

（1）现场质检。产品运到现场放置于安装位置时，由安装队负责人、设计人员及安装师共同对门的状况进行检验，确认无误后方可进行安装。

（2）门扇、门框应在室内用垫板叠放，框与门扇分开，严禁与酸碱等物一起存放，室内应清洁、干燥、通风。

（3）存放在没有靠架的室内并与热源隔开，以免受热变形。

（4）检查现场情况，整理并清洁好工作区域，检查门洞或门框的预留尺寸是否符合要求。

（5）确认安装尺寸，清点所有产品及配件。

（6）准备安装工具，同时把将要安装的门扇、门框及五金配件、门锁、铰链玻璃等逐样拿出分开放好，但不必把所有主、配件的外包装都拆开堆放在一起，以免造成损伤和混乱。

5.1.2 安装操作

（1）门套组装。按照门扇及洞口尺寸在铺有保护垫或光滑洁净的地面进行门套组装。

（2）配件定位。按照标准、设计或订购方要求确定合页、门锁的位置，进行开槽打孔；标准门合页为每扇三个，门锁中心距门扇底边距离为 900～1000mm。

（3）复核洞口。确定洞口的尺寸偏差是否影响安装或有否改动。

（4）临时固定门套。将门套放予门洞口内，用木楔进行临时固定，临时固定点主要为门套左右两上角位置。

（5）安装门扇。将门扇与门套用合页连接固定。

（6）调整。运用木撑或专用工具在门套内侧进行横向和竖向支撑，进行门扇边缝等细部调整；运用垂线及其他工具进行垂直度调整。

（7）胶结固定。使用发泡胶结材料对已调整标准的成套门进行最终固定，将发泡胶注入门套与墙体之间的结构空隙内，填充密实度达 85%以上；在 4h 内不得有外力影响，以免发生改变。

（8）锁具安装。安装的位置、高度以及开启方向要准确到位。

（9）门脸线安装。在发泡胶结材料注入 4h 以后，进行门脸线的安装。

（10）密封条安装。密封条密实、平直。

（11）安装验收。分自检和甲方验收两部分，在自检合格后由甲方进行最后验收。

5.1.3 实木复合门安装构造

实木复合门门框、门套安装剖面示意图，如图 5－2 所示；图 5－3 为门套与门套线的结合方式；实木复合门的安装，如图 5－4 所示。

5.1.4 应注意的质量问题

（1）有贴脸的门框安装后与抹灰面不平。主要原因是立口时没掌握好抹灰层的厚度。

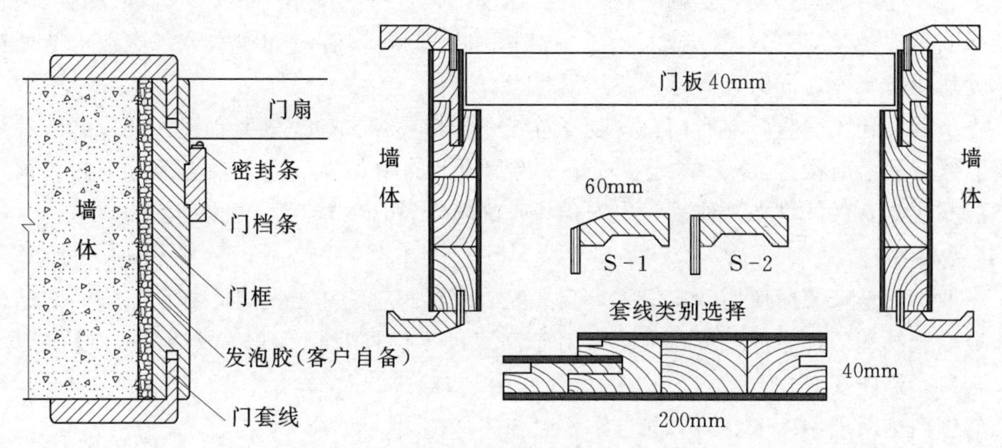

图 5－2 门框及门套安装剖面示意图

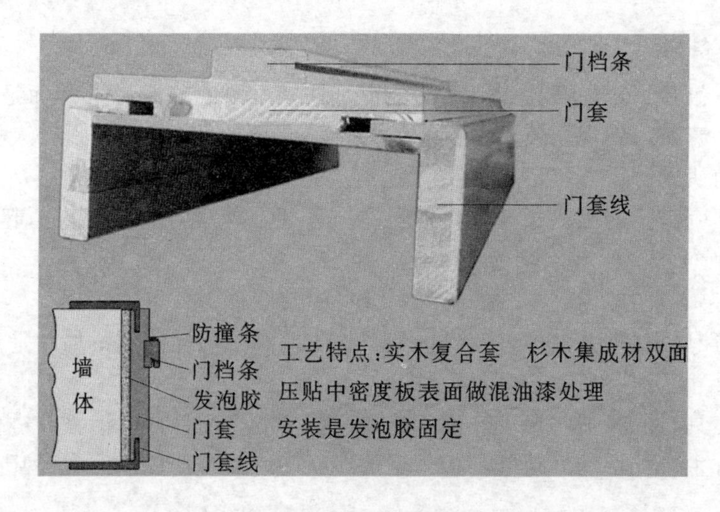

图 5-3　门套与门套线的结合方式

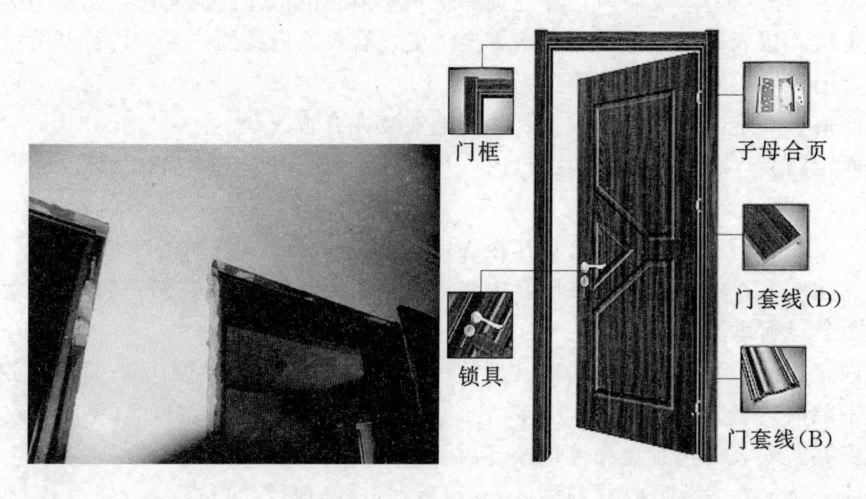

图 5-4　实木复合门的安装

(2) 门窗洞口预留尺寸不准。安装门窗框后四周的缝子过大或过小；砌筑时门窗洞口尺寸不准，所留余量大小不均；砌筑上下左右，拉线找规矩，偏位较多。一般情况下安装门窗框上皮应低于窗过梁 10～15mm，窗框下皮应比窗台上皮高 5mm。

(3) 门窗框安装不牢。预埋的木砖数量少或木砖不牢；砌半砖墙没设置带木砖的预制混凝土块，而是直接使用木砖，干燥收缩松动，预制混凝土隔板，应在预制时埋设木砖使之牢固，以保证门窗框的安装牢固。木砖的设置一定要满足数量和间距的要求。

(4) 合页不平，螺丝松动，螺帽斜露，缺少螺丝，合页槽深浅不一。安装时螺丝钉入太长或倾斜拧入。要求安装时螺丝应钉入 1/3 拧入 2/3，拧时不能倾斜，安装时如遇木节，应在木节处钻眼，重新塞入木塞后再拧螺丝，同时应注意不要遗漏螺丝。

(5) 上下层门窗不顺直，左右门窗安装不符线，洞口预留偏位。安装前没按要求弹线找规矩，没吊好垂直立线，安装时没按 50cm 拉线找规矩。为解决此问题，要求施工者必须按工艺要求，施工安装前先弹线找规矩，做好准备工作后，先安样板，经鉴定符合要求后，再全面安装。

5.1.5　成品保护

(1) 一般木门框安装后应用铁皮保护，其高度以手推车轴为中心为准，如门框安装与结构同时进行，应采取措施防止门框碰撞或移位变形。对于高级硬木门框宜用 1cm 厚木板条钉设保护，防止砸碰，破坏裁口，影响安装。

(2) 修刨门窗时应用木卡具将垫起卡牢，以免损坏门边。

(3) 门窗框扇进场后应妥善保管，应入库存放，应垫起离开地面 20～40cm 并垫平，按使用先后顺序将其码放整齐，露天临时存放时上面应用苫布盖好，防止雨淋。

（4）进场的木门窗框靠墙的一面应刷木材防腐剂进行处理，钢门窗应及时刷好防锈漆，防止生锈。

（5）安装门窗扇时应轻拿轻放防止损坏成品，整修门窗时不得硬撬，以免损坏扇料和五金。

（6）安装门窗扇时注意防止碰撞抹灰角和其他装饰好的成品。

（7）已安装好的门窗扇如不能及时安装五金件，应派专人负责管理，防止刮风时损坏门窗及玻璃。

（8）严禁将窗框扇作为架子的支点使用，防止脚手板砸碰损坏。

（9）五金安装应符合图纸要求，安装后应注意成品的保护，喷浆时应遮盖保护，以防污染。

（10）门扇安好后不得在室内再使用手推车，防止砸碰。

5.2 塑钢门窗安装技术

塑钢门窗是硬PVC塑料门窗组装时在硬PVC门窗型材截面空腔中衬入加强型钢，塑钢结合用以提高门窗骨架的刚度。

塑钢门窗具有防火、阻燃、耐候性好、抗老化、防腐、防潮、隔热（导热系数低于金属门窗7～11倍）、隔声、耐低温（－30～50℃的环境下不变色，不降低原有性能）、抗风压能力强、色泽优美等特性，以及由于其生产过程省能耗、少污染而被公认为节能型产品。因此，塑钢门窗国外早已用于房屋建筑；近年，我国塑钢门窗生产线正在发展，其产品亦在工业与民用建筑和地下工程使用。

此外，PVC树脂中辅以多种优良助剂，有用一次注塑成型工艺，还可制成多种规格的全塑整体门和全塑整板内门。

5.2.1 品种和尺寸

1. 品种

塑钢门窗的品种，见表5-1。

表5-1　塑钢门窗的品种表

型　号	名　称	系　列	颜　色	使用部位
SG	塑钢固定窗	60	白	户外
$SP_{1\sim5}$	塑钢平开窗	60	白	户外
STLC	塑钢推拉窗	60、75	白	户外
$SM_{1\sim2}$	塑钢门	60	白棕	户内外
$SM_{2\sim4}$	塑钢门	60	白	户外、内
STLM	塑钢推拉门	80	白	户外
$SM_{5\sim6}$	塑钢弹簧门	100	白	户外
$SLM_{1\sim2}$	塑钢折叠门	30	棕	户外

2. 尺寸

塑钢门的宽度700～2100mm，高度2100～3300mm，厚度58mm；塑钢窗的宽度900～2400mm，高度900～2100mm，厚度60mm、75mm。

门窗洞口尺寸，一般为：门洞口宽度＝门框宽度＋50mm，门洞口高度＝门框高度＋20mm；窗洞口宽度＝窗框宽度＋40mm，窗洞口度高＝窗框高度＋40mm。

5.2.2 门窗组装

1. 材料

塑钢门窗组装的型材，应选用表面色泽均匀，无裂纹、麻点、气孔和明显擦伤等缺陷。外观不合格的型材，必须剔除不用。

2. 拼装

按门窗结构图尺寸，准确下料。拼装必须在平整的平台上进行。拼装时框、扇型材内腔插入加强型钢后，其联结采用ST5×60、ST5×70、ST4×50自攻螺钉。框与扇应装配成套。

3. 尺寸允许偏差

塑钢门窗组装后，其高度和宽度及对角线的尺寸允许偏差见表5-2和表5-3。

表5-2　塑钢门窗组装后高度和宽度的尺寸偏差表

精度等级	门窗尺寸偏差（mm）			
	300～900	901～1500	1501～2000	>2000
1	±1.5	±1.5	±2	±2.5
2	±1.5	±2	±2.5	±3
3	±2	±2.5	±3	±4

注　检测门窗高、宽尺寸，是以门窗框或扇的型材中心线作为测量的终点。测量时，应先从宽和高两端向内各标出100mm间距，并做一记号，然后施测高或宽两端记号间的距离，实测尺寸与公称尺寸之差值，即为检测尺寸。

表5-3　塑钢门窗组装后对角线的尺寸偏差表

精度等级	门窗对角线尺寸偏差（mm）		
	<1000	1001～2000	>2000
1	±2	±3	±4
2	±3	±3.5	±5
3	±3.5	±4	±5

注　检测门窗对角线尺寸，是以门窗框或扇的型材中心线交于门窗角处的交点作为测量对角线的终点，量取两端点间的距离。

4. 等级评定

组装的每一樘和每一批塑钢门窗产品，应在班组自检的基础上，由单位技术负责人根据设计图纸和有关质量检验评定标准组织评定，专职质量检查员核定。有关评定资料，提交当地质量监督或主管部门核定，然后签具该批塑钢门窗产品的质量等级和合格证明书。每一批塑钢门窗产品的质量保证资料，其内容如下所示。

（1）硬PVC塑料型材及加强型钢的出厂合格证和抽样复检的试验记录。

（2）产品焊接检查和试验记录。

（3）产品外观检验和尺寸偏差记录。

（4）产品物理性能和力学性能检验报告。

5.2.3　塑钢门窗安装

5.2.3.1　安装准备

1. 产品验收

安装单位应根据合同规定的门窗型号、规格进行验收。并核实生产单位提交的该批产品有关质量保证资料和产品合格证。

运到现场的产品，应逐一检查有无运输损坏。然后将门窗框、扇分类垂直堆放在干燥平整的地面上，并用防雨帆布盖好，防雨防尘。其堆放地点，注意避开热源。

2. 清点配件

清点的配件包括：门窗与墙体连接的镀锌铁支架（即铁脚）、$\phi5\times30$螺丝、PE发泡软料、乳胶密封膏、△形和○形橡胶密封条、塑料垫片、玻璃压条和五金配件、胶水等。

3. 工具机具

安装用的工具、机具有电锤（配$\phi8$钻头）、手枪钻（配$\phi3.5$钻头）、射钉枪及子弹、一字和十字形螺钉螺丝刀、注膏枪、对拔木楔、线锤、钢卷尺、锉刀、剪刀、刮刀、钢錾子、小撬棍、水平尺、灰线包、挂线板、手锤等。

4. 作业条件

（1）按建筑物施工图规定的门窗型号和尺寸，检查洞口的实际尺寸（含框与墙应留的间隙）。合格后，在洞口周边抹厚2～4mm的1∶3水泥砂浆底糙，木楔搓平、划毛。洞口尺寸的允许偏差：高度、宽度5mm，对角线长度3mm，表面平整度3mm，垂直度3mm。不符合要求时应修正。

（2）在洞口内按设计要求弹好门窗安装线。

（3）准备好安装脚手架及安全设施。

5.2.3.2　安装程序

塑钢门窗的安装程序：检查洞口尺寸——→洞口抹水泥砂浆底糙——→验收洞口抹灰质量（如已预埋

木砖应检查木砖的位置和数量）——→框上安装连接铁件——→立樘子、校正——→连接铁件与墙体固定——→框边填塞软质材料——→注密封膏——→验收密封膏注入质量——→粉刷洞口饰面面层——→安装玻璃——→安装五金零件——→清洁——→验收安装——→成品保护。

5.2.3.3 安装操作要点

1. 框子装连接铁件

连接铁件的安装位置是从门窗宽和高度两端向内各标出 150mm，作为第一个连接件的安装点，中间安装点间距不大于 600mm（图 5-5）。其安装方法，先把连接铁件按与框子成 45°的角度放入框子背面燕尾槽口内，顺时针方向把连接件扳成直角，然后成孔旋进 $\phi 4 \times 15$mm 自攻螺钉固定（图 5-6）。严禁锤子敲打框子，以防损坏。

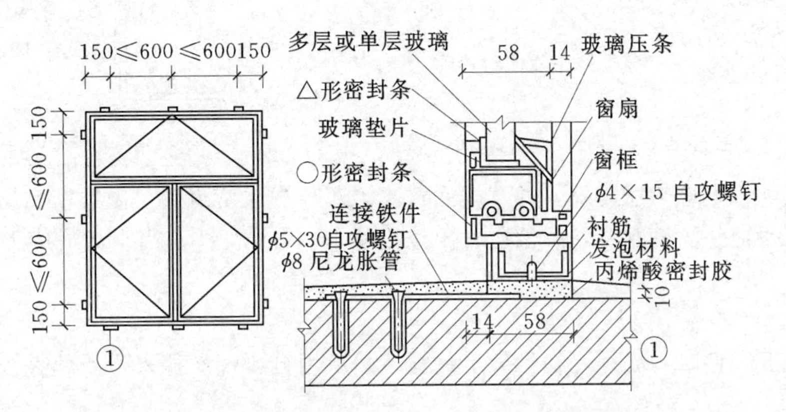

图 5-5 塑钢门窗底、顶框连接件与洞口墙体固定

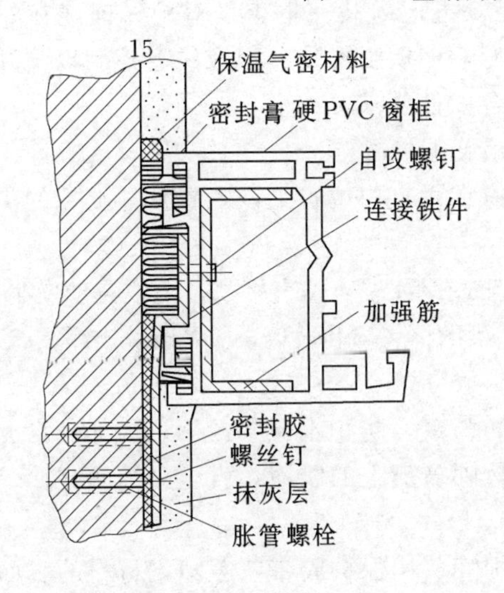

图 5-6 塑钢门窗边框连接件与洞口墙体固定

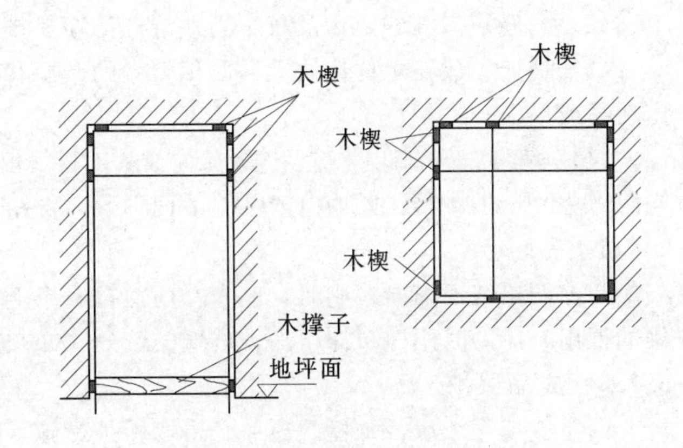

图 5-7 塑钢门窗安装示意图

2. 立框子

（1）如图 5-7 所示，把门窗放进洞口的安装线上就位，用对拔木楔临时固定。校正正、侧面垂直度、对角线和水平度合格后将木楔固定牢靠。为防止门窗框受弯损伤，木楔应塞在边框、中竖框、中横框等能受力的部位。框子固定后，应及时开启门窗扇，检查反复开关灵活度，如有问题须及时调整。

（2）塑钢门窗边框连接件与洞口墙体固定，如图 5-8 所示。

（3）塑钢门窗底、顶框连接件与洞口墙体固定，如图 5-9 所示。

（4）用膨胀螺栓固定连接件。一只连接件不宜少于 2 只螺栓。如洞口有预埋木砖，则用 2 只木螺丝将连接件紧固于木砖上。

3. 填缝

门窗洞口面层粉刷前，除去木楔，在门窗周围缝隙内塞入发泡轻质材料（丙烯酸酯或聚氨酯），

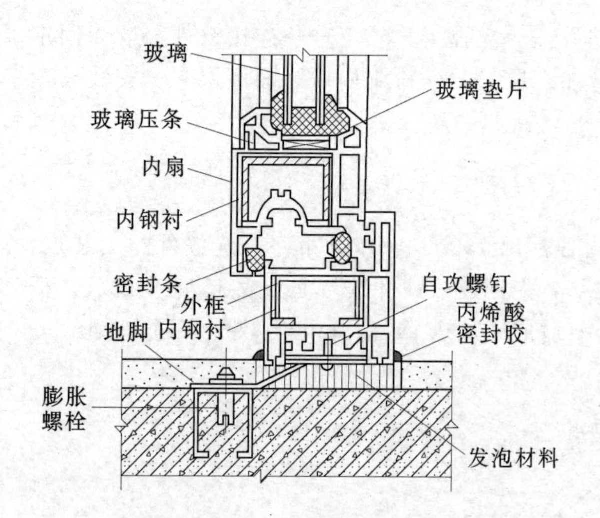

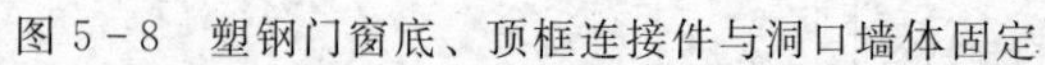

图5-8 塑钢门窗底、顶框连接件与洞口墙体固定

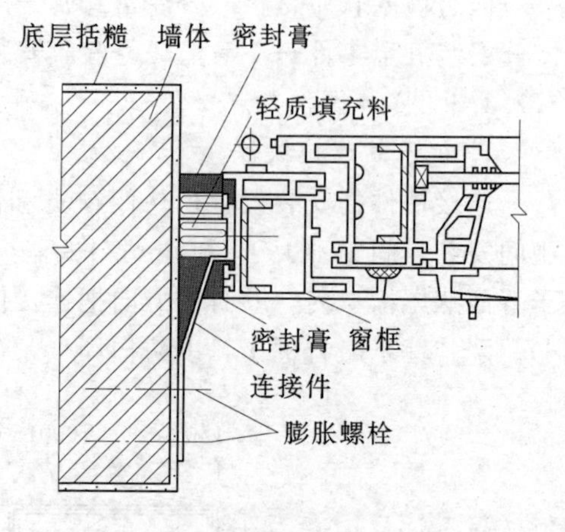

图5-9 塑钢门窗框填缝示意图

使之形成柔性连接，以适应热胀冷缩，并从框底清除浮灰，嵌注密封膏，做到密实均匀。连接件与墙面之间的空隙内，也应注满密封膏，胶液应冒出连接件1～2mm。严禁用水泥或麻刀灰填塞，以免框架变形。

4. 五金件

塑钢门窗安装五金件时，必须先在框架上钻孔，然后用自攻螺丝拧入，严禁直接锤击钉入。

5. 安装玻璃

对可拆卸的（如推拉窗）窗扇，可先将玻璃装在扇上，再把扇装在框上；对扇、框连在一起的（如半玻平开门），可于安装后直接装玻璃，玻璃安装应由专业玻璃工操作。但应注意控制以下几点。

(1) 玻璃裁割尺寸必须准确，玻璃与裁口的间隙应符合设计要求。

(2) 框扇槽口内的杂物及灰尘必须清理洁净，排水孔应畅通。

(3) 玻璃应放在定位垫块上，面积较大的开扇和玻璃应在垂直边位置上设隔置片，上端的隔片固定在框或扇上。

(4) 玻璃镶于槽口内，应用镶条压住或其他材料填塞密实，保证玻璃垂直平整，不致晃动发生翘曲。当两侧密封胶封缝时，必须填的密实，表面平滑。被密封胶污染的框、扇和玻璃，应及时擦干净。

6. 清洁

门窗洞口墙面面层粉刷时，应先在门窗框、扇上贴好防污纸，防止水泥浆污染。局部受水泥浆污染的框扇，应即时用擦布抹干净。玻璃安装后，必须及时擦除玻璃上的胶液，直至光洁明亮。

5.2.4 成品保护

门窗安装完工后，每樘门窗务必采取保护措施，防止损坏。用保护胶带覆盖塑钢材料的表面，使塑型材的表面不致被硬物划伤或工地现场的水泥砂浆烧伤。保护胶带去处后剩下的多余胶物，应以合适的溶液清洗干净。

5.3 全玻璃门安装技术

在现代室内装饰工程中，采用全玻璃装饰门的施工日益普及。全玻璃装饰门也称为厚玻璃门（无框门），是指用12mm以上厚度的钢化玻璃装饰门。一般由活动扇和固定玻璃两部分组合而成，其门框分不锈钢、铜和铝合金饰面。

5.3.1 施工准备

5.3.1.1 材料准备

(1) 玻璃门扇规格尺寸应符合设计要求，五金配件配套齐全，玻璃门左右两侧应磨边。

(2) 地弹簧分为重型、轻型两种，按图纸要求选用。

(3) 玻璃门夹分为两种：一种为无框玻璃门夹（上门夹 F20、F30、F40、下门夹 P10）；另一种为通体门夹。选用门夹应符合设计要求。

(4) 门拉手应符合设计要求。注意有无损坏，并妥善保存。

(5) 门扇上下横档、密封胶、万能胶、玻璃胶、水泥、中砂等辅助材料应满足使用要求。

5.3.1.2 机具准备

云石机、电锤、手枪钻、玻璃钻头、螺丝刀、直尺、玻璃胶枪、玻璃吸盘、细砂轮、内六角板手、玻璃清洗剂、棉丝、玻璃刀等。

5.3.1.3 作业条件

(1) 墙、地面的饰面已施工完毕，现场已清理干净，并经验收合格。

(2) 门框的不锈钢或其他饰面已完成，门框顶部用来安装固定玻璃板的限位槽已预留好。其限位槽的宽度应大于所用玻璃厚度 2～4mm，槽深 10～20mm。

(3) 把安装固定厚玻璃的木底托用钉子或万能胶固定在地面上，接着在木底托上方中引一侧钉上用来固定玻璃板的木条，然后用万能胶将该侧不锈钢或其他饰面粘在木底托上，铝合金方管可用木螺丝固定在埋入地面下的防腐木砖上。

(4) 把开闭活动门扇用的地弹簧和定位销按设计要求安装在地面预留位置和门框的横梁上。两者必须同一装轴线，安装时应吊垂线检查，做到准确无误，地弹簧转轴与定位销为同一中心线。

(5) 从固定玻璃板的安装位置的上部、中部和下部量三个尺寸，以最小尺寸为玻璃板的裁切尺寸。如果上、中、下量得的尺寸一样，则裁玻璃时其裁切宽度应小于实测尺寸 2mm，高度应小于实测尺寸 4mm。玻璃板裁好后，应在周边进行倒角处理，倒角宽度 2mm。

5.3.2 固定门框玻璃的安装

1. 放线、定点

固定玻璃隔断及活动玻璃门扇必须统一放线定位，按设计图要求放出隔断及玻璃门的定位线，确定门框位置，准确地测量地面标高及门框顶部标高。

2. 门框顶部不锈钢限位槽的安装

安装玻璃隔墙、门顶部限位槽的宽度应大于玻璃厚度 2～4mm，槽深在 10～20mm 之间，以便注胶。安装方法可由所弹中心线引出两条金属装饰板边线，然后按边线进行门框顶部限位槽的安装。槽口内的木垫板是调整槽深的。通过垫板的增多或减少调整。

3. 安装金属饰面的木底托

安装方法可在原预埋木砖上钉方木，或通过膨胀螺栓钉方木，把方木固定在地面上，然后再用万能胶将金属饰面板粘在木方上。铝合金方管，可用铝角固定在框柱上，或用木螺钉固定在埋入地面中的木砖上。

4. 安装竖向门框

按所弹中心线钉立门框方木，然后用胶合板确定门框柱的外形尺寸和位置的固定（注意应减除装饰面尺寸）。最后外包金属装饰面，包时要把饰面对头接缝放置在安装玻璃的两侧中间位置。接缝位置必须准确并保证垂直。

5. 裁玻璃

按实测量底部、中部和顶部的尺寸，选择最小尺寸为玻璃厚度的裁切尺寸。如果上、中、下测得的尺寸一致，则裁切尺寸其宽度小于实测尺寸 2～3mm，高度小于 3～5mm。裁好的玻璃用手细砂轮块在四周边进行倒角磨角，倒角宽 2mm。

6. 玻璃安装

用玻璃吸盘器（或玻璃吸盘机）把厚玻璃吸紧吸住，然后手握吸盘把通过 2～3 人把厚玻璃板抬起并竖立起来移至安装地点准备就位。就位方法：应把玻璃上部插入门框顶部的限位槽内，然后把玻璃的下部放到底托上对正中心线，并对好两侧门框的安装位置，使厚玻璃的两侧边部正好封住门框的金属饰面对缝口，要求做到内外都看不见饰面接缝口。

7. 玻璃固定

在底托木上的内外钉两根扁方木条把厚玻璃夹在中间，但距厚玻璃板需留出 4mm 左右的空隙，然后在扁方木条上涂刷万能胶将饰面金属板粘卡在方木和两根扁方木条上。

8. 注玻璃胶封口

在顶部根位槽两侧空隙内和底托玻璃槽口的两侧以及厚玻璃与门框柱的对缝处注入玻璃胶。注入顺序应从某一条缝隙的端头开始到末端终止，中途不得停顿。操作要领是：握紧嵌缝枪压柄用力要均匀，同时顺着缝隙移动的速度也要均匀，即随着玻璃胶的挤出，匀速移动注胶口，使玻璃胶在缝隙处形成一条均匀的直线。最后用塑料片刮去多余的玻璃胶并用干净布擦去胶。

9. 玻璃之间对接

固定部分的厚玻璃板，由于宽度尺寸过大，必须用两块或两块以上进行拼装而成，两块对齐拼接必然形成接缝，对接缝应留 2～3mm 的距离（对接缝的玻璃切口必须倒用）。玻璃固定后，要用玻璃胶注入缝隙中，注满后同样要用塑料片把胶刮平，使缝隙形成一条洁净的均匀直线，玻璃面上要用干净布擦净胶迹。

5.3.3 活动门扇玻璃的安装

厚玻璃活动门扇无门扇框，活动门扇的开闭是靠与门的金属上下横档铰接的地簧来实现的。

1. 地弹簧的安装

地弹簧是安装于各类门扇下面的一种自动闭门装置。然后再门扇的上下横档内划线，并按线固定转动销的孔板。但是，门扇安装前，地面地弹簧与门框顶面的定位销应定位安装完毕，两者必须在同轴线上，安装时用吊垂线检查，确保地弹簧转轴与定位销的中心线在同一直线上。

2. 安装玻璃门扇上下夹

把上下金属夹分别装在玻璃门扇上下两端，并测量门扇高度。如果门扇的上下边距门横框及地面的缝隙超过规定值，即门扇高度不够，可在上下门夹内的玻璃底部垫木夹条板。

3. 固定玻璃门上下门夹

定好门扇高度后，在厚玻璃与金属上下门夹内的两侧缝隙处，同时插入小木条，轻敲稳实。然后在小木条、厚玻璃与门夹之间的缝隙中注入玻璃胶。如图 5-10 所示，为门扇上下夹以及与玻璃门扇的安装示意图。

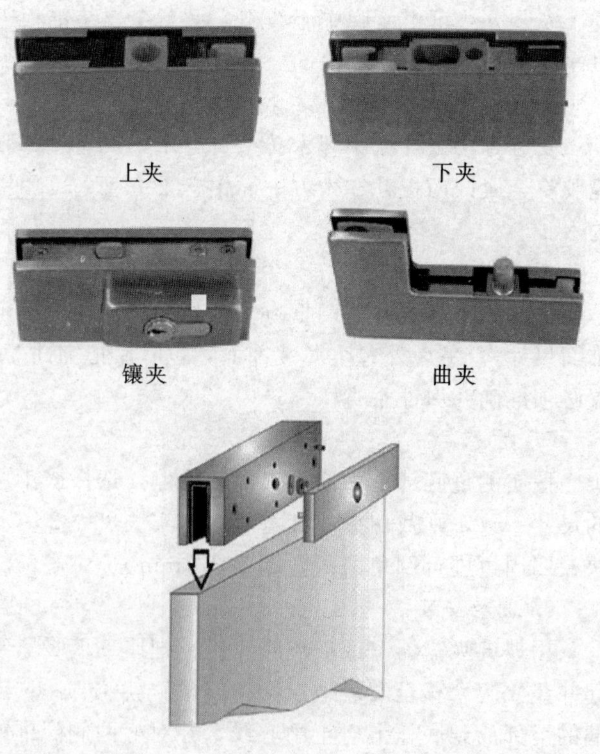

图 5-10　门扇上下夹及安装示意图

4. 玻璃门扇定位安装

先将门框横梁上的定位销用本身的调节螺钉调出横梁平面 1～2mm，然后将玻璃门扇竖起来，把门扇下横挡内的转动销连接件的孔位，对准地弹簧的转动销轴，并转动门扇将孔位套入销轴上。然后以销轴为轴心将门扇转动 90°（注意转动时要扶正门扇），使门扇与门扇横梁成直角。这时就可把门扇上横挡中的转动连接件上的孔对正门框横梁上的定位销，并把定位销调出，插入门扇上横挡转动销连接件上的孔内 15mm 左右，门扇即可启闭使用。

5. 安装玻璃门拉手

裁割玻璃门扇和对边口进行倒角处理时，应同时打好安装门把手的孔洞。安装拉手的连接部位在插入玻璃门拉手孔时不能很紧，应略有松动。如果过松，可在插入部位裹上软质胶带。安装前，在拉手插入玻璃部分涂少许玻璃

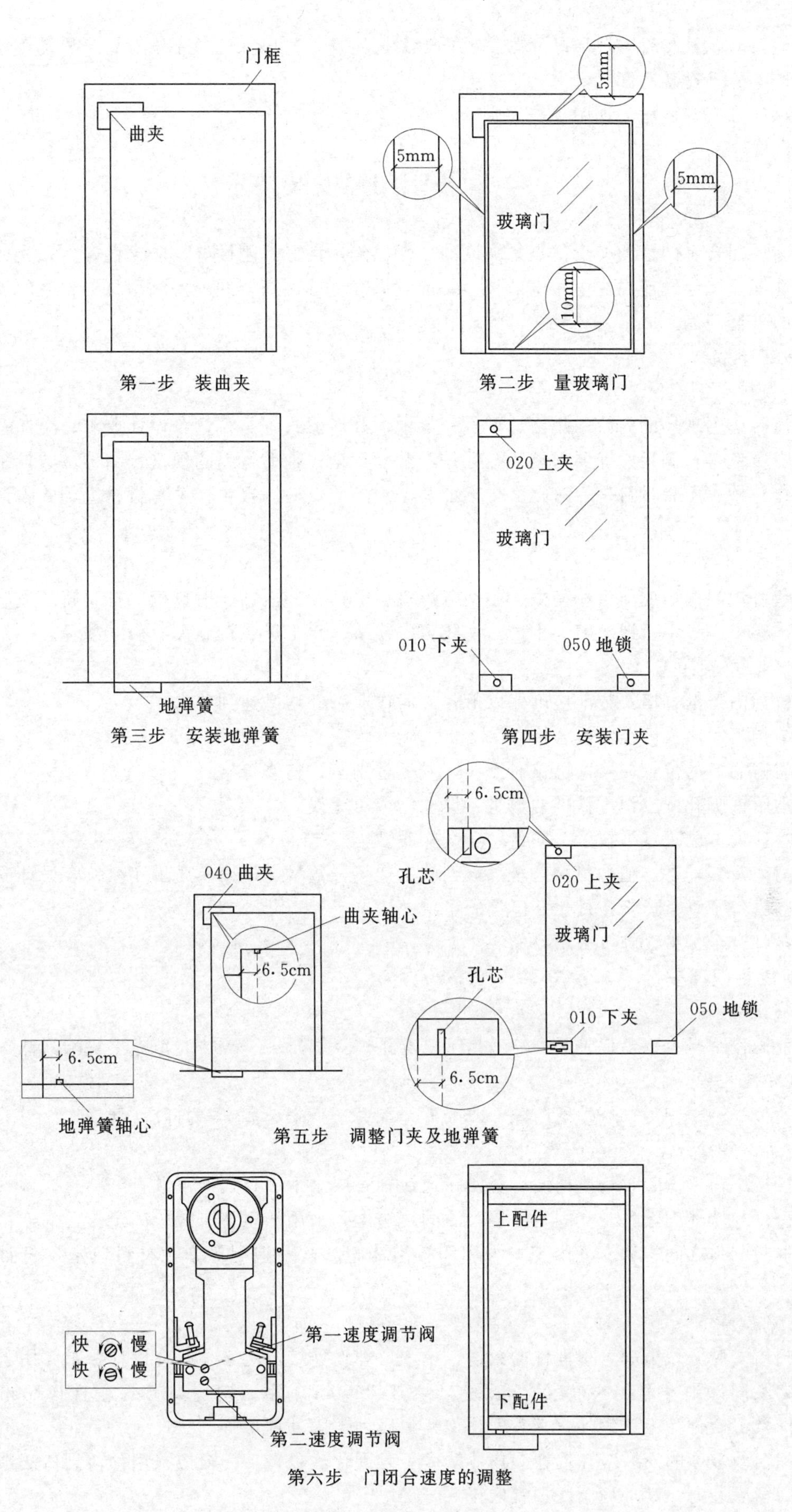

图 5-11　玻璃门安装图解

胶。拉手组装时，其根部与玻璃贴靠紧密后再上紧固定螺钉，以保证拉手没有丝毫松动现象。

5.3.4　全玻璃门安装图解

全玻璃门的安装图解，如图5-11所示。

5.4　断桥铝门窗安装技术

隔热断桥铝合金门窗的突出优点是强度高、保温隔热性好，刚性好、防火性好，采光面积大，耐大气腐蚀性好，综合性能高，使用寿命长，装饰效果好，使用高档的断桥隔型材铝合金门窗，是高档建筑用窗的首选产品。

5.4.1　施工准备

5.4.1.1　材料准备

检查核对运到现场的门窗的规格、型号、数量、开启形式等是否符合设计要求；检查门窗的装配质量及外观质量是否满足设计要求；五金件是否配套齐全；辅助材料的规格、品种、数量是否能满足施工要求；并核实所有材料是否有出厂合格证及必须的质量检测报告；填写材料进场验收记录和复验报告。

5.4.1.2　机具准备

安装断桥铝门窗需要配备切割机、小型电焊机、电钻、冲击钻、射钉枪、打胶筒、玻璃吸盘、线锯、手锤、錾子、扳手、螺丝刀、木楔、托线板、线坠、水平尺、钢卷尺、灰线袋等。

5.4.1.3　作业条件要求

在断桥铝门窗框上墙安装前应确保以下各方面作业条件均已达到要求。

(1) 结构工程质量已经验收合格。

(2) 门窗洞口的位置、尺寸已核对无误，或经过剔凿、整修合格。

(3) 预留铁脚孔洞或预埋铁件的数量、尺寸已核对无误。

(4) 管理人员已进行了技术、质量、安全交底。

(5) 门窗及其配件、辅助材料已全部运到施工现场，数量、规格、质量完全符合设计要求。

(6) 已具备了垂直运输条件，并已接通了电源。

(7) 各种安全保护设施等齐全可靠。

5.4.2　断桥铝门窗安装

5.4.2.1　门窗制作流程

型材上操作平台⟶贴保护膜⟶开齿⟶穿条⟶辊压⟶隔热腔填充聚氨酯泡沫⟶包装。

5.4.2.2　安装程序

窗框就位⟶框固定⟶填塞缝隙⟶安五金配件⟶安玻璃⟶打胶、清理。

5.4.2.3　施工要点

(1) 各楼层窗框安装时均应横向、竖向拉通线，各层水平一致，上下顺直。

(2) 窗框与墙体固定时，先固定上框，后固定边框，采用塑料膨胀螺栓固定。

(3) 框与洞口之间的伸缩缝内腔均采用闭孔泡沫塑料，发泡剂等弹性材料填塞，表面用密封胶密封。

5.4.2.4　安装操作

(1) 门窗安装必须牢固，预埋件的数量、位置、埋设连接方法必须符合设计要求，用于固定每根增强型钢的紧固件不得小于3个，其间距应不大于300mm，距型钢端头应不大于100mm；增强型钢、紧固件及五金件除不锈钢外，其表面均应经耐腐蚀镀膜处理。

(2) 门窗及玻璃的安装应在墙体湿作业法完工且硬化后进行，门窗应采用预留洞口法预留洞口法安装；当门窗安装时，其环境温度不宜低于5℃。

(3) 窗与墙体固定时，应先固定上框，后固定边框；混凝土洞口应采用射钉或塑料膨胀螺栓固定；砖墙洞口应采用塑料膨胀螺栓固定，并不得固定在砖缝处；设有预埋铁件的洞应采用焊接的方法固定，或先在预埋件上按紧固件规格打基孔，然后用紧固件固定。

(4) 安装组合窗时，给合窗的洞口应拼樘料的对应位置设预埋件或预留洞口。拼樘料与洞口的连接：拼樘料与混凝土过梁或柱子的连接应设预埋铁件，采用焊接的方法固定，或在预埋件上按紧固件打基孔，然后用紧固件固定；拼樘料与砖墙连接时，应先将拼樘料两端插入预留洞口中，然后用C20细石混凝土浇灌固定；应将两窗框与拼樘料卡接，卡接后用紧固件双向拧紧，其间距应不大于400mm。紧固件端头及拼樘料与窗杠间的缝隙采用密封条进行密封处理。

(5) 当门窗采用预埋木砖法与墙体连接时，木砖应进行防腐处理。

(6) 窗框与洞口之间的伸缩缝内腔应采用闭孔泡沫塑料、发泡聚苯乙燃等弹性材料分层填塞，表面用密封胶密封。对保温、隔声要求较高的工程，应采用相应的隔热、隔声材料填塞。

(7) 门窗表面洁净，无划痕，碰伤、无锈蚀；涂胶表面光滑，平整、厚度均匀，无气孔；严禁在门窗框、扇、梃上安装脚手架或悬挂重物，并严禁蹬踩窗框、窗扇或窗梃；门窗表面如沾有油污等，宜用水溶性洗涤剂清洗，忌用粗糙或腐蚀性强的化学液体擦洗。

5.4.3 门窗安装示意图

阴、阳角处网格布搭接，如图5-12所示；窗框安装节点示意图，如图5-13所示；门安装节点示意图，如图5-14所示。

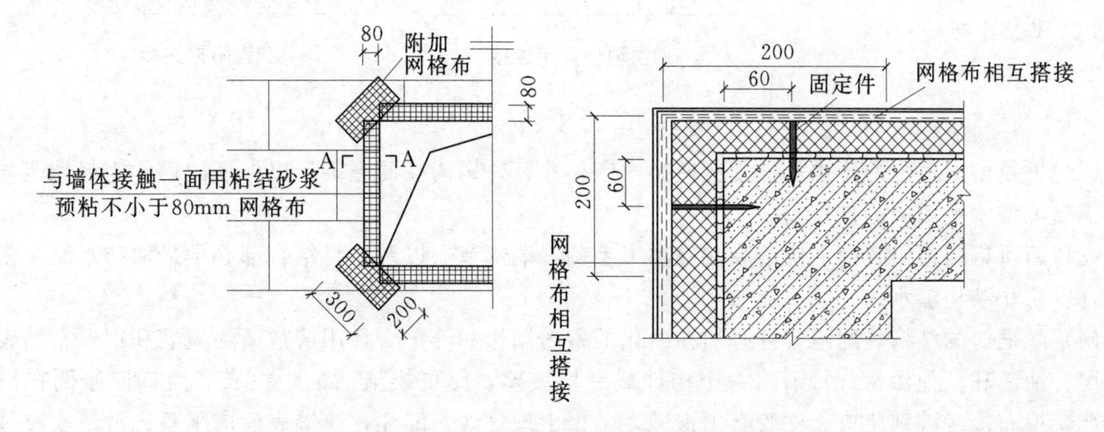

图5-12 阴、阳角处网格布搭接示意图

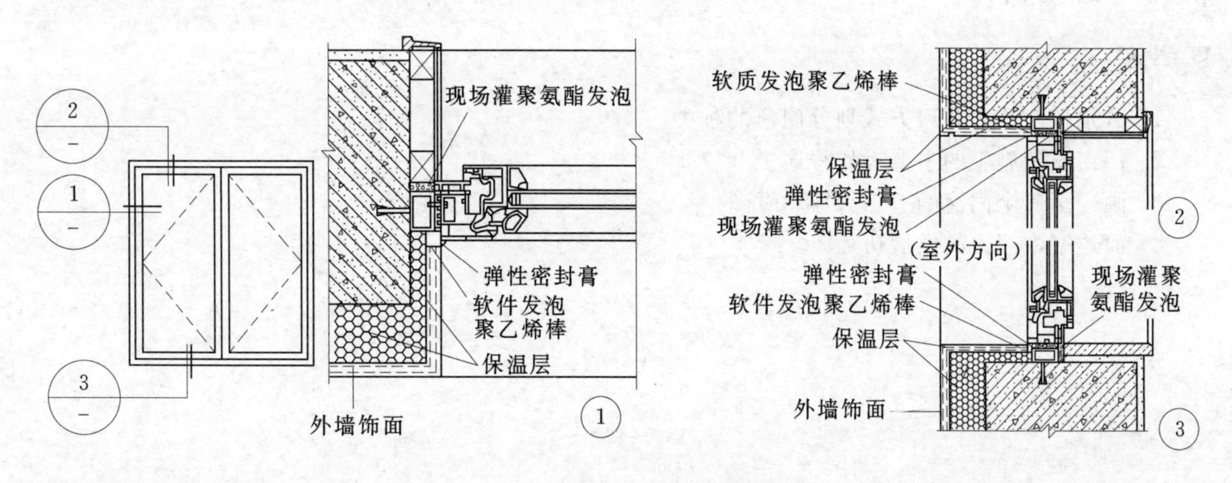

图5-13 窗框安装节点示意图

5.4.4 安装应注意的问题

(1) 门窗制作应符合设计和断桥铝门窗安装及验收规范要求，断桥铝门窗框应安装牢固门窗应推拉、开启灵活，窗台处应有泄水孔，并应设置限位装置。紧固件应符合有关技术规程的规定；五金件型号、规格和性能均应符合国家现行标准的规定。

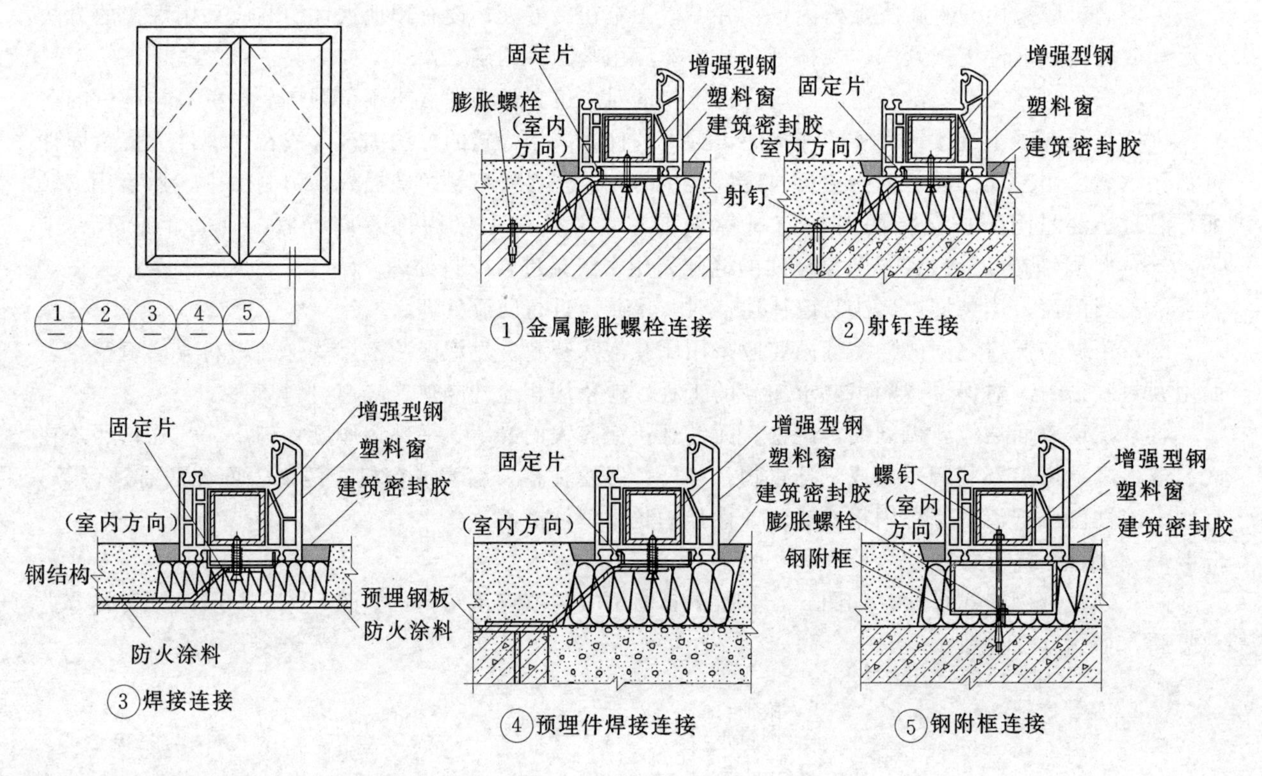

图 5-14　门安装节点示意图

(2) 推拉窗滑道上的排水孔加工应遵循内扇外孔、外扇内孔的原则，以保证门窗的密封性能，尤其是下横毛条水平朝向的推拉窗。

(3) 断桥铝门窗组装前，应清除端部加工毛刺，端部节点以及型材结合部必须采取防水胶等密封措施，以防止结构渗水。

(4) 隐框窗的结构装配组合件必须在净化的室内制作和养护必须用溶剂清除玻璃和铝框粘结表面的尘埃、油渍和其他污物；每清洁一个构件或一块玻璃，应更换清洁的干擦布；溶剂应倾倒在擦布上，严禁擦布接触溶剂瓶口。注胶必须饱满，不得出现气泡、漏注，胶缝表面应平整光滑；收胶缝的余胶不得重复使用。

思考题

1. 分别按材质和开启方式划分门窗的种类。
2. 门窗安装施工的主要操作程序。
3. 画一至二个门窗的节点大样示意图。
4. 简述室内门窗的发展历程。

第6章

隔断装修施工技术

从隔断形成的方式看，分为活动隔断和固定隔断两种。它是用来分割建筑物内部空间达到不同使用功能的目的。

活动隔断是利用室内的家具或其他陈设物件将空间加以分割，把单一功能的室内空间划分具有多种不同使用功能的空间区域，如家具隔断、立板隔断、软隔断和推拉式隔断等。固定隔断是在室内将隔断墙体与建筑物基体相接的一种固定方式。具体形式有龙骨隔断，如木龙骨隔断、轻钢龙骨隔断、铝合金隔断等；还有砌筑隔断和条板隔断，如砖隔断、玻璃砖隔断、砌块隔断等。

在室内装饰工程中，隔断工程主要是指部分隔断的安装施工，即固定隔断的安装施工。活动隔断只须作好平面布置即可。

6.1 木龙骨隔断施工技术

木龙骨隔断是由木方做成的木龙骨架和人造罩面板组成，如图 6-1 所示。分为全封隔断、带门窗隔断和半高隔断三种。具有质量轻、墙体薄，便于拆卸等优点，但不足之处是防火、防潮性能较差。

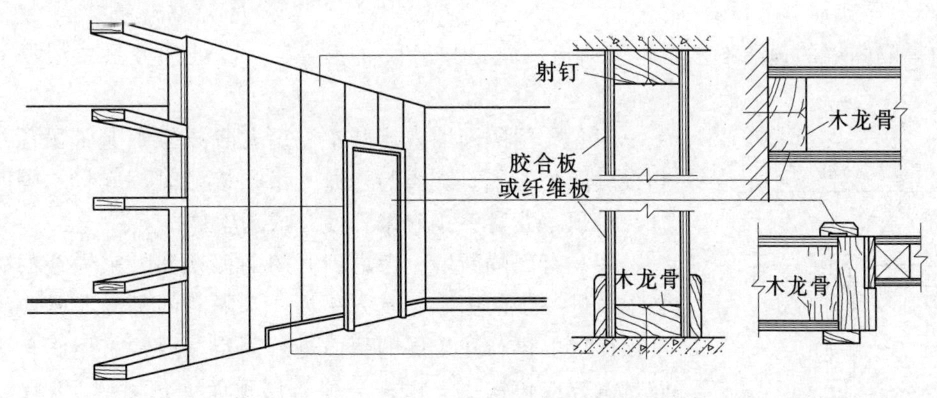

图 6-1　木隔断示意图

6.1.1 施工准备

1. 材料

材料包括木方、罩面板、膨胀螺栓圆钉以及辅助材料等，均符合设计要求和有关质量规范的规定。

2. 机具

机具包括冲击电钻、手电钻、电锯及各类手工工具等。

6.1.2 结构形式

1. 大木方骨架

该结构一般采用截面尺寸 50mm×（80～100）mm 的木方做主框架，框体的规格为 500mm×500mm 的方框架或 500mm×800mm 的长方框架。多用于墙面较高地面较宽的隔断墙，如图 6－2（a）所示。

2. 小木方双层骨架

一般采用截面尺寸 25mm×30mm 的木方做成两片骨架的框体，每片规格为 300mm×300mm 或 400mm×400mm 的框架，再将两个框架用横木方连接，其墙体的厚度通常为 150mm 左右，如图 6－2（b）所示。

3. 单层木方骨架

一般采用截面尺寸 25mm×30mm 的木方做主框架，框架规格为 300mm×300mm 的框架。该结构多用于高度 3m 以下的全封闭隔断墙或半高隔断墙。

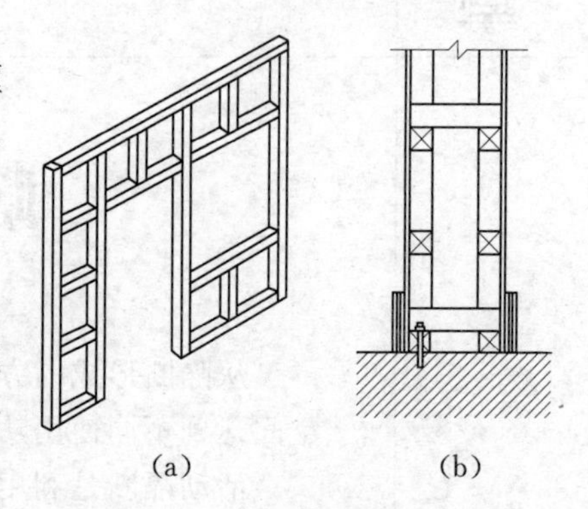

图 6－2 木隔断的结构型式

6.1.3 施工工艺

6.1.3.1 弹线打孔

依据施工图，在需要固定木隔断墙的地面和墙面，弹出隔断墙的宽度线和中心线，同时画出固定点的位置。通常按 300～400mm 的间距在地面和墙面的中心线上用冲击电钻打孔，孔位应与骨架竖向木方错开位。

6.1.3.2 固定骨架

木骨架的固定要求在不破坏原建筑结构并牢固可靠的前提下，进行处理骨架固定工作。一般采用最常见的膨胀螺栓、木楔铁钉法固定。固定前，在木骨架上标出相应的固定点的位置，便于准确地安装木骨架。

（1）全封隔断墙的木骨架固定位置是沿墙面、顶面、地面处。

（2）半高隔断墙的木骨架固定位置是地面、墙面。

（3）各种木隔墙的门框竖向木方，均采用铁件加固法。否则，木隔断墙将会因门的开闭振动而出现较大颤动，进而使门框松动、木隔墙松动。

6.1.3.3 隔断墙与吊顶的连接

如果隔断墙的顶端不是原建筑结构，而是与吊顶面相接触，其处理方法要根据不同的吊顶结构而定。

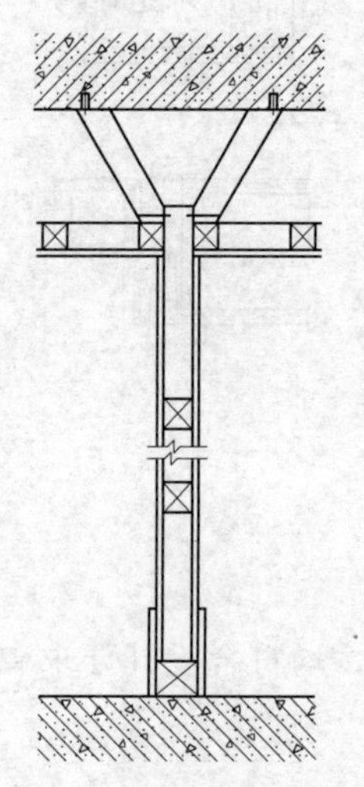
图 6－3 门框的竖向龙骨与顶面的固定

（1）无门隔断墙，当与铝合金龙骨或轻钢龙骨吊顶接触时，只要求相接缝隙小、平直。当与木龙骨吊顶接触时，应将木隔断墙的沿顶木龙骨与吊顶木龙骨钉接起来，使之成为整体。

（2）有门隔断墙，考虑门开闭的振动和人来人往的碰动，所以顶端必须再进一步的固定。其方法为：木隔断的竖向龙骨应穿过吊顶面，在吊顶面以上再与建筑层的顶面进行固定。通常采用斜角支撑，支撑杆可以是木方或角铁，支撑杆与建筑层顶面夹角以 60°为宜，并用木楔铁钉或膨胀螺栓与顶面固定，如图 6－3 所示。

6.1.3.4 罩面板的安装

（1）以各种人造装饰板饰面。直接安装在木龙骨上或有基层板的骨架上，无须重新饰面。

（2）以木夹板为基层板。安装方式有明缝和拼缝两种。明缝的要求缝隙宽度一致，大小由设计规定。拼缝的，要求对木夹板正面进行倒角处理，便于在进行基层处理时，可将木夹板之间的缝隙补平。固定时，最好采用射钉，布钉要均匀，钉距为100mm左右。

(3) 岩棉或玻璃棉的安装。一侧木夹板安装固定完毕后，在固定另一侧木夹板之前，为了提高隔墙的耐火极限，并达到设计上的隔音的要求，在隔墙中安装岩棉或玻璃棉。方法是，用401胶粘贴岩棉钉，再将切割好的岩棉或玻璃棉填入龙骨间。岩棉或玻璃棉填好之后，再安装另一侧木夹板。安装时，两侧木夹板的竖缝、横缝必须错开。

6.1.3.5 饰面

饰面是指木夹板为基层的隔断墙饰面，一般为油漆、裱糊、喷刷涂料及贴各类饰面板等。

6.1.3.6 收口

木隔断墙的收口部位主要是与吊顶面之间、墙面之间，以及与本身的门窗之间。采用的材料主要是木线条，固定方法为胶加小圆头铁钉。

6.1.4 木隔断墙体门窗的结构与做法

6.1.4.1 窗框结构

木隔断中的窗框用木夹板包边（直角包边和倒角包边）和木线条进行压边或定位。窗户有固定式和活动窗扇式两种，固定窗是用木压条直接把玻璃板定位在窗框中；活动窗扇式为推拉式和平开式。

6.1.4.2 门框结构

门框结构是以隔断门洞两侧的竖向木方为基体，配以档位框、饰边板、饰边线条组合而成。

大木方骨架的木方截面较大，档位框的木方可直接固定在竖向木龙骨上。小木方双层骨架的木方截面较小，应先在门洞内侧钉上实木板或厚木夹板后，再在其上固定档位框。

门框的包边饰边结构形式有很多种，但常见的有木夹板加木线条或大木线条包边。门框的包边饰边均采要用铁钉固定，钉头需埋入式处理，如图6-4和图6-5所示。

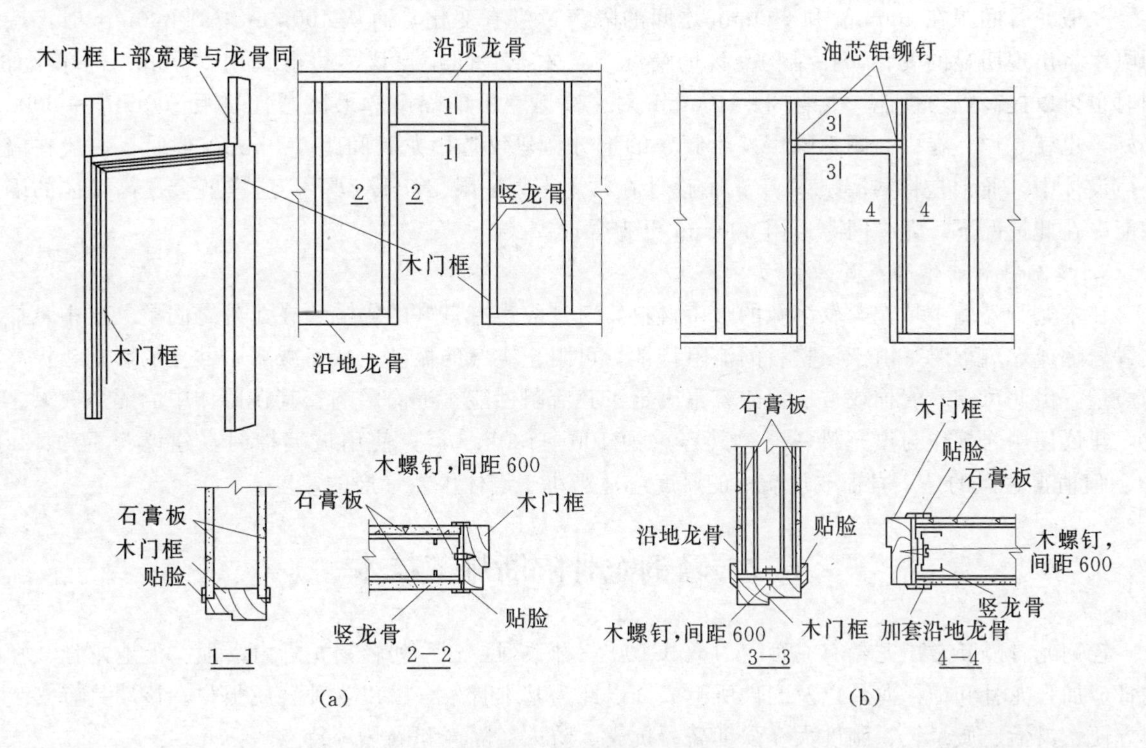

图6-4 门洞结构

(a) 门洞龙骨构造；(b) 门洞龙骨构造

6.1.5 木隔断墙体安装细节对隔声性能的影响

1. 木龙骨规格对墙体隔声量的影响

通常隔断墙木龙骨的截面尺寸为38mm×89mm或38mm×140mm，因为龙骨规格的大小决定了墙体空气层的厚度。一般认为，当空气层增加51mm时，墙体的隔声量应该增加5dB左右。另外，

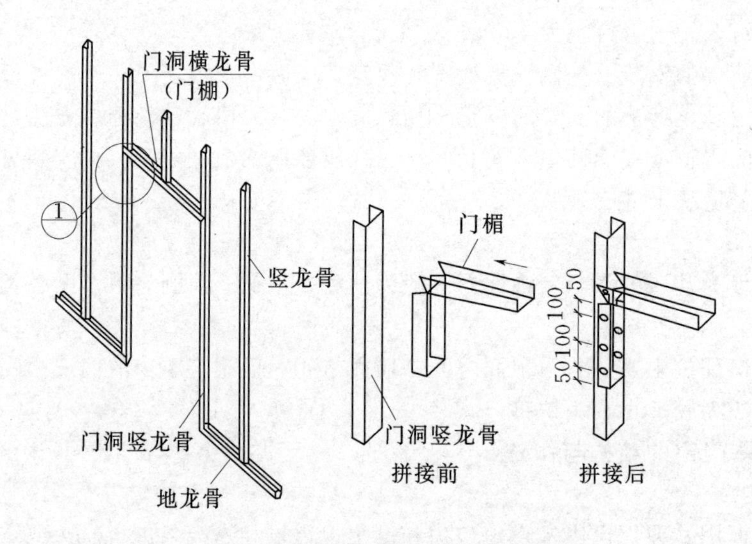

图 6-5 门楣的制作与安装示意图

龙骨尺寸与龙骨刚度有关，龙骨截面增大，龙骨的刚度提高，隔墙整体的劲度增加，传声损失加大，这个阶段主要发生在100～500Hz之间，为劲度控制区。但是在500～2000Hz之间每增加一倍频率，墙体隔声量增加4～7dB之间，符合轻体隔声质量定律，处于质量控制区。因此，在进行木龙骨隔墙设计时，应在厚度空间允许的情况下，可将空气层设计足够大，以降低共振频率 f_0，从而提高墙体的隔声量。

2. 龙骨间距对墙体隔声量的影响

一般龙骨间距在400mm和600mm之间的隔声量没有变化，而从400mm减到300mm时，墙体的隔声量出现明显的变化。在结构允许的情况下，木龙骨间距建议尽可能选用600mm，不仅经济，同时也可以提高隔声性能。龙骨间距400mm对中高频率下的隔声效果比龙骨间距300mm和600mm要好，也就是说，在中高频率噪声发生频繁的地方，建议选用龙骨间距400mm。但是，一般在墙体隔声设计中，通常是将共振频率 f_0 的值设计在常用声频底限100Hz以下，这样就会提高墙体的隔声性能。在此情况下，龙骨间距选用600mm更为合理。

3. 填充料对墙体隔声量的影响

在木龙骨隔墙中填充柔软多孔的吸声材料，对其隔声有良好的影响。在龙骨之间空气层中悬挂或放置岩棉或玻璃棉时，由于该材料的流阻特性，可阻止空气的振动，从而减弱了共振的影响，提高其隔声量。由此可知，岩棉或玻璃棉的容重决定了其流阻性能，进而影响着其在墙体中的隔声效果。因此，建议使用岩棉作为填充材料时，其容重为100～120kg/m^3；使用玻璃棉时，建议容重为12kg/m^3。但值得注意的是，岩棉或玻璃棉的厚度应适当小于墙体中空气层的厚度。

6.2 轻钢龙骨隔断施工技术

轻钢龙骨隔断常用龙骨有C50、C75、C100三种系列，各系列轻钢龙骨由沿顶、沿地龙骨、竖向龙骨、加强龙骨和横撑龙骨以及配件所组成。以此为基本骨架，配以各种轻质板材。该墙具有安装拆卸方便、灵活、质量轻、刚度大、强度高、抗震、防火、隔声和隔热等特点。

轻钢龙骨隔断是装配式作业，施工操作工序有：弹线、固定沿地、沿顶和沿墙龙骨、龙骨架装配及校正、安装板材、饰面处理等。下面就以室内常见的轻钢龙骨纸面石膏板隔断为例，介绍轻钢龙骨隔断墙施工的工艺过程，如图6-6所示。

6.2.1 施工准备

6.2.1.1 材料要求

（1）轻钢龙骨、配件和罩面板均应符合现行国家标准和行业标准的规定。当装饰材料进场检验，

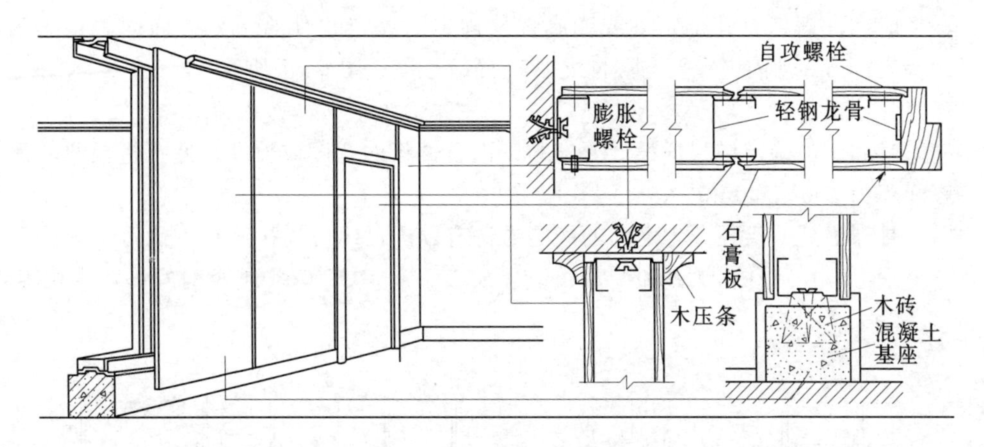

图 6-6　石膏板隔墙示意图

发现不符合设计要求及室内环保污染控制规范的有关规定时，严禁使用。

1）轻钢龙骨主件。沿顶龙骨、沿地龙骨、加强龙骨、竖向龙骨、横撑龙骨应符合设计要求。

2）轻钢骨架配件。支撑卡、卡脱、角托、连接件、固定件、护墙龙骨和压条等附件应符合设计要求。

3）紧固材料。拉锚钉、膨胀螺栓、镀辞自攻螺丝、木螺丝和粘贴嵌缝材，应符合设计要求。

4）罩面板。应表面平整、边缘整齐、不应有污垢、裂纹、缺角、翘曲。

(2) 填充材料。岩棉应符合设计要求选用，并起到隔声和吸音的作用。

(3) 罩面板材。纸面石膏板规格、厚度由设计人员或按图纸要求选定，规格厚度通常为12～15mm。

6.2.1.2 主要工具

主要工具包括直流电焊机、电动无齿锯、手电钻、电锯、冲击电钻、螺丝刀、射钉枪、线坠、靠尺等。

6.2.1.3 作业条件

(1) 轻钢骨架、石膏罩面板隔墙施工前应先完成基本的验收工作，石膏罩面板安装应待屋面、顶棚和墙抹灰完成后进行。

(2) 设计要求隔墙有地枕带时，应待地枕带施工完毕，并达到设计程度后，方可进行轻钢骨架安装。

(3) 根据设计施工图和材料计划，查实隔墙的全部材料，使其配套齐备。

(4) 所有的材料，必须有材料检测报告、合格证。

6.2.2 施工工艺

6.2.2.1 工艺流程

轻隔墙放线──→安装门洞口框──→安装沿顶龙骨和沿地龙骨──→竖向龙骨分档──→安装竖向龙骨──→安装横向龙骨卡档──→安装第一层石膏罩面板──→施工接缝做法──→安装隔音棉──→安装第一层罩面板（另一侧）──→安装第二层罩──→面层施工。

6.2.2.2 操作工艺

1. 弹线

弹线包括两方面工作：①墙体的位置；②轻钢龙骨的量裁。

(1) 根据施工图来确定隔断墙的位置、隔断墙门窗位置，并在墙、顶、地面上弹出隔断墙的宽度线和中心线。

(2) 按所需龙骨的尺寸，对龙骨进行划线配料，并按先配长料，后配短料的原则进行。

2. 固定沿地沿顶龙骨

固定前，首先在沿顶沿地龙骨的背面贴好密封胶条。用射钉枪将所有的U形龙骨，即沿地沿顶龙骨固定，必要时用冲击钻打孔加木楔或膨胀螺栓固定。固定龙骨的水平方向间距最大为800mm，垂直方向最大为1000mm。固定点要与竖向龙骨位置错开，如图6-7所示。

3. 固定竖向龙骨

(1) 竖向龙骨间距的确定应根据设计要求和纸面石膏板的宽度或长度，使石膏板两端正好落在龙骨架上，一般间距为400～600mm。

(2) 竖向龙骨与沿地、沿顶龙骨之间的固定方法有：配件组合连接、自攻螺钉、焊接。一般安装C50系列的轻钢龙骨，常用自攻螺钉和配件组装。安装C75、C100系列轻钢龙骨，常用点焊固定方式，如图6-8所示。

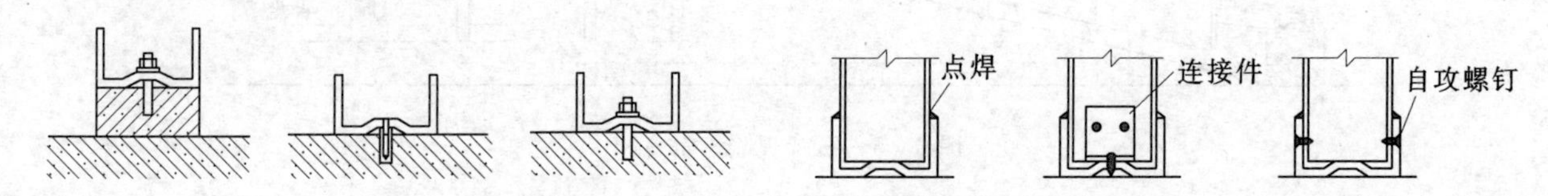

图6-7　顶、地龙骨的固定

图6-8　竖向龙骨与顶、地龙骨的连接

(3) 安装时，在沿地、沿顶龙骨槽之间装入第一根竖向龙骨（竖向龙骨高度不够，必须采用铆接法或焊接法加长），并校正其垂直度。其他竖向龙骨以第一根龙骨为基准，按间距要求确定其位置固定。若需要安装门窗，在安装门框、窗框的部位固定横撑龙骨，其固定方法也为配件组合连接、自攻螺钉、焊接三种。

(4) 竖向龙骨与墙体、地龙骨的连接，如图6-9和图6-10所示；穿心龙骨与竖向龙骨的连接，如图6-11所示。整个龙骨安装、调整完毕后，对隔墙四周打密封胶进行密封处理。

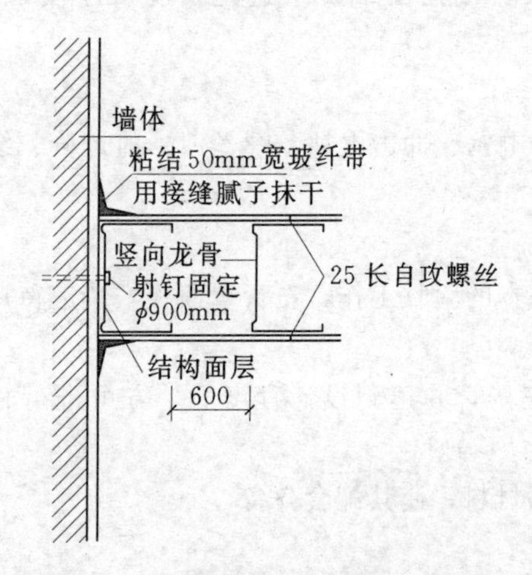

图6-9　竖向龙骨与墙体连接示意图

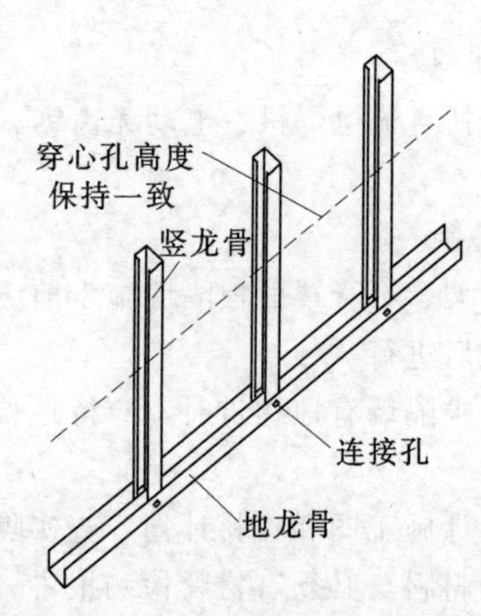

图6-10　竖向龙骨与地龙骨连接

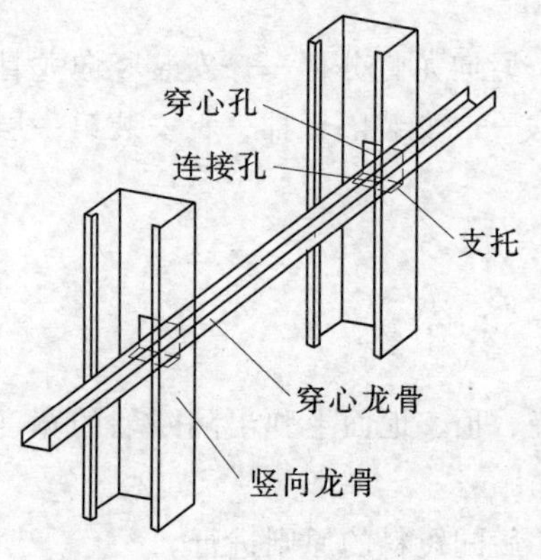

图6-11　穿心龙骨与竖向龙骨连接

4. 固定石膏板

隔断墙石膏板安装形式有单层、双层和多层三种。

(1) 单层纸面石膏板的安装。一般的隔墙的石膏板可竖直安装，也可以水平安装。而有特殊防火要求的隔墙就必须竖直安装。纸面石膏板的安装采用自攻螺钉固定是轻钢龙骨隔墙的主要安装方法，此方法简便、快速、牢固。安装前要选好自攻螺钉，应使用能穿过石膏板和轻钢龙骨8mm以上的自攻螺钉。一般单层石膏板固定使用$\phi 3.5 \times 25$mm的自攻螺钉，螺钉与板边的距离为10～16mm，边部螺钉间距为200mm，每块石膏板中部的螺钉间距为300mm。螺钉头嵌入板内深度不超过2～3mm，如图6-12和图6-13所示。

横向安装石膏板时，要使石膏板两端正好落在龙骨骨架上，要注意水平方向与垂直方向的板缝应最大限度地错开。

(2) 双层纸面石膏板的安装。第二层石膏板的安装固定方法与第一层相同，但第二层石膏板的接缝不能与第一层石膏板的接缝落在同一竖向龙骨上。固定时，一般采用ϕ3.5×35mm 高强自攻螺钉将板固定在所有竖向龙骨上。若有防火要求，不得将石膏板固定在沿顶、沿地龙骨上，如图 6-13 所示。

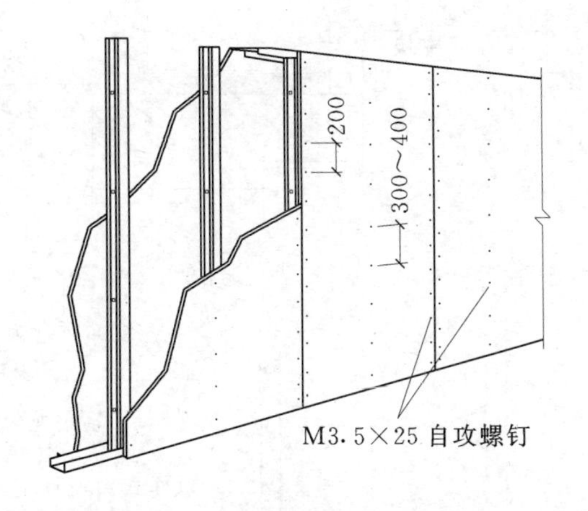

图 6-12 单层石膏板隔墙

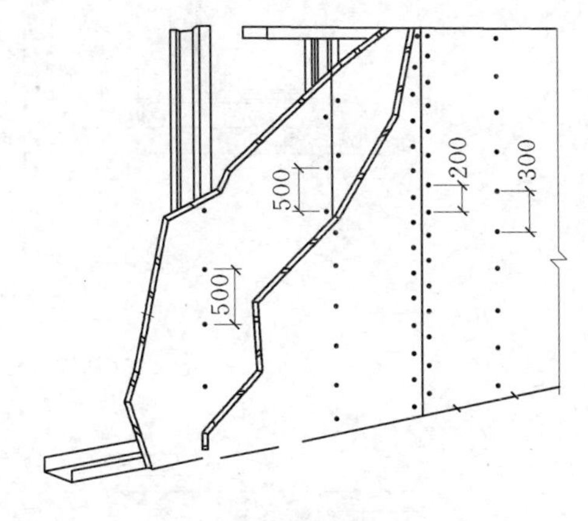

图 6-13 双层石膏板隔墙

(3) 岩棉的安装。一侧石膏板安装固定完毕后，在固定另一侧石膏板之前，为了提高石膏板隔墙的耐火极限，并达到设计上的隔音的要求，在石膏板隔墙中安装岩棉。方法是：用 401 胶粘贴岩棉钉，再将切割好的岩棉填入龙骨间；岩棉填好之后，再安装另一侧石膏板。安装时，两侧石膏板的竖缝、横缝必须错开。

(4) 隔墙构造。轻钢龙骨石膏板隔墙构造，如图 6-14 所示；轻钢龙骨石膏板抹灰墙构造，如图 6-15 所示。

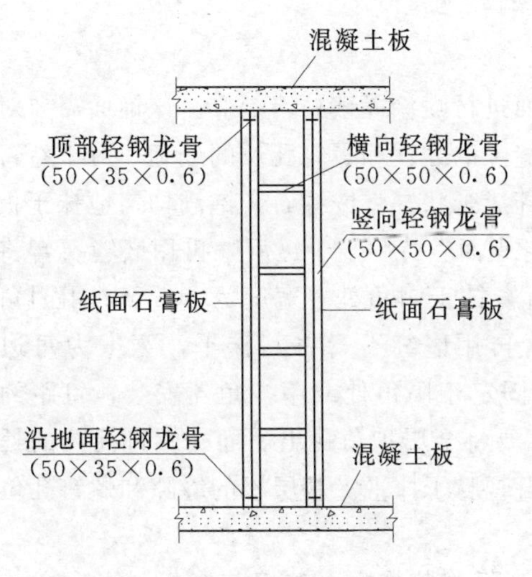

图 6-14 轻钢龙骨石膏板隔墙构造

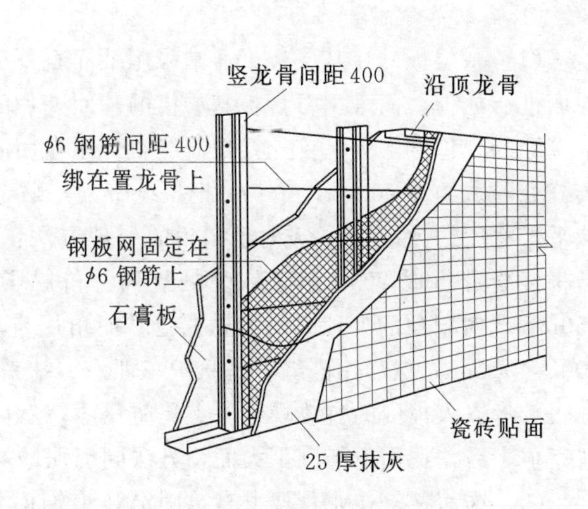

图 6-15 轻钢龙骨抹灰墙构造

5. 门位置的结构处理

轻钢龙骨隔墙门框的结构，是隔断墙施工的要点之一。门框的宽度，应是龙骨宽加两个面板的厚度。门框架的组合结构以轻钢龙骨为主体，并与封面厚板和木线条或金属线条组合而成，也可以木方框为主体的组合。

若以木方框架为主本，门框的木方框架必须与轻钢龙骨门洞两侧的竖向龙骨相连。连接件是用 M6～M10 的螺栓。在木框与石膏板的对缝处必须用厚木夹板封边，并与竖向龙骨连接。门框的木方框架应在地脚处固定，其方法可以是将木方框架地脚埋入地面，或者用铁脚固定，而铁脚则通过木楔铁钉与地面固定，如图 6-16 所示。

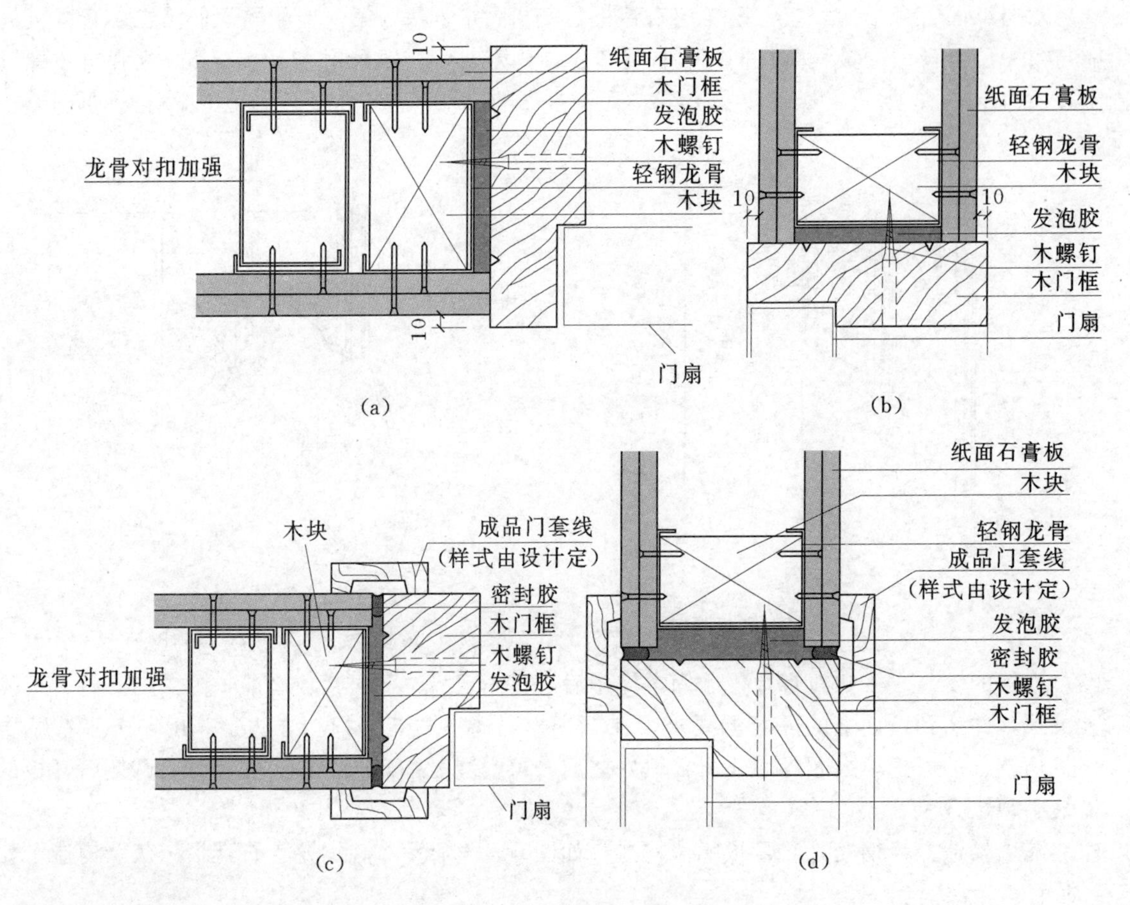

图 6-16　门洞结构示意图

6. 轻钢龙骨隔墙饰面

(1) 基层板。在基层板（通常采用纸面石膏板）的表面进行喷涂或裱贴墙纸等。该饰面需要对基层面进行处理，而采用石膏板基层板的基面处理的关键是缝隙的处理和螺钉孔位的处理。对于石膏板平接缝的处理方法为：首先要把嵌缝石膏用专用的工具搅拌成膏状，将嵌缝石膏饱满均匀地抹于板面接缝处，宽约为 70mm，用灰刀把接缝带刮平贴于嵌缝石膏表面。待腻子干透后，再用嵌缝石膏将其抹平，宽度约为 300mm。对于阴角的处理方法：将嵌缝石膏抹于阴角处，宽度为 40mm，用阴角抹子将接缝带折成 90°，贴于嵌缝处表面。待腻子干透后，再用嵌缝石膏将其抹平，宽度为每边约 150mm。对阳角的处理方法：先把金属护角用自攻螺丝钉固定于阳角处或用护角器安装，钉距约为 300～400mm，然后用嵌缝石膏将护角埋入、抹平，注意不要将金属护角露出表面。螺钉孔位的处理方法：将嵌入板内的自攻螺钉头点涂防锈漆，然后用嵌缝石膏腻子抹平。基层板的缝隙和螺钉孔位处理完了之后，在用腻子刮平大面，方法同墙面的基层处理。

(2) 饰面板。在龙骨架上直接固定装饰饰面板。如石膏纤维装饰板、矿棉装饰板、铝合金装饰板、塑料扣板等，无须重新饰面处理。

(3) 细部处理。纸面石膏板隔断细部处理方式，如图 6-17～图 6-19 所示。

6.2.3　施工应注意的问题

(1) 龙骨架必须在同一平面内，不能扭曲，不能用形状不规格的龙骨。

(2) 安装螺钉时，螺钉头不能露出石膏板表面，不能用力过猛，破坏石膏板表面，影响安装牢度。

(3) 安装石膏板时，不能使龙骨产生移位。

(4) 填充隔音材料时，其材料必须填实，不能影响隔音效果。同时，要防止强压就位造成龙骨

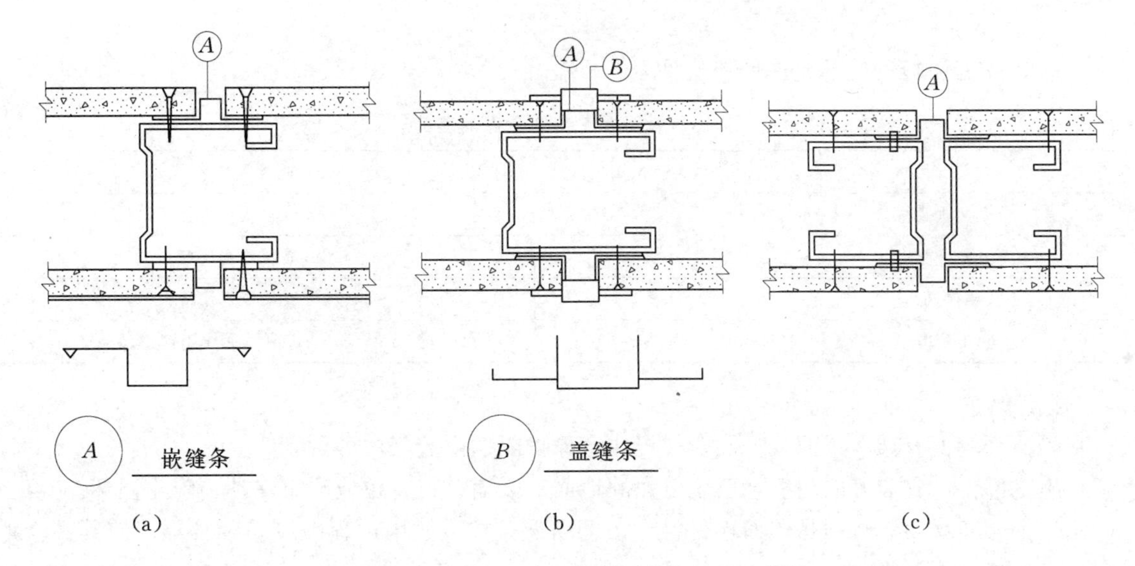

图 6-17　纸面石膏板隔断明缝的处理示意图

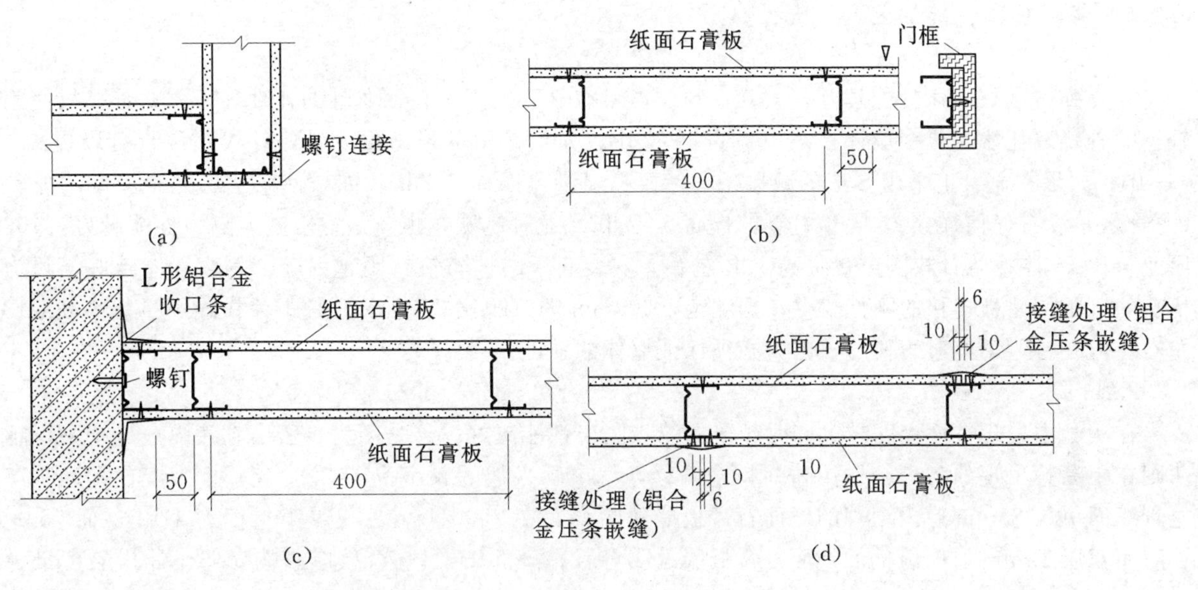

图 6-18　轻钢龙骨石膏板隔墙与不同部位的连接处理方式示意图

(a) 轻钢龙骨石膏板 90°角连接；(b) 轻钢龙骨石膏板墙与门框连接；
(c) 轻钢龙骨石膏板墙板缝连接；(d) 轻钢龙骨石膏板与基墙连接

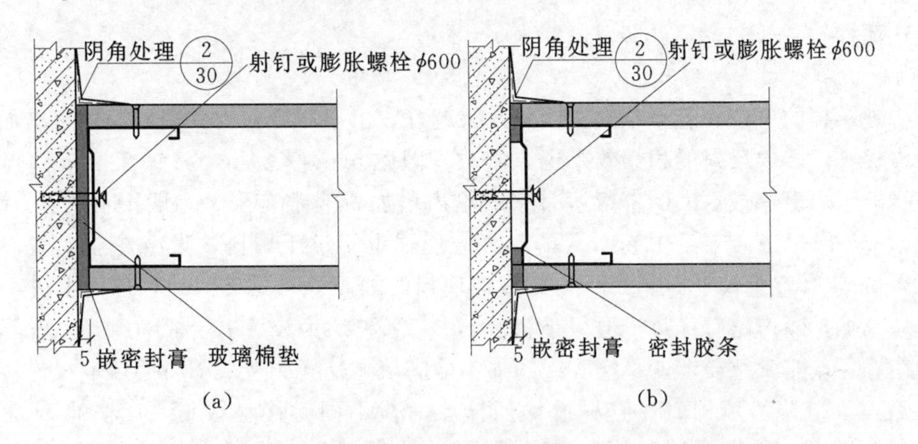

图 6-19　轻钢龙骨石膏板隔墙与基墙不同做法示意图

(a) 带玻璃棉垫做法；(b) 带密封胶条做法

变形。

（5）骨架隔墙面板安装的允许偏差值见表 6－1。

表 6－1　　骨架隔墙面板安装的允许偏差值

项次	项　目	允许偏差（mm）	检验方法
	立面垂直度	3	用 2m 托线板检查
	表面平整度	2	用 2m 靠尺和塞尺检查
	接缝高低差	0.5	用 2m 直尺或塞尺检查
	阴阳角方正	2	拉 5m 线，不足 5m 拉通线用钢直尺检查

6.2.4　成品保护

（1）隔墙轻钢龙骨架及罩面板安装时，应注意保护隔墙内装好的各种管线。

（2）施工部位已安装好的门窗，已施工完的地面、墙面、窗台也应注意保护、防止损坏。

（3）轻钢骨架材料，特别是罩面板材料，在进场、存放、使用过程中应妥善管理，使其不变形、不受潮、不损坏、不污染。

6.2.5　影响隔声性能的因素

1. 龙骨

龙骨弹性越好隔声性能越好，尤其低频隔声量有显著提高。轻钢龙骨的弹性好于木龙骨，故使用轻钢龙骨轻墙比木龙骨轻墙计权隔声量高 1～3dB。如果采用 Z 形减振龙骨，计权隔声量可以提高 1～2dB。如果在龙骨上采用 S 形的减振条，计权隔声量可以提高 2dB。如果使用两层完全分离的龙骨（龙骨之间没有任何连接），隔声量能够提高 5～7dB。龙骨越宽，也就是空腔越大隔声性能越好，100 厚龙骨比 75 厚龙骨计权隔声量提高 1dB 左右。安装墙板的螺丝钉钉距越稀疏，隔声性能越好，因为稀疏的钉距使墙板连接的刚性变差，据测定，300mm 的钉距比 250mm 的钉距计权隔声量提高 0.5dB 左右，但是钉距不能过于稀疏，因为必须保证墙体的强度。

2. 墙板

在实验中发现，面密度越大同时越薄的墙板隔声性能越好。这是因为，密度越大隔声量越大，越薄则在中高频出现的吻合谷越往高的频率偏移，偏出感兴趣的频率范围之外。例如，同样厚度的 75 龙骨双面单层 25mm 厚内填棉的纸面石膏板墙的吻合谷在 2500Hz，计权隔声量仅为 47dB，而 75 龙骨双面双层 12mm 厚内填棉的纸面石膏板墙的吻合谷在 3150Hz，吻合效应影响变弱，计权隔声量为 50dB。对于 GRC 板、硅酸钙板等墙板，由于密度比石膏板大，而厚度比石膏板薄，因此具有更好的隔声性能。另外，使用不同厚度的板材复合，或使用不同材料的板材复合可以将共振和吻合频率错开，有利于提高隔声量。例如使用 10mm 的 GRC 板与 12mm 纸面石膏板复合的双面双层填棉轻墙的计权隔声量比两层石膏板的轻墙高 2dB，可达 52dB。

3. 内填棉

内填离心玻璃棉的厚度和容重越大，吸声效果越好，由于声音在空腔来回反射多次而消耗，即使每次反射吸声较小，多次反射的积累效果也非常大，因此 5cm 厚 24kg/m^3 的离心玻璃棉作为内填吸声材料已经足够了，更厚或更大的密度所带来的隔声增加量非常有限，一般不会提高 1dB 以上的隔声量。但是，2.5cm 以下、不足 16kg/m^3 的离心玻璃棉由于过于稀松，吸声性能太差，会使隔声量下降 2～3dB。5cm 厚容重大于 40kg/m^3 岩棉和玻璃棉的隔声效果是类似的，理论上讲，因为岩棉容重往往大于玻璃棉，隔声略有优势，但很难相差 1dB，那种认为轻墙中岩棉隔声好于玻璃棉的观点是不正确的。还有一点非常重要，就是空腔中的棉不能满填，这样会造成棉将两层墙板连接在一起，出现声桥，使隔声量下降。填棉时，应尽量保证棉体两边不同时接触板材，以防止声桥。如果使用 50mm 厚的 C 形龙骨，那么填棉厚度应小于 50mm，如 25mm 或 40mm 的岩棉或玻璃棉。有些设计人员认为棉体需要满填、填实在空腔中，和板之间不留空气层，这是不对的。实验表明，满填棉隔声性能将下降 1～3dB。另外填棉厚度不均、回弹率过大等造成的棉板与两边板材局部或大面积接触都会引起隔声量下降，施工操作中应尽量避免。

4. 板缝和孔洞

隔墙上如果出现缝隙和孔洞，会大大降低隔墙的隔声量。假如隔墙墙体本身的隔声量达到50dB，而墙上有万分之一的缝隙和孔洞，则综合隔声量将下降到40dB。为了防止石膏板墙和原结构之间的缝隙，通常在墙体四周安装龙骨时垫入塑料弹性胶条。另外，当每面两层石膏板时，应错缝安装，里层可以不勾缝，只对外层勾缝，这对隔墙隔声量影响不大。但是每面一层板时必须勾缝，否则隔声量将会下降12～17dB。

5. 施工及其他等因素

以下若干因素对隔声的影响并非墙板本身，而是设计、施工、整体结构等方面疏忽造成的，这些因素有时造成纸面石膏板隔墙隔声量下降非常严重。

(1) 板—板之间空腔内填棉不饱满，或棉钉粘合不牢固，过一段时间后棉体下坠（玻璃棉常出现这种情况)，造成出现填棉缝隙。严重时可能引起3～5dB隔声量的下降。

(2) 隔墙外框和房屋结构刚性连接，未按规定垫入弹性垫条，结构受荷变形或结构振动，造成板缝开列，形成缝隙漏声。

(3) 管道穿墙，未按规定要求密封处理，造成孔隙；电器开关盒、插销盒在墙上暗装，未按规定要求做内嵌石膏板盒隔声处理，造成隔声薄弱环节；甚至隔墙两边电器盒对装而不做任何处理，都会大大降低隔声性能。

(4) 在实际建筑物中，两个房间除了隔墙传声外，还有其他途径引起声音从一个房间进入另一个房间，这些途径的传声称为侧向传声，如地面结构传声、侧墙结构传声、门窗传声、管道风道传声等。有些有吊顶的大房间用石膏板隔墙分隔成一些小间，因为先做的吊顶，隔墙只做到吊顶下沿，而没有延伸到结构层楼板底，出现吊顶内的侧向传声，造成房间实际隔声量比隔墙隔声量低很多。

6.3 玻璃隔断施工技术

玻璃隔断，又称玻璃隔墙。主要作用就是使用玻璃作为隔墙将空间根据需求划分，更加合理地利用好空间，满足各种居家和办公用途。玻璃隔断墙通常采用钢化玻璃，具有抗风压性，寒暑性，冲击性等优点，所以更加安全，固牢和耐用，而且玻璃打碎后对人体的伤害比普通玻璃小很多。材质方面有三种类型：单层，双层和艺术玻璃。当然一切根据客户需求来做。优质的隔断工程应该是采光好、隔音防火佳、环保、易安装并且玻璃可重复利用。

玻璃隔断又称为高隔墙，高隔间，高隔断，隔断，成品隔断，铝合金隔断，高屏风，玻璃隔墙，办公隔断，办公玻璃，办公隔墙等。甚至有人也称为屏风。这些都是因为南北差异，地区差异有别的，而高隔间是在中国南方的名称。

玻璃隔断是一种到顶的，可完全划分空间的隔断。专业型的高隔断间，不仅能实现传统的空间分隔的功能，而且他在采光、隔音、防火、环保、易安装、隔得佳玻璃隔断可重复利用、可批量生产等特点上明显优于传统隔墙。

6.3.1 玻璃隔断的分类

(1) 根据玻璃主材类型分类有单层玻璃隔断、双层玻璃隔断、夹胶玻璃隔断，真空玻璃隔断。

(2) 根据隔断框架的材料铝合金框玻璃隔断、不锈钢框玻璃隔断、钢结构框玻璃隔断、木龙骨框玻璃隔断、塑钢框玻璃隔断、钢铝结构框架玻璃隔断、钢木材料框架玻璃隔断、无框纯玻璃隔断。

(3) 根据框架材料尺寸分类有26款玻璃隔断、50款玻璃隔断、80款玻璃隔断、85款玻璃隔断、100款玻璃隔断、定制特殊规格框架等。

(4) 根据轨道形式分类有固定玻璃隔断、移动玻璃隔断，折叠玻璃隔断。

(5) 根据高低尺寸分类有高玻璃隔断，矮玻璃隔断、屏风隔断。

(6) 根据玻璃的功能和性质分类有安全玻璃隔断、防火玻璃隔断、超白玻璃隔断、防爆玻璃隔断、艺术玻璃隔断等。

6.3.2 施工准备

1. 技术准备

编制玻璃隔断墙工程施工方案，并对工人进行书面技术及安全交流。

2. 材料要求

(1) 根据设计要求的钢化玻璃、木龙骨（60mm×120mm)、金属框、玻璃胶、橡胶垫和各种压条。

(2) 紧固材料：膨胀螺栓、射钉、自攻螺丝、木螺丝和粘贴嵌缝料，应符合设计要求。

(3) 玻璃规格：12mm厚，长宽根据工程设计要求确定。

(4) 质量要求：钢化玻璃规格尺寸允许偏差为$L \leqslant 1000 \sim 3\text{mm}$，钢化玻璃的厚度及其允许偏差为±0.8。

3. 主要机具

(1) 机械：电动气泵、小电锯、小台刨、手电钻、冲击钻。

(2) 手动工具：扫槽刨、线刨、锯、斧、刨、锤、螺丝刀、直钉枪、摇钻、线坠、靠尺、钢卷尺、玻璃吸盘、胶枪等。

4. 作业条件

(1) 主体结构完成及交接验收，并清理现场。

(2) 砌墙时应根据顶棚标高在四周墙上预埋防腐木砖。

(3) 木龙骨必须进行防火处理，应符合有关防火规范的规定。直接接触结构的木龙骨应预先刷防腐漆。

(4) 做隔断房间需在地面的湿作业工程前将直接接触结构的木龙骨安装完毕，并做好防腐处理。

6.3.3 关键质量要点

1. 材料的关键要求

按设计要求可选用材料，材料品种、规格、质量应符合设计要求。

2. 技术关键要求

弹线必须准确，经复验后方可进行下道工作。

6.3.4 木框隔断施工

6.3.4.1 工艺流程

弹隔墙定位→划分龙骨→安装电管线→安装大龙骨→安装小龙骨→防腐处理→安装玻璃→打玻璃胶→安装压条。

6.3.4.2 施工工艺要点

(1) 按照设计尺寸在墙上弹出垂线，并在地面及顶棚上弹出隔断的位置。

(2) 根据图纸要求，在已弹出的位置线上做出下半部（罩面板、板条或砌砖），并与两端的结构（砖墙或柱）锚固。

(3) 完成隔断上部的安装。其安装顺序如下所述。

1) 检查砖墙上木砖是否已按规定埋设。

2) 按弹出的位置线先立靠墙立筋，并用钉子与墙上木砖钉牢。

3) 再钉上、下楹及中间楞木。

6.3.4.3 工艺操作

1. 弹线

根据楼层设计高水平线，顺墙高量至顶棚设计标高，沿墙弹隔断垂直标高线及天地龙骨的水平线，并在天地龙骨的水平线上划好龙骨的分档位置线。

2. 安装大龙骨

(1) 天地骨安装。根据设计要求固定天地龙骨，如无设计要求时，可以用$\phi 8 \sim \phi 12$膨胀螺栓或3

～5 寸钉子固定，膨胀螺栓固定点间距 600～800mm。

（2）沿墙边龙骨安装。根据设计要求固定边龙骨，边龙骨应启抹灰收口槽，如无设计要求时，可以用 ϕ8～ϕ12 膨胀螺栓或 3～5 寸钉子固定，固定点间距 800～1000mm。安装前作好防腐处理。

3. 主龙骨安装

根据设计要求按分档线位置固定主龙骨，用 4 寸的铁钉固定，龙避骨每端固定应不少于三颗钉子，必须安装牢。

4. 小龙骨安装

根据设计要求按分档位置小龙骨，用扣榫或钉子固定。必须安装牢。安装小龙骨前，也可以根据安装玻璃的规格在小龙骨上安装玻璃槽。

5. 安装玻璃

根据设计要求按玻璃的规格安装在小龙骨上；如用压条安装时先用固定玻璃一侧的压条，并用橡胶垫垫在玻璃下方，再用压条将玻璃固定；如用玻璃胶直接固定玻璃，应玻璃先安装在小龙骨的预留槽内，然后用玻璃胶封闭固定。

6. 玻璃胶

首先在玻璃上沿四周粘上纸胶带，根据设计要求将各种玻璃胶均匀地打在玻璃与小龙骨之间。待玻璃胶完全干后撕掉纸胶带。

7. 安装压条

根据设计要求将各种规格材质的压条，将压条用直钉或玻璃胶固定小龙骨上。如设计无要求，可以根据需要选用 10mm×12mm 木压条、10mm×20mm 的铝压条或者 10mm×20mm 不锈钢压条，如图 6-20 所示。

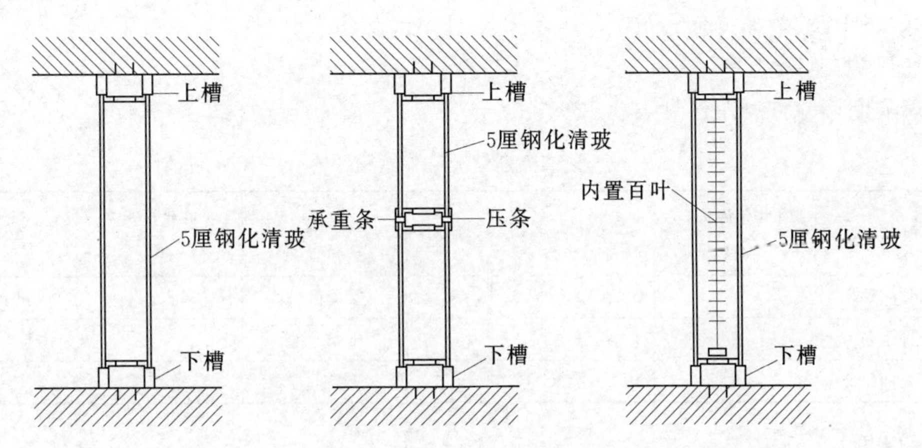

图 6-20　木框（100mm×100mm）玻璃隔断断面示意图

6.3.5　金属框玻璃隔断施工

1. 主要工序

金属框：固定金属框→调整框→清理槽口→裁割玻璃→玻璃编号→橡胶条固定玻璃。

2. 施工操作

（1）拼花彩色玻璃隔断安装前，应按拼花要求计划好各类玻璃和零配件量。

（2）把已经裁好的玻璃按部位编号，并分别竖向堆放待用。

（3）用金属（铝合金、不锈钢）框安装玻璃时，玻璃嵌压后应用橡胶带固定玻璃。

（4）玻璃安装后，应随时清理玻璃，特别是冰雪片彩色玻璃，要防止污垢积淤，影响美观。

3. 金属框玻璃隔断详图

金属框玻璃隔断详图，如图 6-21 和图 6-22 所示。

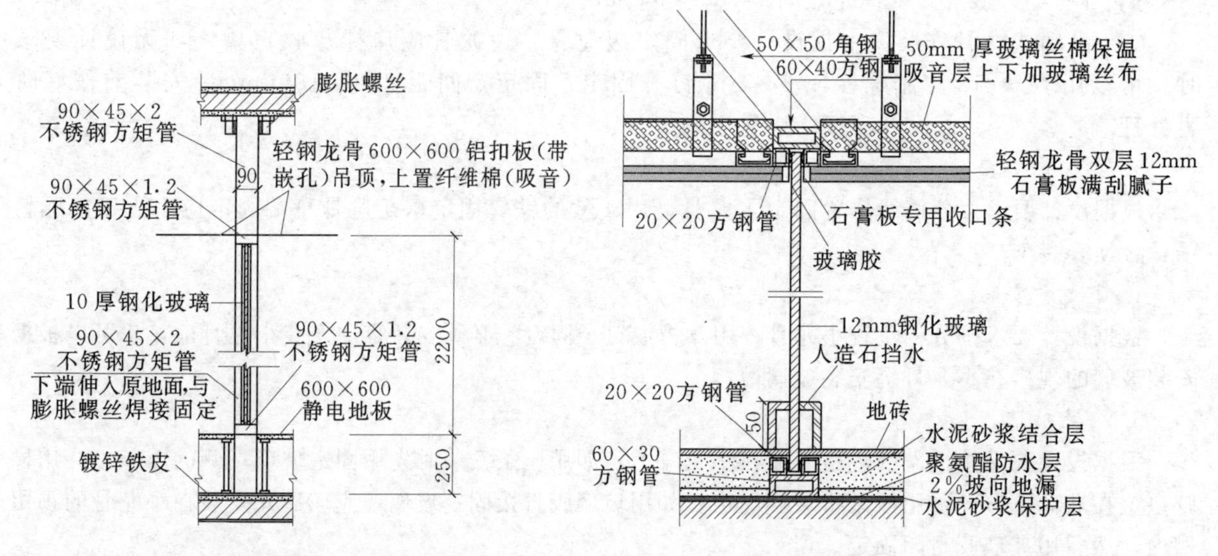

图6-21　不锈钢框玻璃隔断剖面示意图　　　图6-22　金属框玻璃隔断详图

6.3.6　施工应注意的问题

(1) 骨架和玻璃的材质、品种、规格、式样应符合设计要求和施工规范的规定。

(2) 大、小骨架必须安装牢固，无松动、位置正确；木龙骨的含水率必须小于8%。

(3) 施工现场必须完场清。设专人洒水、打扫，不能扬尘污染环境。

(4) 有噪声的电动工具应规定的作业时间内施工，防止噪声污染、扰民。

(5) 机电器具必须安装触电保护装置。发现问题立即修理。

(6) 遵守操作规程，非操作人员决不准乱动机具，以防伤人。

(7) 现场保护良好通风。

(8) 玻璃隔断墙允许偏差值见表6-2。

表6-2　玻璃隔断墙允许偏差值

项次	项类	项目允许偏差(mm)	检验方法	项次	项类	项目允许偏差(mm)	检验方法
1	龙骨间距	2	尺量检查	4	接缝高低	0.3	拉5m线检查
2	龙骨平直	2	尺量检查	5	压条平直	1	用直尺或塞尺检查
3	玻璃表面平整	1	用2m靠尺检查	6	压条间距	0.5	尺量检查

6.3.7　成品保护

(1) 骨架及玻璃安装时，应注意保护顶棚、墙内装好的各种管线；木龙骨的天龙骨不准固定通风管道及其他设备上。

(2) 施工部位已安装的门窗，已施工完的地面、墙面、窗台等应语音保护、防止损坏。

(3) 骨架材料，特别是玻璃材料，在进场、存放、使用过程中应妥善管理，使其不变形、不受潮、不损坏、不污染。

(4) 其他专业的材料不得置于已安装好的骨架和玻璃上。

6.4　玻璃砖隔断施工技术

玻璃砖隔断是用空心玻璃砖砌筑的一种室内分隔或装饰隔墙。由于其独具的透光和散光特性，给人以良好的视觉享受。目前，在一些装修高档的建筑室内及居室室内已采用。玻璃砖隔断具有优良的保温、隔音、抗压耐磨、透光折光、防火避潮性能；同时图案精美、华贵典雅，如图6-23所示。

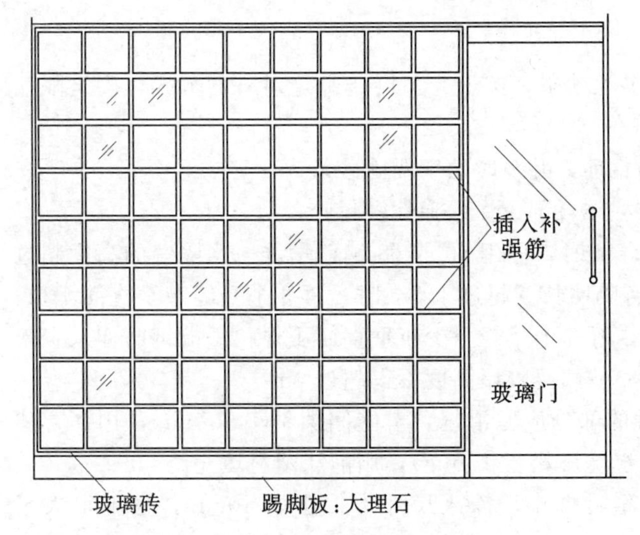

图 6-23　玻璃砖隔墙示意图

6.4.1　施工准备

1. 材料

(1) 根据设计要求，确定玻璃砖的规格、图案，同时计算玻璃砖的数量和排列次序。

(2) 玻璃砖常用的有三种规格，即 190mm×190mm×80mm、240mm×115mm×80mm、240mm×240mm×80mm。另外，根据不同的设计要求，可订做玻璃砖。

(3) 水泥和砂子。325 号或以上的普通硅酸盐白水泥；干净无杂质的白砂，粒径 0.1～1.0mm。

(4) 掺和料。石膏粉、胶黏剂；或者选用白水泥砂浆和白水泥浆，其比例分别为白水泥：细砂＝1：2～1：2.5；白水泥：108 胶＝100：7。

(5) 根据玻璃砖的排列做出基础底脚，底脚厚度通常为略小于玻璃砖厚度 10mm 左右。其他材料：钢筋、丝毡、槽钢、木框架或金属型框架。但应先将框架按设计要求做出来。

2. 工具

工具包括铲、吊坠、卷尺、皮数杆、小白线、托线板、灰桶、橡皮锤、塑胶带等。

3. 技术准备

(1) 在隔墙底部做好 2 根 $\phi6$ 或 2 根 $\phi8$ 的钢筋混凝土墙垫，墙垫高约 150mm，厚度约大于玻璃砖厚度 20mm。

(2) 将与玻璃砖隔墙相接的建筑墙面或柱面整理平整、水平与笔直。

(3) 弹好墙身线。两侧端线和底砖底高度，立好皮数杆、拉好水平控制线。

(4) 计算好玻璃砖的数量和排列顺序，砖缝 5～10mm 的宽度或厚度计。

(5) 在柱、墙上和梁板底用 M8 镀锌膨胀螺栓按间距 500mm 固定周边金属型材框，并在框内设置胀缝和滑缝材料。

6.4.2　施工要点

(1) 按施工图要求，确定隔墙位置，弹出隔墙宽度线、高度线。

(2) 玻璃砖应砌筑在配有两根 f6～f8 钢筋增强的基础上。基础高度不应大于 150mm，宽度应大于玻璃砖厚度 20mm 以上。

(3) 玻璃砖分隔墙顶部和两端应用金属型材，其槽口宽度应大于砖厚度 10～18mm 以上。

(4) 当隔断长度或高度大于 1500mm 时，在垂直方向每二层设置一根钢筋（当长度、高度均超过 1500mm 时，设置两根钢筋）；在水平方向每隔三个垂直缝设置一根钢筋。钢筋伸入槽口不小于 35mm。用钢筋增强的玻璃砖隔断高度不得超过 4m。

(5) 玻璃分隔墙两端与金属型材两翼应留有宽度不小于 4mm 的滑缝，缝内用油毡填充；玻璃分隔板与型材腹面应留有宽度不小于 10mm 的胀缝，以免玻璃砖分隔墙损坏。

(6) 玻璃砖最上面一层砖应伸入顶部金属型材槽口 10～25mm，以免玻璃砖因受刚性挤压而破碎。

(7) 玻璃砖之间的接缝不得小于 10mm，且不大于 30mm。

(8) 玻璃砖与型材、型材与建筑物的结合部，应用弹性

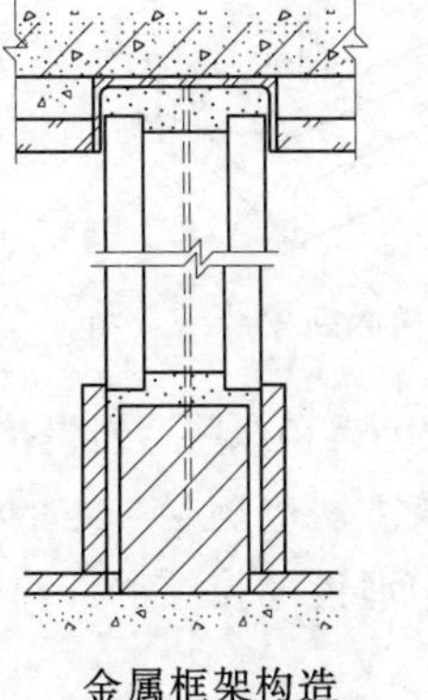
金属框架构造

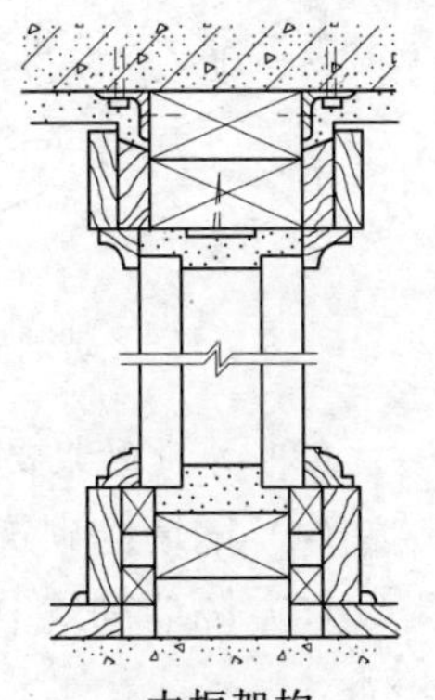
木框架构

图 6-24　玻璃砖砌筑在框架中剖面图

密封胶密封。

6.4.3 砌筑施工

(1) 砌筑用配合比宜为1∶2～1∶2.5的白水泥砂浆，按上、下层砖竖缝对齐的方式，砌筑隔墙并勾缝。随即用湿布将表面擦干净。

(2) 按设计要求随砌随设置水平和竖向增强钢筋，并及时填塞锚固砂浆。

(3) 墙体灰浆干燥后，在隔墙与主体部分或柱结合部位注入弹性密封胶。

(4) 室内空心玻璃砖隔墙高度或长度超过1.5m时，应用$\phi 6$或$\phi 8$钢筋增强。当隔墙的高度超过1.5m时，每2层玻璃砖布水平钢筋1根；当只有隔墙长度超过1.5m时，每3个竖缝布垂直筋1根；当两者均超过1.5m时，每2层布水平钢筋2根，每3个竖缝至少布垂直筋1根。每端钢筋伸入金属型材框的尺寸不得小于35mm；用钢筋增强的空心玻璃砖隔墙高度不得超过4m。

(5) 空心玻璃砖隔墙与金属型材框两翼接触的部分应留滑缝，滑缝间隙不小于4mm，用沥青毡填充。与金属型材框腹板接触部位应留膨胀缝（缝宽不小于10mm），用泡沫塑料填充。

(6) 最上层空心玻璃砖应深入顶部的金属型材框中，深入尺寸不得小于10mm，也不得大于25mm。空心玻璃砖与顶部金属型材框的腹板间用木楔固定。玻璃砖砌筑在框架中剖面图，砌筑图和安装示意图，如图6-24～图6-26所示。

(7) 玻璃砖隔墙砌完后，要在距离墙两侧100～200mm处搭设墙木架，以防墙体遭碰撞碰磕。

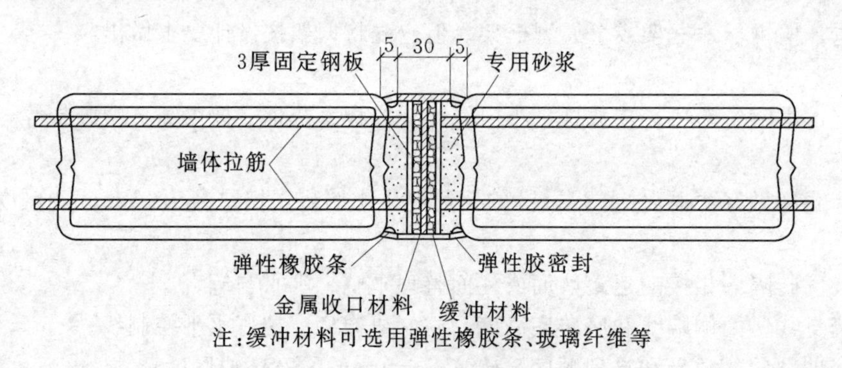

图6-25 玻璃砖隔墙砌筑示意图

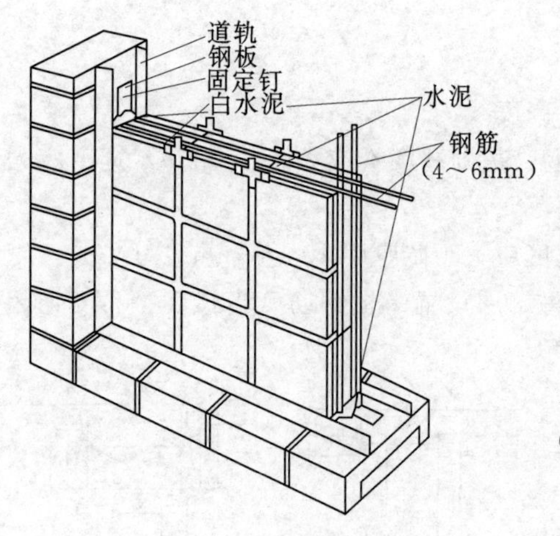

图6-26 玻璃砖隔断安装示意图

(8) 饰边。如果玻璃墙体没有外框做收口，就需要进行装饰收口条处理。常用的收口条有木条和铝合金条、不锈钢条等。木条与木框架固定可用木螺丝，如果用金属框架，则固定可用平头机螺丝。螺丝头应陷入木条中，再用腻子找平。金属条的固定最好用黏结剂，有益于美观。

1) 木饰边。木饰边的式样较多，常用的有厚木板饰边、阶梯饰边、半圆饰边等。

2) 不锈钢饰边。常用的是不锈钢单柱饰边、双柱饰边、不锈钢板槽饰边等。

6.4.4 施工注意事项

(1) 玻璃砖不要堆放过高，以防打碎伤人。

(2) 玻璃砖隔墙砌筑完后，在距玻璃砖隔墙两侧各约100～200mm处搭设木架，防止玻璃砖隔墙遭到磕碰。

(3) 水泥砂浆要铺得稍厚些，慢慢挤揉，立缝灌砂浆一定要捣实，勾缝时要勾严，以保证砂浆饱满。

(4) 隔墙的砌筑方法应满足一定的规范与设计要求。

(5) 隔墙砌筑中埋设的拉结筋应与基体结构连接牢固、位置正确，在砌筑前要对拉结件进行一一检查。

(6) 砌筑要牢固，端部构件与胶粘要牢固。

(7) 隔墙接缝横平竖直，玻璃无裂痕、缺损和划痕。

(8) 勾缝密实、平整、均匀顺直、深浅一致。

(9) 还应对立面垂直度、表面平整度、阴阳角方正度、接缝直线度、接缝高低差、接缝宽度等用钢尺、角尺进行检查。

(10) 实砌玻璃砖隔墙高度不宜超过 3m，长度不宜超过 4.6m。

6.5 活动木隔断施工技术

室内移动式木隔断亦称活动木隔断。其吸取中国传统屏风的活动的、可封可闭的特点，便于将大空间分成小空间，又可以将小空间恢复成大空间。以其灵活性来适应功能需要。常用的室内活动隔断有单侧推拉、双向推拉活动隔断，如图 6-27 (a)；按活动隔断扇的铰合方式分有：单对铰合、连续铰合，如图 6-27 (b)；按存放方式分有明露式、内藏式，如图 6-27 (c)；图 6-28 为木推拉隔断的应用。

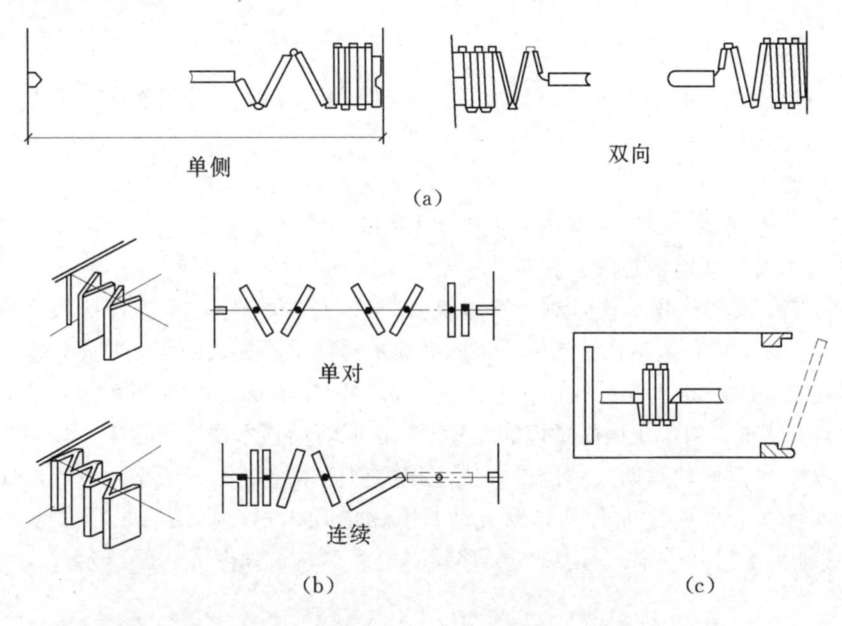

图 6-27　活动隔断示

图 6-28　推拉木隔断的应用

6.5.1　材料准备

6.5.1.1　材料

在高级建筑装饰中，制作活动式木隔断应选用木质较硬，纹理清晰美观的木材。这些木材、树种为：水曲柳、东北榆、柚木、楠木、榉木、黑胡桃等。这些木材、树种的性能应符合设计规定及有关要求。

6.5.1.2 防腐剂

氟硅酸钠（其纯度不应小于 95%，含水率不大于 1%，细度要求应全部通过 1600 孔/cm^2 的筛）或稀释的冷底子油。

6.5.1.3 五金件及辅材

圆钉、木螺钉、合页、员轨（隔扇上吊轮、吊装架、滑轨）等应符合设计要求。

6.5.2 施工要点

6.5.2.1 施工条件

(1). 结构工程已完工并通过验收。

(2) 室内地面完工或地面材料及作法已确定。

(3) 室内已弹好＋50cm 水平线和室内顶棚标高已确定。

(4) 准备装移动式木隔断位置的墙体已按要求预埋防腐木砖；轻质砌体墙应砌好带木砖的预制混凝土砌块，非砌体材料墙已安装好加强龙骨。现浇钢筋混凝土楼板在隔断位置的板顶按 100cm 间距预埋 ϕ6mm 钢筋。

6.5.2.2 操作程序

弹线定位──→钉靠墙立筋，安装沿顶木楞──→预制木隔扇──→安装吊轨──→安装活动隔扇（包括安装吊架、合页等五金件）──→饰面。

6.5.2.3 操作要点

(1) 弹线定位。根据施工图，在室内地面放出移动式木隔断的位置，并将隔断位置线引至侧墙及顶板。弹线应弹出木楞和立筋的边线。

(2) 钉靠墙立筋、安装沿顶木楞。对于新建筑安装移动式木隔断，应先按照楼板内预埋钢筋的位置，在沿顶木楞（亦称上槛）上钻孔。然后，将此沿顶木楞托举楼板板底下，将钢筋穿入孔中，同时使沿顶木楞边与弹在板底的隔断边线对准，将钢筋头弯折，钩住木楞。再将靠墙的立筋上端撑住沿顶木楞，紧贴墙面立直，用铁钉钉牢于墙内预埋的木砖上，同时将沿顶木楞撑紧钉牢，如图 6-29 所示。

如果是在旧建筑室内增加移动式木隔断，则应用类似做木墙身的方法来做隔断的靠墙立筋，即在砖墙上凿眼，加大木楔，装钉木龙骨架，罩九厘板。做沿顶木楞时，结合吊顶工作，吊装木结构梁（用料为九厘板或细木工板及方木），用以安装移动隔扇之吊轨，如图 6-30 所示。

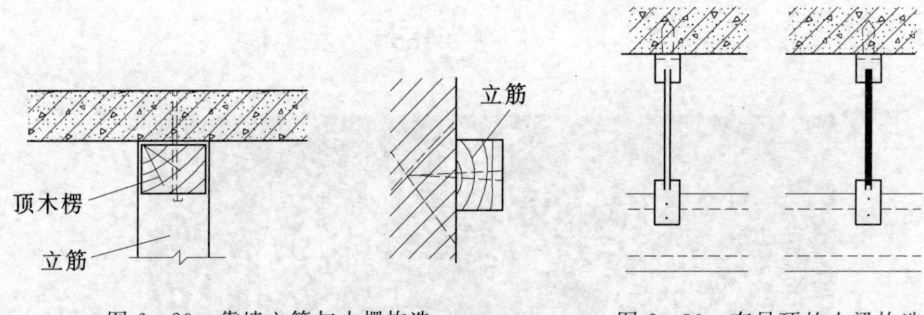

图 6-29 靠墙立筋与木楞构造　　图 6-30 有吊顶的木梁构造

(3) 预制木隔扇。首先根据图纸结合实际测量出移动式木隔断的高、宽净尺寸，并确认吊轨是明装还是暗装，然后计算木隔断每一块活动隔扇的高、宽尺寸，在车间制做拼装。

由于移动式木隔断是室内活动的墙，每一块隔扇都应像装饰木门一样，美观、精细。所以尽可能在车间制做、拼装，以保证产品的质量。其主要工序是：配料、截料、刨料、划线凿眼、倒棱、裁口、开榫、断肩、组装、加楔净面、油漆饰面。油漆饰面的工作也可以在现场，安装好活动隔断后做，但在车间做好的活动隔扇，为防止干裂、变形，应刷一遍干性油。木隔扇的芯板可以做锦缎裱糊，也可以镶磨砂玻璃或做其他材料（如装饰防火板等）。所以移动式木隔断的饰面工程最终是在现场完成的。

(4) 安装吊轨与推拉折叠隔扇。木隔断的吊轨由吊轮和轨道组成，如图 6-31 所示。轨道由轻钢制成，吊轮由吊装架、胶轮、回转轴组成。轨道用木螺钉固定在移动式木隔断的沿顶木楞上，有吊

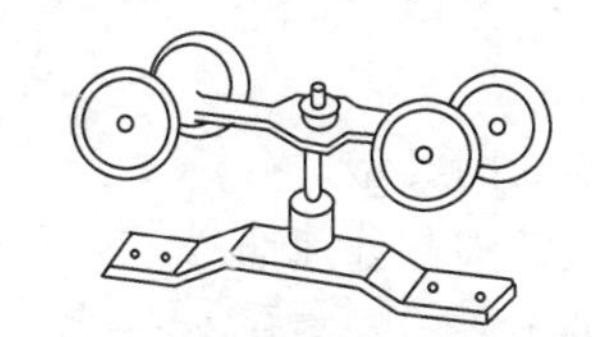

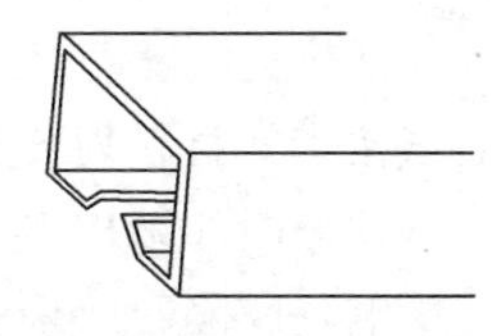

图 6-31　吊轨及吊轨安装示意图

顶时，则固定在木梁上。轨道应水平、顺直，不能倾斜不平，更不能扭曲变形。吊装架用木螺钉固定在活动木隔扇的上梃顶面上。安装时先划出上梃顶面的中心点，固定时要确保吊装架上的回转轴对准中心点，且垂直于顶面，这样在推拉隔扇时，才能使隔扇在合页的牵动下，绕着回转轴，边旋转边沿着轨道中轴线平行滑动。当吊装架位置调整好以后，即可固定吊装架。

轨道在靠墙边 1/2 隔扇附近留一豁口，由此处将装有吊装架的隔扇逐块装入轨道中，并推移到指定位置，将各片隔扇都悬挂在吊轨上之后，调整各片隔扇，当其都能自由回转且垂直于地面时，便可用合页将隔扇连接起来，每对相邻隔扇用三副合页连接。连接好的活动隔扇在推拉时，总能使每一片隔扇保持与地面垂直，这样才能折叠自如。否则，移动式隔断在拉开隔扇时就会不平，产生翘曲；折叠时也不会平服，推拉时都很吃力，这时就必须返工重装。

（5）饰面。作为室内墙体的一部分，根据设计可以将移动式木隔断做软包；也可以裱糊墙布、墙纸或织锦缎；还可选用较高档的木材实木木板镶装或薄木装饰贴面板制作，作清漆涂饰；也可以镶磨砂、刻花玻璃等。所以移动式木隔断的饰面方法，可根据设计要求参照本书其他章节施工。

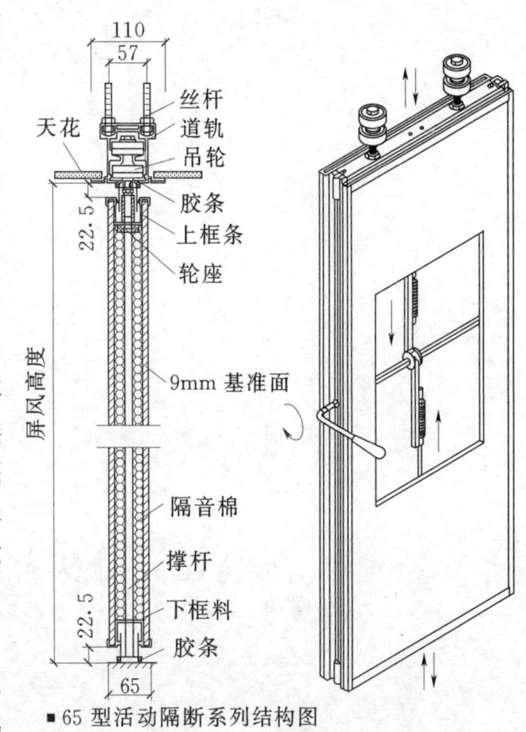

图 6-32　吊轨式移动隔断

6.5.2.4　推拉式隔断详图实例

吊轨式移动隔断详图如图 6-32 所示；移动玻璃式隔断示意图如图 6-33 所示。

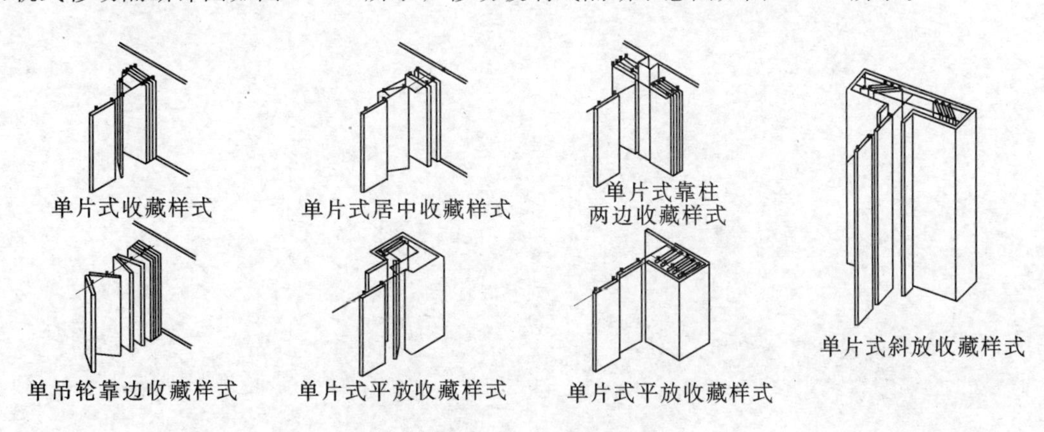

图 6-33　移动式玻璃隔断

思考题

1. 试按骨架材料划分隔断的类型。
2. 试述隔断的结构组成及细部处理部位。
3. 影响隔断隔音效果的主要因素是什么？
4. 画图说明隔断中门窗洞口的构造及处理方式。

第7章

地面装修施工技术

室内地面不仅是装饰面，也是人们进行活动和陈设家具的水平界面，楼地面和顶棚共同组成了室内空间上下水平要素，而且还要承担各种荷载。同时，地面常常要受到各种侵蚀、摩擦、冲击。因此，要求地面要有足够的强度、耐磨性、耐腐蚀性、耐擦洗性以及防滑性能等特点。按照不同的功能的使用要求，地面还要求具有耐污、防水、防潮、防静电等功能。因此，室内地面装修的质量好坏，对整个室内影响很大，所以装修过程中绝对不可掉以轻心。

7.1 民用木地板的铺装技术

木地板铺装是极其重要的环节，不仅直接影响着木地板的质量，而且对木地板铺设后的整体装饰效果和使用寿命影响很大。因此，不同种类和不同建筑性质室内装修用的木质地板所采用的铺装方法也存在一定的差异。所以，为了能更好地提高木地板的铺装质量和体现装饰效果，请参考以下安装程序和铺设方法。

7.1.1 木地板的施工环境控制

（1）地面要求表面平整、干燥，表面不平处用水泥腻子刮平，平整度±2mm，清理干净；楼地面的标准水平线已弹好，复验无误差；顶部设备管线均已安装并试压，调试完毕，验收合格，吊顶装饰及灯具已安装完毕，暖气消防试水打压合格；门窗已安好。

（2）加工订货材料进场，木地板应挑选试拼；木地板理想的室内存放温度为18℃以上，湿度在50%～60%之间，室内放置至少2天以上，使之适应室内温、湿度，要求水平存放，切勿立放或斜置。

7.1.2 施工准备工作

7.1.2.1 材料准备

（1）复合木地板。实木复合或强化木地板、配套地垫、防潮薄膜、专用地板胶、过桥扣板、踢脚板、专用清洁剂等。

（2）实木木地板。垫木、龙骨（可选用松木或杉木）、硬木地板、木地板胶黏剂。当铺首层房间铺设木地板时，应做防潮处理。

7.1.2.2 施工机具

施工机具包括钢角尺、钢钉、曲线锯、风车锯、铁锤、距离板、回力钩、敲击板、开刀、棉丝、手锯、电刨、手刨。

7.1.3 施工质量控制

7.1.3.1 基层施工质量控制

（1）基层要求。基层应平整、牢固、干燥、清洁、无污染，强度符合设计要求；

若楼房底层地面须做防潮处理。

（2）木龙骨铺设法。木龙骨必须使用干燥木材，握钉力较好的、耐腐蚀无缺陷。

（3）毛地板垫底法。采用胶合板（厚夹板）铺设时，胶合板厚度在9mm以上，胶合板最好用防腐油漆进行防腐处理。

（4）悬浮铺设法。地板下面应满铺防潮底垫（防潮隔声衬垫是聚乙烯泡沫薄膜）、铺装平整，接缝处不得叠压，并用胶带固定。

7.1.3.2 地板面层施工质量控制

（1）木地板铺装前，一定要检查板块是否完整，应无磕楞掉角，方可使用。

（2）安装前要确认，安好木地板后是否能打开门，安好的木地板在门下的厚度是：木地板厚度+地垫+（过桥扣板之盖板厚度）或木地板厚度+毛地板+木龙骨；确定室内光线来源，依木地板走向与光线平行铺设，视觉效果最佳。

（3）实木地板与墙面之间留有10mm的缝隙；实木复合和强化地板与墙面之间留有5mm的缝隙。

（4）房间尺寸过大，长超过10m或宽超过8m时，尤其是两个房间相连接而中间又没有门槛的房间，一定要用过桥扣板分割。分割缝的处理应符合设计要求。

（5）相邻两行的端接缝错开不应小于300mm，缝隙严密、表面洁净。

7.1.3.3 踢脚板安装质量控制

踢脚板的材质应与面层地板的材质相同，其高度一般为80～120mm、厚度10～12mm。安装时，采用45℃坡口粘接严密，高度、出墙厚度一致，固定钉帽不外露。

7.1.4 操作要点

（1）基层处理。水泥压光地面要求表面平整、干燥，表面不平处用水泥腻子刮平，平整度±2mm，清理干净。

（2）弹线排板。测量并弹出房间的十字中心线，当房间面积超过100m²（含100m²）或长大于10m、宽大于8m时，应设一道收口条进行分隔，并弹出收口线。从收口条向两侧排板，计算木地板的准确用量。木地板与墙、柱、门框、管道孔等固定物之间要预留8～10mm缝隙。木地板排板时，最好使木地板走向与室内光线平行。

（3）铺防潮层。铺防潮薄膜时，铺设方向与木地板走向垂直，薄膜搭接宽度不小于150～200mm（用于木地板）。

（4）铺地垫。平行于木地板走向铺地垫，纵横接头对接，且留出10mm缝隙（用于木地板）。

（5）安装方法及不适使用部位。必须使用悬浮式安装法，不要在浴室或有地漏的房间安装木地板（用于木地板）。

7.1.5 木地板铺装工艺

7.1.5.1 实木地板的铺设

1. 施工流程

（1）单层铺设。

基层处理→制做木龙骨→木龙骨处理→施工划线→地面打孔→木龙骨铺垫与固定→龙骨找平→防潮处理→地板面层铺装→圈边条→成品保护。

（2）双层铺设。

基层处理→制做木龙骨→木龙骨处理→施工划线→地面打孔→木龙骨铺垫与固定→龙骨找平→防潮处理→安装基层板或毛地板→地板面层铺装→圈边条→成品保护。

2. 龙骨铺设法的结构形式

龙骨铺设木地板的结构形式，如图7-1所示。

3. 工艺操作

（1）制作木龙骨。直接固定于地面的木龙骨所用木方，一般是用截面尺寸（厚度×宽度）20mm

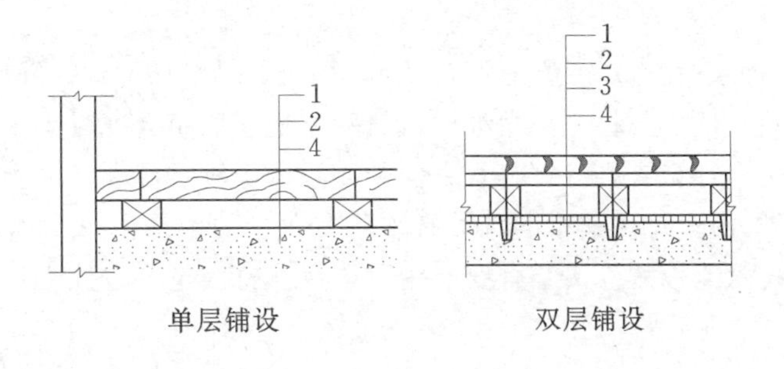

图 7-1　龙骨铺设法木地板结构示意图

1—防水层；2—龙骨架；3—基层板或毛地板；4—面层地板

×30mm 或 30mm×40mm 白松木方。

（2）木龙骨处理。木龙骨需做防潮、防腐和阻燃处理。防腐和阻燃涂料一定要环保，一般刷 2～3 遍。

（3）施工划线。按地板排列的要求，在处理好的楼地面上用墨斗弹出木龙骨分布线、标高线以及铺设位置线。木龙骨分布间距一般由木地板长度来决定，龙骨间距最大不可超过 400mm。

（4）地面打孔。用冲击电钻在弹好的地面龙骨分布线上打孔，孔径为 ϕ6～10mm、孔深 25～30mm、孔距 400mm。并在孔内埋入经防腐处理的木楔。

（5）固定龙骨。通常采用铁钉固定法和射钉固定法。其中，铁钉固定法是指用铁钉将木龙骨固定在地面的木楔内。而射钉固定法是将射钉穿透木龙骨将其直接固定在混凝土楼板或预制楼板地面上，深度不得小于 15mm。当地面误差过大时，应以垫木找平，先用射钉把垫木固定在楼板地面上，再用铁钉将木龙骨固定在垫木上；当地面过高时，应刨薄木龙骨或在木龙骨排放位置上剔槽后嵌入木龙骨，待调试达到正常标高后，将射钉固定地面楼板上。垫木长度以 200mm 为宜，厚度可根据具体填充情况而定，垫木间距以不超过 400mm 为宜。木龙骨固定如图 7-2 所示。

图 7-2　木龙骨的固定

（6）找平龙骨。对于固定完毕的木龙骨进行全面的平直度调整和牢固度检测。木龙骨之间找平是通过拉直线或水平尺进行的，尺与龙骨之间的空隙不大于 3mm。

（7）安装基层板。对于单层铺设木地板，可以减少此工序，直接将面层地板固定于龙骨上。而对于双层铺设的木地板，必须在已安装好的龙骨上铺设基层板或毛地板，铺设基层板一般采用细木工板或九夹板，固定采用铁钉法，基层板的接缝必须在龙骨的中线上。若铺设毛地板，毛地板一般采用松木或杉木制作的，固定时毛地板与木龙骨夹角为 30°或 45°，其固定方法与面层地板固定方式基本相同。

（8）防潮处理。对于单层铺设的木地板，其防潮处理是直接在调整好的木龙骨上铺设防潮膜；对于双层铺设的木地板，其防潮处理是将防潮膜铺设在基层板或毛地板上。防潮膜接头应重叠 200mm，四边往上弯。

(9) 面层安装。

1) 单层铺设。地面面层一般为错位铺设，从墙面一侧留出 10mm 的缝隙后，铺设第一排木地板，地板榫朝外，在每块木地板的榫头凹角处以汽钉将木地板固定在龙骨上。地板与木龙骨结合处涂地板胶；每处固定以 2 个汽钉为宜，汽钉打入方向为 45°～60°斜向钉入（不能影响第二块木地板凹槽与前一块木地板榫头的结合）；每块地板的端头必须落在龙骨的中线上。当铺设第二排木地板时，每块木地板的凹槽与前一排木地板的榫头结合要严密，均以汽钉固定，以此类推完成整个室内地面木地板的铺设，如图 7-3～图 7-5 所示。

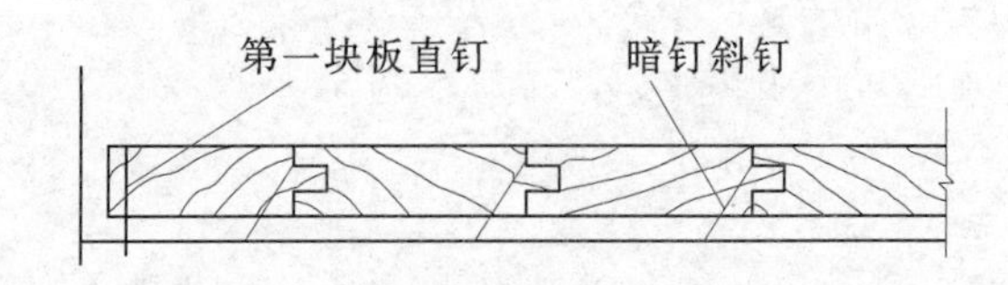

图 7-3 面层地板与龙骨固定示

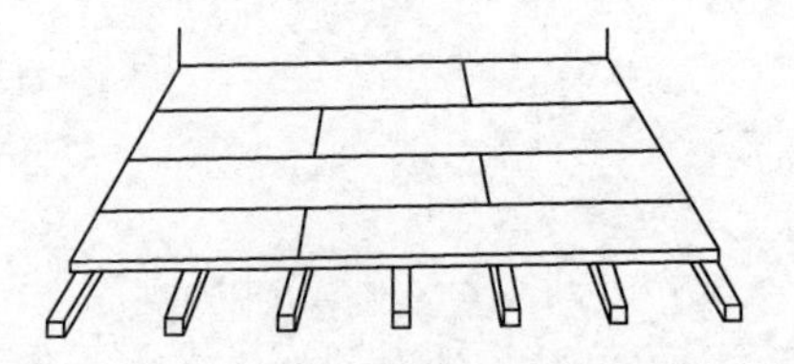

图 7-4 面层地板的铺设形式

图 7-5 实木地板的铺装

2) 双层铺设。面层地板的铺设方法同单层地板的面层铺设，不过不用考虑每条地板的端头是否落在龙骨的中线上。

3) 面层地板铺设完毕后，安装踢脚板并及时清理干净，做好成品保护。

7.1.5.2 复合木地板的铺设

1. 铺装流程

(1) 毛地板垫底法。

地面处理⟶毛地板选择⟶固定毛地板⟶毛地板防潮处理⟶面层铺设⟶圈边⟶安装踢脚板⟶成品保护。

(2) 悬浮铺设法。

地面处理⟶铺设防潮垫⟶面层地板⟶圈边⟶安装踢脚板⟶成品保护。

2. 面板安装

(1) 首先从一侧墙脚开始铺第一排木地板，将木地板有槽沟的一侧靠墙脚，用距离板使墙与木地板保持 8mm 距离。铺设前两排木地板时先不要粘胶固定（即预铺排板）。

(2) 如果墙面不平直时，用木块靠墙面滑动，在第一排木地板上做墙面的轮廓标记，然后按轮廓标记线切割木地板，使木地板与墙面保持 8mm 伸缩缝隙。

(3) 铺装第一排最后一块木地板时，将板 180°反向，与该排其余板榫对榫（留出 8mm 空隙）重叠，另一端紧抵墙面，在板背面做标记，按尺寸切割。并用直尺检查第一排板的平直，合格后方可注胶。

(4) 将第一排木地板的宽向沟槽注入地板粘接胶，胶要饱满，然后依次连接紧密，这时木地板板缝会挤出胶，用开刀将胶铲净，并用湿棉丝擦净，最后一块木地板用回力钩安装后，插入 8mm 木楔挤紧。

(5) 用第一排最后一块木地板切割的剩余部分做为第二排木地板的第一块（木地板长度应不小于 400mm），依次排列后，用第二排的木地板拼缝来检查一遍第一排木地板的平直情况，然后再注胶铺装，铺装时使用敲击板，使板缝严密，严禁铁锤直接敲击拼装。

(6) 第二排木地板铺完后，经 2h 待胶硬化，可以将其余的木地板一次铺完。

(7) 最后一排木地板安装时，要叠放一块木地板在已铺装好的最后一排木地板上，另放一块木地板（凸榫靠墙）在最上边，并沿其沟槽面划线，给要安装的最后一排木地板作记号，按线切割，用回力钩安装，并放置木楔。

(8) 木地板铺装完成后24h内，不要使用木地板，以便将胶干透，此后可取出四周边木楔，安装踢脚板。

(9) 房间内凡有明柱、管道、隔墙等固定物，安装木地板时均需留置8mm缝隙。特别是管道孔处，要比管道直径大10mm切割、注胶、安装。

(10) 遇门框安装木地板时，可将门框外边割成缺口，门框切口高度与木地板板厚相等，深度9～11mm，将木地板从门框下穿过，伸入框内1～3mm，保证木地板与门框有8mm伸缩缝隙。

(11) 在门口或不同材质地面结合处，必须使用过桥扣板。

收边做法节点示意图，如图7-6所示。

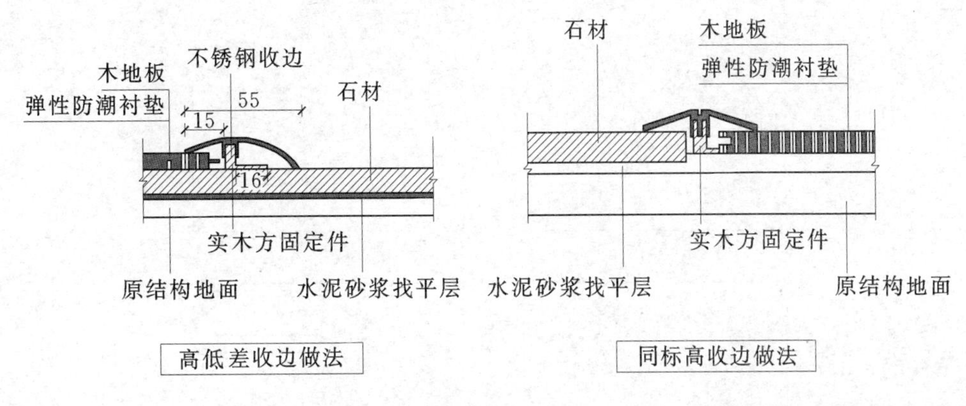

图7-6 收边做法节点示意图

3. 毛地板垫底法结构

面层地板与毛地板的结合方式，如图7-7所示；毛地板垫底铺设木地板示意图，如图7-8所示。

4. 悬浮铺设法图解

悬浮铺设法铺设强化复合地板以及实木复合地板的铺装过程图解，如图7-9所示。

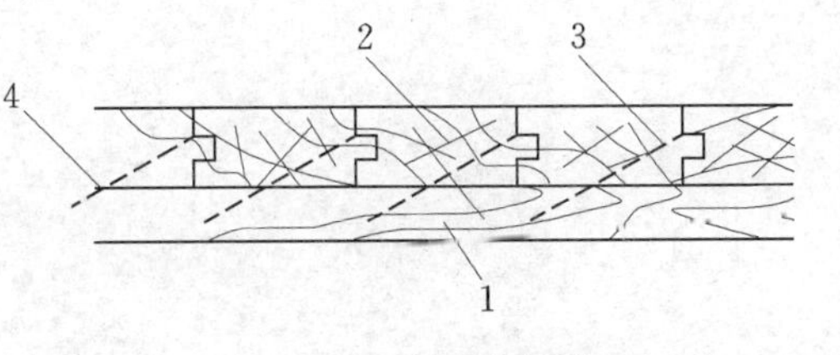

图7-7 面层地板钉设

1—毛地板；2—硬木地板；3—圆钉；4—干铺油毡纸

7.1.5.3 采暖地板铺设

采暖木地板采用的铺设方法，是悬浮铺设法、欧式铺设法和龙骨铺设法。悬浮式安装方式，地板通过垫层材料紧贴地面，地板和地表之间不存有缝隙，而地板之间要预留更大收缩缝隙；欧式铺设法采用水泥连接工艺可将地板与基层更加紧密的结合在一起。而龙骨铺设法，因为缝隙间会留有空气，空气的导热系数低，不利于传热。由于地暖水热辐射采暖释放的潮气量大，因此防潮要下功夫。

地热地板铺设时不能损坏地热管，又不能影响地面热量传导，所以必须使铺设垫层厚度不能超出12～15mm厚。地面和地板之间的地垫不能使用普通泡沫塑料地垫，一定要使用地热专用纸地垫(0.3～0.6mm铝箔纸)，因为这种地垫的特点是：①导热快；②环保；③不变形。

采暖木地板使用中的注意事项如下所述。

(1) 木地板铺设时，不能交叉混合施工。铺完后要保养24h以上，必须使胶粘剂固化彻底。

(2) 在木地板上尽量不做固定装饰件或安放无腿的家具。因地热木地板板面是个散热面，热空气由下向上循环产生温室效应。如果木地板上摆放无腿家具。因地热木地板板面是个散热面，热效应减弱，同时未能畅通散发热量，使热量闷在木地板处，变形激烈易产生事故。

(3) 第一次升温或长久未开启使用地热木地板时，应缓慢升温，切不可操之过急。建议每小时升温1℃左右。事前务必保持地面干净、干燥，以防止木地板升温速度过快，发生木地板开裂扭曲。

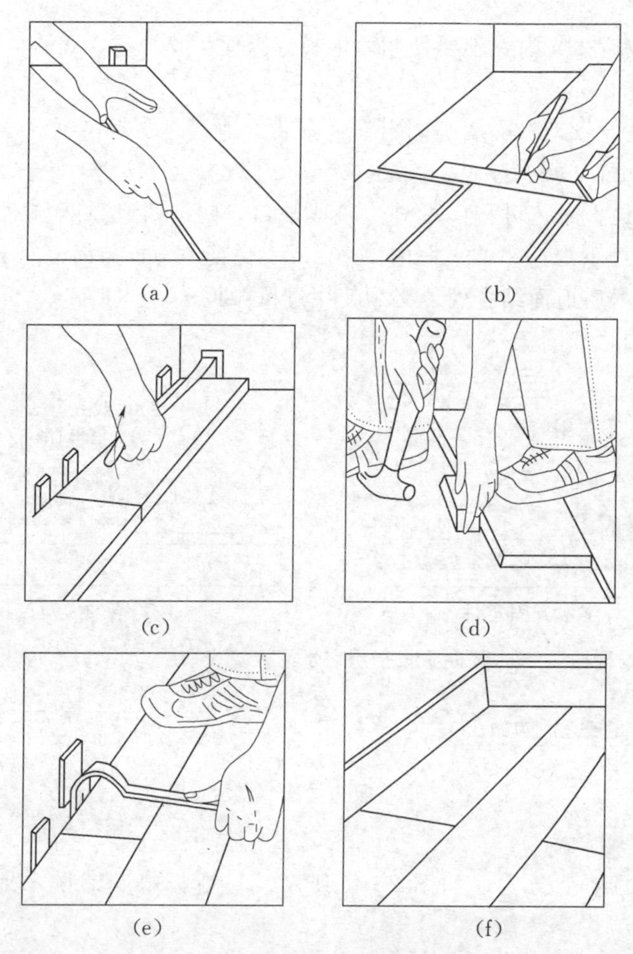

图 7-8　毛地板垫底法铺装示意图

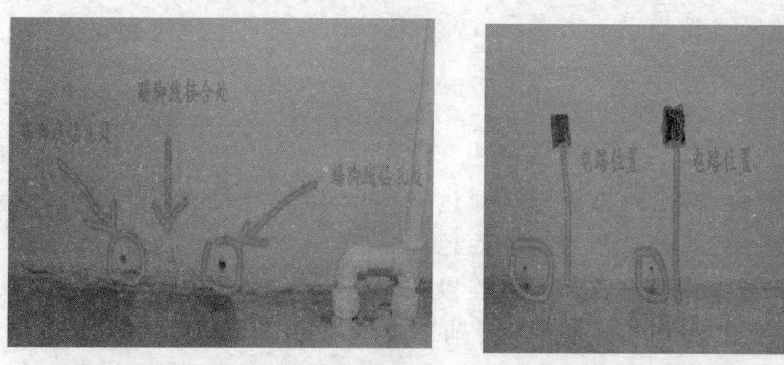

第一步　踢脚线接合处与固定点确定

第二步　清理与钻孔

图 7-9（一）　悬浮法铺设木地板的过程

第三步　清理地面与铺设地垫

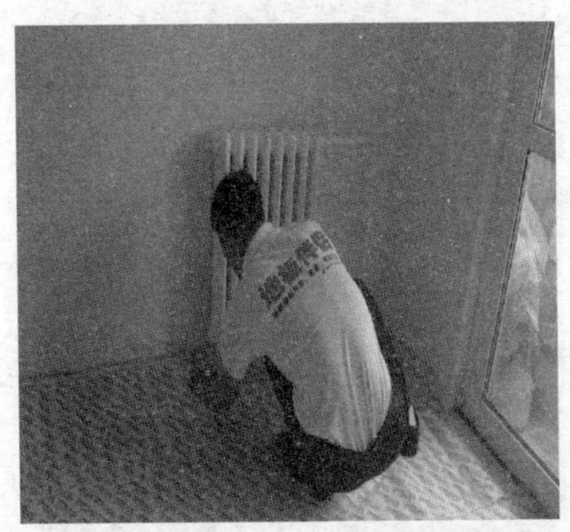

第四步　边角部位的地垫整理

第五步　锯割地板与铺装起始位置

第六步　地板的正式铺装

图 7-9（二）　悬浮法铺设木地板的过程

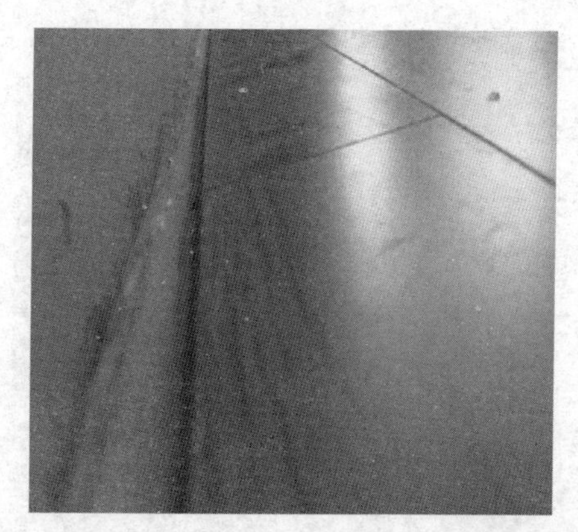

第七步　边角及暖气管道部位的处理

第八步　踢脚板的安装固定

第九步　留出安门的踢脚线

第十步　地板铺装完毕

图 7-9（三）　悬浮法铺设木地板的过程

7.1.5.4　踢脚板的安装

木地板房间的四周墙角处应设木踢脚板，踢脚板一般高度为 120mm 左右，厚度为 12～15mm，所用材质最好与地板面相同。安装时，先在墙面上每隔 400mm 埋入经防腐处理过的木楔，然后用钉接法固定（钉帽砸扁并冲入板内 2～3mm），木踢脚板接缝处应作暗榫或斜坡压槎，背面应加衬板，在 90°转角处应做 45°斜角接缝。应注意：踢脚板与墙面紧贴，上口要平直，不能呈曲线形。木地板留有伸缩缝内不得有任何杂物，以免阻碍木地板膨胀。若缝隙过大，选用防水性好的丙烯酸类补缝胶补修，禁用乳胶填补。

1. 应注意事项

（1）安装前要确认，安好木地板后是否能打开门，安好的木地板在门下的厚度是：木地板厚度＋地垫＋（过桥扣板之盖板厚度）。

(2) 确定室内光线来源，依木地板走向与光线平行时，视觉效果最佳。

(3) 房间尺寸过大，长超过10m或宽超过8m时，尤其是两个房间相连接而中间又没有门槛的房间，一定要用过桥扣板分割。

(4) 排版时最后一排木地板宽度不得小于50mm，如小于50mm，可与第一排木地板宽度之和均分切割铺装。

(5) 墙边四周放置8mm木楔，试铺头三排不要涂胶。

(6) 底垫铺设方向必须与地板方向一致，且留缝，也可以用对角线来铺装。

(7) 过长的走道，每10m左右也要加过桥扣板，进行分割铺装。

2. 成品保护

(1) 绝对不许用铁锤敲击木地板企口侧面，要隔着木楦敲击挤缝。

(2) 木地板铺装前，一定要检查板块是否完整，应无磕楞掉角，方可使用。

(3) 清洁木地板一般用稍干的抹布擦拭即可，也可用吸尘器，若有脏迹，立即清除，绝不要用大量的水来清洗地板。

(4) 踢脚板油漆时，应注意保护地面。

7.2 体育馆用木地板的铺装技术

体育馆用木地板是为满足竞技比赛、娱乐及健身等功能要求的专用地面材料，应具有良好的运动功能、保护功能和满足各种竞技比赛所需的技术功能。符合生物力学规律，更好适应运动员激烈地快节奏的竞技运动。其结构材料与设计、施工技术及验收原则，是以对抗性较强的篮球比赛作为衡量是否达到要求为依据，同时符合国际业余篮球联合会（FIFA）认可的DIN德国工业标准《运动地板一锻炼用体育馆和比赛用体育馆的要求及测试》（V 18032—2：2001）和国家标准《体育馆用木质地板》（GB/T 20239—2023）的功能性指标。

7.2.1 体育馆用木质地板的结构性能

7.2.1.1 体育馆用木地板的基本特性

1. 运动功能

运动功能是体育馆用木地板尽可能满足各种体育运动在技术上的使用要求。规定了以下内容：标准垂直变形、相对垂直变形率、球的反弹率、滑动摩擦系数、平整度、噪声扩散和振动传播及木地板层、赛场的画线标志。

2. 保护功能

保护功能是体育馆用木地板必须具备的特性。运动员在进行运动时，可减少运动员跌倒时所受的伤害；减少运动着的器械所产生的载荷。规定了以下内容：冲击吸收率、标准垂直变形、相对垂直变形率、滑动摩擦系数、平整度、附加面层和木质地板开洞。

3. 技术性能

基本技术功能是木地板必须具备的特性。规定了以下内容：木地板结构、地板层、地板开洞、地板与墙壁和相邻地面层的连接，滚动载荷、残余压痕、赛场画线标志（有要求时）和满足场地加温要求。

7.2.1.2 体育馆用木地板功能性指标

国际体育地板技术委员会（OZST）将体育馆用木质板的三大特性进一步量化，采用DIN 18032—2中所规定的六项主要功能指标来评价体育馆用木地板的质量。功能指标分别为：冲击吸收率 F_r（竞赛不小于53%，教学不小于35%）、标准垂直变形 V_d（不小于2.3mm）、球反弹率 B_r（不小于90%）、相对垂直变形率 W_{500}（不大于15%）、滚动载荷 R_i（残余压痕不大于0.5mm）和滑动摩擦系数 S_p（0.4～0.6）。《体育馆用木质地板》（GB/T 20239—2023）中对于这些功能指标的相关规定。

7.2.2 树种与材质要求

1. 体育馆用木地板树种

体育馆用木地板材种主要有水曲柳、栎木、枫木、山毛榉等高强度、弹性好的木材。

2. 体育馆用木地板承重结构的标准

体育馆用木地板承重结构的标准，见表7-1和表7-2。

表7-1 承重木结构方木选材标准

缺陷	木材等级		
	一等材	二等材	三等材
	受拉构件或拉弯构件	受弯构件或压弯构件	受压构件
腐朽	不允许		
节子	在构件任一面任何15cm长度上所有木节尺寸的总和，不得大于所在面宽的		
	1/3（连接部位的1/4）	2/5	1/2
斜纹	斜率不得大于5%	斜率不得大于8%	斜率不得大于12%
裂缝	连接部位的受剪面及其附近不允许；在连接部位的受剪面附近，其裂纹深度（有对面裂缝时用两者之和）不得大于板宽的		
	1/4	1/3	不限
髓心	应避开受剪面	不限	不限

表7-2 承重木结构板材标准

缺陷	木材等级		
	一等材	二等材	三等材
	受拉构件或拉弯构件	受弯构件或压弯构件	受压构件
腐朽	不允许		
节子	在构件任一面任何15cm长度上所有木节尺寸的总和，不得大于所在面宽的		
	1/4（连接部位的1/5）	1/3	2/5
斜纹	斜率不得大于5%	斜率不得大于8%	斜率不得大于12%
裂缝	连接部位的受剪面及其附近不允许有裂缝		
髓心	不允许		

7.2.3 木地板的结构与分类

7.2.3.1 木地板的结构组成

体育馆用木地板的结构主要由面层地板、毛地板层、龙骨层、防潮层和弹性垫块等组成。根据体育馆用木地板的不同用途、性能指标要求、造价及各结构层使用的材料将有所区别。

（1）面层地板。用于体育馆用木地板最外层地板，是运动员与地板的接触层。

（2）毛地板层。面层地板下部，起到增加强度和分散荷载作用的板层。

（3）龙骨层。安装于面层地板下面或毛地板层下面的支撑骨架。

（4）防潮层。放置于面层地板和毛地板层或龙骨与建筑结构基层之间的隔离或防潮材料。

7.2.3.2 木地板的分类

1. 按用途分类

（1）竞赛用体育馆用木地板。用于承接在室内体育馆进行的高等级（奥运会、世界锦标赛、世界杯赛等）竞技比赛，比赛强度大、对体育馆用木地板技术指标要求较高。

（2）训练、教学和健身用体育馆用木地板。主要用于对体育馆用木地板性能指标要求不高的运动员训练、教学和健身场所。

2. 按结构形式分类

体育馆用木地板是多种材料复合的结构体，种类繁多。迄今为止，体育馆用木地板据不同的用途、技术要求，其结构形式分单层、双层和多层复合型式的多种结构地板。

（1）单层结构（经济结构型）。单层结构的体育馆用木地板多为无毛地板层和防潮层，主要由面层和龙骨组成。面层材料为实木或实木集成地板；龙骨材料为实木、集成材、人造板（多层胶合板或单板层积材）；基础材料有专用弹性垫块。单层结构的体育木地板主要应用于一般性的训练和娱乐性的比赛，其冲击吸收率和标准垂直变形率指标分别可达到竞赛标准规定33%和56%，且场地面积600～800m² 以下的中小型体育馆。

（2）双层结构。双层结构的体育馆用木地板主要由面层、防潮层、毛地板层、龙骨和弹性垫层等构成的组合型结构。面层材料为实木或实木集成地板；防潮层置于面层地板与毛地板层之间。

双层结构的体育馆用木地板是一种基本满足竞技体育比赛的专业木地板，也是目前国内外应用较为广泛的一种结构型式。分标准型和多功能型，两者结构的区别在于结构中的材料组合形式的差异，但其结构的功能性指标基本满足国家标准要求。主要应用于2000～3000m² 的中型体育馆场所。

（3）多层复合结构。多层复合结构型是集单层、双层结构的复合型，是高级体育馆专用木地板，主要用于高水平的室内竞技体育比赛，如奥运会、世锦赛等。多层复合型结构的体育馆用木地板不仅在结构底层安装有弹性垫，在毛地板层与龙骨层、龙骨层与龙骨层之间均有缓冲弹性垫，结构板与龙骨间安装有定位装置，这充分保证了结构的整体性和特殊的功能性，是目前体育馆用木地板结构中最为完美和昂贵的专用地板系统。

3. 按应用材料分类

（1）面层材料。主要以实木地板、实木集成地板或实木复合地板作为面层地板材料。

（2）毛地板层。主要以软质松木板材（一般为樟子松、云杉、冷杉等）或多层胶合板（一般为落叶松胶合板，厚度为12mm）为主。

（3）龙骨。主要以松木方材或多层胶合板或单板层积材（LVL）作为龙骨材料的实木或人造板材。

（4）弹性胶垫。天然弹性橡胶垫。

4. 按体育馆用地板结构图分类

结构Ⅰ：面板＋毛地板＋龙骨＋弹性胶垫＋龙骨＋弹性胶垫。结构Ⅰ为满足竞赛用体育馆用木地板结构型式，如示意图7-10。

结构Ⅱ：面板＋毛地板＋弹性胶垫＋龙骨＋弹性胶垫。结构Ⅱ为满足训练、教学用体育馆用木地板结构型式，如示意图7-11。

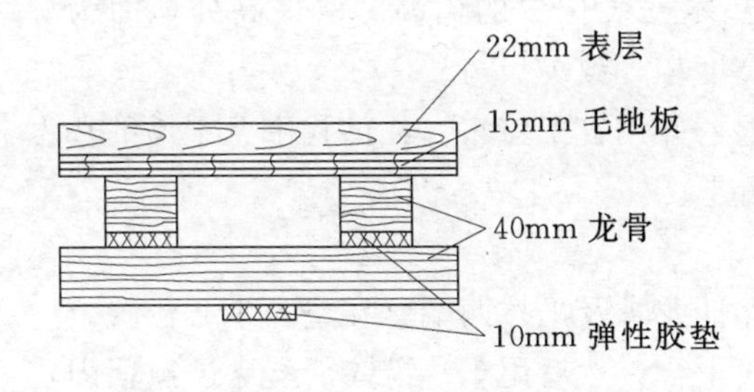

图7-10 结构Ⅰ示意图

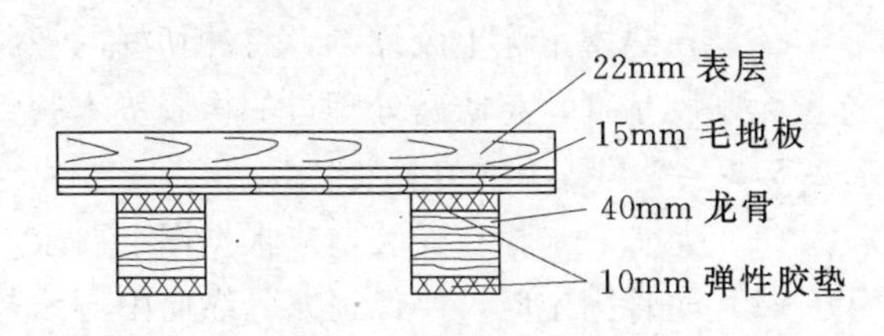

图7-11 结构Ⅱ示意图

结构Ⅲ：面板＋毛地板＋弹性胶垫。结构Ⅲ为简易体育馆用木地板，如示意图7-12。

研究表明，体育馆用木地板的结构形式对整体结构性能有重要影响，采用 F_r、V_d 和 B_r 功能指标评价三种体育馆用木地板结构性能，其性能优劣综合排序为结构Ⅰ大于结构Ⅱ大于结构Ⅲ。龙骨间距500mm×500mm，龙骨截面尺寸50mm×30mm时 F_r 最大，而龙骨截面尺寸为60mm×40mm的次之。龙骨间距为500mm×500mm，龙骨截面尺寸分别为50mm×50mm和70mm×30mm时的 V_d 较高，具有良好的

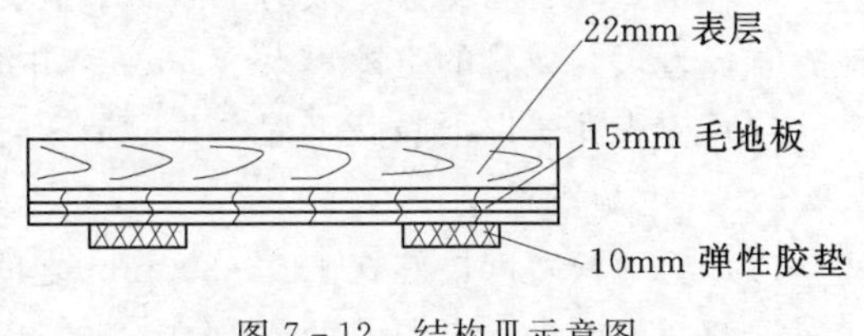

图7-12 结构Ⅲ示意图

性能。龙骨间距为300mm×300mm、截面尺寸为50mm×30mm时，B_r 最大，而龙骨断面尺寸为50mm×50mm、70mm×30mm的 B_r 最低。

7.2.4 铺装施工准备

7.2.4.1 材料准备

(1) 木质地板工程采用的材料应符合设计要求和相应国家（行业）标准的规定；进入施工现场的材料应有质量证明文件，包括规格、型号及性能检测报告等，对重要材料应有验证报告。

(2) 木工用胶黏剂、防腐涂料、表面涂料等材料应按设计要求选用，并符合国家标准《民用建筑工程室内环境污染控制标准》(GB 50325—2020) 的规定。

7.2.4.2 机具准备

机具包括水平仪、台式圆锯、手提电刨、手提切割锯、电钻、水平尺等木工常用工具。

7.2.4.3 施工条件

(1) 木地板施工前土建工程必须完工，并须将现场清理干净，地面施工质量必须达到土建图纸设计要求，尤其是固定运动器材和安装木地板时用于固定木龙骨（木隔栅）的预埋件一定要按图纸要求预埋准确，否则将影响工程的施工质量。

(2) 室内水、电、汽、通风等安装工程结束，特别是水网管道必须经过压力测试，确认已经达到设计要求，正常使用对木地板不会产生影响。

(3) 做好木龙骨、毛地板及木地板和其他主辅材料的准备工作，尤其要注意木质材料的含水率、材质质量要求及供货时间。

(4) 木质地板的基层、沟槽、暗管等隐蔽工程完工后，并验收合格。同时，与相关专业的分部工程、分项工程以及设备管道安装工程之间，也应交接验收完毕。

7.2.5 体育馆用木地板铺装工艺

7.2.5.1 地面找平、垫木及橡胶垫安装

(1) 建筑结构基层的混凝土面层下应设置防水层，墙基处墙面也应进行防水处理，其高度不低于地板面层，并通气、防潮。

(2) 建筑结构基层的混凝土面层表面应坚硬、平整、洁净、干燥，不起砂，表面平整度不大于4.0mm/2m、缝格平直不大于3mm/5m；采取强制通风措施。建筑结构基层的变形缝应符合设计要求，缝内清理干净，以柔性密封材料填嵌后用板封盖，并与基础表面齐平。

(3) 在施工前对体育馆地面、安装踢脚板的墙面进行彻底清扫，保证施工部位的平整与清洁。

(4) 根据施工图纸要求，确定垫木安装位置，并测出垫木安装位置的标高。以最高处地面为标准，凡低于此处的地面用单板涂胶垫平，使其高度与标准高度相一致。

(5) 在垫木上涂上胶黏剂，将冲切好的橡胶垫粘于其上，并用钉子钉牢。在已找平且干燥的垫木位置涂刷胶粘剂，将防腐处理过的橡胶垫木胶贴在垫木位置上。

7.2.5.2 龙骨、平撑的安装铺设

(1) 龙骨、平撑在安装前应根据图纸要求尺寸锯截，保证龙骨及平撑两端落在垫木中心位置。

(2) 龙骨固定时，要保证龙骨纵向中心线与垫木中心线重合，然后用12#铅锌铁丝穿过预埋固定环将龙骨固定，固定时在龙骨上用手锯锯一小槽，使铁丝落入槽内，起到稳固作用。然后，用平撑加固龙骨，保证龙骨横向稳定，平撑长度要准确，下表面落在垫木的橡胶垫上，且与龙骨垂直，用钉子钉牢。

(3) 检查龙骨与平撑组成的平面的平整度，对于高出部位用手提电刨进行局部校平，用3m直尺检验时，直尺与龙骨的空隙不大于3mm，并涂刷防锈油两遍，直到干燥再进入下一工序。

(4) 检查龙骨以下隐蔽工程，并记录、交验、备档。

7.2.5.3 毛地板铺设

(1) 毛地板宽度最好在120～300mm之间，长度2000mm以上，干燥处理，含水率小于16%～18%，两宽面刨光、定厚，两端锯成45°，以保证铺装时两端落在龙骨上，在铺装前涂刷防锈油

两遍。

(2) 铺装时，毛地板按图纸要求与龙骨成45°进行斜铺，且端头结合处应落在龙骨上，不得悬空，毛地板铺设时要长短宽窄合理搭配，接头错开。板与板之间留3～5mm均匀的间隙，毛地板与墙之间留出10～20mm的间隙。

(3) 毛地板要钉牢在龙骨上，特别在毛地板端头及两侧，钉子长度为毛地板厚度的2.5倍。毛地板铺好后要检查其平整度，高出部分用手提电刨刨平，检查合格后表面刷防锈油2遍。

7.2.5.4 防潮卷材的铺装

为了防止使用中发生音响和潮气侵蚀，应沿垂直于龙骨方向铺设防潮卷材，防潮卷材边与边搭接不小于300mm，并用防锈油胶结。

7.2.5.5 地板、踢脚板的安装

(1) 安装前检查地板的质量，要求面板含水率应与当地含水率一致，在8%～12%之间，并在地板背面及侧面涂刷封闭底漆。

(2) 地板在铺装前，先用电钻在地板榫头上部斜45°打眼，钻头直径与钉眼直径相同，然后用与钉帽直径相同或稍大的钻头在钻眼上端扩孔，以使钉帽沉入孔内。铺装时，从体育馆中心沿垂直于龙骨方向铺装，钉子沿预先打好的孔眼砸入，钉子长度要确保1/3砸入木龙骨内。铺设时相邻地板接头应错开，地板与地板之间应有0.3～0.5mm的间隙，不得砸的太紧，以免损伤地板表面棱角。同时，地板与墙面四周留10～15mm的伸缩缝，按图纸准确留出体育器材及四周通风口位置，锯切要圆滑平直，防止地板湿胀鼓起。

(3) 踢脚板和阴角压线条在面层刨光后安装，踢脚板安装时用圆钉砸入防腐木砖内，钉眼应用腻子填平。

7.2.5.6 油漆处理

(1) 用手推式砂光机对地板表面进行粗磨，粗磨时用80～100#砂带砂光，以消除木毛、刨痕和安装误差，并清理砂光粉尘。然后，待刮涂腻子干透后，用100～200#砂带打磨，并清理砂光粉尘。

(2) 喷涂或刷涂一道底漆，待干透后，采用180～240#砂纸砂光，并清理砂光粉尘。再按上述工序上二道底漆，以保证漆膜厚度丰满。油漆一般采用聚氨酯漆，上底漆时注意漆膜厚度均匀，漆膜完整，施工时注意通风、洁净和防火。

(3) 底漆上完后，用600#水砂纸蘸肥皂水进行打磨，然后再喷（刷）面漆，面漆要喷（刷）涂均匀，保证漆膜完整、平整、光滑。

7.2.5.7 金属件安装

按图纸要求安装体育器材连接件、通风篦子以及进出门口的铜条。

7.2.6 体育馆用地板的维护与保养

7.2.6.1 良好的外部条件

良好的外部条件是木地板保养的基础，而保持馆内四季一致的湿度则是木地板长寿的根本，实木地板较适宜的湿度为40%～60%，为了达到上述湿度就必须做到以下几方面。

(1) 在冬季干燥取暖季节，因受北方季风影响，外部空气干燥，大大低于馆内空气湿度，同时由于采暖器的使用，又降低了馆内的湿度，因此场馆内必须要封闭，减少空气通风对流，同时可在场馆内置放一定的花卉植物，最好配置空气加湿器，同时每天（2～3次）用不滴水的拖布擦拭地板表面，来保证室内的湿度适宜。

(2) 夏秋多雨高温季节，由于空气湿度加大，应加强馆内空气流通（下雨天应关闭门窗）以降低馆内空气湿度，有条件的可利用空调的除湿功能进行除湿（除湿时应减少空气的流通），以保证室内湿度在允许范围。

7.2.6.2 保养方法

1. 运动木地板严禁打蜡

按照木制产品来讲，打蜡是保护产品的通用方法，但运动木地板对地板表面的摩擦系数有严格要

求，如果地板表面过于光滑，运动员在运动过程中，由于摩擦系数的降低而容易造成脚底打滑，影响正常竞技水平的发挥，严重时还会发生滑倒事故。所以运动场馆的漆面保养不是打蜡，而是“消光”，(指某一区域经鞋底长期摩擦，将漆面磨光，导致该区域摩擦系数降低)，消光是指利用专用机械除去漆面光泽或使用专用消光剂除掉油化光泽。

2. 严禁用溶剂型油类产品清洁地板

溶剂型油类产品：汽油、煤油、醇类、酯类等溶解油漆表面的产品。因溶剂型产品会对地板油漆造成损伤，同时会降低油漆表层的摩擦系数，增加光洁度而影响地板正常使用。

3. 经常护理清洁

地板通风孔、伸缩缝及暖器、体育器械安装部位等死应定期清洁，不可堵塞，可用吸尘器或空压机气吹的办法进行清理。如因尘粉堆集过多，该部位容易产生霉烂、生虫、堵塞等后果。

每日定时对地板表面可用吸尘器清洁，用不滴水的湿拖布进行擦拭，干燥季节应增加拖地次数，以保证场馆内空气湿度。

7.2.6.3 进入场馆的要求

(1) 任何人进入场馆，必须着运动鞋，且鞋底无泥土或砂等杂物；其他工作人员临时进馆时必须穿厚绒布鞋套。

(2) 严禁在地板表面上进行硬物的托运或滚动，以防伤地板表面。

(3) 严禁将在场馆内随地乱泼洒水，乱丢垃圾、烟头、金属制品及带尖的物品。

(4) 如遇馆内安装施工，应在施工场所地板之上铺垫保护层方可施工。

7.2.7 工程验收与移交

按设计图纸、《体育馆用木质地板》(GB/T 20239—2023)、《实木地板》(GB/T 15036—2018) 以及《木结构工程施工质量验收规范》(GB 50206—2012) 进行。

与监理单位、设计单位、技术监督部门、建设单位和主管单位一起，依据标准对工程进行验收。验收合格后，建设单位、施工单位和监理单位三方在验收报告单上签字，作为工程结算的依据。产品性能的检验方法如下。

(1) 体育馆用实木地板检验方法。外观质量按《实木地板》中3.2的规定进行；加工精度及规格尺寸按《实木地板》中3.1的规定进行；物理力学性能按《实木地板》中3.3的规定进行。

(2) 体育馆用实木复合地板检验方法。外观质量按《实木复合地板》(GB/T 18103—2022) 中6.2的规定进行，规格尺寸按6.1的规定进行，物理力学性能按6.3的规定进行，甲醛释放量按6.3的规定进行。

(3) 体育馆用实木集成地板检验方法。外观质量按《实木集成地板》(LY/T 1614—2011) 中6.2的规定进行，规格尺寸按6.1的规定进行，物理力学性能按6.3的规定进行；甲醛释放量按《室内装饰装修材料　人造板及其制品中甲醛释放量》(GB 18580—2017) 中6.3的规定进行。

7.2.8 体育馆木质地板铺装施工应注意的问题

木质地板铺设完工后，应对木质地板采取保护措施，施工质量验收应在施工企业自检合格的基础上，由监理单位在15日内组织对木质地板分部工程进行验收。

(1) 木质地板铺设施工前，确认前道工序应符合相应规定。龙骨的规格尺寸、间距和稳固方法等均应符合设计要求。

(2) 木质地板的通风构造层包括室内通风沟、室外通风窗等，均应符合设计要求。

(3) 龙骨固定时，不得损坏基层结构和预埋管线。龙骨应垫实钉牢，与墙之间应留出30mm的缝隙，表面应平直。龙骨间距不大于5mm、龙骨间表面平整度不大于3.0mm、龙骨接缝间隙不大于3mm，龙骨的接缝应设置在垫块上，不得悬空。

(4) 木质地板毛地板层铺设时，相邻毛地板组（或块）间，毛地板组（或块）不大于1220mm时，端接缝隙应相互错开，错开距离不小于400mm。木质地板表面层铺设时，相邻地板块间端接缝隙应相互错开，距离不小于100mm。毛地板板面缝隙宽度不大于3mm，表面平整度不大于

3.0mm，板面拼缝平直不大于5mm，相邻板材高度差不大于0.5mm，毛地板边与墙面间隙应不大于40mm。

(5) 木质地板面层铺设时，应考虑木质地板材质、构造、当地气候、体育馆内环境条件的影响，适当预留伸缩缝间隙，并在施工方案中确定。木质地板面层拼装离缝小于0.5mm，拼装高度差不大于0.5mm，表面平整度不大于2.0mm，踢脚线上口平齐不大于3mm，拼缝平直不大于3mm，踢脚线与面层接缝（垂直方向）不大于3.0mm；木质地板面层边部与墙面间隙应不大于20mm。木质地板面层应刨平、磨光、无明显刨痕和毛刺现象。

(6) 体操和球类器械预埋件应符合设计要求，安装牢固，孔洞应有盖孔板，并与木质地板齐平。

(7) 木质地板与其他材质地面邻接处，管沟井、孔洞和检查井的邻接处，应设置变形缝，变形缝应设置镶边或踢脚线。

(8) 预埋件与木质地板周围缝隙宽度不大于2mm，预埋件盖板与木质地板表面高差不大于2.0mm，预埋件安装位置不大于10mm。

7.3 地砖铺贴施工技术

地砖是目前建筑室内地面装饰装修最为普遍使用的装饰材料，品种、规格、花色种类繁多。不仅具有良好的装饰效果，还具有耐磨、防滑、耐擦洗、耐污染、防水防潮、易清洁等特点。主要应用于公共建筑室内地面、居室的客厅和厨卫地面。装修时，视面砖的规格不同，采用湿铺和干铺两种方法进行铺设施工。

7.3.1 施工准备

7.3.1.1 主要材料

(1) 地砖的品种、规格以及技术等级、光泽、外观质量等应符合设计要求。

(2) 水泥。硅酸盐水泥、普通硅酸盐水泥或矿渣硅酸盐水泥，其标号不宜小于325号。

(3) 砂子。中砂或粗砂，其含量不应大于3%。

7.3.1.2 主要机具

主要机具包括铁抹子、橡皮锤、钢錾子、台钻、合金钢钻头、砂轮机以及钢卷尺、水平尺、钢丝刷等施工必备的手工和电动机具。

7.3.1.3 作业条件

(1) 施工图纸已交底。

(2) 进场材料报验已合格，施工机具设备良好、齐全。

(3) 安全、环保交底已进行。

7.3.2 常见铺贴方式

7.3.2.1 横铺或竖铺

适合类型：现代简约，通常选用抛光砖。

铺设方法：以墙边平行的方式进行铺贴。砖缝对齐且不留缝，同时用与砖的颜色接近的勾缝剂勾缝处理，看起来清爽、整洁。

7.3.2.2 组合式铺贴

适合类型：欧式和乡村风格。

铺设方法：不同尺寸、款式和颜色的瓷砖，按照一定的组合方式进行铺贴。通常可以用颜色略深于所铺主体瓷砖的大理石或瓷砖，在地面四周围以15cm左右的围边，铺贴效果让人感觉用材更加精致，而且更能烘托出空间气氛。用在现代简约风格的家中，则使用颜色反差大的瓷砖组合铺贴，使地面几何线条变得丰富，能起到很好的对比作用。

7.3.2.3 工字形铺贴

适合类型：错落有致的工字形，视觉上产生错落感，不过于单调的同时，也营造出庄重大气、沉稳厚重的效果。工字形的铺贴法最能削弱狭长空间给人的压抑感觉，适合用在过道、厨房或卫生间。

铺设方法：工字形铺贴法仿照木地板的铺装方式，较多用于仿木瓷砖等少数种类瓷砖的铺贴。

7.3.2.4 菱形斜铺

适合类型：小面积点缀。仿古砖最常用呈45°的斜铺法，适合于欧式和中式风格，也同样适用于现代简约风格。

铺设方法：与墙边成45°的方式排砖铺贴，这种方式相对而言比较费砖费工。仿古砖斜铺时最好留宽缝，留缝在3～8mm之间，能体现出砖的古朴感觉。可以选择与砖体颜色接近的勾缝剂，也可以选择有反差的勾缝剂处理砖缝，组成的几何线形纵横交错，使整体效果更鲜明和统一，能给空间带来很强的立体感。

7.3.2.5 人字形、不规则铺贴

适合类型：个性化的现代简约风格，线条感极强。

铺设方法：相邻的两块长方形瓷砖按照45°铺贴，其中一块一侧铺贴时正好对准另一块的长边中间，如同“人”字一样的形状。或用马赛克、卵石等铺成完全不规则的形状。常见的铺设方式，如图7-13和图7-14所示。

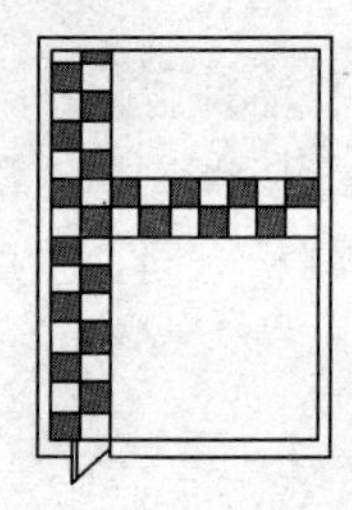

图7-13 “丁”字形标准高度面

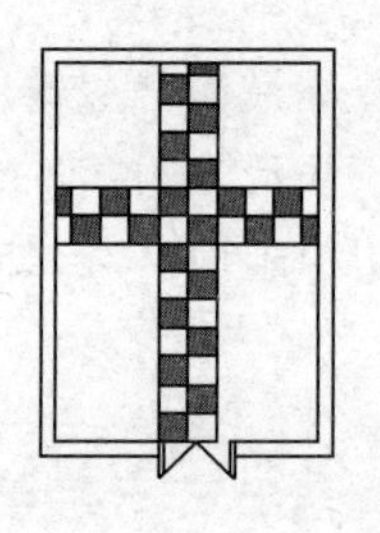

图7-14 “十”字形标准高度面

7.3.3 施工工艺

7.3.3.1 地砖铺贴流程

清扫整理基层地面──→水泥砂浆找平──→定标高、弹线──→安装标准块──→选料──→浸润──→铺贴──→灌缝→清洁──→养护交工。

7.3.3.2 操作工艺

1. 基层检查及处理

(1) 地面上的坑、洞、埋设管道线路的沟槽应提前抹平，高出4mm的部分应剔槽和重新抹平。

(2) 旧房地面必须充分打毛，凹深不小于0.5mm，间距5cm，然后刷一遍净水泥浆。注意不能集水，防止通过板缝渗到楼下。

(3) 对有排水坡度要求的，如卫生间、洗浴间等则应按相应坡度拉线控制贴砖坡向。

(4) 地面上的灰尘、附着物等清理干净，并洒水充分湿润。

(5) 用水灰比为0.5素水泥浆刷一遍，地面不得有积水，然后铺半干混凝土，半干混凝土为水泥、砂子体积比为1∶2.5（具体掌握为：手握成团、落地开花），粘接层不得低于12mm厚。

(6) 基底验收：表面平整用2m靠尺检查，偏差不得大于5mm，标高偏差不得大于±8mm。

2. 确定标高、铺贴基准点

(1) 距墙面1m或根据地面情况，确定完成面层的标高。

(2) 在房间四周墙上标注标高、核对标高控制线。

3. 选砖、浸砖

(1) 地砖铺贴前应仔细丈量后尽可能用电脑排版，并选出合理方案，统计出具体地砖匹数，以排列美观和减少损耗为目的，并且重点检查房间的几何尺寸是否整齐。

(2) 砖浸水前，开箱检查地砖的色差、直角度、翘曲度。地砖品种、规格、颜色和图案应符合设计、住户的要求，饰面板表面不得有划痕、缺棱掉角等质量缺陷。

（3）地砖铺贴前，提前 2h 浸水，不乏气泡时取出，晾干后达到外干内湿，表面无水迹，选色使用。

4. 铺半干混凝土

（1）铺宽于砖块、交叉铺带状半干混凝土，混凝土无结块，密实一致用刮尺刮平。

（2）等铺贴好面层后，在一边刷水泥浆结合层，一边铺混凝土，混凝土厚度超过 30mm 时，应予以荷载和施工变更签证确认。

5. 试铺试拼

根据设计和工艺情况，试排砖块，核对与门口、柱边、墙边位置砖的套割情况。

6. 铺砖

（1）铺贴顺序。先铺贴标准交叉列地砖，再根据交叉列分割的四个部分，进行铺贴。

（2）铺贴方法。拉线将板块平稳铺下，用橡皮锤敲击板块，振实混凝土；揭开板块，用水灰比为 0.45 的素水泥浆，均匀地抹在砖的背面，厚度控制在 5～7mm；将砖平放到揭起时的位置，用橡皮锤敲击板块至标准砖的高度，清理砖上的泥浆，用靠尺和水平尺检查确认后进行下一块的铺贴；若高度太低或位置不准，应揭开后重新铺设。

7. 勾缝和清理

地砖铺设好后，在 2～3h 后清理拼缝，然后用白水泥或专用勾缝剂灌缝，用棉纱擦缝。勾缝剂应低于砖面 1mm 为宜。

8. 养护、保护、自检

（1）铺好的地砖，3 日内不得重压、上人和受震动。

（2）对铺贴好的地面应采取覆盖措施，纸制品、木板类在可能水湿的情况下，不得保护地面。

（3）3 天后检查有无空鼓、不平、缝宽不一致等缺陷，不符合要求的应返工。

（4）地砖铺贴检测标准应满足下表要求。

地砖铺贴检测标准应满足表 7-3 要求。

表 7-3　地砖铺设允许的偏差及检验方法

项　次	项　目	允许偏差（mm）	检 查 方 法
1	表面平整度	2	2m 靠尺和塞尺
2	缝格平直	3	拉 5m 线和钢尺
3	接缝高低差	0.5	直尺和塞尺检查
4	踢脚线上口平直	3	拉 5m 线和钢尺
5	板块间隙宽度	2	钢尺和塞尺

7.3.4　铺贴普通陶瓷地砖类

7.3.4.1　施工流程

基层处理→弹线→地砖浸水→摊铺水泥砂浆→安装标准块→铺贴地砖→勾缝→清洁→养护。

7.3.4.2　铺装工艺

（1）清扫地面浮尘，清除地面砂浆和油渍，然后用少许清水刷地面，以楼板潮干为限，便于地面与地砖粘接。

（2）铺贴前应弹好线，在地面弹出与门道口成直角的基准线，弹线应从门口开始，以保证进口处为整砖，非整砖置于阴角或家具下面，弹线应弹出纵横定位控制线。

（3）铺贴陶瓷地砖前，应先将地砖浸泡阴干。

(4) 铺贴时，水泥砂浆应饱满地抹在地砖背面，铺贴后用橡皮锤敲实。同时，用水平尺检查校正，擦净表面水泥砂浆，如图 7-15 所示。

（5）铺贴完 2～3h 后，用白水泥擦缝，缝要填充密实，平整光滑，然后用棉丝将表面擦净。

图 7-15　普通地砖铺装

7.3.4.3　注意事项

（1）当地砖规格小于等于 400mm 边距时，水泥砂浆应为 1∶3 比例湿灰铺贴（湿铺法），砂浆厚度为 1.5～2.5cm，大于 400mm 边距的地砖，砂浆应以 1∶3 半干灰铺贴（干铺法），砂浆厚度为 2～4cm，地砖无需浸泡。

（2）基层处理必须合格，不得有浮尘、浮灰等。

（3）陶瓷地砖必须浸泡后阴干，避免影响其凝结硬化，发生空鼓、起壳现象。

（4）铺贴完 2～5h 不能上人，需正常养护 12～24h 后方可上人。

7.3.5　铺贴陶瓷锦砖类（马赛克）

7.3.5.1　施工流程

基层处理⟶弹线、标筋⟶摊铺水泥砂浆⟶铺贴⟶拍实⟶洒水、揭纸⟶拨缝、灌缝⟶清洁⟶养护。

7.3.5.2　操作工艺

（1）混凝土地面应将基层凿毛，凿毛深度 5～10mm，凿毛痕的间距为 30mm 左右。然后，清净浮尘，洒水阴湿地面。

（2）铺贴前应弹好线，在地面弹出与门道口成直角的基准线，弹线应从门口开始，以保证进口处为整砖，非整砖置于阴角或家具下面，弹线应弹出纵横定位控制线。

（3）铺贴陶瓷地砖前，应先将地砖浸泡阴干。

（4）铺贴完 2～3h 后，用白水泥或勾缝剂擦缝，缝要填充密实，平整光滑，然后用棉丝将表面擦净。

7.3.5.3　注意事项

（1）基层处理必须合格，不得有浮尘、浮灰等。

（2）陶瓷地砖必须浸泡后阴干，避免影响其凝结硬化，发生空鼓、起壳现象。

（3）铺贴完 2～3h 不能上人，需正常养护 4～5 日后方可上人。

7.4　石材地面铺装施工技术

石材分为天然石材和人造石材。具有装饰性能的石料，加工后可供建筑室内装饰使用的称为装饰石材。装饰石材强度高、装饰性好、耐久性强、来源广泛、地域性强，自古以来就被广泛应用。尤其是近些年来，与世界各地的经济交流越来越多，大量的优质石材的引进，以及先进的机械加工技术不断发展，使石材作为一种新型的饰面材料，正在被广泛地应用到建筑室内外装饰装修。

7.4.1　施工准备

7.4.1.1　材料

（1）石材（由石材厂加工的成品）的品种、规格、颜色等均符合设计和施工规范要求。

（2）水泥。32.5 号普通硅酸盐水泥或矿渣硅酸盐水泥，并准备适量擦缝用白水泥。

（3）砂。中砂或粗砂。

（4）石材表面防护剂。

7.4.1.2 作业条件

（1）大理石板块进场后应堆放在室内，侧立堆放，底下应加垫木方。并详细核对品种、规格、数量、质量等是否符合设计要求，有裂纹、缺棱掉角的不得使用。

（2）需要切割钻孔的板材，在安装前加工好，石材加工安排在场外加工。

（3）施工前应放出铺设大理石地面的施工大样图。

（4）室内抹灰、水电设备管线等均已完成。房内四周墙上弹好＋50cm水平线。

（5）地面铺装宜在地面隐蔽工程、吊顶工程、墙面抹灰工程完成并验收后进行。

（6）地面面层应有足够的强度，其表面质量应符合国家现行标准、规范的有关规定。

（7）地面铺装图案及固定方法等应符合设计要求。

（8）天然石材在铺装前应采取防护措施，防止出现污损、泛碱等现象。

（9）湿作业施工现场环境温度宜在5℃以上。

7.4.2 施工要点

（1）石材、地面砖铺贴前应浸水湿润。天然石材铺贴前应进行对色、拼花并试拼、编号。

（2）铺贴前应根据设计要求确定结合层砂浆厚度，拉十字线控制其厚度和石材、地面砖表面平整度。

（3）层砂浆宜采用体积比为1∶3的干硬性水泥砂浆，厚度宜高出实铺厚度2～3mm。铺贴前应在水泥砂浆上刷一道水灰比为1∶2的素水泥浆或干铺水泥1～2mm后洒水。

（4）石材、地面砖铺贴时应保持水平就位，用橡皮锤轻击使其与砂浆粘结紧密，同时调整其表面平整度及缝宽。

（5）铺贴后应及时清理表面，24h后应用1∶1水泥浆灌缝，选择与地面颜色一致的颜料与白水泥拌和均匀后嵌缝。

7.4.3 施工工艺

7.4.3.1 石材楼地面构造

石材楼地面构造如图7－16所示。

7.4.3.2 施工操作

（1）熟悉图纸。以施工图和加工单为依据，熟悉了解各部位尺寸和作法，弄清洞口、边角等部位之间关系。

（2）试拼。在正式铺设前，对每一房间的大理石（或花岗石）板块；应按图案、颜色、纹理试拼。试拼后按两个方向编号排列，然后按编号放整齐。

（3）弹线。在房间的主要部位弹出互相垂直的控制十字线，用以检查和控制大理石板块的位置，十字线可以弹在混凝土垫层上，并引至墙面底部。

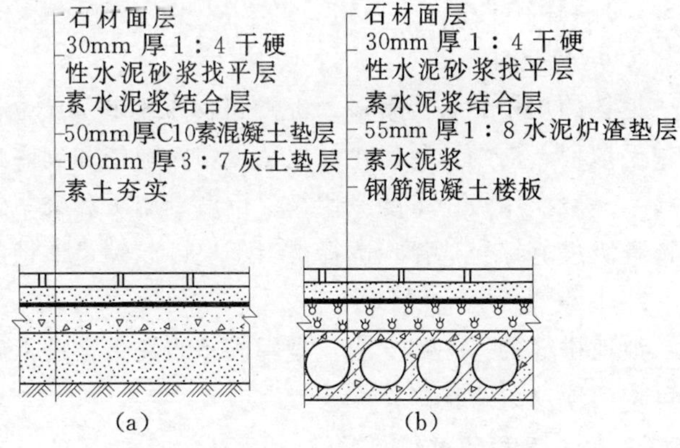

图7－16 石材楼板地面构造

（a）石板地面；（b）石板楼面

（4）试排。在房内的两个相互垂直的方向，铺两条干砂，其宽度大于板块，厚度不小于3cm。根据图纸要求把大理石板块排好，以便检查板块之间的缝隙，核对板块与墙面、柱、洞口等的相对位置。

（5）基层处理。在铺砌大理石板之前将混凝土垫层清扫干净（包括试排用的干砂及大理石块），然后洒水湿润，扫一遍素水泥浆。

（6）铺砂浆。根据水平线，定出地面找平层厚度，拉十字线，铺找平层水泥砂浆，找平层一般采用1∶3的干硬性水泥砂浆，干硬程度以手捏成团不松散为宜。砂浆从里往门口处摊铺，铺好后刮大杠、拍实，用抹子找平，其厚度适当高出根据水平线定的找平层厚度。

(7) 铺大理石块。一般房间应先里后外进行铺设，即先从远离门口的一边开始，按照试拼编号，依次铺砌，逐步退至门口。铺前将板块预先浸湿阴干后备用，在铺好的干硬性水泥砂浆上先试铺合适后，翻开石板，在水泥砂浆上浇一层水灰比1∶0.5的素水泥浆，然后正式镶铺。安放时四角同时往下落，用橡皮锤或木锤轻击木垫板（不得用木锤直接敲击大理石板），根据水平线用水平尺找平，铺完第一块向两侧和后退方向顺序镶铺，如发现空隙应将石板掀起用砂浆补实再行安装。大理石板块之间，接缝要严，不留缝隙。

(8) 打蜡。当各工序完工不再上人时可打蜡达到光滑洁亮。

7.4.4 注意的事项

(1) 涂刷石材的防护必须待石材的水分干透后方可涂刷。如水分还未干透，在工期赶紧的情况下，可先刷五面防护剂，正面待项目完成后石材面水分完全蒸发后才做最后一道的正面石材防护剂处理，最后石材打蜡。

(2) 石材防护剂的涂刷如处理得不好，会把石材的水分封闭在石材里跑不出来，造成石材里保留水影，一旦形成水影后，此类质量问题就非常难处理和修复了。

(3) 面层的允许偏差：表面平整度不大于2mm；缝格平直不大于2mm；接缝高低不大于0.5mm；踢脚线上口平直不大于2mm；板块间隙宽度不大于1mm。

7.5 地面与踏步地毯铺设技术

地毯是一种高级地面装饰装修材料，有着悠久的历史，也是一种世界通用的装饰材料。它不仅具有隔热、保温、吸音、吸尘及弹性好等特点，还具有典雅、高贵、华丽、美观、悦目的装饰效果，所以经久不衰，广泛用于高级宾馆、会议大厅、办公室、会客室和居室地面装饰。然而，室内装饰工程中地毯的铺设是最后一道工序，铺设时应保持清洁，避免弄脏地毯。铺设地毯的施工要点是大面平整、拼缝要求紧密、缝隙要小。铺贴后不显拼缝，大平面不易滑动。

7.5.1 施工准备

7.5.1.1 材料准备

1. 地毯材料

地毯的规格和种类繁多，价格和装饰效果差异也很大，正确选择地毯十分重要。根据材质不同分为羊毛地毯、混纺地毯、化纤地毯、塑料地毯和剑麻地毯等；依据适用场所分为轻度家用级、中度家用级、一般家用级、重度家用级、重度专用级和豪华级等。在一般情况下，应根据部位、使用要求及装饰等级进行综合选择。选择得当不仅可以满足地毯的使用功能，同时也能延长地毯的使用寿命。

2. 拼缝烫带

地毯拼缝的另一种方法，是用成品的烫带粘贴，施工时可将烫带按在对拼缝处，用电熨斗烫压后即可将两地毯拼缝接好。

3. 施工用粘结剂

铺贴地毯时需用粘结剂的地方有两处。一处是地毯与地面的粘结，另一处是地毯与地毯对缝的拼接。地毯与地毯拼接时，下衬一条100mm宽的狭条麻布带，然后分别在地毯和麻布带上涂胶粘贴。常用的胶为立时得胶、309胶等。粘贴地毯大面时，是在地面上涂刷出一条条宽150mm左右的带状胶迹，每条胶迹相隔200mm左右。地毯大面的用胶量可按0.6kg/m^3计算。

4. 地毯弹性垫

对于有地垫的地毯，应采用地毯弹性垫。地毯弹性垫是一种软橡胶制品，铺贴在地毯下面，可使地毯踏上后有柔软舒适之感。如，海面或杂毛毡垫等。

5. 木卡条

对于无地垫的地毯应采用木卡条，木卡条亦称倒刺钉板条，是地毯边缘处的固定件，木卡条宽为24mm、厚为6mm、长为1200mm，木卡条上有两排斜铁钉，可钩挂住地毯。使用木卡条的地毯铺设，通常需与地毯弹性垫配合方可使地毯面平整。

6. 门口压条

门口压条通常是铝合金制成品（厚度为2mm），用于门框下的地毯收边，其作用是压住地毯，不使地毯被踢起损坏边缘。

7.5.1.2 工具准备

1. 裁边机与裁毯刀

裁边机主要用于施工现场的地毯裁边，裁割时不会使地毯边缘的纤维硬结而影响拼缝连接。裁毯刀有手推裁刀和手握裁刀两种，前者用于铺设操作时少量裁切，后者用于施工前大批量下料裁剪。

2. 地毯撑子

地毯撑子也称张紧器，有大撑子和小撑子两种。大撑子用于房间内面积铺地毯，通过可伸缩的杠杆撑头及铰结承脚将地毯张拉平整，撑头与承脚之间可以任意接装连接管，以适应房间尺寸，使承脚顶住对面墙。小撑子用于墙角或操作面窄小处，操作者用膝盖顶住撑子尾部的空气橡胶垫，两手可自由操作。地毯撑子的扒齿长短可调，以适应不同厚度的地毯材料。注意不使用时应将扒齿缩回，以免齿尖扎伤人。

3. 扁铲和电熨斗

扁铲用于墙根或踢脚板下端的地毯掩边；电烫斗用于地毯拼缝烫带的热压合。

4. 墩拐

墩拐主要用于固定倒刺钉板条，如果遇到障碍不易敲击，即可用墩拐垫砸。

5. 其他工具

其他工具包括裁剪剪刀、尖嘴钳、钉锤、弹线粉袋、角尺、冲击钻等。

7.5.1.3 作业条件

（1）在地毯铺设之前，室内装饰必须完毕。室内所有重型设备均已就位并已调试，运转正常，经专业验收合格，并经核验全部达到合格标准。

（2）铺设地面地毯基层的底层必须加做防潮层（如一毡二油防潮层；水乳型橡胶沥青一布二涂防潮层；油毡防潮层，底层均刷冷底子油一道等），并在防潮层上面做50mm厚1∶2∶3细石混凝土，撒1∶1水泥砂压实赶光，要求表面平整、光滑、洁净，应具有一定的强度，含水率不大于8%。

（3）铺设楼面地毯的基层，一般是水泥楼面，也可以是木地板或其他材质的楼面。要求表面平整、光滑、洁净，如有油污，须用丙酮或松节油擦净。如为水泥楼面，应具有一定的强度，含水率不大于8%。

（4）地毯、衬垫和胶黏剂等进场后，应检查核对数量、品种、规格、颜色、图案等是否符合设计要求，如符合，应按其品种、规格分别存放在干燥的仓库或房间内。用前要预铺、配花、编号，待铺设时按号取用。

（5）应事先把需铺设地毯的房间、走道等四周的踢脚板做好。踢脚板下口均应离开地面8mm左右，以便将地毯毛边掩入踢脚板下。

（6）大面积施工前应先放出施工大样，并做样板，经质检部门鉴定合格后，方可组织按样板要求施工。

7.5.2 操作准备

7.5.2.1 基层处理

对于铺设地毯的基层要求比较高，因为地毯大部分为柔性材料，有些是价格较高的高级材料，如果基层处理不符合要求，很容易造成对地毯的损伤。

（1）混凝土地面要平整，无凸凹不平的现象。基层面所粘结的油脂等应擦干净。凸起部分要用砂轮机磨平，如不平整度较严重凹坑处多，用水泥砂浆找平。基层表面的含水率要小于8%，并有一定的强度。

(2) 在木地板上铺设地毯时，应注意钉头或其他凸起物，以防止损坏地毯。

7.5.2.2 测量尺寸

尺寸测量是地毯固定前重要的准备工作，关系到地毯下料的尺寸大小和室内地面铺设的质量。测量房间尺寸要精确，按长、宽净尺寸为裁地毯下料依据，同时并按房间和所用地毯型号统一登记编号。

7.5.2.3 裁切

在专门的室外平台上进行，按房间尺寸形状用裁边机下料，每段地毯的长度要比房间长度长出约20mm。宽度要以裁去地毯边缘线后的尺寸计算。弹线裁去地毯边缘部分，然后用手推裁刀从地毯背裁切，裁切后卷成卷，编上号，运入对号房间。大面积房间在施工地点裁剪拼缝。

7.5.3 地面地毯铺设

地毯的铺设方法可分为不固定与固定两种。铺设范围有满铺和局部铺设。

1. 不固定式

将地毯裁边、粘连拼缝成一整片，一整片的尺寸，要大于房间长宽尺寸10～20mm。拼缝的方式有两种：第一种是用地毯熨带，先将地毯反过来，用烫带压在对缝处，再用电熨斗将其烫在地毯上。第二种是在两地毯对缝的背面，用粗针线缝上，在麻布狭条衬带上涂刷胶液，并在地毯的对缝两侧刷胶，然后将麻布衬带粘贴在地毯对缝处。将粘结拼缝好的整片地毯，直接摊铺于地面上，不与地面粘贴，四周沿墙脚修齐即可。对缝拼接地毯时，要观察毯面绒毛的走向和织纹的走向，对缝要按同一走向拼接。地毯铺设的方向要使地毯面上绒毛的走向背光，这一点在对缝拼接时也要注意。

2. 固定式

地毯裁边、粘结拼缝成为整片，摊铺后四周与房间地面加以固定。其拼缝的方式和方法与不固定式相同。

固定式有两种方法。①用粘结剂将地毯背面的四周与地面粘贴；②在房间周边地面上安设带有倒刺的木卡条，将地毯背面固定在倒刺板的小钉钩上。此种方法只适用于地毯下设有单独的弹性胶垫的地毯固定。

采用倒刺的木卡条时，其木卡条要固定于距墙面8～10mm处，便于地毯掩边。倒刺木卡条可用水泥钉直接固定在混凝土或水泥砂浆基层上。若地面太硬或松散，可先埋下木楔，再将倒刺板条钉在上面。当地毯完全铺好后，用剪刀裁去墙边多余部分，再用扁铲将地毯边缘塞进木卡条与墙壁之间的间隙中。

地毯在门口的处理方法是：地毯应在门扇下的中部收口。为避免门口处的地毯被踢起，在门口需加一条铝合金收口条，收口条内有倒钩扣牢地毯。安装时先将铝合金收口条用螺钉固定在地面上，再将地毯插入其内，将收口条上盖轻轻敲下压住地毯面。

7.5.4 楼梯地毯的铺设

在楼梯上铺设地毯，与行人行走安全有关，因此铺设的重点是安装稳固。

7.5.4.1 准备工作

1. 测量尺寸

测量楼梯每级的深度与高度，计算踏步的级数。计算时将每级的深度与高度相加，再乘以楼梯踏步的级数，最后再加上450～600mm的余量，以便使地毯在今后的使用中可挪动常受磨损的位置。

2. 剪裁与拼缝

按楼梯铺设的宽度在地毯上画粉线，剪裁时应按地毯的粉线位置，找出地毯的纺织缝，并按纺织缝剪裁，这样不会剪伤、剪乱地毯的纤维，并使边缘整齐。地毯拼接应纹理同向。拼缝时先将地毯两边对齐、修齐。再将两地毯用粗针线缝接起来，最后用地毯烫带将拼缝粘牢。把拼好缝的地毯面向内卷起待用。

7.5.4.2 施工步骤

1. 固定地毯衬垫

固定地毯衬垫有两种方法：一种是用粘结剂粘固在楼梯上，另一种是钉固在楼梯上。用粘结法时，楼梯表面应冲刷清洗干净，待干燥后在楼梯面上刷胶，每个梯级的平面和竖面各刷一条宽50mm的胶带，再将地毯衬垫压贴在楼梯上，使其平整。钉固法，是用地毯挂角条将衬垫压固，地毯挂角条是用厚1mm左右的铁皮制成，有两个方向的倒刺爪，可将地毯背抓住而不露痕迹。钉固前，先将衬垫在楼梯上铺平，然后用水泥钉将挂角条钉在每个梯级的阴角处。如果地面较硬打钉子困难，可在钉位处用冲击钻打孔，孔内埋入木楔，通过木楔与钉将地毯挂角条压固在楼梯上。如果不用衬垫的地毯铺设，可事先将地毯挂角条直接固定在楼梯级的阴角处。挂角条的长度要小于地毯宽度20mm左右。

2. 铺设

把地毯卷抬到楼梯的顶端，从顶端展开地毯卷，一边铺设一边展开，将每一级的阴角处地毯推压到角位，使其背面挂在地毯挂角条的倒刺钩上，并拉平地毯使其紧包住梯级。这样连续直到最下级，将多余的地毯朝内摺转，钉于低级的竖板上。

地毯的最高一级应在楼梯面或楼层的地面上，用铝合金收口条或木卡条收口，收边处应与楼层面的地毯对接拼缝。如楼层面上没有地毯，楼梯地毯的最高一级处，应将始端固定于竖板上的铝合金收口条内。

7.5.5 应注意的质量问题

（1）压边粘结产生松动及发霉等现象。地毯、胶黏剂等材质、规格、技术指标，要有产品出厂合格证，必要时做复试。使用前要认真检查，并事先做好试铺工作。

（2）地毯表面不平、打皱、鼓包等。主要问题发生在铺设地毯这道工序时，未认真按照操作工艺中的缝合、拉伸与固定、用胶黏剂粘结固定等要求去做所致。

（3）拼缝不平、不实。尤其是地毯与其他地面的收回或交接处，例如门口、过道与门厅、拼花及变换材料等部位，往往容易出现拼缝不平、不实。因此在施工时要特别注意上述部位的基层本身接控是否平整，如严重者应返工处理，如问题不太大，可采取加衬垫的方法用胶黏剂把衬垫粘牢，同时要认真把面层和垫层拼缝处的缝合工作做好，一定要严密、紧凑、结实，并满刷胶黏剂粘牢固。

（4）涂刷胶黏剂时由于不注意，往往容易污染踢脚板、门框扇及地弹簧等，应认真精心操作，并采取轻便可移动的保护挡板或随污染随时清擦等措施保护成品。

（5）暖气炉片、空调回水和立管根部以及卫生间与走道间应设有防水坎等，防止渗漏，以免将已铺设好的地毯成品泡湿损坏。此事在铺设地毯之前必须解决好。

7.5.6 成品保护

（1）要注意保护好上道工序已完成的各分项分部工程成品的质量。在运输和施工操作中，要注意保护好门窗框扇，特别是铝合金门窗框扇、墙纸踢脚板等成品不遭损坏和污染。应采取保护和固定措施。

（2）地毯等材料进场后，要注意堆放、运输和操作过程中的保管工作。应避免风吹雨淋，要防潮、防火、防人踩、物压等。应设专人加强管理。

（3）要注意倒刺板挂毯条和钢钉等的使用和保管工作，尤其要注意及时回收和清理截断下来的零头、倒刺板、挂毯条和散落的钢钉，避免发生钉子扎脚、划伤地毯和把散落的钢钉铺垫在地毯垫层和面层下面，否则必须返工取出重铺。

（4）要认真贯彻岗位责任制，严格执行工序交接制度。凡每道工序施工完毕，就应及时清理地毯上的杂物，及时清擦被操作污染的部位。并注意关闭门窗和关闭卫生间的水龙头，严防地毯被雨淋和水泡。

（5）操作现场严禁吸烟，吸烟要到指定吸烟室。应从准备工作开始，根据工程任务的大小，设专人进行消防、保卫和成品保护监督，给他们佩戴醒目的袖章并加强巡查工作，同时要发证，严格控制非工作人员进入。

7.6 塑料与塑胶地板铺设技术

由于众多的现代建筑室内地面的特殊使用要求，塑料类地面装饰材料应用日益广泛。产品种类及品种和质量不断发展，已经成为不可缺少的当代室内地面铺装材料。主要用于现代办公楼如商场、医院、宾馆等室内地面铺设，同时还用于防尘超净、降噪超静、防静电等要求的室内地面。不仅具有高雅的艺术效果和质感，而且可以节约自然资源，促进保护环境。

7.6.1 半硬质聚氯乙烯塑料地板的铺设

7.6.1.1 施工准备

1. 塑料地板

塑料地板可以选用单层板或同质复合地板，也可选用由印花面层和彩色基层复合成的彩色印花塑料地板。常见规格为厚度 1.5mm、长度 300mm、宽度 300mm，也可由供需双方议定其他规格的产品。但是，产品质量应符合国家标准《半硬质聚氯乙烯块状地板》(GB/T 4085—2015) 的规定。

2. 胶黏剂

用于铺贴塑料地板的胶黏剂种类很多，但性能各不相同，因此选用胶黏剂时要注意其特性和使用方法。常见的胶黏剂种类有，氯丁类、聚醋酸乙烯胶、405 聚氨酯胶、立时得和 VA 黄（美国产，粘结效果好）等。

3. 机具准备

机具包括涂胶刀、划线器、橡胶辊筒、橡胶压边滚筒，还有裁切刀、墨斗线、钢直尺、皮尺、刷子、磨石、吸尘器等。

7.6.1.2 基层处理

水泥和混凝土基层地面铺设塑料地板，基层表面应干燥、无颗粒、无污染、洁净，平整度误差不超过 2mm。如果基层存在麻面和孔洞等质量缺陷，必须进行修补，并刷乳液一遍。常用的的修补材料为：滑石粉乳液腻子，其质量比聚醋酸乙烯乳液：滑石粉：羧甲基纤维素：水＝(0.20～0.25)：1.0：0.10：适量。

地面修补时，先用石膏乳液腻子嵌补找平，然后用 0 号钢丝砂布打毛，再用滑石粉腻子刮第二遍，直至基层完全平整、无浮尘后，在刷 108 胶水泥乳液，以增强胶结层的粘结力。

7.6.1.3 塑料地板脱脂除蜡

为了确保塑料地板粘贴的牢固性，在裁切之前试铺之前，应进行脱脂除蜡处理，将其表面的油蜡清除干净。

处理时，将每张塑料地板放进 75℃左右的热水中浸泡 10～20min，然后取出晾干，用棉丝蘸溶剂（丙酮：汽油＝1：8 的混合溶液）进行涂刷，脱脂除蜡，以保证塑料地板在铺贴时表面平整，不变形和粘贴牢固。

7.6.1.4 铺贴工艺

1. 弹线分格

以房间中心点为中心，弹出相互垂直的两条定位线。同时，应考虑板块尺寸和房间的实际尺寸的关系，尽量少出现小于 1/2 板宽的窄条。相邻房间之间出现交叉和改变面层颜色，应当设在门的裁口线处，而不能设在门框边缘处。在进行分格时，应距离墙边留出 200～300mm 作为镶边。塑料地板常见

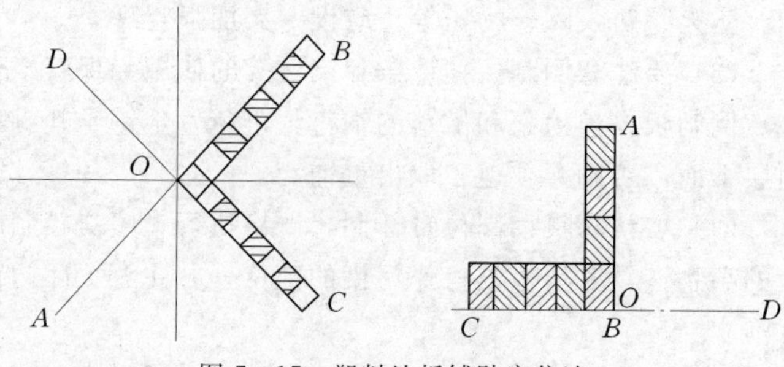

图 7-17 塑料地板铺贴定位法

铺设形式有：接缝与墙面成 45°角，即对角铺设法；接缝与墙面平行，即直角铺设法，如图 7－17 所示。

塑料地板的铺贴形式，有 T 形、十字形和对角形铺贴方式，如图 7－18 所示。

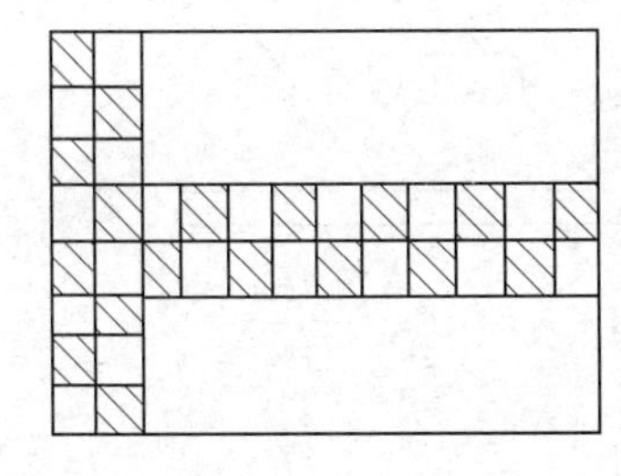
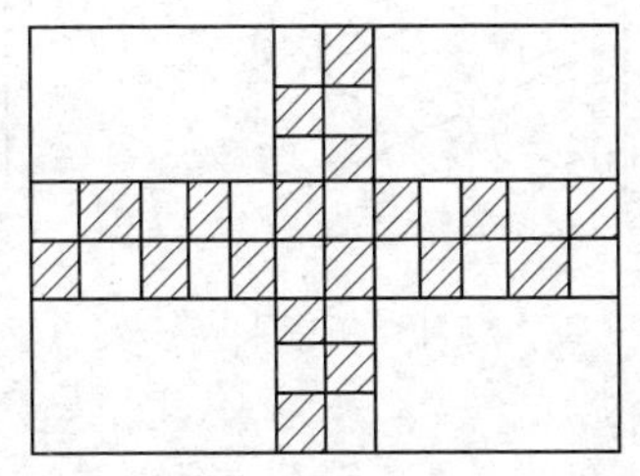
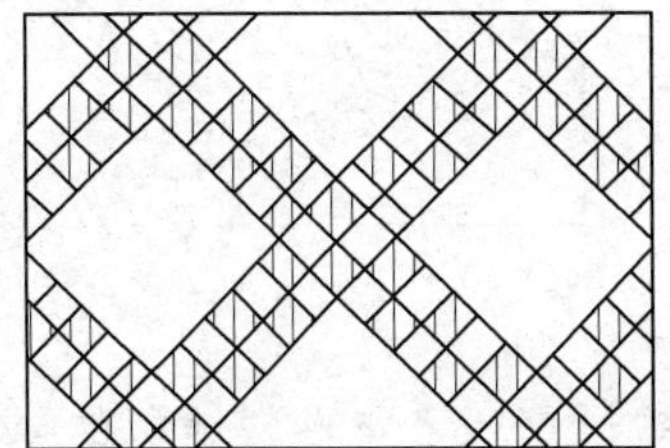

图 7－18　塑料地板铺贴形式

2. 裁切试铺

塑料地板铺贴前，对于靠墙边不是整块的塑料地板应加以裁切，其方法是：在已铺好的塑料地板上放一块塑料地板，再用一块塑料地板的右边与墙紧贴，沿另一边在塑料地板上划线，按线裁下的部分即为所需尺寸的边框。

裁切后的塑料地板按弹线进行试铺，试铺合格后，应按顺序编号，以备正式铺贴。

3. 刮胶

铺贴前，应在处理好的基层地面上，涂刷一层底子胶。涂刷要均匀一致，越薄越好，且不得漏刷。底子胶干燥后，方可涂胶铺贴。

涂胶时，应根据不同的铺贴地点选用相应的胶黏剂。如 PVA 胶黏剂，适宜铺贴二层以上的塑料地板，粘贴时则不需要晾干过程，只是将塑料地板的粘结面打毛涂胶后即可粘贴。若选用乳液型胶黏剂，应在塑料地板的背面刮胶；溶剂型胶黏剂只在地面上刮胶。但对于聚醋酸乙烯溶剂型胶黏剂，因甲醇挥发速度快，故涂刮面不能过大，稍加暴露就应立刻铺贴。

通常施工温度应在 10～35℃范围内，暴露时间为 5～15min。低于或高于此温度，不能保证铺贴质量，最好不进行铺贴。但对于使用耐水性胶黏剂，则适应潮湿环境中塑料地板的铺贴，也可用于－15℃的环境中。

4. 铺贴

塑料地板铺贴时，应以弹线为依据，从房间的一侧向另一侧进行铺贴；也可采用十字形、T 字形、对角形等铺贴方式。但应控制三方面问题：①粘贴牢固，不得脱胶、空鼓；②缝格顺直，避免错缝；③表面平整洁净，不得有凸凹、破损和污染现象。铺贴中应注意以下问题：

（1）塑料地板接缝处理，粘结坡口做成同向顺坡，搭接宽度不小于 300mm。

（2）切忌整张一次粘贴，应将边角对齐粘合，用橡胶辊筒轻轻地将地板平伏地粘贴在地面上，在准确定位后，再用橡胶辊筒压实将气赶出，或用锤子轻轻敲实。用橡胶锤敲打应从一边向另一边一次进行，或从中心向四边敲打。

（3）粘贴到墙边时，可能会出现非整块地板，应准确量出尺寸后，现场裁割。裁割后再按上述方法一并铺贴。

（4）铺贴与压实。

塑料地板铺贴及压实，如图 7－19 所示。

5. 清理

铺贴完毕后，对塑料地板表面应及时清理，尤其是处理手触摸留下的胶印。但是，对于溶剂型胶黏剂用棉纱蘸少量松节油或 200 号溶剂汽油擦拭；对于水乳胶黏剂只需用湿布擦即可，最后上蜡。

6. 养护

塑料地板表面处理完毕后，进行一定时间的养护，通常为 1～3 天，主要是禁止在表面走动。应注意的是养护期间避免玷污或用清水洗表面。

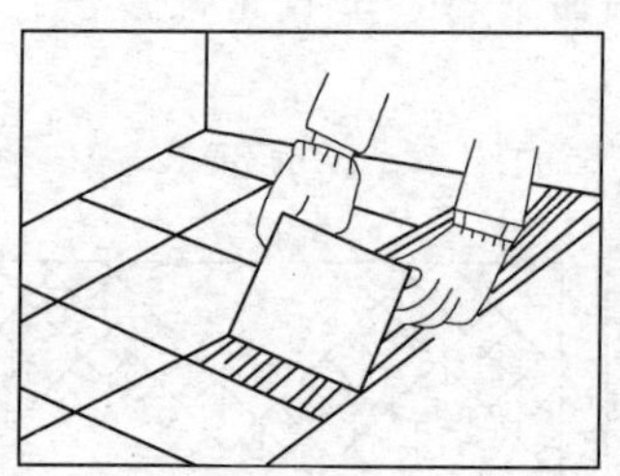
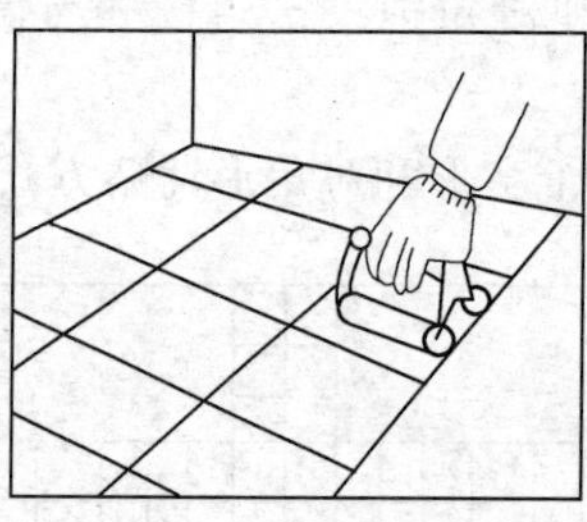
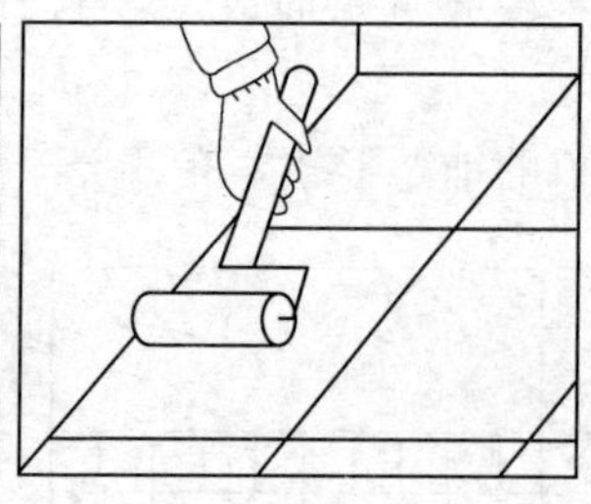

图 7-19　塑料地板铺贴及压实示意图

7.6.2　软质聚氯乙烯塑料地板的铺设

软质聚氯乙烯塑料地板可以在多种基层上粘贴，基层处理与施工程序与半硬质塑料地板铺装相同。

7.6.2.1　施工准备

1. 材料准备

塑料地板。软质聚氯乙烯塑料地板的品种、规格、颜色与尺寸，应符合设计要求和国家有关规定。

胶黏剂。根据基层材料和面层使用要求，以及试验选择确定胶黏剂。一般采用 401 胶黏剂。

2. 机具准备

（1）压辊。用于推压焊缝。

（2）鬃刷。一般采用 5cm 或 6cm 的鬃刷涂刷胶黏剂。

（3）焊枪。用于软质聚氯乙烯塑料地板的链接。一般功率为 400～500W，枪嘴直径与焊条直径相同。

（4）V 形刀。用于切割软质塑料地板 V 形缝。

7.6.2.2　铺贴施工

1. 弹线分格

以房间中心点为中心，向四周分格弹线，确保分格的对称美观。如果靠墙边出不够整块，应进行镶边处理。值得注意的是，分格弹线时，尽量减少焊缝的数量，兼顾分格的美观性和装饰效果。

2. 裁料

在操作台上，按分格的大小和形状，在塑料地板的板面上画出切割线，然后用 V 形刀进行切割。

3. 脱脂

将切割好的塑料地板用湿布擦干净板面，然后用丙酮涂擦塑料地板的粘贴面，以便脱脂去污。

4. 预铺

将切割和脱脂好的塑料地板按分格弹线进行预铺，注意色调应一致、厚薄应相同，为正式粘贴做准备。

5. 粘贴

正式粘贴前，将塑料地板反面进一步处理，以便更彻底脱脂去污。待粘结面的丙酮挥发后，开始粘贴。粘贴时，粘结面上的胶黏剂应涂刷均匀（胶黏剂用量一般为 0.8kg/cm^2），待 5～6min 后，将塑料地板四周与分格线对齐，并进行调整拼缝，待拼缝调整符合要求后，再在板面上施压，有板中央向四周来回滚压，排出板下的空气，最后排放沙袋进行静压。

对镶边的应先粘贴大面，后镶贴四周部分。对于无镶边的可由房间最里侧往门口粘贴，已保证已经粘贴好的板面不受行人的干扰。

6. 焊接

粘贴好的地面至少养护 2 日才能拼缝施焊。施焊前，将缝隙中的尘土和砂粒清理干净。然后，调整焊枪的调压器（100～200V）、压缩机控制在 0.05～0.10MPa、热气流温度为 200～250℃。正式施焊时，一般 2 人一组，1 人持枪施焊，1 人用压辊推压焊缝。

为了使焊条、拼缝同时均匀受热，必须使焊条、焊枪喷嘴保持在拼缝轴线方向的同一垂直面内，且使焊枪喷嘴均匀上下撬动，撬动次数为1～2次/s，幅度为10mm左右。持压者同时在后边推压，用力和推压速度应均匀。

7. 清理与养护

清理与养护方法与半硬质塑料地板相同。但注意的是，软质塑料地板粘贴完毕后，24h内不能在其表面上走动和进行其他作业，另外在10日内施工地点的温度要保持在10～30℃，环境湿度不超过70%。

7.6.3 塑胶地板的铺设

塑胶地板是以PVC为主要原料再加入其他材料经特殊加工制成的一种新型塑料，其底层是一种高密度、高纤维网状结构材料，这种材料坚固耐用而富有弹性；表面为特殊树脂，纹路逼真、超级耐磨、光而不滑。一般适用于高档建筑室内地面装饰装修，其铺贴工序有两部分组成，即基层处理和粘贴施工。

7.6.3.1 基层处理

在地面上铺设塑胶地板时，应将地面进行强化硬化处理，素土夯实后做灰土垫层，然后在灰土垫层上做细石混凝土基层，确保地面的强度和刚度，最后做水泥砂浆找平层和防水防潮层。在楼地面上铺设塑胶地板时，为保证楼面的平整度（平整度误差不许超过0.5mm），应在钢筋混凝土预制楼板上做混凝土叠合层，在混凝土叠合层上做水泥砂浆找平层，最后做防水防潮层。待防水层干燥后，将其表面清理干净。

7.6.3.2 铺贴准备

1. 弹线

为了保证塑胶地板铺贴质量，在已处理好的基层上进行弹线。弹线形式有两种：①分别与房间纵横墙面平行的标准十字线；②分别与同一墙面成45°角且互相垂直交叉的标准十字线。从十字线中心开始，逐条弹出每块（或每行）塑胶地板的施工控制线，以及在墙面上弹出标高线。同时，如果地面四周需要镶边，则应弹出楼地面四周的镶边线，镶边宽度应按设计确定。若不需要镶边，则不必弹此线。

2. 试铺和编号

根据弹出的定位线，将预先选好的塑胶地板按设计规定的组合造型进行试铺，试铺成功后逐一进行编号，以便备用。

3. 试胶粘贴剂

在塑料地板铺贴前，首先将待粘贴的塑胶地板清理洁净。然后，为了确保胶贴剂与塑胶地板相适应，以保证粘贴质量，进行试胶。试胶时，取几块塑胶地板用拟采用的胶黏剂涂于塑胶地板的背面和基层上，待胶稍干后（以不粘手为准）进行粘铺。4h后观察塑胶地板有无软化、翘边或粘结不牢等现象，如果无此现象则可认为这种胶黏剂与塑胶地板相容，否则另选胶黏剂。

7.6.3.3 塑胶地板铺贴

1. 涂胶黏剂

用锯齿形涂胶板将胶黏剂涂于基层表面和塑胶地面背面，涂胶的面积不得少于总面积的80%。涂胶时应用刮板先横向刮涂一遍，再竖向刮涂一遍，必须刮涂均匀。

2. 粘铺施工

待胶膜表面稍干后，将塑胶地板按试铺编号水平就位，并与定位线对齐，把塑胶地板放平粘铺，用橡胶辊将塑胶地板压平粘牢，同时将气泡赶出，并与相邻各板抄平调直，不许有高度差，对缝应横平竖直。若设计中有镶边者应进行镶边，镶边材料及做法按设计规定进行。

3. 打蜡上光

塑胶地板在铺贴完毕经检查合格后，应将表面残存的胶液及其他污迹清理干净，然后用水蜡或地板蜡进行打蜡上光。

7.7 活动地板的安装技术

活动地板是用支架、横梁、面板组装。水平地板和面板之间就有一定的悬空空间。就可以用来下走线及送风等。在计算机机房、数据机房等线路众多的机房是相当实用的。同时，还具有防静电性能稳定、环保、防火、高耐磨、高寿命（30年以上）、高承载（均布载荷1600kg/m^{2}以上）、防水、防潮等性能，适用于各类机房。

7.7.1 活动铺设场地的要求

（1）地板的铺设应在室内其他界面装修完毕后进行。

（2）地面应平整、清洁、干燥、无杂物、无灰尘。

（3）布置在地下的电缆、电路管道及空调系统应在安装地板前施工完毕。

（4）重型设备基座固定应完工，设备安装在基座上，基座高度应同地板上表面完成高度一致。

（5）施工现场备有220W/50Hz电源和水源。

7.7.2 活动地板安装工具

活动地板安装工具包括专业切割锯、激光水平测定仪、水泡水平仪、尺、墨线、吸板器、螺母调节扳手、十字螺丝刀、吸尘器等。

7.7.3 活动地板施工步骤

（1）认真检查地面平整度和墙面垂直度，如发现不符合施工要求，向甲方有关部门提出。

（2）拉水平线，并将地板安装高度用墨斗线弹在墙面上，保证铺设后的地板在同一水平面上，测量室内的长度、宽度，并恰当选择铺设基准位置以减少地板的切割，在地面弹出安装支架的网络线。

（3）将要安装的支架调整到同一需要的高度并将支架摆放到地面网络线的十字交叉处。

（4）用螺钉将横梁固定到支架上，并用水平尺校正横梁，使之在同一平面上并互相垂直。

（5）用吸板器在组装好的横梁上放置地板。

（6）若墙边剩余尺寸小于地板本身长度，可用切割地板的方法进行拼接。

（7）在铺设地板时，用水泡水平仪找平，地板的高度靠支架调节。

（8）在机房放置较重设备时，应在设备基座的地板下加装支架，以防地板变形。

（9）活动地板需要切割或者开孔时，在开口拐角处应用电钻打直径为6～8mm的圆孔，防止贴面断裂。

7.7.4 活动地板铺设验收标准

（1）活动地板的下面和地板表面应洁净、无灰尘、遗留物。

（2）地板表面无划痕，无涂层脱落，边条无破损。

（3）铺装后地板整体应稳定牢固，人在上面行走不应有摇晃感，不应有声响。

（4）地板的边条应保证为一直线，相邻地板错位不大于1mm。

（5）相邻地板块的高度差不大于1mm。

7.7.5 活动地板使用维护要求

7.7.5.1 使用环境

铺设防静电地板的房间温度控制在15～35℃，湿度控制在45%～75%，如果机房长期处于低温条件，地板表面会引起裂缝，应适当增加贴面厚度和强度。

7.7.5.2 维护要求

（1）禁止使用锋利的器具直接在地板表面上施工操作破坏表面的防静电性能和美观程度。

（2）在使用过程中，禁止人员从高处直接挑落到地板上，禁止搬运设备时野蛮操作砸伤地板。

图7-20 活动地板结构

（3）在活动地板上移动设备时，禁止在板面上直接推动设备，划伤地板，正确做法是抬起设备进行搬运。

（4）机房有重型设备时，应将设备直接落在地面基础座上，不能直接落在地板上而造成地板长期负重变形。

（5）对地板下部设备进行维护时，应用吸板器吸起地板进行操作，禁止使用锐器野蛮拆卸。

（6）维护中可使用吸尘器或者墩布保持地面清洁，特别是不要将液体撒到地板上。

（7）地板表面可以定期打防静电蜡维护，从而长期保证地板的使用效果。

7.7.6 活动地板结构及工艺操作图解

活动地板结构，如图 7-20 所示。安装工艺操作图解，如图 7-21 所示。

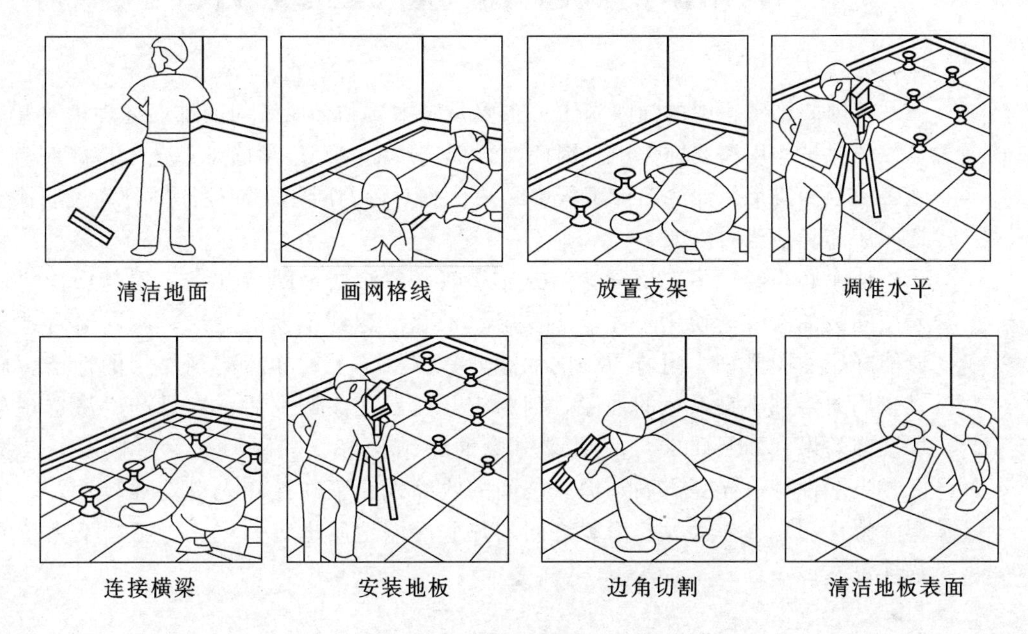

图 7-21 活动地板安装示意图

思考题

1. 木质地板的种类及铺装形式。
2. 体育地板的性能及结构形式类型。
3. 石材地面铺装采用干铺法的主要原因。
4. 简述陶瓷地砖铺设的工艺过程。
5. 地面地毯有哪几种铺设方法，各自的优缺点。

第8章

油漆涂饰施工技术

室内装饰工程中的油漆施工，主要是对木质和金属表面的饰面处理，对基层具有良好的保护作用和装饰作用。因此，合理选用油漆、科学施工、艺术搭配颜色、严格施工规范和要求是油漆涂饰工程中必须认真对待的问题。油漆涂饰分为透明涂饰、半透明涂饰和不透明涂饰。

油漆必须经过多次反复涂饰方才有效，各涂层之间特别是底层与面层之间，宜采用同类油漆配套使用，才能不反层、不起泡达到预期的效果。底层通常选用防腐性能好、漆膜坚韧、附着力强的油漆，具有抵抗上层油漆溶剂作用的性能；底层不宜采用耐溶剂不良颜色的油漆，因为它与面层油漆调配后，容易产生渗透现象而破坏装饰效果。面层要求与底层或中层油漆结合好、坚硬耐火、耐候性好、抗腐蚀好、流平性好、光亮丰满。涂膜之间的收缩性、坚硬性和光滑性等特性，一定要协调一致，切忌相差太大；涂膜之间的热胀冷缩性质也应一致，否则会发生龟裂或脱落现象。

8.1 油漆品种与腻子的调配

用于木质基面油漆品种很多，在使用时，有的油漆需要现场自行配置，油漆配置的质量直接影响到油漆的使用效果。同时，基面所用的腻子也关系到油漆涂饰的质量和效果。因此，为了保证木质基面油漆涂饰的质量和效果，下面简要介绍有关木质基面所用油漆和腻子的配置方法。

8.1.1 油漆品种的调配

8.1.1.1 硝基清漆的调配

硝基清漆黏度较大，使用前要用香蕉水或天那水稀释。不同的涂饰方法，对硝基清漆黏度的要求也不同。常见的涂饰方法中硝基清漆与香蕉水或天那水的配比如下(重量比)。

喷涂时，硝基清漆：香蕉水＝1：1.5。

刷涂时，硝基清漆：香蕉水＝1：（1.2～1.5）。

揩擦时，硝基清漆：香蕉水＝1：（1～2）。使用时，第一遍为1：1；第二遍为1：1.5；第三遍为1：2。

8.1.1.2 聚氨酯清漆的调配

聚氨酯清漆分为单组分和多组分，单组分的聚氨酯清漆不需调配可直接使用，多组分使用时按说明书上规定的配比现配现用。

四组分聚氨酯清漆的配比为，甲组分：乙组分：425树脂：混合溶剂＝100：25：15：45，其中混合溶剂中的环己酮、醋酸丁酯、二甲苯各占1/3。

8.1.1.3 聚酯清漆的配置

常用 Z22－1 聚酯清漆由四部分组成。配比为，甲组分：乙组分：丙组分：丁组分＝100：（4－6）：3：1。其中，甲组分为不饱和聚酯清漆、乙组分为过氧化环己酮浆、丙组分为环烷酸钴液、丁组分为蜡液。为使用方便，调配时先将聚酯清漆与蜡液混合，然后分为相等两份。一份与一定量的过氧化环己酮浆调均，另一份与一定量的环烷酸钴液调均，使用时，各取一份混合搅拌均匀，即可使用。

8.1.1.4 丙烯酸木器漆的配置

丙烯酸木器漆使用时，按规定根据用量而进行调配，切忌过多。因为配置后的丙烯酸木器漆，有效期为：20～27℃时 4～5h，28～35℃时 3h，否则会出现胶化现象。通常丙烯酸木器漆为双组分，其中，甲组分为丙烯酸聚酯和促进剂环烷酸钴、锌的甲苯溶液，乙组分为丙烯酸改性醇酸树脂和催化剂过氧化苯甲酰的二甲苯溶液。甲组分：乙组分：二甲苯＝1：1.5：适量，二甲苯调整其黏度。

8.1.1.5 虫胶清漆的调配

将虫胶漆片放入酒精中溶解，并不断搅拌，漆片完全溶解需要较长的时间，只能在常温下自然溶解。因漆片溶液遇到金属铁发生化学反应，因此用瓷、塑料等容器存放，且存放时间不能超过半年，以免变质。存放过程中密封，防止灰尘等杂质落入和酒精的挥发，使用前必须过滤。虫胶清漆的调配重量比为：

刷涂时，干漆片：酒精＝（0.2～0.25）：1。

揩擦时，干漆片：酒精＝（0.15～0.17）：1。

上色时，干漆片：酒精＝（0.1～0.12）：1。

8.1.1.6 色漆的调配

室内装修中的色漆饰面，通常都是用两种或两种以上的色漆调配而成。调配颜色时，颜色组分比例多为主色，比例少为次色或副色。使用时应把次色或副色加入主色内，不能相反。混合后要搅拌均匀，同时还要考虑颜色在湿时较浅，干后转深的特点。特别在加入深色漆时，要注意分几次进行。先少加一些深色漆，搅拌均匀后，与色板对比。若色差较大时，再加入一些深色漆，搅拌均匀后再对比，直至与色板相近并略淡即可。

调配色漆必须使用同类性质的油漆，而且调配是应在光线明亮的地方进行，否则会影响配色的准确性。常用色漆颜色的配比（重量比），见表 8－1。

表 8－1 **常用色漆颜色的配比**

颜色	重量比	颜色	重量比
奶白	白漆：黄漆＝98：2	天蓝	白漆：蓝漆：黄漆＝95：4.5：0.5
奶黄	白漆：黄漆＝96.5：3.5，加微量红漆	海蓝	白漆：蓝漆：黄漆：黑漆＝75：21.5：3：0.5
橘黄	黄漆：铁红漆：黑漆＝18：80：2	深蓝	白漆：蓝漆：黑漆＝13：85：2
灰色	白漆：黑漆＝93.5：6.5	紫红	红漆：黑漆：蓝漆＝85：14.5：0.5
蓝灰	白漆：黑漆：蓝漆＝90：7.5：2.5	粉红	白漆：红漆＝96.5：3.5
绿色	蓝漆：黑漆＝55：45	肉红	白漆：红漆：黄漆：蓝漆＝92.7：3.5：3.5：0.3
苹果绿	白漆：绿漆：黄漆＝94.6：3.6：1.8	棕色	红漆：黄漆：黑漆＝62：30：8
豆绿	白漆：黄漆：蓝漆＝75：15：10	奶油	白漆：黄漆＝95：5
墨绿	蓝漆：黄漆：黑漆＝56：37：7	象牙	白漆：黄漆＝99：1

8.1.2 润粉与色浆的调配

8.1.2.1 润粉调配

润粉分为油性和水性，主要用于高级木结构工程及家具的油漆涂饰工序，可使木材棕眼平、木纹清晰。

1. 油粉的调配

大白粉：汽油：光油：清油＝45：30：10：7，然后按样板加色5％～10％，但油性不宜过大，否则起不到润粉的作用。

2. 水粉的调配

大白粉：水：水胶＝45：40：5，然后按样板加色5％～10％。调配时，先将颜料单独调和并过滤，然后加入搅拌成糊状的大白粉内，最后调至所需色调为止。

8.1.2.2 水色调配

水色因调配时使用的颜料能溶于水而得名，专用于显露木纹的清水漆物面上色的一种涂料。

1. 石性原料配制

通常使用的石性原料有地板黄、黑烟子、红土子、栗色粉、氧化铁红等，其配比为，水：水胶：颜料＝（65～75）：10：（15～20）。同时，调配时需加皮胶和猪血料，其目的增加附着力，防止石性颜料涂刷后物面留有粉层。

2. 品色原料配制

通常使用的品色原料有黄纳粉、黑纳粉、品红、品绿等，水和颜料的比例视木纹而定。调配时，先用开水浸泡，然后将泡好的颜料在煮一下。

8.1.2.3 油色调配

油色介于铅油和清油之间的油漆，不同颜色的木材基面涂刷油色后能使颜色一致，而且木纹显露清晰。其配合比为，汽油：清油：光油：调和漆＝（50～60）：8：10：（15～20）。调配时，根据颜色组合的主次，先用少量稀料将主色铅油充分调和，然后把副色铅油逐渐加入主色油内搅和，直至配成需要的颜色。油色内少用鱼油，切忌用煤油，若用粉质的石性颜料，在配置前需用松香水充分浸泡颜料。

8.1.3 腻子的调配

木质基面在油漆之前，必须要批嵌腻子，以消除或遮蔽基面的缺陷，适用于木基面的腻子调配比例，见表8-2。

表8-2 常用腻子的配方

腻子名称	配比形式	比例及配方	用途
清漆腻子	重量比	大白粉：水：硫酸铁：钙脂清漆：颜料＝51.2：2.5：5.8：23：17.5 石膏粉：清油：厚漆：松香水＝50：15：25：10，加入适量的水 石膏粉：油性油漆：颜料：松香水：水＝75：6：4：14：1	木材表面刷清漆
水粉腻子	重量比	大白粉：骨胶：土黄（或其他颜色）：水＝14：1：1：18	
油粉腻子	重量比	大白粉：松香水：熟铜油＝24：16：2	
油胶腻子	重量比	大白粉：动物胶水（6％）：红土子：熟铜油：颜料＝55：26：10：6：3	
虫胶腻子	重量比	虫胶清漆：大白粉：颜色＝24：75：1，虫胶清漆浓度为15％～20％	木器油漆
石膏腻子	体积比	石膏粉：熟铜油：松香水：水＝16：5：1：（4～6），另加少量催化剂，先将熟铜油、松香水、催干剂拌均，并加水调制 石膏粉：白厚漆：熟铜油：松香水（或汽油）＝3：2：1：（0.6～0.7）	木材表面
	重量比	石膏粉：干性油：水＝8：5：（4～6） 石膏粉：熟铜油：水＝20：7：50	
喷漆腻子	体积比	石膏粉：白厚漆：熟铜油：松香水＝3：1.5：1：0.6，加适量的水和催干剂	物面喷漆

8.2　木质表面油漆涂饰技术

油漆涂饰是木质材料饰面处理常采用的方法，分为透明涂饰和不透明涂饰。油漆涂饰施工中分两部分完成，即基面着色和面漆涂饰。其中，基面处理是油漆涂饰中的关键工序，直接关系到油漆工程的质量和装饰效果。

8.2.1　木质表面的透明涂饰

透明涂饰也称清漆涂饰，包括硝基清漆、聚氨酯清漆、丙烯酸清漆等，其特点是木纹木色清晰可见。

工艺流程为：清扫、除油污、拔钉子——→砂纸打磨——→润粉——→砂纸打磨——→满刮腻子1遍——→磨光——→清漆1遍——→拼色——→补刮腻子——→磨光——→清漆2遍——→磨光——→清漆3遍——→水砂纸磨光——→清漆4遍——→磨光——→清漆5遍——→磨退——→打砂蜡——→擦亮。

8.2.1.1　基面的清理

1. 新木质基面的清理

用锉刀和毛刷清除木材表面黏附的砂浆、灰尘，用碱水洗净木材表面的油污和余胶，并用清水再次洗刷，待木材干燥后用木砂纸顺木纹方向进行反复打磨。对于会渗出树脂的木材，可用丙酮、甲苯等擦洗。

若木面上有色斑，板面上颜色分布不均匀，如果木面要求涂成浅淡的颜色，则对表面色深的部位进行脱色处理，使木表面颜色均匀一致。常用的脱色剂为双氧水与氨的混合溶液，其配比是：双氧水（30%）：氨水（25%）：水＝100：20：100。也可用于50g次氯酸钠溶于1升70℃的湿水配制的溶液进行脱色。操作时，用刷子或棉团蘸脱色剂涂于需脱色处，待木材变色后（约15～30min），用冷水将脱色剂洗净。

经过上述处理后，刷涂一道清漆以封闭木材表面。

2. 旧木器漆皮的清理

（1）碱水清理。用少量火碱、石灰配成火碱水用排笔将火碱水在旧漆膜上涂刷3～4次，然后用铲刀或其他工具将漆皮除去，再用清水清洗净。

（2）火喷。用喷灯火焰去烧旧漆皮，并立即用铲刀刮去已烧焦的漆膜。

（3）摩擦。用浮石或粗号磨石蘸水打磨旧木器的漆皮，直至全部磨去为止。

（4）刀刮。用切刃刀、铲用力刮铲，直至旧木器的漆皮完全除掉。

（5）脱漆剂。将T-1型脱漆剂涂于旧木器上，待旧漆皮上出现膨胀并起皱时，即可将漆皮刮去。脱漆剂易燃并有刺激味，因此使用时应注意通风、防火且不能与其他溶剂混合使用。

8.2.1.2　批嵌腻子及打磨

（1）腻子的批嵌。批嵌腻子时，要将整个涂饰面的缺陷填平、填严实，对于边角格外仔细。批嵌腻子需要等底漆干透后才可进行。批嵌原则：腻子要薄、光滑、平整，以高处为准；每遍腻子之间充分干燥并经打磨后才能进行下道腻子的批嵌。

（2）打磨。打磨是基层处理和涂饰工艺中不可缺少的操作环节。打磨底层时，要做到表面平整、光洁，便于油漆涂饰。底层和上层腻子，应分别使用目数较低和目数较高的砂纸进行打磨，打磨完毕后，应除去表面的灰尘。

8.2.1.3　基面着色

1. 底层着色（基面着色）

底层着色也是基面着色，又称润色油粉。主要是通过特定的工序，改变木材本身的颜色，使原自然木纹更清晰地显示出来，色泽更加鲜艳。底层着色（基面着色）用水老粉或油老粉作为填孔料，满涂于木材表面。通常较多地使用水老粉，使用时按比例调配均匀。用无色棉纱蘸取填孔料，满涂木表面，采用圈擦或横擦等方法反复擦几次，使填充料充分填满木材孔内。未干燥前，用干净的布将表面多余的浮粉擦掉。擦时用力均匀，使色调一致。基面着色填孔料的调配和着色方法，见表8-3。

表 8－3　基面填孔料的调配和着色方法

着色名称	填孔料的调配（重量比）	着色方法要点
木本色	水老粉： 老粉：立德粉：铬黄：水＝71：0.95：0.05：28 油老粉： 老粉：立德粉：松香水：煤油：光油：铬黄＝74：1.3：12.5：7.6：4.55：0.05	底层干后清洁，刷涂一遍25％的白虫胶油漆。干后用0号木砂纸打磨光滑，再刷涂1～2遍28.57％的白虫胶油漆。干后并拼色，被涂物面如有浅色部位，可用稀白胶加入少量铁黑、铁黄调和后配色，涂色部位（稍红或青黑色），用稀白胶加入少量钛白粉或立得粉，调和后配色
淡黄色	水老粉： 老粉：铁红：铁黄：铁棕：水＝71.5：0.21：0.1：0.41：27.8 油老粉： 老粉：松香水：煤油：光油：铁红：铁黄：铁棕＝71.3：12.3：10.5：5.3：0.21：0.1：0.41	底层干后刷涂一道25％的黄虫胶清漆，待干后，用0号木砂纸打磨表面。再涂1～2道28.6％的黄虫胶清漆，干后拼色。 如果漆膜表面颜色较浅及色花，可用稀虫胶清漆加入少量铁红、铁黑、铁黄调和后拼色，用虫胶漆加入少量铬黄、钛白配成酒色，拼色于稍红处，用虫胶清漆加入少量铁红或红丹，与铬黄调成酒色涂于清黑处
橘黄色	水老粉： 老粉：红丹：铁红：铬黄：水＝69：0.5：0.5：2：28	底层干后，刷涂一道20％的黄虫胶清漆，干后用0号砂纸打磨平滑，再刷涂1～2道28.6％的蝗虫胶清漆，如果要使表面红一些，刷第2道清漆时，可加少量碱性橙黄色，表面拼色：浅色出，加少量铁黄、铁黑、碱性橙等，深色处可加入少量红丹、铬黄，清漆加入颜料调成酒色即可
栗壳色	水老粉： 老粉：黑墨水：铁红：铁黄：水＝72：6.5：2.4：1.1：18	底层干后，刷涂一道20％的虫胶漆，干后用0号砂纸打磨，然后刷一道水色，配比为：黄钠粉：黑墨水：开水＝12.5：5：82.5。涂刷应均匀，色调一致，干后刷涂1～2道28.6％的虫胶清漆晾干。 表面拼色：用稀虫胶清漆加入少量铁红、铁黑、黄钠粉或碱性橙，调成酒色
荔枝色	水老粉： 老粉：黑墨水：铁红：铁黄：水＝72：6.5：2.4：1：18	底层干后，涂刷一道20％的虫胶清漆，干后打磨光滑，再刷一道水色，配比为：黄钠粉：黑墨水：开水＝6.6：3.4：90。 水色干后刷涂一道虫胶清漆，拼色处理同前
红木色	水老粉： 老粉：黑墨水：水＝73：6.4：20.6	底层干后，刷涂一道25％的虫胶漆加入少量碱性橙和醇溶黑（或品红和醇溶黑）颜料调配的水色一道，干后打磨，然后用以上配好的水色再刷涂一道，最后用带色的虫胶清漆刷涂1～2道，晾干。 可将刷涂后多余的水色，用酒精调稀后拼色
柚木色	水老粉： 老粉：铁红：铁黑：铁黄：水＝68：1.8：1.4：1.8：27 油老粉： 老粉：松香水：煤油：清油：铁红：铁黑：铁黄＝68：12.5：4.5：1.8：1.36：1.8	底层干后，先刷一道25％的黄虫胶清漆，打磨后刷涂水色，要求色泽均匀，水色配比：黄钠粉：黑墨水：开水＝3.5：0.5：96。 待水色干后，刷涂1～2道28.6％的黄虫胶清漆，晾干拼色
榆木、椴木上着柚木色	水老粉： 老粉：铁红：铁黄：哈巴粉：水＝66：0.45：0.4：4.18：28.6	底层干后，先刷一道25％的黄虫胶清漆，打磨后涂刷水色，配比为：黄钠粉：黑墨水：开水＝3.82：1.88：94.3。待水色干后，涂刷1～2道28.6％的黄虫胶清漆，晾干后做拼色处理。 用稀虫胶清漆加入少量碱性橙、铁红、铁黑、铁黄、哈巴粉等颜料调成酒色进行拼色处理；色浅处，加碱性绿配成酒色处理
蟹青色	水老粉： 老粉：铁红：铁黄：铁黑：水＝68：0.5：1.5：29.5	底层干后，涂刷一道25％的虫胶清漆，打磨光滑后，再刷一道水色，配比为：黄钠粉：黑墨水：开水＝2.2：8.8：89。 水色干后刷涂1～2道28.6％的黄虫胶清漆晾干。 拼色处理：局部颜色稍红，可用碱性绿与虫胶清漆调成酒色

2. 涂层着色

待底层着色干后，将清漆涂于木材表面。干后用0号木砂纸打磨光滑，再刷涂第二遍清漆后。在清漆中加入适量的颜料配成酒色，对木材表面不一致处进行拼色，直至满意为止。

8.2.1.4 清漆磨退

用醇酸清漆涂料四遍并打磨。第一、二遍醇酸清漆干燥后，均需用1号砂纸打磨平整，并复补腻子后再行打磨。第三、四遍醇酸清漆干燥后，分别用280号和280～320号水砂纸打磨至平整、光滑。最后涂刷两遍丙烯酸清漆，干燥后分别用280号和280～320号水砂纸打磨。从有光至无光。直至断斑，但不得磨破棱角。打磨完后，用湿布擦净表面。

8.2.1.5 面漆涂饰方法

（1）刷涂。刷涂时，一般使用12支的羊毛排笔或油漆刷。蘸漆量可适当多些，然后迅速刷匀，用力要均匀，每次刷涂面积长一致（约40～50cm）。尽量不要过多的来回刷，若有漏刷或刷得均匀处，可等漆干后补刷，不能重复在未干的漆膜上刷，否则会出现咬底和发花现象。应顺着木纹方向刷涂，如发现涂层中粘有笔毛，要用笔角或刀尖将笔毛马上排掉，要注意刷到、刷匀，使用涂饰面漆膜平整，没有流持、过楞、气泡等缺陷。

（2）擦涂。此方法的效果比刷涂好，漆膜平整、光滑，但操作时间长、费工。擦涂时，将用白纱布包扎起来的棉花团蘸透硝基清漆，在涂饰面上不断进行擦。一般先圈擦（使棉花团在涂饰面上作圆弧形运动），再分段擦，最后直擦。用力均匀，移动轨迹要连续，中途不停顿也不能固定在一小块地方擦拭次数过多，一般在一个擦涂面上要有12次左右。

（3）喷涂。此方法的效果极佳。是利用空气压缩机通过耐压胶管连接喷枪，将油漆涂料喷涂在基层上。喷涂时，喷枪上的喷嘴与被涂面垂直距离控制在40～60cm，喷枪移动应与被涂面平行，范围不能太大，一般直线喷涂70～80cm后，拐弯180°。两行重叠宽度控制在喷涂宽的1/2～1/3。但应注意：不喷部位必须事先遮挡好，并保持室内空气洁净。

8.2.1.6 面漆涂饰要点

（1）虫胶清漆。①一般按从左到右、从上到下、从前到后、先内后外顺序涂刷，涂刷时动作要快，从一边的中间起来回往返刷1～2次，力求做到无笔路痕迹。刷一处清一处，避免接茬痕迹；②一般连续刷2～3遍，使色泽逐渐加深，刷完后用320目水砂纸蘸肥皂水打磨一次，再用棉花团蘸稀虫胶清漆，并将滑石粉薄薄地涂在棉花团上，顺木纹擦十几次，然后去掉滑石粉，再擦十几次；③施工环境温度15℃以上。为了防止泛白，可在虫胶清漆中加入4%的松香酒精溶液。

（2）硝基清漆。①刷涂。根据质量要求涂饰多遍（2～4遍），每遍间隔1～2h；②楷涂。将棉花团蘸漆在涂面上揩擦。一般是先圆擦，再分段擦，后直擦。所以棉花团应外包纱布。擦时用力要均匀，移动轨迹要连续，中途不得停顿，也不得固定在一个地方过多揩擦。一般在一个涂饰面上揩擦12次左右。揩擦3遍完成后，用香蕉水顺木纹加力，拖平拖光。

（3）聚氨酯清漆。①单组分漆可刷、可喷其系潮气固化型，空气温度越大，漆膜干的越快。如加上用漆量0.1～0.15的催干剂（二丁基二月桂酸锡）可缩短涂层固化时间；②四组分按比例配调均匀，在常温下静置15～30min后再涂刷。否则会产生气泡、针孔。但配合好的漆宜在24h用完。

（4）丙烯酸清漆。①配好的漆有效使用时间在20～27℃时为4～5h，28～35℃时为3h，刷喷均可；②一般高级家具刷涂4～5道，每道刷完干燥24h。最后一道刷完要干燥24～36h，才能进行抛光。

（5）聚酯清漆。①混合后的清漆必须在20～40min内用完，随配即用，环境温度不低于15℃；②含蜡的聚酯清漆干后，必须擦去蜡层，经抛光后才能得到光亮的漆膜；③不含蜡的聚酯清漆在涂饰后，要用玻璃纸或塑料薄膜覆盖涂物表面，待漆膜干燥后揭掉薄膜；④刷涂1～2道便可成活，如果要刷两道，要在最后一道加蜡液，否则涂层之间附着不牢。

8.2.1.7 漆膜修饰

油漆涂饰完毕后，漆膜再经过磨光、抛光，整修等修饰方法，可使漆膜更加光亮、平滑。

(1) 磨光。磨光又称砂光，砂光漆膜表面，一般用0～1号木砂纸，顺着木纹方向打磨，将留在漆膜上的排笔毛、刷毛、灰尘等全部磨掉，使漆膜表面平整光滑。楞角、线角等处要轻轻地打磨，否则易将该处的漆膜磨掉而露白。还可以采用水砂纸蘸肥皂水进行湿磨。

(2) 抛光。磨光后的漆膜平滑，但不光亮，需经擦蜡抛光。一般上光蜡用地板蜡或汽车蜡，使用时将上光蜡涂于被涂饰面上，3～5min后，用洁净的绒布顺着木纹方向用力来回擦，面积由小到大。注意不能在某个局部较长时间的擦，这样会因热量高，使漆膜软化而损坏。最后将漆膜上的蜡擦净，擦出光泽即可。

(3) 整修。涂饰完后，线条、楞角处如果露白需要补色，局部漆膜被损也需要修复。硝基漆、聚氨酯清漆等的漆膜破损或露白，可用400目水砂纸蘸肥皂水打磨然后擦干净。待干燥后，刷涂一遍稀硝基清漆，再按原色调，在虫胶漆中加入适量的颜料与染料，进行局部的补色，干后刷涂一道硝基清漆，干燥24h后用400目水砂纸磨光，然后擦蜡抛光。

8.2.2 木质表面木蜡油及大漆涂饰

8.2.2.1 木蜡油涂饰工艺

木蜡油（又名硬蜡油）是一种木器油漆，是由天然植物油和天然植物蜡及植物颜料组成。植物成分由巴西棕榈蜡、埃台里蜡、向日葵油、大豆油、蓟油、亚麻油、小烛树蜡、苏子油、蓖麻油、蜜蜂蜡、松香改性树脂、天然色素中提炼。木蜡油是一种渗透型、全开放式的油漆，不含甲醛、苯、甲苯、二甲苯，不含有害VOC、汞、铅、锰、镉、砷等有毒有害的重金属物质。其作用机理是油渗透到木材内部，可防止外来水和污渍，并体现出木材的天然质感，而蜡与木材纤维牢固结合，既增加木材表面的硬度，同时也使液态水不能进入木材表里，由于没有漆膜，能够使木材里的水分与空气中的水分以水分子的形式交换，达到一个动态的平衡，实现了木材的自由呼吸，从而减少木材的膨胀与收缩。

1. 木蜡油特点

木蜡油具有渗透力强，防潮、防腐、防虫、阻燃、抗紫外线，不产生任何有害气味等诸多优点。经过木蜡油涂饰处理的木质产品外观纹理清晰自然、手感好、表面不结膜、减少收缩与膨胀、不爆裂、不起翘、不脱落，操作简单、方便。

木蜡油适应干燥、潮湿、高温、低温等各种气候条件，是室内外装饰装修的理想产品，适用于：木房屋、室内外木制家具、木屋、凉亭、栅栏、木门窗、框、儿童玩具、古建筑的养护和装饰。

2. 木蜡油与油漆比较

木蜡油相对于传统油漆的最大优势在于由天然植物油和蜡精炼而成，不产生任何有害气味，纯天然环保；操作简易方便，施工工艺难度小，易于修补，可有效避免传统油漆施工中出现的漆病。其差异具体体现在以下几个方面。

(1) 传统油漆以石油化工产品为基材，加工合成树脂，例如硝基、氨基、聚酯、醇酸、酚醛合成树脂，其辅料包括稀释剂、催干剂、固化剂等，同时也使用乙醇、丁酯、甲醛、甲苯、丙酮等化工合成原料，对人和动、植物的健康生长，有一定损害，未能真正完全达到绿色环保要求；而木蜡油是一种绿色环保的木制品保护剂、装饰剂。

(2) 传统油漆漆膜起到阻隔木材表面与空气、水分接触的作用，不能渗入木材纤维内部，木材自身的水分难以散发，在潮湿环境中容易膨胀、开裂和起翘；木蜡油不会在木材表面形成漆膜，木材自身的水分可散发，能降低木材的膨胀与收缩，适用于潮湿环境。

(3) 传统油漆有漆膜，掩饰了木材的自然优美纹理；木蜡油不会在木材表面形成漆膜，更能充分体现木材的天然质感和自然优美纹理。

(4) 传统油漆耐气候性差，用于户外木制品耐久性差；木蜡油适应干燥、潮湿、高温、低温等各种气候条件。

(5) 传统油漆不易修复与翻新；木蜡油耐擦洗，便于修复与翻新。

(6) 传统油漆施工工艺较复杂，需专业人员操作，一般需打底、上色、砂磨、涂刷，反复进行5

～6 遍方可完成；木蜡油施工工艺简便，喷涂、手工刷均可，室温下涂刷一遍，14～16h 即成，最多涂刷二遍，节省工时，不需特别专业技能和培训，便可掌握。

(7) 传统油漆涂布率低，按一般涂刷 5 遍为例，涂布量为 5m²/kg 左右，用量相对较多，造价高。木蜡油本身的价格相对漆膜型油漆要高。目前中国木蜡油的市场价格在 260～460 元/0.75kg。但是木蜡油涂布率高，挥发性小，固体含量高。涂布率为 20m²/kg 左右。同等面积的涂刷，木蜡油的用量仅为传统油漆的 1/3，每平方米造价比高档油漆低约 40%。价格明显低于高档水性漆和同类进口产品，具有明显的价格优势。

3. 木蜡油涂饰工艺要求

(1) 用量。

因树种而异，木材渗透油量不同。从理论上讲，软木树种，例如松木、铁杉、冷杉、红雪松，渗透量会多一点。硬木树种，例如樱桃、胡桃、柚木、红橡、白榉、麦哥利、桃花芯、花梨、沙比利、红影，渗透量会偏少。此外，毛孔粗大树种，例如水曲柳、东北柞木（橡木）、白栓会多一点。

(2) 涂饰方式。

木蜡油的涂饰方式主要包括：刷涂、滚涂、喷涂。个人涂饰通常采用硬毛刷、棉布。在涂刷的过程中要不断的搅拌，不出现有沉淀物为止。涂刷层一定要薄，否则很难干燥并影响涂饰效果。如果颜色太深或太浓，可以用清蜡稀释。个人涂饰室内外木蜡油的干燥时间一般为 8～12h；地板 UV 油用紫外线干燥（即时干燥）。木蜡油在零下 10～20℃以下会结霜，将其置于室温搅拌均匀，即可恢复液体状态。其污渍可用松节油或天那水来清洗。

8.2.2.2 大漆涂饰工艺

1. 大漆的品质

决定大漆的品质有六个方面。所含成分、漆树的品种、生长地区、树龄、采割季节、加工、储存方法与储存期。其中最重要的还是大漆中所含的成分。成分的大致组成为：漆酚含 40%～70%、漆酶含氮物 10%以下、树胶汁约 10%、水分 15%～40%、其他物质。这五种成分中尤以漆酚中三烯酚的多少决定大漆的品质。因为三烯酚为硬木家具表面所擦大漆的主要成膜物质，含量越多越好。湖北毛坝漆之三烯酚占漆酚总量的 90%，故为“漆中珍品”。

2. 荫房必备条件

擦大漆必须在无尘、封密、温度保持在 20～40℃、大气相对湿度为 70%～80%的荫房中进行。其科学道理在于大漆中的漆酶能促进漆酚加速氧化成膜，为生漆涂层固化成膜的天然催干剂。这一催干作用与漆酶的活性有关，活性强弱决定生漆涂层干燥的快慢。漆酶的活性受制于气温、大气湿度及大漆中的酸性物质。经过实验得出结论：气温为 20～40℃，大气相对湿度为 70%～80%时最适宜于擦大漆，且在大漆中不能加入带强酸性或碱性物质。温度过高过低、过干过湿均不能对硬木家具擦大漆。在荫房中可以进行人工升温、泼水或在地面放置浸湿的麻袋、草包来达到擦大漆所必备的气温与湿度的要求。

3. 工艺流程

第一步骤：硬木家具表面处理⟶上第一道生漆腻子⟶砂磨⟶刷涂水色⟶上第二道生漆腻子⟶砂磨⟶拼色⟶上第三道生漆腻子⟶砂磨。

第二步骤：上第一道生漆⟶砂磨⟶上第二道生漆⟶砂磨⟶上第三道生漆⟶砂磨⟶上第四道生漆⟶砂磨⟶上第五道生漆⟶磨水砂⟶抛光⟶上天然蜡。

工艺程序的增加或减少应根据家具表面处理效果而定，不应拘泥于窠臼。

8.2.3 木质表面的半透明涂饰

所谓半透明涂饰，是指使用带有色彩呈半透明的清漆涂饰木制品，在被涂饰面上形成具有色彩半透明的涂膜，使被涂面基材纹理不清晰，只能隐约可见。由于对木材表面着色要求不高，一般就是利用填纹孔进行基础着色，不再进行染色和拼色，对着色的均匀性、木纹清晰度、制品材质及制作精度等要求远低于一般透明涂饰。只是依靠在所用面漆（清漆）中加入少量着色颜料（或颜料与染料混合物或仅用染料）配制成所谓色精，来使整个涂膜形成所需涂饰的色彩。为此有的地区形象地将此种涂饰称为“面着色”涂饰。这种涂饰不能很好地显现出木材纹理的天然美，整个图是效果差。但由于涂饰工艺简单，生产成本低，对涂饰技术要求不高，所以被不少涂饰厂家采用。

工艺流程为：清除制品表面树脂、胶痕、油迹——→砂除木毛——→嵌补洞眼裂缝——→砂光平整——→填纹孔（力争色彩均匀、木纹清晰）——→涂底漆——→砂磨——→涂面漆——→砂磨——→涂面漆——→砂磨——→涂面漆——→磨水砂——→抛光——→敷油蜡。

8.2.4 木质表面的不透明涂饰

不透明涂饰又称色漆涂饰。木表面经过色漆饰后，能完全遮盖木面本身的色泽、纹理、缺陷等，但表面色泽为色漆的漆膜颜色。常用的色漆，如调和漆、硝基磁漆、酚醛磁漆等。

8.2.4.1 基面处理

（1）基面清理。清除木表面的灰尘、油脂、胶迹，以及节疤处渗出的树脂。其方法同透明涂饰的木基面清理。

（2）批嵌腻子。清理好的木基面用刮刀满刮油腻子，批嵌腻子的方法同透明涂饰的木基面腻子的批嵌。但是，对于硝基色漆的基层处理常用血料腻子和成品的猪血料灰调腻子，血料腻子是由熟猪血、老粉按3.5∶6.5的重量配合比调制而成，还可以在腻子中加入少量纤维素。纤维素先与水搅拌均匀后，再用该纤维素水浆调制猪血料腻子。

（3）砂纸打磨。干后用1号木砂纸打磨。局部缺陷嵌补的腻子如有收缩渗透处，要用腻子再嵌补添平，干后用1号木砂纸打磨。

8.2.4.2 磁漆磨退

醇酸磁漆磨退漆涂刷4遍，头遍磁漆中可加入醇酸稀料。涂刷时应注意不流坠、不漏刷且横平竖直。第一遍漆层干燥后，用砂纸磨平磨光，如有不平处或孔眼，应补刮腻子。第二遍磁漆中不需要加稀料，漆层干燥后用砂纸打磨，局部复补腻子并打磨至平整、光滑。若需镶嵌玻璃，此遍漆刷完了嵌装。第三遍磁漆干燥后，用320号水砂纸打磨至光亮，但不得磨破棱角。第四遍磁漆干燥后，用300～500号的水砂纸顺木纹打磨至磁漆表面发热，磨好后用湿布擦净。这时可涂上砂蜡，顺木纹方向反复擦，直至出现暗光为止，最后再涂以光蜡。

8.2.4.3 磁漆涂饰

1. 涂饰底漆

一般多用白色油漆作底漆，涂饰奶油色、象牙色、天蓝色等浅色漆膜时，刷涂白色底漆是不可缺少的一道工序。刷涂酚醛磁漆的底漆时，可用松香水调稀后使用，底漆要刷涂得薄而均匀，通常要刷涂两道底漆，第一遍底漆干后，用0号或1号旧木砂纸要磨一遍，然后刷涂第二遍底漆，干后用0号木纸打平磨是1∶1.5。底漆通常是三遍成活。每遍干后用280～320号水砂纸湿磨。

2. 涂饰面漆

使用酚醛磁漆、醇酸磁漆涂饰面时，可用油漆刷醛取漆液先在木面上平行地刷上2～3遍，然后纵横均匀地展开，顺一个方向刷。涂漆量为60～80g/m^2，要刷涂均匀，不露底色。

使用硝基磁漆饰面时，先用排笔蘸漆液在木面上平行地刷2～3遍，硝基磁漆与香蕉水的比例是1∶1.2；等漆膜干后用棉花团蘸漆擦涂，先圈擦3～4次，再横擦3～4次；最后用硝基磁漆与香蕉水的比例为1∶2的漆液，横擦1～2遍即可。另外，还可以采用喷涂，其方法同透明涂饰施工，但一般一遍成活。

3. 漆膜修整

若要求涂膜进行磨水砂、抛光、敷油蜡各道工序处理，其技术要求，均与木制品透明涂饰的完全相同。

8.3 美工油漆饰面涂饰技术

美工油漆是在油漆装饰工程中，采取一些特殊的装饰技巧，作为丰富多彩的各种饰面，有喷花、刷花、仿木纹涂饰、仿石纹涂饰、旋花以及裂纹和皱纹涂饰等。

8.3.1 喷刷、旋花及仿木纹与石纹的施涂

8.3.1.1 喷花、刷花

喷花、刷花的施工工艺流程为：制作套版——→配料——→定位——→喷印第一遍色油——→喷印第二遍色油。

8.3.1.2 旋花

旋花是在浅木色或深木色底漆上水色浆，并在水色浆未干时，用手压、旋等方式做出不规则的花朵，干后再刷罩面漆。

8.3.1.3 仿木纹涂饰

仿木纹涂饰是在装饰面上用油漆仿制出如水曲柳、榆木等木材的木纹。其工艺流程为：基层处理——→涂饰清漆——→刮第一道腻子——→磨平——→刮第二道腻子——→磨平——→涂饰第一道调和漆——→涂饰第二道调和漆——→弹分格线——→刷面层油漆——→做木纹——→划分格线——→刷罩面漆。

8.3.1.4 仿石纹涂饰

仿石纹涂饰是在装饰面上用油漆涂料仿制出如大理石、花岗石等石纹。其工艺流程为：基层处理——→涂饰第一遍清漆——→刮第一道腻子——→磨平——→刮第二道腻子——→磨平——→涂饰第一道调和漆——→涂饰第二道调和漆——→画线、挂丝绵——→喷色浆、取下丝绵——→画线—涂饰清漆。

8.3.2 裂纹涂饰工艺

裂纹涂料也属于美术油漆涂料的一种。这种涂料的涂层在干燥成膜的过程中，会自然地显现出美丽的龟裂花纹，有独具一格的美观性，可用于金属与非金属制品的涂饰，并将这种涂饰称为裂纹涂饰。

裂纹涂饰的工艺与一般色漆喷涂的工艺基本相同。先要对制品进行表面处理，使之平整光滑。然后再喷涂底色漆，形成所需色彩的平滑色漆膜，一则将制品的基底全部遮盖掉，二则以利在其上面喷涂裂纹涂料，易于产生均匀细致而美丽的裂纹。

底色漆为一般色漆，其色彩应跟所喷涂的裂纹涂料的色彩对比明显。例如裂纹涂料为墨绿色，则底色漆可为白色、黄色或红色。这样涂饰会使制品出现白色、黄色或红色的精细裂纹，跟墨绿色形成明显对比，相互映衬，使裂纹格外清晰，色彩更为醒目。

底色漆喷好干结成坚固的涂膜后，需用水砂纸砂磨光滑。若有细孔或不平之处，一定要再喷一次，干后再磨水砂，务必达到平整光滑的要求。

在待喷的裂纹涂料中加适量的稀释剂，将黏度调整到 20～22Pa·s（涂 4 杯），然后用扁嘴喷枪进行喷涂。喷涂时，必须注意喷涂均匀，并要求一次喷好，不得回枪补喷。因为涂层不均匀，回枪补喷会造成裂纹不均匀，形成的图案大小不一，影响涂膜的装饰效果。裂纹涂层形成裂纹的规律大致是：涂层厚则裂纹粗，涂层薄则裂纹细，若涂层过薄便不会形成裂纹。

裂纹涂料喷涂后，大约间隔 50min 就会呈现出非常美丽的裂纹。因裂纹涂料中颜料较多，会影响附着力，为提高裂纹涂料涂膜的附着力与光泽度，可在其涂膜上再喷涂 1 度相适应的清漆，然后再进行磨水砂和抛光处理。如果要在制品表面上涂饰棕黄皮革色，那么只要在裂纹涂膜上面再喷涂 1 度棕黄色漆，便可得到人造皮革的花纹。

8.3.3 皱纹涂饰工艺

皱纹涂料也是装饰用的美术涂料，其涂膜会自然形成均细而美丽的皱纹，故将这种涂饰称为皱纹涂饰。其特点是：涂膜花纹起伏、立体感强、光泽度低、手感粗糙、表面摩擦大，主要用于金属制品的涂饰。因其涂层需经高温烘烤才能形成坚硬的皱纹涂膜，这类涂料属于烘干型涂料。

皱纹涂饰常用黑、紫、棕、灰色酯胶、酚醛皱纹涂料。这类涂料便于喷涂，不易流挂。而醇酸皱纹涂料的涂膜坚固、耐酸性强，但易流挂，须特别小心。如果须涂饰浅色皱纹，可在涂层干燥结成膜后，再喷涂 1 度相适合的清漆，使浅色的皱纹显得更漂亮。

皱纹涂饰工艺较为简单，先将制品表面上的污渍清除，然后刮涂一道油性腻子，将表面填平，干

后砂磨光滑；再涂饰铁红防锈磁漆，干后砂磨光滑；最后喷涂皱纹涂料，其黏度为 20Pa·s（涂 4 杯）左右，压缩空气的压力约为 39.2kPa，喷射距离约 300mm。喷涂方法应先横喷一道紧接着竖喷一道即完工，做到涂层不流挂为原则。起皱的规律是：喷的涂层越厚则皱纹就越粗，反之越细，涂层过薄难以出现皱纹，即使产生皱纹也不均匀。

制品喷涂完毕后，应送往烘房或烘道中，用 120℃左右的温度烘烤。约 10min 后会逐渐出现均匀的皱纹。待制品的整个涂饰面都显现出均匀的皱纹后（约 20min），便可以从烘房或烘道中取出，让其冷却到室温，对未起皱纹或有缺陷部位，可用毛笔蘸取皱纹涂料予以修补，然后再送往烘房或烘道中烘烤到涂膜完全干燥为止。第二次进行烘烤的温度应控制在 100～200℃范围内，对浅色涂层可为 85℃左右，烘烤时间 2～3h。

8.3.4 涂蜡工艺

蜡在常温条件下呈固体状，熔融或溶解后变成液体，能渗入木材纤维内。当温度降至常温或溶剂挥发后又恢复为固体。因此将蜡液涂饰在木制品表面上，让它充分渗入木材纹孔与纤维中，再用优质棉纱头或粗呢、粗布、毛巾等柔软织物，把浮在表面的蜡层揩擦干净后，制品表面手感格外滑爽舒适，能更清晰地显现木材自身的色泽与花纹美，具有天然、高雅的装饰效果，多用于高级木制品的涂饰，如紫檀木、花梨木、樟木等材质较硬、纹理美观的家具及工艺品等的涂饰。其涂饰工艺如下。

1. 制品表面处理

将制品表面嵌补好并砂磨光滑，若着色就用染料水溶液进行染色，并将色彩拼均匀，但一般是进行木材本色涂饰，不另行染色。

2. 调制蜡液

取蜂蜡或虫白蜡、矿物蜡 3 份，松香水或松节油 2 份。先将蜡隔水加热融化，然后逐渐加入松香水，并不断搅拌，直至成均匀的溶液。如尚需对制品着色，可在溶液中加入油溶性染料，继续搅拌使染料充分溶解均匀。

3. 涂饰蜡液

用漆刷将蜡液均匀涂饰到制品表面上。全部涂好后，须在 30～40℃的室温内放置约 1h，以让蜡液充分渗入木材中。

4. 揩净表面蜡层

用纱头或粗布将制品表面上的蜡层揩擦平滑，使蜡膜薄而均匀，木纹十分清晰。

5. 涂饰封闭涂层（或揩抹滑石粉）

为提高蜡膜的强度，可在干透的蜡膜上涂饰一层均匀的虫胶清漆或硝基清漆。如果要增加蜡膜的光泽与光滑性，可用滑石粉揩抹一遍。

在木制品表面上进行“烫蜡”，工艺简单易行，也可获得同样的装饰效果。其工艺为：在经嵌补、砂磨、着色处理好的制品表面上，用电吹风进行加热，边加热边擦蜡，并使擦上的蜡受热熔化渗入木材中，待整个表面烫蜡后，用纱头或粗布用力揩擦，一要把表面浮蜡揩干净，二要使蜡将纹孔填平实。做到表面平整光滑，光泽柔和，色彩协调，纹理清晰。

8.3.5 其他涂饰工艺

8.3.5.1 金粉涂饰工艺

金粉有真金粉与合金粉两种，真金粉是将金箔研磨而成，合金粉为铜锌合金的粉末。涂饰时将金粉调入所用的清漆（如硝基清漆或聚氨酯清漆）中，若黏度过高可加入适量所用清漆的溶剂进行稀释，拌均匀就成金粉色漆，然后用普通毛笔或油画笔将金粉漆描绘在涂饰好底漆或涂饰好 1～2 道面漆的花纹图案上（如雕刻花纹、字画、嵌线、镜框等；或直接绘制所设计的图案）。描绘须十分认真，应使金粉涂层均匀牢固，表面平整滑。不得有遗漏或使所描绘的图案走样变形。等金粉涂层干燥后，再涂饰 2～3 道高级清漆。待整个涂层完全固化后，可进行磨水砂、抛光处理，同样能使制品获得光亮的装饰效果。

8.3.5.2 幻彩爆花漆涂饰工艺

幻彩爆花漆是一种特殊的色漆，用来喷涂制品，能够获得似彩云般变幻莫测的各种彩色花纹图案，可谓变幻无穷美丽多彩，为人们所喜爱。其涂饰工艺为：制品表面处理──→刮涂第一道腻子──→干后砂磨光滑──→喷涂底色漆，以形成所需色彩均匀光滑涂层，经4～6h干燥喷涂幻彩爆花色漆（将喷枪涂料喷嘴调细，均匀薄喷）──→立即用纱布团蘸爆花水做花纹，使做出的花纹似天上彩云变化多样，能产生奇光异彩的装饰效果，然后经约2h自然干燥喷涂第一道面漆──→表干后轻轻砂磨光滑──→喷第二道面漆──→约经24h自然干燥，让涂层实干后，可磨水砂、抛光、敷油蜡，即完工。

8.3.5.3 银珠闪色漆涂饰工艺

即涂料的着色颜料中含有适量的银粉或金粉或金银混合粉末，其涂膜能闪现出繁星般点点银光、金光或金银混合光泽。有的将闪银光的称为银珠漆，现统称为银珠闪光涂料或闪光涂料。可使制品获得一种华贵的装饰效果，格外醒目。多用于金属家具的涂饰，亦可用于刨花板、中密度纤维板等家具的不透明涂饰。其涂饰工艺跟一般不透明涂饰的基本相同：白坯表面处理──→刮涂腻子──→干后砂磨平滑──→喷涂底漆──→干后砂磨光滑──→再喷涂一道底漆──→实干后用400～600号水砂纸进行水砂──→喷涂闪光色漆，涂层均匀──→待涂层干后（均15min后）喷涂第二次闪光色漆，涂层厚些，且均匀无流挂──→自然干燥24h后，用800～1000号水砂纸进行水砂，揩干净晾干──→喷涂1～2道清澈透明的高级清漆，待实干后──→用1000号水砂纸进行水砂→抛光→敷油蜡。

8.3.5.4 贝母色漆涂饰工艺

将适量的贝母粉末调入色漆中，能使色漆涂膜闪现出一种特有的光彩，具有独特的装饰效果与自然美感，颇受人们喜欢。可用于各种家具及室内装饰的不透明涂饰。其涂饰工艺跟闪光色漆相同。

思考题

1. 简述室内装修常见油漆的品种。
2. 试述木质表面油漆的方法及工艺过程。
3. 简述室内装饰装修美工油漆饰面的种类。
4. 试述木质表面油漆所用腻子的种类。

第9章

水电安装施工技术

在装饰装修工程中，常常会出现室内界面装修主体与水电等各类设备之间以及设备各组成部分之间相互配合协调的问题。因而，对从事装饰工程的专业技术人员而言，掌握必要的有关水电等设备的基础知识是非常重要的。一般来说，在装饰装修设计、施工和监理等各个环节中，都必须考虑并处理好与装饰设备相关的各专业工种之间的相互配合与协调关系。但是，水电工程是一项内容繁多而复杂的工程，在建筑装饰专业中是一门必修课程。因此，本章节不能全面介绍关于水电工程的详细内容，主要是以住宅建筑室内水电安装工程为例，阐述水电工程的基本知识、安装工艺以及验收标准，起到抛砖引玉的作用。

9.1 水电工程基础知识

室内水电系统是由各种管道线路、配件、卫生器具等设备按照一定的要求有机地组合而成的。无论在工程设计还是施工中，都必须对各种常用的管道线路、配件及卫生器具等设备性能指标和安装要求有充分的了解。各种新型的管材的迅速发展，对现代建筑室内水电工程的设计和施工产生了很大的影响，尤其是室内给排水工程中，各种新型材料正以迅猛的势头得到推广和普及，代表了该领域内新材料发展的方向。

9.1.1 室内给排水系统

9.1.1.1 室内给水系统

住宅室内给水系统由引入管、水表节点、管网系统、用水设备以及附件组成。

（1）引入管。引入管是室外给水管道与室内给水管网之间的连通管，其作用是将水从室外给水管网引入到住宅内。引入管分为引入横管与引入立管，一般住宅楼每个单元设有一条或数条引入管。

（2）水表节点。是用水量的计量装置。一般设置在引入管上或室外的水表井内，为了检修方便，水表前后均应设置阀门，并有符合产品标准规定的直线管段，保证不影响正常计量。对于住宅建筑，各单元每户的引入管上均应安装分户水表。

（3）管网系统。由干管、立管和支管组成。

（4）用水设备。由水龙头、卫生器具等设备组成。

（5）附件。为便于检修、调节，在供水管道上需要设置各种给水附件，如阀门、水龙头等。

9.1.1.2 室内排水系统

住宅室内排水系统由卫生器具、排水栓、排水管网、通气管组成。

（1）卫生器具。在住宅内，指洗脸盆、坐便器、浴盆、洗涤盆等用水设备。

（2）器具排水管。卫生器具与排水横管之间的短管，一般都设有P形或S形存水弯。

（3）排水管网。排水管网由排水横管、排水立管与排出管组成。

（4）排水横管。连接卫生器具排水管和排水立管之间的水平管道。排水横管应具有一定的坡度，坡向排水立管。

（5）排水立管。连接各楼层排水横管的垂直排水管的过水部分。排水立管应靠近排水量最大的排水点，住宅排水立管通常在墙角明装，也可暗装在管槽或管道竖井内。

（6）排出管。即室内污水出户管，是室内排水立管至室外检查井之间的连接水平管段。排出管通常为埋地敷设，管顶距室外地面不小于0.7m；排出管必须按照设计要求或规定（无设计要求时）的坡度敷设，以达到自清流速，避免脏物淤积堵塞管道。

（7）通气管。排水立管由最高层卫生器具以上伸出屋面的不过水部分，管顶设有通气帽或钢丝球。通气管的作用是排出排水管网中的有毒有害气体，使排水管网内的压力与大气压力取得平衡，防止器具排水管的水封被破坏。

9.1.1.3 主要管材及安装方法

1. 给水管材

给水塑料管应用越来越广泛，有聚乙烯管（PE）、高密度聚丙烯管、铝塑复合管、硬聚氯乙烯管（UPVC）等。但常用的给水管材主要是钢管和铸铁管，给水钢管常用低压焊接钢管及镀锌钢管，其规格如表9-1所示。

表9-1　低压焊接钢管和镀锌钢管规格　　单位：mm

公称直径		15	20	25	32	40	50	65	80
外径		21.3	26.8	33.5	42.3	48	60	75.5	88.5
壁厚	普通钢管	2.75	2.75	3.25	3.25	3.5	3.5	3.75	4
	加厚钢管	3.25	3.5	4	4	4.25	4.5	4.5	4.75

2. 排水管材

室内排水管材主要有：长铸铁管、硬聚氯乙烯排水塑料管等。塑料排水管以其施工速度快、维修方便等得到越来越广泛的应用。

3. 管道安装方式

给水管道的安装方式有明装和暗装。明装即管道外露，影响美观，但安装与维修方便；暗装管道安装在管沟、墙槽、顶棚、管道井、技术层或楼地面的垫层内，不影响美观，但安装与维修困难。

排水管道的横支管悬吊在楼板下，当接有2个以上坐便器或3个以上卫生器具时，横支管顶端应升至上层楼面设置清扫口。排水立管应靠近排水量大、杂质多、最脏的排水点。立管穿楼板时应设套管，套管直径比立管外径大1～2个规格，一般房间套管顶部高出地面20mm，卫生间和厨房应高出地面30～50mm，套管底部与楼板底面平齐。给水引入管和排水排出管穿越地下室墙体时，应设防水套管。

4. 管道连接方法

钢管的连接方法有丝扣连接、法兰连接和焊接。丝扣连接是在管子上加工螺纹后用配件连接；法兰连接严密，安装与拆卸方便，常用在连接阀门、水泵、水表等处，以及其他经常需要拆卸、检修的管段上；焊接的优点是施工迅速，接头严密，但不能拆卸。

5. 管道支架

管道支架承受管道自重、内部介质和外部保温、保护层等重量，使其保持正确的依托，同时又是吸收管道振动、平衡内部介质压力和约束管道变形的支撑。管道支架按对管道的制约作用不同分为活动支架和固定支架，按结构形式分为托架和吊架。选择管道支架的形式和间距，主要取决于管道的材料、输送介质的工作压力和工作温度，管道的保温材料及其厚度，还需考虑支架的制作和安装。一般规定如下。

（1）沿建筑物墙、柱敷设的管道一般采用支架。

（2）不允许有横向、纵向以及竖向移动的管道应采用固定支架。在固定支架之间，管道的热膨胀靠管道的自然补偿或设置专门的补偿器。

（3）不允许横向移动，但可以纵向或竖向移动的管道，应设滑动支架，以适应管道的伸缩和位移；当管道输送介质温度高、管径较大时，为减少轴向摩擦力，可以采用滚动支架。

（4）管道穿墙或楼板时，应加套管，套管的作用相当于滑动支架。

（5）水平钢管支架、塑料管及复合管管道、排水塑料管管道，以及铜管管道支架最大间距，分别见表 9－2～表 9－5。

表 9－2　　钢管管道支架最大间距

公称直径（mm）		15	20	25	32	40	50	70	80	100	125	150	200	250	300
最大间距（m）	保温	2	2.5	2.5	2.5	3	3	4	4	4.5	6	7	7	8	8.5
	不保温	2.5	3	3.5	4	4.5	5	6	6	6.5	7	8	9.5	11	12

表 9－3　　塑料及复合管给水管道支架最大间距

公称直径（mm）		12	14	16	18	20	25	32	40	50	63	75	90	110
最大间距（m）	立管	0.5	0.6	0.7	0.8	0.9	1.0	1.1	1.3	1.6	1.8	2.0	2.2	2.4
	冷水管	0.4	0.4	0.5	0.5	0.6	0.7	0.8	0.9	1.0	1.1	1.2	1.35	1.55
	热水管	0.2	0.2	0.25	0.3	0.3	0.34	0.4	0.5	0.6	0.7	0.8		

表 9－4　　排水塑料管道支架最大间距

公称直径（mm）		50	75	110	125	160
最大间距（m）	立管	1.2	1.5	2.0	2.0	2.0
	横管	0.5	0.75	1.1	1.3	1.6

表 9－5　　铜管管道支架最大间距

公称直径（mm）		15	20	25	32	40	50	75	100	125	150	200
最大间距（m）	立管	1.8	2.4	3	3	3	3.5	3.5	3.5	3.5	4	4
	横管	1.2	1.8	2.4	2.4	2.4	3	3	3	3	3.5	3.5

6. 给排水附件及图例

给排水附件是对安装在管道及设备上的启闭和调节装置的总称。给水附件一般分为配水附件和控制附件两大类。配水附件是指安装在卫生器具和用水点的各种水龙头，控制附件用来调节水量、水压、关闭水源、控制水的流动，如各种阀门等。

室内给排水施工图中常用的图例，见表 9－6。

9.1.1.4 施工时应注意的事项

选用符合国家标准的材料进行施工，绝对不能使用镀锌管。现在家装水路改造一般采用 PP－R 水管，其连接方式主要为热熔连接。

（1）一般水改走顶不走地，冷、热水出水口必须水平，混水阀孔距一般保持在 150mm。

（2）管路铺设必须横平竖直。

（3）冷、热水管均为入墙做法，开槽时须检查槽的深度。

（4）水路改造完毕要做管道压力实验，实验压力不应该小于 0.6MPa，时间为 20～30min。

（5）淋浴盆上的混合龙头的左右位置正确，且装在浴盆中间（先确定浴缸尺寸），高度为浴缸上中 150～200mm，按摩浴缸根据型号进行出水口预留。

（6）坐便器的进水出口尽量安置在能被坐便器挡住视线的地方。

表 9-6　　　　　　　　　　室内给排水施工图中常用图例

名　称	图　例	名　称	图　例
给水管		止回阀	
排水管		存水管	
立管		洗面盆	
编号		浴盆	
水龙头	（轴测图）　（平面图）	坐便器	
截止阀		拖布池	
地漏	（轴测图）　（平面图）	消火栓	（单出口）　（双出口）
清扫口	（轴测图）　（平面图）	淋浴喷头	
检查口		水表	

（7）立柱盆的冷、热水龙头离地高度为500～550mm，下水道一定要装在立柱内。

（8）安装浴缸前应检查防水是否完整，如无防水或防水被破坏，防水应重做。

（9）安装热水器进出时，进水的阀门和进气的阀门一定要考虑并应安装在相应的位置。

（10）安装厨、卫管道时，管道在拐出墙体的尺寸应考虑到墙砖贴好后的最后尺寸，即预先考虑墙砖的厚度。

（11）设计水管时应考虑洗衣机的用水龙头安装位置、下水的布置。同时注意电源插座的位置是否合适。

（12）给水管道的走向、布局要合理。

（13）进水应设有室内总阀，安装前必须检查水管及连接配件是否有破损、砂眼、裂纹等现象。

（14）水表安装位置应方便读数，水表、阀门离墙面的距离要适当，要方便使用和维修。

（15）墙体内、地面下，尽可能少用或不用连接配件，以减少渗漏隐患点。连接配件的安装要保证牢固、无渗漏。

（16）墙面上给水预留口（弯头）的高度要适当，既要方便维修，又要尽可能少让软管暴露在外，并且不另加接软管，给人以简洁、美观的视觉。对下方没有柜子的立柱盆一类的洁具，预留口高度，一般应设在地面上600mm左右。立柱盆下水口应设置在立柱底部中心或立柱背后，尽可能用立柱遮挡。壁挂式洗脸盆（无立柱、无柜子）的排水管一定要采用从墙面引出弯头的横排方式设置下水管（即下水管入墙）。

9.1.2　室内电气工程

建筑电气的内容可分为两大部分：照明与动力系统，即“强电”系统主要包括供电、配电、照明、设备控制、防雷、接地等。通信与自控系统，即“弱电”系统主要包括电视、电话、广播、传呼、报警、机电设备自控等。

9.1.2.1 住宅室内照明

住宅室内照明由照明装置及其电气部分组成。

1. 照明装置

照明装置主要是灯具，灯具由光源和灯罩组成，其主要功能是将光源发出的光进行再分配；灯具还有装饰与美化环境的作用，有时甚至就是以装饰和美化作用为主。常用的照明光源可分为两大类：一类是热辐射光源，如白炽灯、碘钨灯等；另一类是气体放电光源，如荧光灯、高压钠灯等。

灯具的布置与照明方式有关。照明方式可分为一般照明、局部照明和混合照明。一般照明的照度比较均匀，光线来自顶棚上均匀对称布置的灯具；当在某个局部需要有较高的照度或由于遮挡使一般照明照射不到的某些范围内装设局部照明。通常采用一般照明和局部照明组成的混合照明。

灯具安装。住宅采用的灯具多为成品，安装时要注意室内的具体环境。在吊顶内或吊顶下安装嵌入式或吸顶式灯具时，应在灯具位置处增加固定用龙骨；当灯具重量较大时，应直接用螺栓或吊钩悬挂在顶板上。在墙体上固定灯具，要求使用胀丝、螺栓或预埋木砖，不能采用木楔固定，以免脱落。

2. 电气部分

住宅室内电气部分包括开关、插座、线路及配电盘等。配电线路的敷设方式可分为明敷设和暗敷设两种，常用的敷设方法有管子布线和线槽布线。

管子布线的内容分为配管和穿线两部分。配管有明配管和暗配管。明配管就是把管子敷设在建筑物顶棚、墙壁、柱子、屋架等的表面；暗配管是把管子敷设在混凝土楼板内、墙体内、地面垫层内或吊顶内。

敷设在混凝土楼板内时，管子外径不得超过板厚的1/3，且管路尽量不要交叉；由于楼板内的管路往往有两路或以上，很难做到不交叉，因此应计算比较多路管子的外径和板厚，不能影响钢筋的布置。

同样，敷设在地面垫层内的管子，也要计算多路管子各个交叉点的总高度，至少要比垫层厚度小，才能保证不影响地面的施工质量。

墙体内敷设的管路，垂直敷设的可以随墙砌入或在墙体上剔槽后埋入；水平敷设的则必须随墙砌入，否则会影响结构安全，而且水平管直径不能太粗，当超过20mm时，一般要求做一层现浇混凝土。

吊顶内的管路一般在吊顶龙骨装配完成后敷设，为了不影响检修吊顶，管路应直接吊挂在顶板上。

管子布线常用的管材有金属管和塑料管。潮湿场所或埋地敷设的金属管布线，应采用厚壁钢管；干燥场所的金属管布线可以采用薄壁钢管。硬质塑料管的耐酸、碱性能较好，而且防潮，可优先使用在潮湿或有酸碱腐蚀的场所；半硬塑料管一般用于干燥的住宅和办公楼等公共建筑内。

9.1.2.2 防雷

1. 雷电常识

雷电是雷云之间或雷云与大地之间的自然放电现象。主要带负电的雷云与大地形成了巨大的电容器，在地表面感应正电荷。当雷云与大地之间的电场强度达到一定程度后，就放电形成雷电。其基本特征是：雷电电压很高，可达到数百万伏至数千万伏；雷电流很大；雷电流变化很快。雷电放电时间极短。

雷电的危害主要是直接雷击、感应雷击以及雷电波侵入。雷电毁坏房屋，击穿电气设备的绝缘保护，引起火灾或者爆炸事故等，造成人员伤亡和财产损失，因此必须采取防雷击措施，保证建筑物、设备以及人员的安全。

2. 建筑物的防雷等级划分

（1）一级防雷建筑物。具有特别重要用途的建筑物，如国家级的会堂、大型博物馆、展览馆、大型铁路客运站、国际性的航空港等；国家级重点文物保护的建筑物和构筑物；高度超过100m的建筑物。

(2) 二级防雷建筑物。重要的或人员密集的大型建筑物，如省部级办公楼、大型商店、影剧院等；省级重点文物保护的建筑物和构筑物；19层及以上的住宅建筑和高度超过50m的其他民用建筑物；省级及以上大型计算中心和装有重要电子设备的建筑物。

(3) 三级防雷建筑物。建筑群中最高或位于建筑群边缘高度超过20m的建筑物；历史上雷害事故严重地区或雷害事故较多地区的较重要建筑物等。

3. 建筑物的防雷击措施

一、二级防雷建筑物应有防直接雷击、防感应雷击以及防雷电波侵入的措施；三级防雷建筑物应有防直接雷击和防雷电波侵入的措施。

(1) 防直击雷措施。防直击雷的防雷装置由接闪器、引下线和接地装置组成。其中，接闪器由避雷针、带、网单独或混合组成，避雷针可采用圆钢或焊接钢管制作，避雷网和避雷带可采用圆钢或扁钢制作。引下线可采用圆钢或扁钢制作，沿建筑物四周均匀或对称布置，不应少于两根。接地装置由接地线和接地极组成，埋设在土壤中的人工垂直接地极应采用圆钢、钢管或角钢，水平接地极可采用扁钢或圆钢。

对于高层建筑，一般都利用屋面、梁、柱及基础内的钢筋作为防雷装置，形成避雷网；为防侧击，可将建筑物内的钢结构构件与结构中的钢筋相互连接，并利用钢结构柱或混凝土柱中的钢筋作为防雷引下线。另外，30m及以上外墙上的栏杆、门窗等较大的金属物必须与防雷装置连接。

(2) 防感应雷措施。建筑物上的聚集电荷可通过设置在建筑物上的避雷带、避雷网等装置收集和泄放；在建筑物内，则是将金属物通过接地装置与大地可靠连接，从而将雷电感应电荷迅速引入大地，消除雷击危害。

(3) 防雷电波侵入措施。雷电波侵入是指雷电沿架空线路或金属管道等侵入室内，危及人身和财产安全。为此，进入建筑物的各种线路及金属管道采用全线埋地引入，并在进户端将电缆的金属外皮、管道与接地装置连接。

9.1.2.3 接地

所谓接地，是各种设备与大地的电气连接。其目的是为了使设备正常和安全运行，以及为建筑物和人身的安全准备条件。要求接地的有各种各样的设备，如电力设备、通信设备、电子设备、防雷装置等。

1. 有关接地的名词

(1) 接地体。埋入地中并直接与大地接触的金属导体。

(2) 自然接地体。兼作接地用的直接与大地接触的各种金属构件、钢筋混凝土基础、金属管道和设备等。

(3) 零线。与变压器直接接地的中性点连接的中性线或直流回路中的接地中性线。

(4) 接地线。电气设备的接地螺栓与接地体或零线连接用的、正常情况下不载流的金属导体。

(5) 接地装置。接地体和接地线的总称。

2. 接地的种类

(1) 接地。电气设备或过电压保护装置中的某一部位，用接地线与接地体连接。

(2) 接零。电气设备和电气装置的非带电金属外壳与零线连接。

(3) 下作接地。在电力系统中，运行需要的接地。

(4) 保护接地。电气设备的金属外壳等，由于绝缘损坏有可能带电，为防止这种带电后的电压危及人身安全而设置的接地。

(5) 防静电接地。为了消除生产过程中产生或聚集的静电而设置的接地。

(6) 屏蔽接地。为了防止电磁感应而对电气设备的金属外壳、屏蔽罩、屏蔽线的外皮或建筑物金属屏蔽体等设置的接地。

(7) 逻辑接地。在电子设备的信号回路中，其低电位点要求有一个基准的电位，需要把这个点进行接地，也称逻辑接地。

（8）重复接地。将零线上的一点或多点与大地再次做电气连接。

3. 接地装置

接地装置通常由接地螺栓、接地线、接地体构成。接地体一般采用长2.5m左右的角钢或钢管制成，垂直打入地下，称为人工接地体；也可利用埋入地下的金属构件如管道、建筑物钢筋混凝土基础等，成为自然接地体。接地线可采用扁钢或圆钢，埋入地下或布设于地面、墙面。分为接地干线和接地支线。

4. 几种保护接地方式

（1）TN－S方式。整个系统的中性线与保护线是分开的。

（2）TN－C方式。整个系统的中性线与保护线是合并的。

（3）TN－C－S方式。系统中前一部分线路的中性线与保护线是合并的，在系统某一部分开始中性线与保护线分开，且分开后不再合并。

（4）TT方式。电力系统有一点直接接地，电气设备的外露可导电部分通过保护线接至与电气系统接地点无直接关联的接地体。

（5）IT方式。电力系统的带电部分与大地无直接连接（或有一点经足够大的阻抗接地），电气设备的外露可导电部分通过保护线接至接地体。

9.1.2.4 施工时应注意的事项

电路设计要多路化，做到空调、厨房、卫生间、客厅、卧室、电脑及大功率电器分路布线；插座、开关分开，除一般照明、挂壁空调外各回路应独立使用漏电保护器；强、弱分开，音响、电话、多媒体、宽带网等弱电线路设计应合理规范。

（1）管材选用符合国家标准的品牌产品。

（2）材料必须与公司工程报价单所列品名相符。

（3）所用导线的截面规格为2.5mm^2、4mm^2、6mm^2，不受拉力，包扎紧密不伤线芯，无扭结、死弯、绝缘层无破损等缺陷，所用电线颜色要分清。

（4）管面与墙面应留15mm左右粉灰层，以防止墙面开裂。

（5）未经允许不许随意破坏、更改公共电气设施，如避雷地线、保护接地等。

（6）电源线管暗埋时，应考虑与弱电管线等保持500mm以上距离，电线管与热水管、煤气管之间的平行距离不小于300mm。

（7）墙面线管走向尽可能减少转弯，并且要避开壁镜、家具等物的安装位置，防止被电锤、钉子损伤。

（8）如无特殊要求，在同一套房内，开关离地1200～1500mm之间，距门边150～200mm处，插座离地300mm左右，插座开关各在同一水平线上，高度差小于8mm，并列安装时高度差小于1mm，并且不被推拉门、家具等物遮挡。

（9）各种强弱电插座接口宁多勿缺，床头两侧应设置电源插座及一个电话插座，电脑桌附近、客厅电视柜背景墙上都应设置三个以上的电源插座，并设置相应的电视、电话、多媒体、宽带网等插座。

（10）音响、电视、电话、多媒体、宽带网等弱电线路的铺设方法及要求与电源线的铺设方法相同，其插座或线盒与电源插座并列安装，但强弱电线路不允许共用一套管。

（11）所有入墙电线采用16以上的PVC阻燃管埋设，导线占管径小于40%空间，与盒底连接使用专用接口件。

（12）使用导线管时，电源线管从地面穿出应做合理的转弯半径，特别注意在地面下必须使用套管并加胶连接紧密，地面没有封闭之前，必须保护好PVC管套，不允许有破裂损伤；铺地板砖时PVC套管应被水泥砂浆完全覆盖。

9.2 给排水管道的安装技术

卫生完善、布局合理、经济适用的室内给排水系统将为人们提供方便、卫生、舒适和安全的生活环境。特别是在厨房、卫生间等部位，室内给排水系统的合理设计和施工安装，将对整个室内环境产生很大的影响。因此，住宅室内给排水工程主要指是分户进水阀后给水管段、户内排水管段的管道安装施工，管道安装均应符合设计要求及国家现行标准规范的有关规定。

9.2.1 施工质量要求

(1) 给排水管材、管件应符合设计要求并应有产品合格证书。

(2) 管道敷设应横平竖直，管卡位置及管道坡度等均应符合规范要求。阀门安装应位置正确且平正，便于使用和维修。

(3) 嵌入墙体、地面的管道应进行防腐处理并用水泥砂浆保护，其厚度应符合下列要求：墙内冷水管不小于10mm，热水管不小于15mm，嵌入地面的管道不小于10mm。嵌入墙体、地面或暗敷的管道应作隐蔽工程验收。

(4) 冷热水管安装应左热右冷，平行间距应不小于200mm。当冷热水供水系统采用分水器供水时，应采用半柔性管材连接。

(5) 各种新型管材的安装应按生产企业提供的产品说明书进行施工。

9.2.2 给水管道安装

9.2.2.1 给水管道布置与敷设

1. 布置的一般原则

(1) 给水引入管的位置应设置在室内用水量最集中、用水量最大的位置，以便充分利用室外管网的水压。

(2) 水平干管或立管应尽量靠近用水量最大处，可减少管道的敷设长度。

(3) 管道应尽量与室内墙、梁、板或柱平行布置，并力求长度最短，弯头最少。

(4) 给水管道不允许不布置在烟道、风道内，不允许穿过橱窗、壁柜，大小便槽等。

(5) 当吊顶内或相近标高处有较多管道交叉布置时，应注意与电气、暖通空调专业协调，以保证管道之间的间距满足规定的要求。

2. 给水管道的敷设

根据对使用功能和装饰性等方面的要求，室内给水管道可采用明敷设和暗敷设两种方式。明敷设适用于一般民用建筑室内以及生产车间，明敷设管道应按照室内用水设备的分布沿墙、梁或柱的表面安装，尽量做到横平竖直。其优点是施工安装、维修方便，造价低，有利于改建或扩建。缺点是管道表面易积灰尘，并容易产生冷凝水，从而影响环境卫生和室内美化。对于室内卫生要求和装修标准都较高的宾馆、饭店、高级住宅等建筑室内，室内给水管道应采用暗敷设。暗敷设管道的水平干管可设置在地下室的天花板下或吊顶内，立管应设置在专用的管道井内，支管可埋入墙内敷设。管道暗敷设的优点是美观整洁，但施工复杂，造价高，不便于检修，因而对施工安装也具有较高的要求。

9.2.2.2 安装工艺

安装工艺为安装准备→预制加工→干管安装→立管安装→支管安装→管道试压→管道防腐，保温，管道冲洗。

9.2.2.3 安装方法

1. 安装准备

认真熟悉管道施工图以及有关专业设备图和建筑与结构图、装修图，核对管道的位置、标高是否有交叉，管道排列所用空间是否合理，给水管道的布置与其他各种管路是否有冲突等，发现问题及时与设计和有关人员研究解决。

2. 预制加工

按管道施工设计图纸画出管道分支处、管径变径处、预留管口处，阀门安装位置处等施工草图，在实际安装的结构位置做上标记，按标记分段测量出实际安装的准确尺寸，记录在施工草图上，然后按草图测得的尺寸预制加工，按管段分组编号。

3. 干管安装

给水管安装时一般从总进入口开始操作。设计要求做沥青防腐或加强级防腐时，应在预制后、安装前做好防腐。把预制完成的管道运到安装部位按编号依次排开。安装前清扫管道，丝扣连接管道抹上铅油缠好麻丝，用管钳按编号依次上紧，安装完后找直、找正，复核预留管口的位置、方向及变径位置，确认无误后，清除麻头，所有管口要加好临时丝堵。

4. 立管安装

(1) 立管明装。每层从上至下统一吊线，按设计要求或施工规范的规定安装固定用卡件，将预制好的立管按编号分层排开，按顺序安装，对好调直时的印记，清除麻头，校核预留管口的位置、高度、方向是否正确。外露丝扣和镀锌层破损处刷好防锈漆。支路管道预留管口均加好临时丝堵。立管阀门安装时应注意使朝向应便于操作和修理。安装完后用线坠吊直找正，配合土建堵好楼板洞口。

(2) 立管暗装。竖井内立管安装的卡件宜在管井口设置型钢，上下统一吊线安装固定用卡件。安装在墙内的立管应在结构施工中预留管槽，立管安装后吊直找正，用卡件固定。支管的预留管口应露明并加好临时丝堵。

5. 支管安装

(1) 支管明装。将预制好的支管从立管预留管口依次逐段进行安装，根据管道长度按要求安装好固定卡件，核定不同卫生器具的冷热水预留口高度、位置是否正确，确认无误后找平找正，埋置支管固定卡件，上好临时丝堵。支管如装有水表先装上连接管，试压后在交工前拆下连接管，安装水表。

(2) 支管暗装。确定支管高度后画线定位，剔出管槽，将预制好的支管敷在槽内，找平、找正定位后固定好。卫生器具的冷热水预留口要做在明处，加好丝堵。

6. 管道试压

给水管道在隐蔽前做单项水压试验，管道系统安装完后进行综合水压试验。水压试验时放净空气，充满水后进行加压，当压力升到规定要求时停止加压，进行检查，如各接口和阀门均无渗漏，持续到规定时间，观察其压力下降在允许范围内，通知有关人员验收，办理交接手续。然后把水泄净，被破损的镀锌层和外露丝扣处做好防腐处理，再进行隐蔽工作。

7. 管道冲洗

管道在试压完成后即可做冲洗，冲洗应用自来水连续进行，应保证有充足的流量。冲洗洁净后办理验收手续。

8. 管道防腐和保温

(1) 管道防腐。给水管道铺设与安装的防腐应按设计要求及国家验收规范施工，所有型钢支架及管道镀锌层破损处和外露丝扣要补刷防锈漆。

(2) 管道保温。给水管道的保温材质及厚度均应按设计要求施工，其质量应达到国家验收规范标准。

9.2.3 塑料排水管道安装

9.2.3.1 排水管道的布置与敷设

1. 排水管道布置原则

一般而言，保证有利于排水和通气以及日常维护管理的条件下，考虑经济、美观等因素，进行合理的布置和敷设，选择适当的配件进行连接和固定。

(1) 根据室内卫生器具的平面布置情况，为便于排水，应将管设在排水量最大、杂质最多、水质最污的排水点附近，沿墙角、柱角（或沿墙、柱）布置。立管连接的横管应保持短而直，尽量少转弯。

(2) 排水立管不得穿越卧室以及对卫生和安静要求较高的房间，尽量远离与卧室相邻的内墙，以防管道漏水或表面揭露以及产生的噪声影响室内卫生和安静。若采用硬聚氯乙烯排水管，应考虑室内的防噪声方面的要求。

(3) 排水横管不得穿过风道或烟道，防发生烟气腐蚀管道。在很多新设计的住宅中已经采取坐便器出口从后侧接入立管，洗脸盆和洗涤盆的横管在本层楼面以上接入立管，采用侧出口地漏，排出地面积水。

(4) 排水管道的横管与横管、横管与立管的连接宜采用45°三通或45°四通和90°斜三通或90°斜四通，这样污水流动时不易发生堵塞、淤积，并可减轻立管与横管水流的相互影响。

(5) 当排水管道采用UPVC管时，排水管道尽量远离室内热源，防止温度变化使塑料管伸缩，在每层排水立管上应设置伸缩节。排水立管与排出管之间宜采用两只45°弯头连接，采用两只45°弯头连接，可减缓产生壅水现象。

2. 排水管道的敷设

室内排水管道可采用明敷设和暗敷设方法。当室内装饰没有特殊要求时，一般采用明敷设管道，其优点是施工造价低，疏通、维护方便，但管道容易积尘、结露，不够美观。

对室内装饰要求较高，应采用暗敷设管道。立管一般设置在管道井内或用装饰材料加以掩盖，横管可设置在吊顶内或其他便于隐藏的室内空间。设置排水立管的管道井，应在对应于立管上检查口位置留出检修门。在家庭厨房和卫生间装修时，若本层设有检查口，切忌将排水立管从下到上封死，应在立管上检查口所在位置留出检修门（见图4-2），以便发生堵塞时进行清通及管道维护。

排水立管应采用管卡固定，固定管卡一般应设于管道承插接头处的承口端。采用硬聚氯乙烯排水管时，应按照《建筑排水硬聚氯乙烯管道工程技术规程》（CJJ/T 29—98）等执行。

9.2.3.2 工艺流程

工艺流程为安装准备——→预制加工——→干管安装——→立管安装——→支管安装——→卡件固定——→闭水试验——→通水试验。

9.2.3.3 安装方法

1. 安装准备，预制加工

根据设计图纸复核各种管道的位置、标高等是否有冲突，确认无误后结合实际情况，按预留管口位置测量尺寸，绘制加工草图。根据草图量好管道尺寸，进行断管。断口要平齐，用刮刀除掉断口内外毛刺。粘结前应对承插口先做插入试验，试验时不可全部插入，一般插入承口的3/4深度。试插合格后，用棉布将承插口需粘结部位的水分、灰尘擦拭干净，如有油污需用丙酮清除干净。用毛刷涂抹粘结剂，先涂抹承口后涂抹插口，随即用力垂直插入，插入粘结时将插口稍作转动，以利粘结剂分布均匀，约1min即可粘结牢固。粘牢后立即将溢出的粘结剂擦拭干净。多口粘连时一定要注意检查预留管口的方向是否正确。

2. 干管安装

首先根据设计图纸要求的坐标、标高预留槽洞或预埋套管。埋入地下时，按设计坐标、标高、坡向、坡度开挖槽沟并夯实。采用托吊管安装时应按设计坐标、标高、坡向做好托、吊架。施工条件具备时，将预制加工好的管段，按编号运至安装部位进行安装。各管段粘连时也必须按粘结工艺依次进行。

全部粘连后，管道要直，坡度均匀，各预留口位置准确；安装立管需装伸缩节，伸缩节上沿距地坪或蹲便台70～100mm。干管安装完后应做闭水试验，出口用气囊封闭，试验以不渗漏，水位不下降为合格。地下埋设管道应先用细砂回填至管上皮100mm，然后填土覆盖，夯实时勿碰损管道。托吊管粘牢后再按水流方向找坡度。最后将预留口封严和堵洞。

3. 立管安装

首先按设计坐标要求，将洞口预留或后剔，洞口尺寸不得过大，更不可损伤受力钢筋。安装前清理场地，根据需要支搭操作平台。将已预制好的立管运到安装部位。首先清理已预留的伸缩节，将锁母拧下，取出橡胶圈，清理杂物。复查上层洞口是否合适。立管插入端应先画好插入长度标记，然后涂上肥皂液，套上锁母及橡胶圈。安装时先将立管上端伸入上一层洞口内，垂直用力插入至标记为止（一般预留胀缩量为20～30mm）。合适后立即用固定卡子紧固于伸缩节上沿。然后找正找直，并测量顶板距三通口中心是否符合要求。无误后即可堵洞，并将上层预留伸缩节封严。

4. 支管安装

首先剔出吊卡孔洞或复查预埋件是否合适。清理场地，按需要支搭操作平台。将预制好的支管按编号运至现场。清除各粘结部位的污物及水分。将支管水平初步吊起，涂抹粘结剂，用力推入预留管口，根据管段长度调整好坡度。合适后固定卡架，封闭各预留管口和堵洞。

5. 器具连接管安装

核查建筑物地面、墙面做法、厚度。找出预留口坐标、标高。然后按准确尺寸修整预留洞口。分部位实测尺寸做记录，并预制加工、编号。安装粘结时，必须将预留管口清理干净，再进行粘结。粘结牢固后找正、找直，封闭管口和堵洞。打开下一层立管扫除口，用橡胶气囊封闭上部，进行闭水试验。合格后，撤去气囊，封好扫除口。

6. 排水管道安装

排水管道安装后，按规定要求必须进行闭水试验。凡属隐蔽暗装管道必须按分项工序进行。卫生洁具及设备安装后，必须进行通水通球试验。且应在油漆粉刷最后一道工序前进行。

地下埋设管道及出屋顶透气立管如不采用硬质聚氯乙烯排水管件而采用下水铸铁管件时，可采用水泥捻口。为防止渗漏，塑料管插接处用粗砂纸将塑料管横向打磨粗糙。

粘结剂易挥发，使用后应随时封盖。冬季施工进行粘结时，凝固时间为2～3min。粘结场所应通风良好，远离明火。

9.3 卫生器具的安装技术

卫生器具又称为卫生洁具，多由陶瓷、塑料、玻璃钢、铸铁搪瓷等材料制成，用于日常生活中洗涤以及排除生活、生产中的污水。对卫生器具的基本要求是不渗水、耐腐蚀、表面光滑、易于清洗，而高档次的卫生器具除了应满足这些基本要求外，还应考虑造型、色彩、节水、消声等方面的因素。目前市场上有各种规格型号的卫生器具可供选用，但产品质量档次及价格相差很大，应根据具体情况进行选择。

9.3.1 施工质量要求

(1) 卫生器具的品种、规格、颜色应符合设计要求并应有产品合格证书。

(2) 各种卫生设备与地面或墙体的连接应用金属固定件安装牢固，并进行防腐处理。当墙体为多孔砖墙时，应凿孔填实水泥砂浆后再进行固定件安装。当墙体为轻质隔墙时，应在墙体内设预埋件，预埋件应与墙体连接牢固。

(3) 卫生器具的安装高度应按设计要求。如设计无要求时，应符合表9-7的规定。

表9-7 卫生器具的安装高度

卫生器具名称		卫生器具安装高度（mm）		备注
		居住和公共建筑	幼儿园	
坐便器	外露排水管式	510	370	自地面至水箱底
	虹吸喷射式	470		
洗脸盆、洗手盆（有、无塞）		800	500	自地面至器具上边缘
浴盆		≤520		
洗涤盆（池）		800	800	
妇女卫生盆		360		

(4) 卫生器具与金属固定件的连接表面应安放垫片，不得采用水泥砂浆坐浆固定。

（5）各种卫生器具与台面、墙面、地面等接触部位均应采取密封措施。

（6）各种卫生器具安装验收合格后应进行成品保护。

（7）卫生器具给水配件的安装高度，当设计没有要求时，应符合表 9－8 的规定。

表 9－8　　卫生器具给水配件的安装高度　　单位：mm

给水配件名称		配件中心距地面高度	冷、热水嘴距离
洗涤盆（池）水龙头		1000	150
洗手盆水龙头		1000	
洗脸盆	上配水水龙头	1000	150
	下配水水龙头	800	150
	下配水角阀	450	
浴盆	上配水水龙头	670	150
坐便器	低水箱角阀	150	
妇女卫生盆混合阀		360	

注　幼儿园内的洗手盆、洗脸盆和盥洗槽水嘴中心距地面的安装高度为 700mm，其他卫生器具给水配件的安装高度，应按卫生器具的实际尺寸相应减少。

（8）卫生器具应根据卫生间和厨房的平面尺寸、卫生设备的大小以及人体活动所需的空间进行合理布置，常见的卫生设备布置形式及尺寸，如图 9－1 所示。

9.3.2　坐便器的安装

坐便器是住宅、宾馆、酒店等建筑室内常用的便溺卫生设备。坐便器一般配用底水箱（如图 9－2 所示），下部的鹅颈形成存水弯，阻挡排水管道内的臭气、异味，因而坐便器与排水管道连接时无需再设置存水弯。若采用延时自闭式冲洗阀，则可省去冲洗水箱，但对给水系统的水压有一定的要求，否则可能因水压不足而影响冲洗阀的自动闭合。

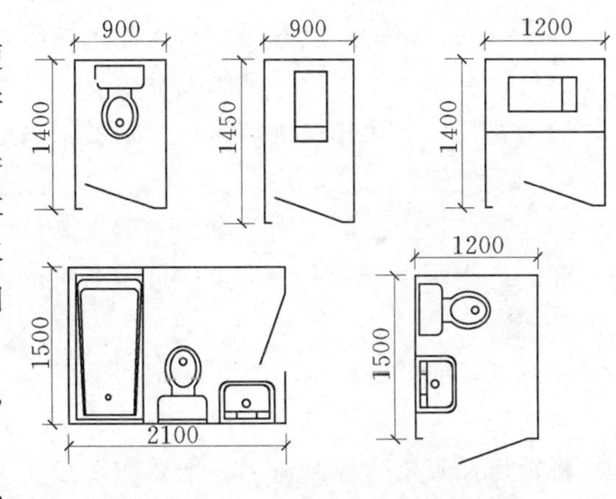

图 9－1　卫生间常见布置形式

（1）首先清理干净坐便器预留的排水管口周围，取下管堵，清理干净管内杂物。

（2）将坐便器出水口对准预留排水口摆平、找正，在坐便器两侧固定螺栓孔处做上标记，然后移开坐便器。

（3）在标记中心处钻孔，把固定螺栓插入孔洞内，将坐便器试稳，使固定螺栓与坐便器吻合，移开坐便器。将坐便器排水口及排水管口周围抹上油灰后将坐便器对准螺栓放平、找正，上胶垫、螺母、拧至松紧适度。

（4）对准坐便器尾部中心，在墙上画好垂直线；在水箱安装高度处画水平线，根据水箱背面固定

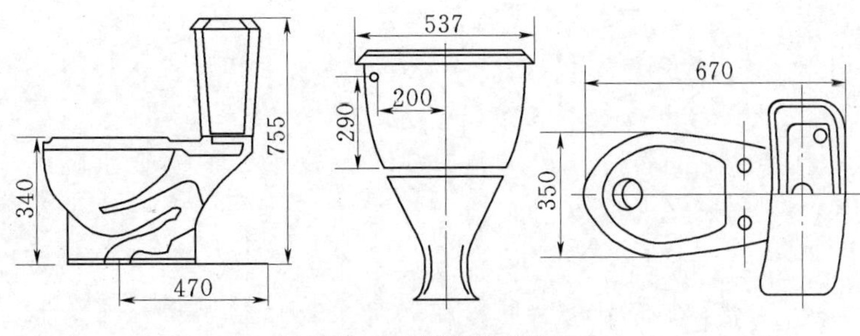

图 9－2　低水箱坐便器

孔眼的距离，在水平线上做标记。在标记中心处钻孔，将固定螺栓插入孔洞内，把背水箱挂在螺栓上放平、找正。与坐便器中心对正，上好胶垫、螺母拧至松紧适度。

9.3.3 洗脸盆安装

洗脸盆有长方形、半圆形和三角形等多种形状，大多由上釉陶瓷制成，可采用托架安装于墙上或安装在柱脚上。采用立柱安装，可将排水管或存水弯隐蔽在柱脚内，美观且易清洗。如图 9-3 所示，为洗脸盆在卫生间内常用的安装方式。

1. 洗脸盆排水口、水嘴安装

(1) 安装脸盆排水口。先将排水口卸下，将上垫垫好油灰后插入脸盆排水口孔内，排水口中的溢水口要对准脸盆排水口中的溢水口眼。外面加上垫好油灰的胶垫，套上眼圈，带上根母，再用扳手卡住排水口十字筋，上根母至松紧适度。

(2) 安装脸盆水嘴。先将水嘴根母、锁母卸下，在水嘴根部垫好油灰，插入脸盆给水孔眼，下面再套上胶垫、眼圈，带上根母后左手按住水嘴，右手用扳手将锁母紧至松紧适度。

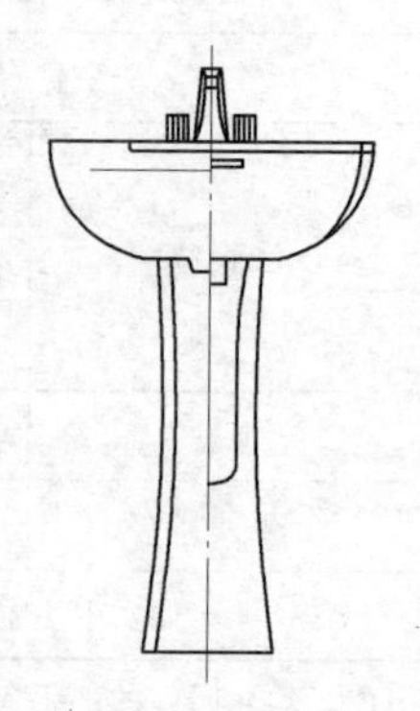

图 9-3 立柱式洗面盆

2. 洗脸盆定位安装

应按照排水管口中心在墙上画出竖线与水平线，由地面向上量出要安装的高度，根据盆宽在水平线上画出支架位置的十字线，在中心处钻孔。将脸盆支架找平固定好，再将脸盆置于支架上找平、找正。将架钩钩在盆下固定孔内，拧紧盆架的固定螺栓，找平、找正。

3. 洗脸盆排水管连接

存水弯的连接应在脸盆排水口丝扣下端涂铅油，缠少许麻丝。将存水弯上节拧在排水口上，松紧适度。再将存水弯下节的下端缠油盘根绳插在排水管口内，将胶垫放在存水弯的连接处，把锁母用手拧紧后调直找正，再用扳手拧至松紧适度，最后用油灰将下水管口塞严、抹平。

9.3.4 浴盆安装

浴盆是各类卫生间内用于淋浴的卫生器具，其外形尺寸与规格型号较多，一般应根据卫生间的装修标准，选用由不同材料制成的浴盆，并配备适当形式的水龙头或冷、热水混合龙头及莲蓬头等配件。

1. 浴盆定位安装

浴盆安装前应将浴盆内表面擦拭干净，同时检查瓷面是否完好。带腿的浴盆先将腿部的螺丝卸下，将销母插入浴盆底卧槽内，把腿扣在浴盆上带好螺母拧紧找平。砌砖腿时，应配合土建施工把砖腿按标高砌好，将浴盆安放在砖台上，找平、找正，浴盆与砖腿缝隙用水泥砂浆填平。

2. 浴盆排水安装

将浴盆排水三通套在排水横管上缠好油盘根绳，插入三通中口，拧紧锁母。三通下口装好铜管，插入排水预留管口内。将排水口圆盘下加胶垫、灰，插入浴盆排水孔眼，外面再套胶垫、眼圈，丝扣处涂铅油、麻。用自制扳手卡住排水口十字筋，将溢水立管下端套上锁母，缠上油盘根绳，插入三通上口对准浴盆溢水孔，带上锁母。溢水管弯头处加胶垫、油灰将浴盆堵螺栓穿过溢水孔花盘，弯头扣上，无松动即可。再将三通上口锁母拧至松紧适度。浴盆排水三通出口和排水管接口处缠绕油盘根绳捻实，再用油灰封闭。

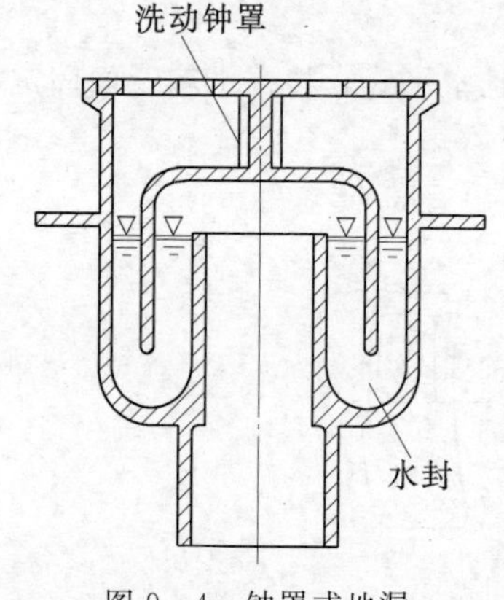

图 9-4 钟罩式地漏

3. 混合水嘴安装

将冷、热水管口找平、找正。把混合水嘴转向对丝抹铅油，缠麻丝，带好护口盘，用扳手插入转向对丝内，分别拧入冷、热水预留管口，校对好尺寸后找平、找正。使护口盘紧贴墙面；然后将混合水嘴对正转向对丝，加垫，拧紧锁母找平、找正。用扳手拧至松紧适度。

4. 水嘴安装

将冷、热水预留管口用短节接至同一位置，找平、找正，然后将水嘴拧紧找正。

9.3.5 地漏与存水弯

地漏的作用是排除室内地面上的积水，通常由铸铁或塑料制成。地漏应设置在室内的最低处，坡向地漏的坡度不小于0.01，如图9-4所示，为钟罩式硬质聚氯乙烯塑料地漏。

存水弯由一段弯管构成，按照弯管的形状可分为P形和S形。在排水过程中，弯管内总是存有一定量的积水，称为水封，可防止排水管网中的臭气、异味窜入室内。水封深度一般应不小于5cm。由于钟罩式地漏自身在结构上形成水封，因而管道上可省去存水弯。

9.4 装饰照明及设计

室内装饰照明既是照明系统的一部分，又是展现室内装饰效果的重要手段，其设计与施工既要符合国家现行的电气照明规范标准，又要满足室内装饰艺术方面的要求，因而装饰照明是电气照明技术与室内装饰艺术的有机结合。

9.4.1 装饰照明

9.4.1.1 装饰照明的作用

1. 创造并烘托环境气氛

通过装饰性灯具的各种光色和艺术表现力，创造并控制室内空间的照明气氛和舒适环境，突出重点部位的装饰效果，是室内装饰设计与施工中必须考虑的重要因素。

营造适宜的空间环境气氛，首先应选择合适的电光源的光色，如宾馆门厅、宴会厅、客厅、卧室等处，宜采用暖色调光源，以给人带来温暖舒适、热情亲切的感觉。而在阅览室、教室、病房等处，则适宜采用冷色调光源，从而产生宁静、轻松和安详的效果。此外，还应考虑不同光色产生的空间的距离感，一般而言，暖色光具有使空间缩小和接近的感觉，因而暖色也称为近色。而冷色光则易使人产生空间放大和疏远的感觉，所以冷色也称为远色。根据光色的这一视觉感作用，在狭小的空间内宜采用冷色调光源，而在宽大的室内空间中，可采用暖色调光源。

2. 运用光影使空间产生变化和层次感

合理运用光和影、亮和暗的分布与平衡，有利于突出空间的深度和层次，在装饰照明设计中，应充分利用装饰灯具丰富的表现力，以形成生动的光影效果和明暗对比效果，从而加强空间的变化和层次感。根据室内各个部位的重要性程度，通过空间亮度分布的处理，将重要的部位加以突出，形成一个或多个视觉注视中心。

9.4.1.2 装饰照明的技术手段

1. 选用适当的装饰灯具

大多数装饰性灯具本身就具有一定的装饰效果和艺术感染力，在进行照明设计时，应根据装饰艺术效果的需要，确定装饰灯具的形、色、质和量，并注意与周围装饰材料在色彩和风格上协调。所采用的装饰灯具是点光源，还是线光源或面光源，不仅应从照明角度考虑，还应该从室内的整体风格加以考虑。装饰灯具的照明功能往往是次要的，因此一般可采用漫射型、半间接或间接型灯具。

2. 建筑化照明

建筑化照明是指照明装置与建筑物的某一部分融为一体的照明处理方式，主要形式如下。

（1）光梁、光带和光檐。光梁是将一定造型的灯具突出顶棚表面而形成的带状发光体，如图9-5所示。光带是将光源嵌入顶棚，其发光面与顶棚平齐，如图9-6所示。光檐是将光源隐藏在房间四周墙与顶棚交界处，室内的光线主要来源于顶棚的反射，如图9-7所示。光梁、光带和光檐形成的光照效果可使室内清晰明朗，使得空间具有一定的长度感、宽度感和透视感。采用光带时，顶棚洁净平整，给人以舒适开朗的感觉。

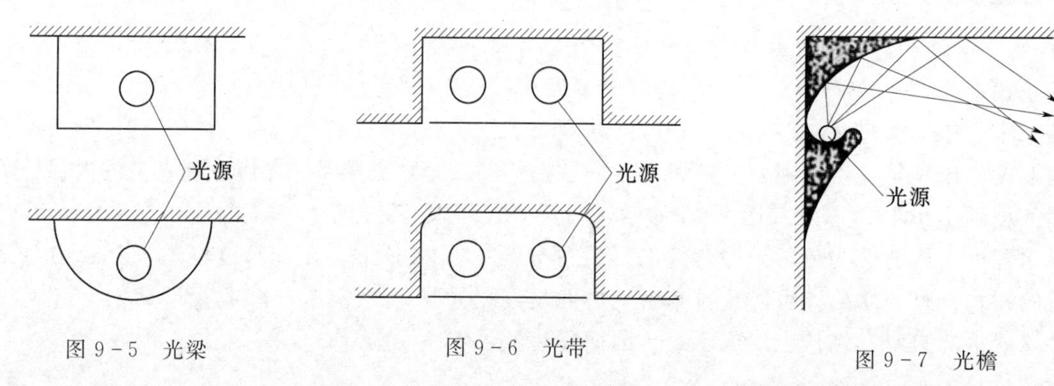

图 9-5　光梁　　图 9-6　光带　　图 9-7　光檐

(2) 发光顶棚。发光顶棚是将嵌入顶棚的光带或电光源连成一片而形成的，如图 9-8 所示。为提高发光顶棚的效率，可在光源上加反光灯罩，并选用透光性适当的透光材料。在满足室内照度要求的前提下，应注意发光顶棚上亮度的均匀性。亮度不均匀的发光顶棚，会出现令人不舒适的光斑，影响到室内的美观和装饰效果。实践表明，当光源之间的距离 l 与光源到发光面的距离 h 之比小于或等于 1.5～2.0 时，(当顶棚内有空调通风管道时，其比值应适当减小)，可避免出现发光顶棚上的亮度不均匀。发光顶棚的发光面多采用半透明的材料，如乳白色灯光片或毛玻璃。因而大面积的发光顶棚发出的漫射光柔和均匀，可在室内模拟出自然光的光照效果。

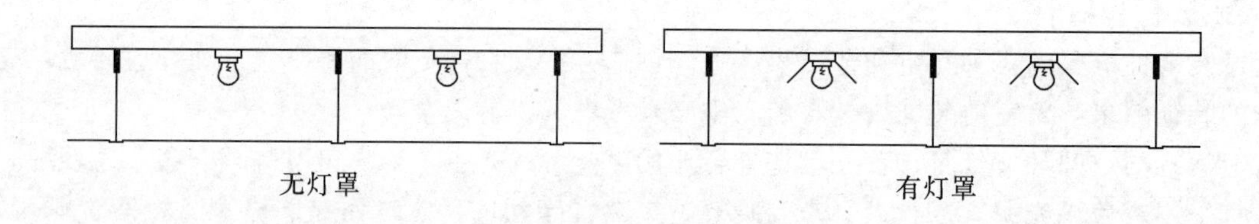

图 9-8　发光顶棚

3. 装饰照明中应注意的问题

(1) 光源的散热问题。大多数热辐射光源的表面温度很高，气体电光源配用的镇流器也会发出大量热量，《建筑内部装修设计防火规范》(GB 50222—2017) 中规定，照明灯具的高温部位，当靠近非 A 级装饰材料时，应采取隔热、散热等防火保护措施，灯饰所用材料的燃烧性能等级不应低于 B_1 级。

(2) 电器设备的选择。气体放电光源的功率因数一般很低，因而电路中的电流较大，在选择导线和开关设备时，应按允许载流量进行选择或校核。

9.4.2　装饰照明设计

9.4.2.1　照明设计的目的和内容

照明设计的目的在于利用光学知识和电气技术为室内空间做出“安全、适用、经济、美观”的光照设计，从而获得令人满意的光照环境。其内容一般包括：

(1) 根据各类照明场所的视觉工作要求以及室内环境确定设计照度。

(2) 按照室内装饰的色彩以及工作面对配光和光色的要求选择电光源和灯具。

(3) 确定照明方式并布置灯具，根据布置的灯具，验算室内照度值。

(4) 根据照明配电系统中末级配电箱的供电范围，确定各末级照明配电箱的位置，同时考虑三相照明负荷的平衡。

(5) 计算各支线和干线的电流，以确定导线型号、截面以及保护管管径等，并进行电压损失的校核；选择开关、保护电器和计量装置的规格型号。

(6) 绘制照明施工图，包括照明平面图和配电系统图，列出主要设备材料表，编写施工说明和注意事项。

以上内容前（1）～（3）项属于光照设计，它既是室内电气设计中的一项基本内容，也是室内装饰设计的一个组成部分。内容（4）～（6）属于供配电设计，应符合有关电气技术的规程规范要求。这两部分内容存在着内在的联系，在进行照明设计时，必须从整体考虑相互兼顾。

9.4.2.2 照度标准

在照度标准中，规定了各种场所的照度等级。《建筑照明设计标准》（GB 50034—2013）中规定的照度分级为：0.5、1、2、3、5、10、15、20、30、50、75、100、150、200、300、500、750、1000、1500、2000、3000、5000（单位：lx）。这是一个大约以1.5为公比的等比级数。这种分级的理论依据是心理学上的韦伯定律，即当照度值呈等比变化时，人的主观感觉呈等量变化。

照度标准是根据不同的场所，结合我国的经济发展和供电能力，在照明设计中应该采用的一系列照度标准值。表9-9～表9-12所列分别为公共场所、办公楼、住宅、商店建筑室内中的照度标准值，其他建筑室内的标准可从有关规程规范中查得。

表9-9　公共场所照明的照度标准值

类　别	参考平面及其高度	照度标准值（lx）		
		低	中	高
走廊、厕所	地面	15	20	30
楼梯间	地面	20	30	50
洗浴间	0.75m水平面	20	30	50
储藏间	0.75m水平面	20	30	50
吸烟室	0.75m水平面	30	50	75
浴室	地面	20	30	50

表9-10　办公楼室内照明的照度标准值

类　别	参考平面及其高度	照度标准值（lx）		
		低	中	高
办公室、报告室、会议室	0.75m水平面	100	150	200
接待室、陈列室、营业厅	0.75m水平面	100	150	200
设计室、绘图室、打字室	实际工作面	200	300	500
装饰、档案室	0.75m水平面	75	100	150
值班室	0.75m水平面	50	75	100
门厅	地面	30	50	75

表9-11　住宅室内照明的照度标准值

类　别		参考平面及其高度	照度标准值（lx）		
			低	中	高
起居室、卧室	一般活动区	0.75m水平面	20	30	50
	书写、阅览		150	200	300
	床头阅读		75	100	150
	精细作业		200	300	500
餐厅、厨房			20	30	50
卫生间			10	15	20
楼梯间		地面	5	10	15

表 9-12　　　　　　　　商店室内照明的照度标准值

类别		参考平面及其高度	照度标准值（lx）		
			低	中	高
一般商店营业厅	一般区域	0.75m 水平面	75	100	150
	柜台	柜台面	100	150	200
	货架	1.5m 垂直面	100	300	500
	陈列柜、橱窗	货物所处平面	200		500
室内菜市场营业厅		0.75m 水平面	50	75	100
自选商场营业厅		0.75m 水平面	150	200	300
试衣室		试衣位置 1.5m 高处垂直面	150	200	300

9.4.2.3　照明质量

照明环境质量的优劣，是通过照明质量的有关指标来衡量的，其指标包括如下内容。

（1）适宜的照度水平。照明设计的结果应使得参考平面（工作面）上的照度水平达到规定的照度标准值。

（2）照度的均匀度。照度的均匀度是指参考平面（工作面）上的最低照度与平均照度的比值，当照度均匀度在 0.7 以上时，主观感觉比较均匀；低于 0.5 时，主观上感觉明显不均匀，易引起视觉疲劳。

（3）频闪与照度的稳定性。气体放电光源的频闪现象是由其发光原理所决定的，频闪现象将引起光通量的波动，从而导致照度的不稳定性。此外，电源电压的波动也会引起照度的波动。照度的稳定性可用光通量的波动深度来表示。实验表明，当光通量波动深度降到 25%以下时，可避免频闪现象。

（4）眩光与阴影。眩光是指在视野内形成的令人烦恼的、不舒适的或易引起视觉疲劳的高亮度光源（或强烈的亮度对比）。眩光的强弱与光源的亮度及其面积成正比，与周围环境亮度成反比。在实践中可通过减小眩光光源的亮度或减小眩光光源进入视野的面积来限制眩光，如在教室、报告厅、会议室等场所采用管形荧光灯时，应将灯管顺着主要的视野方向，以减小进入视野内的光源面积。此外，光源与人眼之间的相对位置对眩光也有很大的影响，在选择灯具时，可选择保护角较大的灯具来限制眩光。

阴影在工作面上应避免出现，布置灯具时，可将方向性很强的灯具分散布置，对要求无阴影的场所，可采用发光顶棚、间接或半间接型灯具。

9.4.2.4　照度计算

长期以来，照明工作者和研究人员对室内照明进行了大量的研究和试验，总结出了很多照度的计算方法，这些方法具有不同的特点和适用范围。本章节只介绍单位容量法。

单位容量法是计算平均照度的一种简化方法，其特点是简便快捷。但是因该方法过于简化，故计算结果误差较大，一般多用于方案和初步设计阶段进行照度估算。其计算步骤如下。

（1）根据建筑物的类型对照度的要求，确定电光源的种类和灯具式样。

（2）根据灯具的安装高度和房间面积，查表得不同照度要求时的单位面积安装容量。

（3）按下列公式计算灯具数量，并确定灯具布置方案：

$$\sum P = ws \quad n = \sum P / p$$

式中　s——房间建筑面积，m^2；

w——对应于某一照度值的单位面积安装容量，W/m^2；

$\sum P$——总安装容量，W；

p——每套灯具的安装容量，W；

n——灯具数。

应该指出，照度计算的方法很多，但室内照明受到诸多因素的影响，如门窗的位置、门窗洞口的尺寸、室内各表面以及被照面的光反射系数、电源电压的波动等都会影响到室内照度。因此，在照度计算中，无论采用哪一种计算方法，都不可能做到绝对准确。在实际工作中，照度值允许误差范围为$-10\%\sim+20\%$。

9.4.2.5 灯具布置

灯具布置合理与否将直接影响到室内的照明质量，通过照度计算，可初步确定室内照明所需的灯具数量，在此基础上，应根据室内空间的具体形状，确定灯具的位置，灯具的布置方式分为均匀布置和选择布置。

图9-9 均匀布灯

1. 均匀布置

均匀布置是灯具按照一定的规律在室内均匀分布的布置方式，均匀布置方式可使得整个工作面上获得较均匀的照度值，适用于一般公共建筑物室内灯具布置。均匀布置通常采用矩形和菱形布置两种方式（如图9-9）。在均匀布置的场合，工作面上照度的均匀性主要取决于灯具的距高比，即灯具间的距离L与灯具计算高度h的比值。如图9-10所示，要使工作面上有均匀的照度，即要求A、B两灯具垂直下方的中点P的照度与M点、N点的照度相等，当灯具的配光类型确定后，图中的φ角也就确定了，距离比值也就确定了。加大距高比，将引起工作面上照度的不均匀；而距高比过小，则需增加灯具数量加大投资，不够经济。表9-13列出几种类型灯具的最佳距高比。

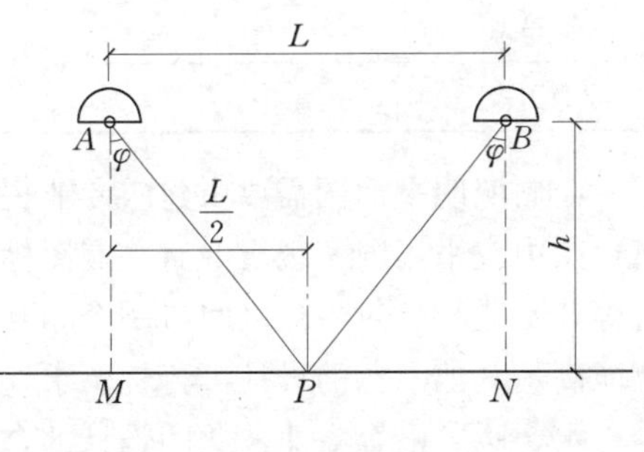

图9-10 距高比

表9-13 **均匀布置的最佳距高比**

灯具类型	距高比 L/h		单行布置时房间最大宽度(m)
	多行布置	单行布置	
配照型、广照型灯	1.5～1.8	1.8～2.0	1.2h
搪瓷罩深照型灯	1.6～1.8	1.5～1.8	1.1h
乳白玻璃圆球灯、吸顶灯	2.3～3.2	1.9～2.5	1.3h
有反射罩的荧光灯	1.4～1.5	—	—

2. 选择布置

当室内均匀的照度不能满足局部区域的照度要求时，应将灯具有选择地布置在需要重点照明区域，一般应根据生产设备分布或工作面的特殊要求来确定。

9.4.2.6 照明施工图

照明施工图是照明设计的成果，也是具体施工的主要依据。照明施工图主要包括照明平面图、系统图、设计说明、主要设备材料表等项目内容。

1. 照明平面图

照明平面图中应标出电源进线位置、各配电箱位置及出现回路，灯具和插座的布置导线的根数等。电力与照明设备的标注格式一般为：a—b—c，其中a代表设备编号、b代表设备型号、c代表设备功率（kW）。

照明灯具的标注格式一般为：

$$a—b\frac{c\times d\times n}{e}f$$

式中 a——灯具数量；

b——灯具型号或编号；

c——每盏灯具中的灯泡数或灯管数；

d——每只灯泡或灯管的容量，W；

e——安装高度，即灯具中心与地面的距离，m；

f——灯具的安装方式，如表 9-14；

n——光源种类，可省略。

表 9-14　　　　灯具安装方式代号

安装方式	拼音代号	英文代号	安装方式	拼音代号	英文代号
线吊型	X	CP	墙壁内安装	BR	WR
链吊型	L	CH	顶棚内安装	DR	CR
管吊型	G	P	柱上安装	Z	CL
吸顶式	D	C			

绘制照明平面图需要由建筑专业提供平面、立面、剖面图，必要时，还应由结构专业提供有关资料，图中应采用国家现行的有关制图标准中规定的图形符号以及标注方式。同时，给排水、电气、暖通等各专业与建筑专业之间有一个相互协调、不断调整的过程。一般原则是，建筑设计提供的条件图应能满足其他专业的设计可行性要求，在此基础上对其他专业的设计进行优化，从而最终达到建筑结构、水、暖、电等专业彼此间设计的合理性和经济可行性，并满足建筑形体及美观要求。如图 9-11 所示，为某住宅室内照明平面图。

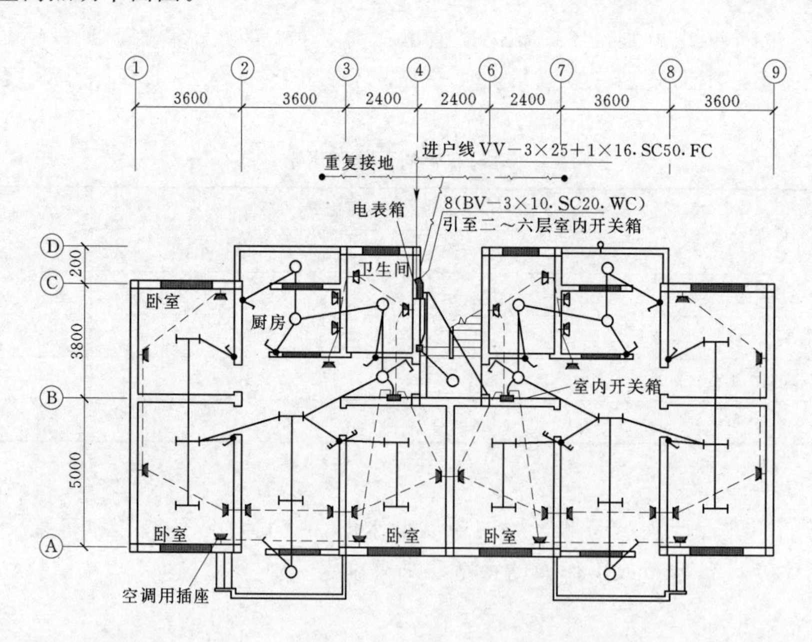

图 9-11　底层照明平面图

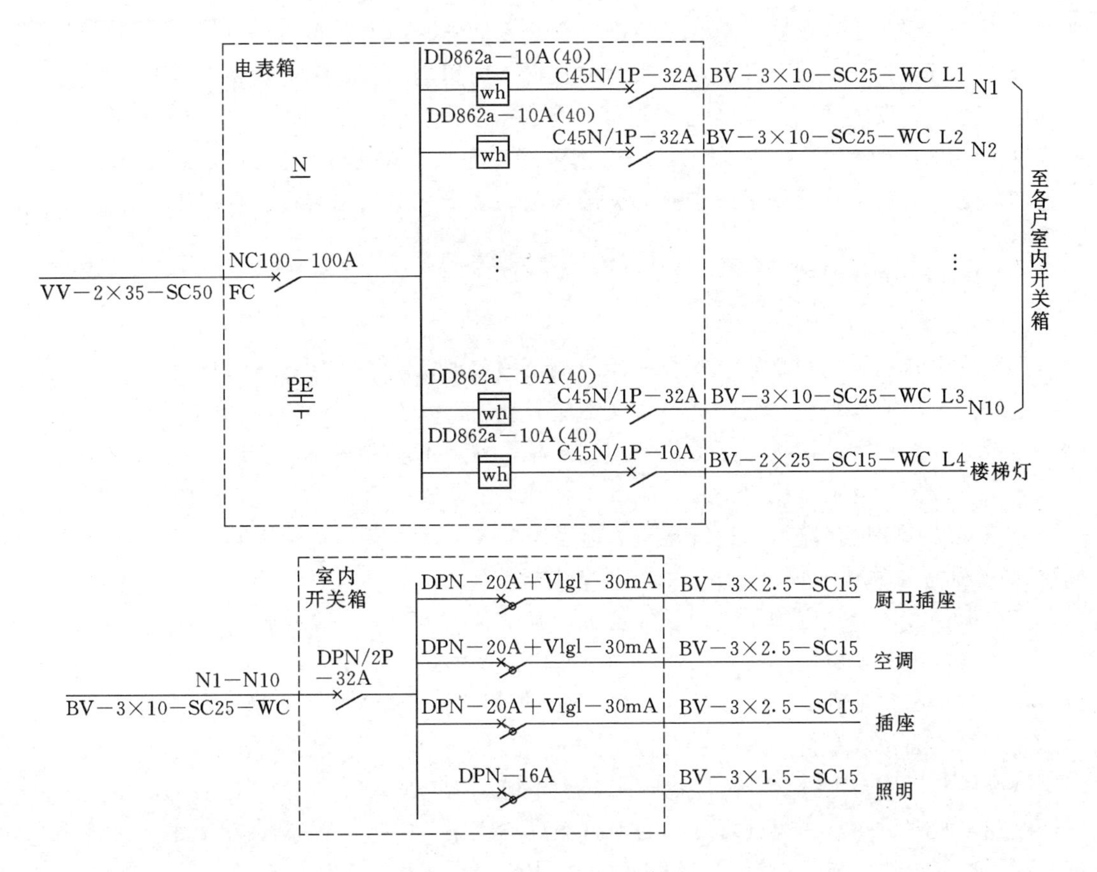

图 9－12　照明配电系统图

在装饰装修中，施工人员应对暗敷设的电气管线的布置和走向有所了解。特别是在居室室内装修中，应对照电气施工图，避让电气管线，切忌在墙和地上胡乱凿槽或打洞，否则将可能破坏电气管线，甚至造成危险。

2. 系统图

系统图用于反映配电系统内各种设备之间的网络联系，通过配电系统图可了解工程的规模和层次。系统图中应标注出计量设备、开关、导线型号、根数及敷设方法等。如图 9－12 所示，为某住宅室内照明配电系统图。

3. 设计说明

设计说明是施工图的一个重要组成部分。设计说明一般包括工程概况、设计依据、电源及配电系统形式、安装方式要求及其他需要补充说明的注意事项。

4. 主要设备材料表

主要设备材料表中应给出配电箱、灯具、插座、开关等主要设备的图例、规格型号、数量等项目内容，以便于进行工程投资的概预算。

5. 设计计算书

设计人员通过有关计算，将计算结果如计算负荷、照度、导线和主要设备选择等，列入设计计算书。设计计算书一般不对外，只作为内部校审的技术文件，由设计单位存档备查。

9.5　电气线路设备安装技术

电气系统作为室内装饰装修的一个有机组成部分，在现代室内装饰装修工程中正发挥着越来越重要的作用。从某种意义上讲，电气设备的完善程度，标志着室内的现代化程度，电气的设计合理与否以及施工质量的优劣，都直接影响着室内各种功能的实现。

住宅室内电气安装工程主要是单相入户配电箱户表后的室内电路布线及电器、灯具安装，进行电气安装的施工人员应持证上岗。配电箱户表后应根据室内用电设备的不同功率分别配线供电，大功率家电设备应独立配线安装插座。配线时，相线与零线的颜色应不同；同一住宅相线（L）颜色应统一，零线（N）宜用蓝色，保护线（PE）必须用黄绿双色线。电路配管、配线施工及电器、灯具安装除遵守本规定外，还应符合国家现行有关标准规范的规定。电气安装在工程竣工时，施工单位应向业主提供电气工程竣工图。

9.5.1 材料及施工质量要求

9.5.1.1 材料质量要求

（1）电器、电料的规格、型号应符合设计要求及国家现行电器产品标准的有关规定。

（2）电器、电料的包装应完好，材料外观不应有破损，附件、备件应齐全。

（3）塑料电线保护管及接线盒必须是阻燃型产品，外观不应有破损及变形。

（4）金属电线保护管及接线盒外观不应有折扁和裂缝，管内应无毛刺，管口应平整。

（5）通信系统使用的终端盒、接线盒与配电系统的开关、插座，宜选用同一系列产品。

9.5.1.2 施工质量要求

（1）应根据设计图纸规定的用电设备的位置，确定管线走向、标高及开关、插座的位置。

（2）电源线配线时，所用导线截面积应满足用电设备的最大输出功率。

（3）暗线敷设必须配管，当管线长度超过15m或有两个直角弯时，应增设拉线盒。

（4）电源线与通信线不得穿入同一根管内。

（5）电源线及插座与电视线及插座的水平间距不应小于500mm。

（6）电线与暖气、热水、煤气管之间的平行距离不应小于300mm，交叉距离不应小于100mm。

（7）穿入配管导线的接头应设在接线盒内，接头搭接应牢固，绝缘带包缠应均匀紧密。

（8）导线间和导线对地间电阻必须大于0.5MΩ。

（9）同一室内的电源、电话、电视等插座面板应在同一水平标高上，高差应小于5mm。

（10）厨房、卫生间应安装防溅插座，开关宜安装在门外开启侧的墙体上。

9.5.2 阻燃型塑料管暗敷设安装

9.5.2.1 安装流程

安装流程：弹线定位──→稳埋盒箱──→暗敷设管路──→扫管穿带线。

9.5.2.2 安装方法

1. 弹线定位

按照设计要求，在墙面确定开关盒、插座盒以及配电箱的位置并定位弹线，标出尺寸。线路应尽量减少弯曲，当线路较长或弯曲过多时，应该增设中间接线盒。应加装接线盒的线路段，如表9-15。

表9-15　应加装接线盒的线路段

线路状况	直线段	一个弯	两个弯	三个弯
最大长度（m）	25	18	12	8

2. 墙体内稳埋盒、箱

按照弹好的定位线，对照设计图纸找出盒、箱的准确位置，然后剔洞。洞口剔好后，清理干净杂物，按照管路的走向敲掉盒子的孔板，用水泥砂浆将盒、箱稳埋端正，待水泥砂浆凝固达到一定的强度后，接管入盒、箱。

3. 暗敷设管路

采用管钳或钢锯断管时，管口断面应与中心线垂直，并用锉刀扫平。管路连接应该使用套箍，连接处用胶黏剂粘结。

采用专用弯管弹簧进行弯管，将尼龙绳绑扎在弯管弹簧两侧，插进管内弯曲处，用膝盖顶住该管段，双手用力弯管。大管径管可用电炉、热风机均匀加热，烘烤管子煨弯处待管子被加热至可随意弯曲时逐步弯出所需的弧度。

管路垂直或水平敷设时，每隔1m左右设置一个固定点；弯曲部位应在圆弧两端300～500mm处各设置一个固定点。

管子进入盒、箱，要一管一孔，管、孔用配套的管端接头以及内锁母连接。在管孔上用护口堵好管口，最后用纸或塑料泡沫等柔软物堵好盒子口。

在混凝土楼板内配管，应在楼板板底钢筋绑扎后立即进行。在灯头盒需要连接管路的进线口处，装上管端接头和内锁母，测量出灯头盒之间或灯头盒与开关盒、接线盒之间在楼板上的水平管段长度。然后断管、弯管，在管端连接处外壁均匀抹上胶黏剂，插入灯头盒的管端接头内。然后将灯头盒及管路牢固地绑扎固定在楼板钢筋上，应使管路在楼板中有15mm以上的保护层。

管路通过变形缝时，应在变形缝两侧各预埋一个接线盒。先把穿越变形缝的短管一端用管端接头和内锁母固定在其中一个接线盒上。在另一端伸入另一个接线盒内前，套上内径大于该段短管外径2个规格的保护钢管。

4. 扫管穿带线

管槽抹灰前必须进行扫管，将布条固定在带线的一端，从管路的另一端拉出，即可清除管内的杂物、积水。确认管路畅通后立即穿好带线，并将管口、盒口、箱口堵好防止管路堵塞。

9.5.3 管内穿导线的安装

9.5.3.1 安装流程

安装流程：扫管──→穿带线──→放线与断线──→带线与导线的绑扎──→管口装护口──→导线连接──→线路绝缘测试。

9.5.3.2 安装方法

(1) 清扫管路、穿带线。清扫管路与穿带线应在管路敷设时完成。如不确定，则应先清扫管路。

(2) 放线与断线。放线时为防止导线混乱，应将导线放置在线架上。断线时应按不同情况预留导线长度，接线盒、开关盒、插座盒等预留导线长度为150mm；配电箱内预留导线长度为箱体周长的1/2。

(3) 带线与导线的绑扎。将导线前端的绝缘层削去，用绑线缠绕在带线上，绑扎牢固，应使接头处成平滑的锥形便于穿线。

(4) 管内穿线。首先检查各个管口的护口是否齐全，如有破损或遗漏，均应更换或补齐；管路较长、弯曲较多的线路可吹入适量的滑石粉以便于穿线。同一交流回路的导线必须穿在同一管内；不同回路、不同电压等级、交直流的线路导线不能共穿在同一管内，以下情况可不考虑。

1) 标称电压为50V以下者。

2) 同一设备或同一流水作业设备的电力回路和无特殊防干扰要求的控制回路。

3) 同类照明的几个回路，但管内的导线总数不应多于8根，管内穿线不应扭结。

4) 单路照明回路的电流不能超过15A，每个支路的灯头数在20个以内；若最高负载在15A以上，可增加至25个。

(5) 导线连接。导线连接可分为直线连接、分支连接；连接方法有绞接法、缠绕法等。导线接头应达到不能增加电阻值；不能降低机械强度；不能降低绝缘强度要求。管内穿线的导线接头应设置在接线盒内，导线连接后应立即进行绝缘包扎。

(6) 线路绝缘测试。电气设备未安装时的测试：分开灯头盒内的导线，接通开关盒内的导线。测试时将干线与支线分开，一人测试，一人读数并记录。

电气设备已安装时的测试：断开线路上的开关、设备，按电气设备未安装时的测试方法进行。

9.5.4 灯具的安装

9.5.4.1 安装流程

安装流程：检查灯具──→灯具组装──→灯具安装──→通电试运行。

9.5.4.2　安装方法

（1）灯具检查。根据安装位置检查灯具是否符合要求，灯内配线是否符合设计要求及有关规定。

（2）灯具组装。固定灯具托板，然后固定出线和走线的端子板。

（3）安装灯具。先确定灯具的安装位置，将灯具紧贴安装面，在灯头盒对应的位置打出进线孔，接入电源线，进线孔处应套上塑料管。最后将灯头盒固定在安装面上。

（4）通电试运行。灯具安装完毕后，经线路绝缘电阻检测合格，可通电试运行。通电后，仔细检查灯具的控制是否灵活准确，开关与灯具的控制顺序相对应。如有问题必须先断电，再查找原因修复。

9.5.5　开关、插座安装工艺

9.5.5.1　安装流程

安装流程：清理⟶接线⟶安装。

9.5.5.2　安装方法

（1）清理。剔除盒子内的残存灰块等杂物，将盒内清理干净。

（2）接线。

1）开关接线。电器、灯具的相线应经开关控制；多联开关应采用压接总头后再进行分支连接。

2）插座接线。单相两孔插座是面对插座，右孔或上孔接相线；左孔或下孔接中性线。单相三孔插座是上孔接保护线，右孔接相线，左孔接中性线。

（3）开关、插座安装。将盒内预留的导线按照接线要求与开关、插座的面板连接好，然后推入盒内，对正后用螺丝固定。要求面板端正，与墙面平齐。

1）开关安装。翘板开关距地面高度为1.4m，距门口为150～200mm，开关不得设置在单扇门后；开关位置应与灯位对应，同一室内开关方向应一致；严禁设置床头开关。

2）插座安装。暗装插座距地面不应低于300mm；儿童房间内应使用安全插座，当采用普通插座时，其安装高度不应低于1.8m；卫生间内应采用防溅插座。

9.6　配电箱安装技术

配电箱应安装在安全、干燥、易操作的场所。配电箱安装时，其底口距地一般为1.5m；明装时底口距地1.2m；明装电度表板底口距地不得小于1.8m。在同一建筑物内，同类盘的高度应一致，允许偏差为10mm。

9.6.1　施工准备

9.6.1.1　材料要求

（1）铁制配电箱。箱体应有一定的机械强度，周边平整无损伤，油漆无脱落，二层底板厚度不小于1.5mm，但不得采用阻燃型塑料板做二层底板，箱内各种器具应安装牢固，导线排列整齐，压接牢固，并有产品合格证。

（2）镀锌材料有角钢、扁铁、铁皮、机螺丝、螺栓、垫圈、圆钉等。

（3）绝缘导线。导线的型号规格必须符合设计要求，并有产品合格证。

（4）其他材料。电器仪表，熔丝（或熔片）、端子板、绝缘嘴、铝套管、卡片框、软塑料管、木砖射钉、塑料带、黑胶布、防锈漆、灰油漆、焊锡、焊剂、电焊条（或电石、氧气）、水泥、砂子。

9.6.1.2　主要机具

（1）铅笔、卷尺、方尺、水平尺、钢板尺、线坠、桶、刷子、灰铲等。

（2）手锤、錾子、钢锯、锯条、木锉、扁锉、圆锉、剥线钳、尖嘴钳、压接钳，活扳子、套筒扳子，锡锅、锡勺等。

（3）台钻、手电钻、钻头、台钳、案子、射钉枪、电炉、电、气焊工具、绝缘手套、铁剪子、点冲子、兆欧表、工具袋、工具箱、高凳等。

9.6.1.3　作业条件

（1）随土建结构预留好暗装配电箱的安装位置。

（2）预埋铁架或螺栓时，墙体结构应弹出施工水平线。

（3）安装配电箱盘面时，抹灰、喷浆及油漆应全部完成。

9.6.2　操作工艺

9.6.2.1　弹线定位

根据设计要求找出配电箱位置，并按照箱（盘）的外形尺寸进行弹线定位；弹线定位的目的是对有预埋木砖或铁件的情况，可以更准确的找出预埋件，或者可以找出金属胀管螺栓的位置。

9.6.2.2　配电箱的加工

盘面可采用厚塑料板、包铁皮的木板或钢板。以采用钢板做盘面为例，将钢板按尺寸用方尺量好，画出切割线后进行切割。切割后用扁锉将棱角锉平。

盘面可采用厚塑料板、包铁皮的木板或钢板。以采用钢板做盘面为例，将钢板按尺寸用方尺量好，画好切割线后进行切割。切割后用扁锉将棱角锉平。

9.6.2.3　盘面的组装配线

（1）实物排列。将盘面板放平，再将全部电具、仪表置于其上，进行实物排列。设计图及电具、仪表的规格和数量，选择最佳位置使之符合间距要求，并保证操作维修方便及外型美观。

（2）加工。位置确定后，用方尺找正，画出水平线，分均孔距。然后撤去电具、仪表，进行钻孔（孔径应与绝缘嘴吻合）。钻孔后除锈，刷防锈漆及灰油漆。

（3）固定电具。油漆干后装上绝缘嘴，并将全部电具、仪表摆平、找正，用螺丝固定牢固。

（4）电盘配线。根据电具、仪表的规格、容量和位置，选好导线的截面和长度，加以剪断进行组配。盘后导线应排列整齐，绑扎成束。压头时，将导线留出适当余量，削出线芯，逐个压牢。但是多股线需用压线端子。如立式盘，开孔后应首先固定盘面板，然后再进行配线。

9.6.3　配电箱的固定

（1）在混凝土墙或砖墙上固定明装配电箱时，采用暗配管及暗分线盒和明配管两种方式。

如有分线盒，先将盒内杂物清理干净，然后将导线理顺，分清支路和相序，按支路绑扎成束。待箱（盘）找准位置后，将导线端头引至箱内或盘上，逐个剥削导线端头，再逐个压接在器具上，同时将 PE 保护地线压在明显的地方，并将箱（盘）调整平直后进行固定。在电具、仪表较多的盘面板安装完毕后，应先用仪表校对有无差错，调整无误后试送电，将卡片框内的卡片填写好部位、编上号。

（2）在木结构或轻钢龙骨护板墙上进行固定配电箱时，应采用加固措施。如配管在护板墙内暗敷设，并有暗接线盒时，要求盒口应与墙面平齐，在木制护板墙处应做防火处理，可涂防火漆或加防火材料衬里进行防护。

（3）明装配电箱（盒）。

1）铁架固定配电箱。将角钢调直，量好尺寸，画好锯口线，锯断煨弯，钻孔位，焊接。煨弯时用方尺找正，再用电（气）焊，将对口缝焊牢，并将埋注端做成燕尾，然后除锈，刷防锈漆。再按照标高用水泥砂浆将铁架燕尾端埋注牢固，埋入时要注意铁架的平直程度和孔间距离，应用线坠和水平尺测量准确后再稳注铁架。待水泥砂浆凝固后方可进行配电箱的安装。

2）金属膨胀螺栓固定配电箱。采用金属膨胀螺栓可在混凝土墙或砖墙上固定配电箱。其方法是找出准确的固定点位置，用电钻或冲击钻在固定点位置钻孔，其孔径应刚好将金属膨胀螺栓的胀管部分埋入墙内，且孔洞应平直不得歪斜。

（4）暗装配电箱的固定。

根据预留孔洞尺寸先将箱体找好标高及水平尺寸，并将箱体固定好，然后用水泥砂浆填实周边并抹平齐，待水泥砂浆凝固后再安装盘面和贴脸。如箱底与外墙平齐时，应在外墙固定金属网后再做墙面抹灰。不得在箱底板上抹灰。安装盘面要求平整，周边间隙均匀对称，贴脸（门）平正，不歪斜，螺丝垂直受力均匀。

9.6.4 绝缘摇测

配电箱全部电器安装完毕后，用500V兆欧表对线路进行绝缘摇测。摇测项目包括相线与相线之间，相线与中性线之间，相线与保护地线之间，中性线与保护地线之间。两人进行摇测，同时做好记录，作为技术资料存档。

9.7 给排水工程验收标准

9.7.1 管道基本要求与验收方法

9.7.1.1 基本要求

(1) 给排水管材、管件的质量必须符合标准要求，排水管应采用硬质聚氯乙烯排水管材、管件。

(2) 施工前需检查原有的管道是否畅通，然后再进行施工，施工后再检查管道是否畅通。隐蔽的给水管道应经通水检查，新装的给水管道必须按有关规定进行加压试验，应无渗漏，检查合格后方可进入下道工序施工。

(3) 排水管道应在施工前对原有管道临时封口，避免杂物进入管道。

(4) 管外径在25mm以下给水管的安装，管道在转角、水表、水龙头或角阀及管道终端的100mm处应设管卡，管卡安装必须牢固。管道采用螺纹连接，在其连接处应有外露螺纹。安装完毕应及时用管卡固定，管材与管件或阀门之间不得有松动。

(5) 安装的各种阀门位置应符合设计要求，便于使用及维修。

(6) 所有接头、阀门与管道连接处应严密，不得有渗漏现象，管道坡度应符合要求。

(7) 各种管道不得改变管道的原有性质。

9.7.1.2 验收要求和方法

(1) 管道排列应符合设计要求，管道安装应固定牢固、无松动，龙头、阀门安装平整，开启灵活，出水畅通，水表运转正常。采用目测和手感的方法验收。

(2) 管道与器具、管道与管道连接处均应无渗漏。采用通水的方法、目测和手感的方法检查有无渗漏。

(3) 水管安装不得靠近电源，水管与燃气管的间距应不小于50mm，用钢卷尺检查。

9.7.2 卫浴设备基本要求

1. 卫生洁具外表应洁净无损坏

卫生洁具安装必须牢固，不得松动、排水畅通无堵、各连接处应密封无渗漏；阀门开关灵活。采用目测和手感方法验收。安装完毕后进行不少于2h盛水试验无渗漏，盛水量分别为：便器低水箱应盛至扳手孔以下10mm处；各种洗涤盆、面盆应盛至溢水口；浴缸应盛至不少于缸深的1/3；水盘应盛至不少于盘深的2/3。

2. 卫生洁具安装的一般规定

(1) 卫生洁具的给水连接管，不得有凹、凸、弯、扁等缺陷。

(2) 卫生洁具固定应牢固，不得在多孔砖或轻型隔墙中使用膨胀螺栓固定卫生器具。

(3) 卫生洁具与进水管、排污口连接必须严密，不得有渗漏现象；坐便器应用膨胀螺栓固定安装，并用油石灰或硅酮胶连接密封，底座不得用水泥砂浆固定；浴缸排水必须采用硬管连接。

9.7.3 质量验收标准及检验方法

9.7.3.1 给水管道及配件

1. 主控项目

(1) 室内给水管道的水压试验必须符合设计要求。当设计未注明时，各种材质的给水管道系统试验压力均为工作压力的1.5倍，但不得小于0.6MPa。

检验方法：金属及复合管给水管道系统在试验压力下观察10min，压力降不应大于0.02MPa，然后降到工作压力进行检查，应不渗不漏；塑料管给水系统应在试验压力下稳压1h，压力降不得超过

0.05MPa，然后在工作压力的1.15倍状态下稳压2h，压力降不得超过0.03MPa，同时检查各连接处不得渗漏。

（2）给水系统交付使用前必须进行通水试验并做好记录，检验方法是观察和开启阀门、水嘴等放水。

2. 一般项目

（1）室内给水管道与排水管道平行敷设时，两管间的最小水平净距不得小于0.50m；交叉铺设时，垂直净距不得小于0.15m。给水管道应铺在排水管道的上面，若给水管道必须铺在排水管道的下面时，给水管道应加套管，其长度不得小于排水管道管径的3倍。检验方法用尺量检查。

（2）给水水平管道应有2‰～5‰的坡度、坡向泄水装置，检验方法是水平尺和尺量检查。

（3）给水管道和阀门安装的允许偏差，见表9-16。

表9-16　管道和阀门的允许偏差和检验方法

项目			允许偏差（mm）	检验方法
横管弯曲度	钢管	每1m	1	用水平尺、直尺、拉线和尺量检查
		全长（25m以上）	不大于25	
	塑料管复合管	每1m	1.5	
		全长（25m以上）	不大于25	
立管垂直度	钢管	每1m	3	吊线和尺量检查
		全长（5m以上）	不大于8	
	塑料管复合管	每1m	2	
		全长（5m以上）	不大于8	

9.7.3.2　排水管道及配件

1. 主控项目

（1）隐蔽或埋地的排水管道在隐蔽前必须做灌水试验，其灌水高度应不低于底层卫生器具的上边缘或底层地面高度。

检验方法：满水15min水面下降后，再灌满观察5min，液面不降，管道及接口无渗漏为合格。

（2）生活污水塑料管道的坡度必须符合设计或表9-17的规定。检验方法是水平尺、拉线尺量检查。

表9-17　生活污水塑料管道的坡度

管径（mm）	标准坡度（‰）	最小坡度（‰）	管径（mm）	标准坡度（‰）	最小坡度（‰）
50	25	12	125	10	5
75	15	8	160	7	4
110	12	6			

（3）排水塑料管必须按设计要求及位置装设伸缩节。如设计无要求时，伸缩节间距不得大于4m。高层建筑中明设排水塑料管道应按设计要求设置阻火圈或防火套管，检验方法是观察检查。

2. 一般项目

（1）排水塑料管道的支架、吊架间距应符合表9-18的规定，检验方法是尺量检查。

表9-18　排水塑料管道支吊架最大间距

管径（mm）		50	75	110	125	160
最大间距（m）	立管	1.20	1.50	2.00	2.00	2.00
	横管	0.50	0.75	1.10	1.30	1.60

(2) 用于室内排水的水平管道与水平管道、水平管道与立管的连接，应采用45°三通或45°四通和90°斜三通或90°斜四通。立管与排出管端部的连接，应采用两个45°弯头或曲率半径不小于4倍管径的90°弯头。检验方法是观察和尺量检查。

(3) 室内排水管道安装的允许偏差应符合表9-19的规定。

表9-19　室内排水管道安装的允许偏差和检验方法（塑料管道）

项　目		允许偏差（mm）	检验方法
坐　标		15	用水准仪（水平尺）、直尺、拉线和尺量检查
标　高		±15	
横管弯曲度	每1m	1.5	
	全长（25m以上）	不大于38	
立管垂直度	每1m	3	吊线和尺量检查
	全长（5m以上）	不大于15	

9.7.3.3 卫生器具安装

1. 主控项目

(1) 排水栓和地漏的安装应平正、牢固，低于排水表面，周边无渗漏。地漏水封高度不得小于50mm。检验方法是试水观察。

(2) 卫生器具交工前应做满水和通水试验；检验方法是满水后各连接件不渗不漏，给排水畅通。

2. 一般项目

(1) 卫生器具安装的允许偏差应符合表9-20的规定。

表9-20　卫生器具安装的允许偏差和检验方法

项　目	允许偏差（mm）	检验方法
坐　标	10	拉线、吊线和尺量检查
标　高	±15	
水平度	2	用水平尺和尺量检查
垂直度	3	吊线和尺量检查

(2) 有饰面的浴盆，应留有通向浴盆排水口的检修门。检验方法是观察检查。

(3) 卫生器具的支架、托架必须防腐良好，安装平整、牢固，与器具接触紧密、平稳。检验方法是观察和手扳检查。

9.7.3.4 卫生器具给水配件安装

1. 主控项目

卫生器具的给水配件应完好无损伤，接口严密，启闭部分灵活。检验方法是观察和手扳检查。

2. 一般项目

卫生器具的给水配件安装标高的允许偏差应符合表9-21的规定。检验方法是尺量检查。

9.7.3.5 卫生器具排水管道安装

1. 主控项目

连接卫生器具的排水管道接口应紧密不漏，其固定支架、管卡等支撑位置应正确、牢固，与管道的接触应平整。检验方法是观察和通水检查。

2. 一般项目

连接卫生器具的排水管管径和最小坡度，如设计无要求时，应符合表9-22的规定。

表9-21　卫生器具给水配件安装标高的允许偏差

项　目	允许偏差（mm）
坐便器水箱角阀及截止阀	±10
水嘴	±10
浴盆软管淋浴器挂钩	±20

表 9-22　　连接卫生器具的排水管管径和最小坡度

卫生器具	排水管管径（mm）	最小坡度（‰）	卫生器具	排水管管径（mm）	最小坡度（‰）
洗脸盆	32～50	20	坐便器	100	12
浴盆	50	20	家用洗衣机	50（软管为30）	
淋浴器	50	20			

9.8　电气工程验收标准

9.8.1　线路基本要求与验收方法

9.8.1.1　基本要求

（1）每户应设置分户配电箱，配电箱内应设漏电断路器，漏电动作电流应不大于30mA，有过负荷、过电压保护功能，并分数路出线，分别控制照明、空调、插座等，其回路应确保负荷正常使用。

（2）导线的敷设应按装饰设计规定进行施工，线路的短路保护、过负荷保护、导线截面的选择，低压电气的安装应按国家现行标准和地方有关规定进行。

（3）室内布线除通过空心楼板外均应穿管敷设，并采用绝缘良好的单股铜芯导线。穿管敷设时，管内导线的总截面积不应超过管内径截面积的40%，管内不得有接头和扭结。导线与电话线、闭路电视线、通信线等不得安装在同一管道内。

（4）照明及电热负荷线径截面的选择应使导线的安全载流量大于该分路内所有电器的额定电流之和，各分路线的容量不允许超过进户线的容量。

（5）接地保护应可靠，导线间和导线对地间的绝缘电阻值应大于0.5MΩ。

（6）进户的PVC塑料导线管的管壁厚度应不小于1.2mm。

（7）电暖器安装不得使用普通插座，不得直接安装在可燃构件上，卫生间插座宜选用防溅式。

（8）吊平顶内的电气配管，应按明配管的要求，不得将配管固定在平顶的吊架或龙骨上。灯头盒、接线盒的设置应便于检修，并加盖板。使用软管接到灯位的，其长度不应超过1m。软管两端应用专用接头与接线盒、灯具连接牢固，金属软管本身应做接地保护，各种强、弱电的导线均不得在吊平顶内出现裸露。

9.8.1.2　验收要求和方法

（1）工程竣工后应向业主提供线路走向位置尺寸图，并按上述要求逐一进行验收，需隐蔽的电气线路应在业主验收合格后方可进行隐蔽作业。

（2）导线与燃气管路的间隔距离按表9-23的规定，并用钢卷尺进行检查。

表 9-23　　导线与燃气管道间隔距离　　单位：mm

类别位置	导线与燃气管之间距离	电气开关接头与燃气管间距离
同一平面	不小于100	不小于150
不同平面	不小于50	

（3）施工完毕，应进行电器通电和灯具试亮试验，验证开关、插座性能是否良好。

9.8.2　室内电气安装质量验收标准

9.8.2.1　电线导管敷设

1. 主控项目

（1）金属导管和线槽必须接地或接零。

（2）金属导管严禁对口熔焊连接；镀锌和壁厚不大于2mm的钢导管不得套管熔焊连接。

（3）绝缘导管在砌体上剔槽埋设时，应采用强度等级不小于M10的水泥砂浆抹面保护，保护层厚度大于15mm。

2. 一般项目

(1) 暗配的导管，埋设深度与建筑物表面的距离不应小于15mm；明配的导管应排列整齐，固定点间距均匀，安装牢固。

(2) 绝缘导管敷设时，管口平整光滑；管与管、管与盒等器件采用插入法连接时，连接处结合面涂专用胶黏剂，接口牢固密封；当设计无要求时，埋设在墙内或混凝土内的绝缘导管，采用中型以上的导管；直埋于地下或楼板内的刚性绝缘导管，在穿出地面或楼板易受损伤的一段，应采取保护措施。

(3) 导管在建筑物变形缝处，应设置补偿装置。

9.8.2.2 电线穿管

1. 主控项目

(1) 三相或单相的交流单芯电缆，不得单独穿于钢管内。

(2) 不同回路、不同电压等级和交流与直流的电线，不应穿于同一导管内；同一交流回路的电线应穿于同一金属导管内，且管内导线不得有接头。

2. 一般项目

电线穿管前，应清除管内杂物和积水。管口应有保护措施，不进入接线盒的垂直管口穿入电线后，管口应予密封。

3. 多相供电时，同一建筑物的电线绝缘层颜色应选择一致。保护地线为黄绿相间色，零线用淡蓝色；相线：A相为黄色；B相为绿色；C相为红色。

9.8.2.3 灯具安装

1. 主控项目

灯具固定规定：灯具重量在3kg以上时，固定在螺栓或预埋吊钩上。灯具固定牢固可靠，不使用木楔。

2. 一般项目

(1) 引向每个灯具的导线线芯最小截面面积应符合铜芯软线$0.5mm^2$、铜线$0.5mm^2$、铝线$2.5mm^2$。

(2) 灯具及配件齐全，无机械损伤、变形、涂层剥落和灯罩破裂等缺陷；灯头的绝缘外壳不破损和漏电；带有开关的灯头，开关手柄无裸露的金属部分；当采用螺口灯头时，相线接在灯头中间的端子上。

9.8.2.4 插座、开关安装

1. 主控项目

(1) 插座接线规定。单相两孔插座，面对插座的右孔或上孔连接相线，左孔或下孔连接零线；单相三孔插座，面对插座的右孔连接相线，左孔连接零线；单相三孔插座的上孔连接接地线或接零线；接地或接零线在插座间不能串联连接。

(2) 照明开关安装规定。同一建筑物内的开关采用同一系列的产品，开关的通断位置一致，操作灵活，接触可靠。相线经开关控制，无软线引至床边的床头开关。

2. 一般项目

(1) 当不采用安全型插座时，托儿所、幼儿园以及小学等儿童活动场所安装高度不小于1.8m；同一室内插座安装高度一致；暗装的插座面板紧贴墙面，四周无缝隙，安装牢固，表面整洁无碎裂、划伤，装饰帽齐全。

(2) 照明开关安装位置便于操作，开关边缘距门框边缘的距离为0.15～0.20m，开关距地面高度1.3m；相同型号并列安装或同一室内开关安装高度一致；暗装的开关面板紧贴墙面。四周无缝隙，安装牢固，表面整洁无碎裂、划伤，装饰帽齐全。

9.8.2.5 照明通电试运行

（1）灯具回路控制与照明配电箱及回路的标识一致；开关与灯具控制顺序相对应。

（2）住宅照明系统通电试运行时间为 8h，所有照明灯具均应开启，且每 2h 记录运行状态 1 次，连续试运行时间内无故障。

思考题

1. 试述室内给排水系统的组成及管道的连接方式。
2. 试述室内照明系统的组成及线路的布置形式。
3. 试述水电安装施工应注意的事项。

附　录

1. 常用施工机具

冲击电钻

自攻击螺钉钻

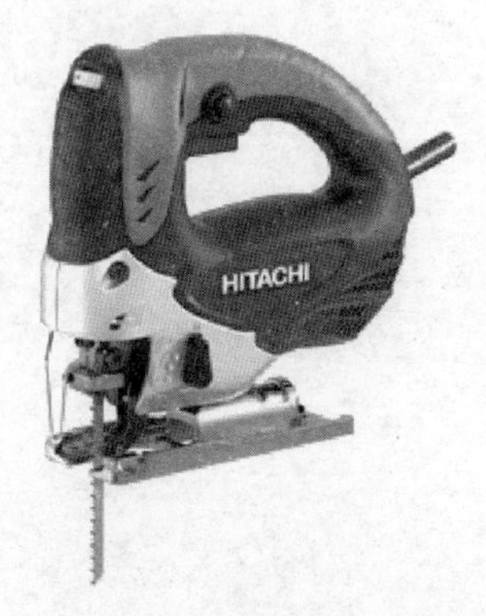

电动线锯机

平台电动线锯机

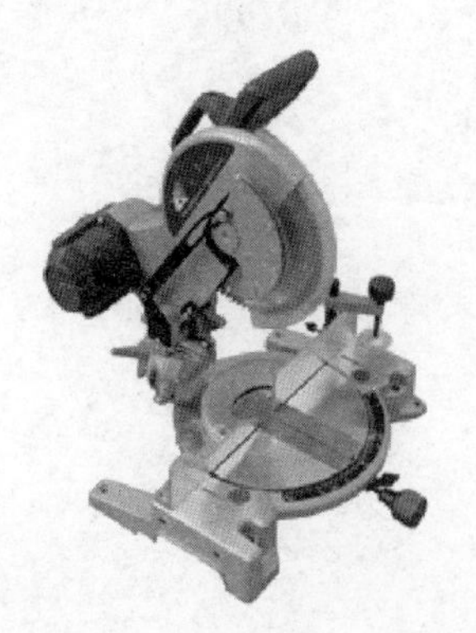

手提式铝合金型材切割机

台式铝合金型材切割机

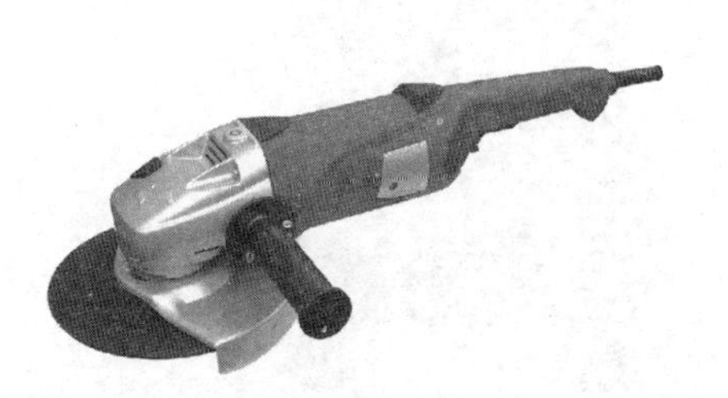

石材砂轮切割机

石材锯片切割机

手提式电圆锯

手提式电动刨

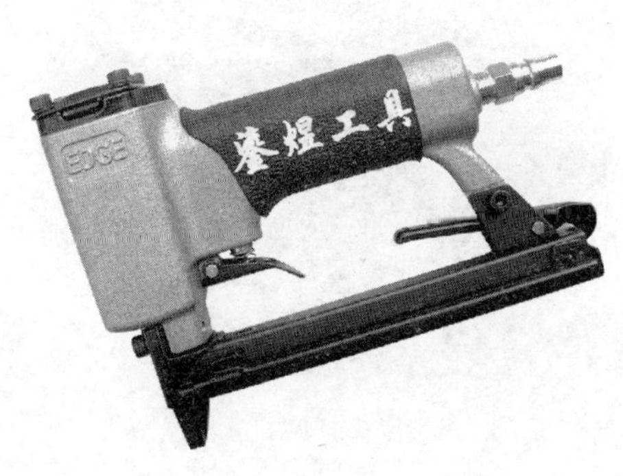

汽钉枪

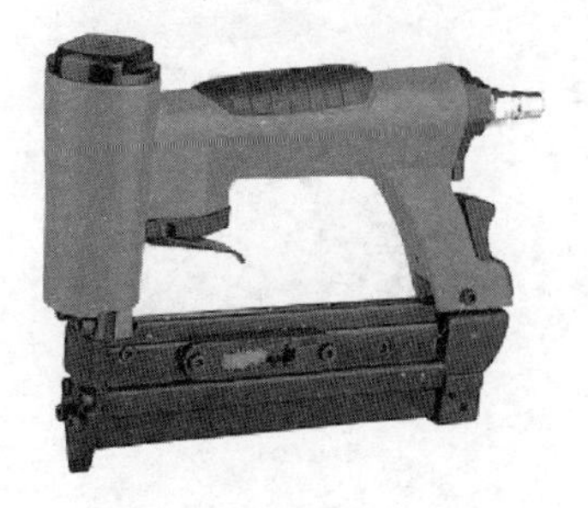

蚊钉枪

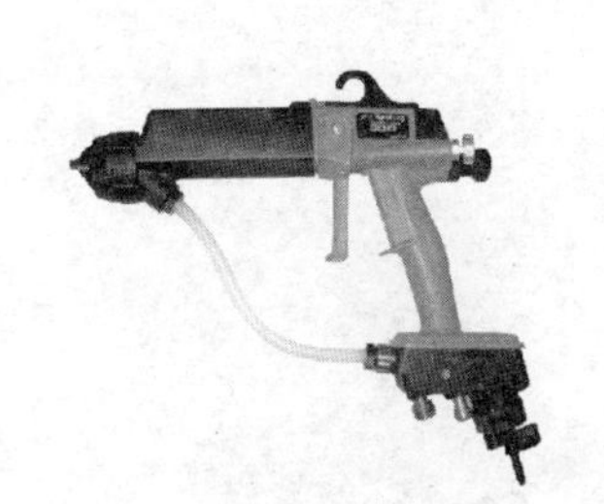

静电喷枪

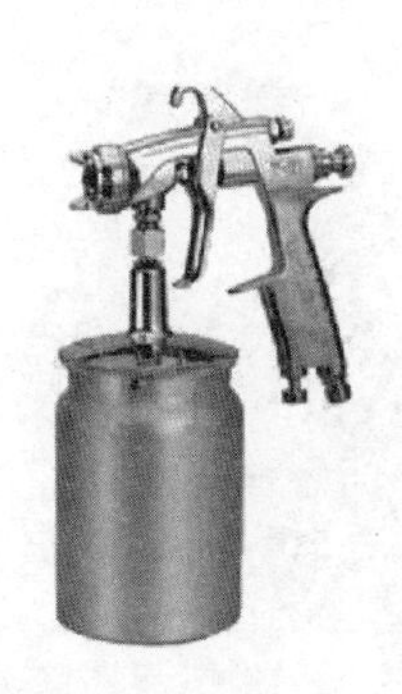

下斗喷枪

普通气泵

无声气泵

盘式抛光机

角磨机

带式打磨机

磨石机

直式抛光机

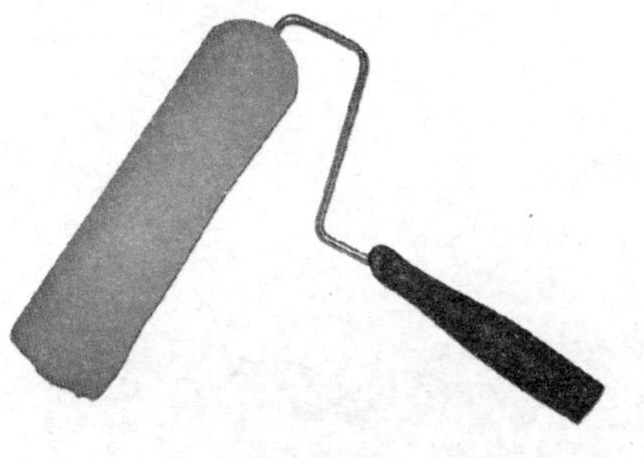

普通滚筒

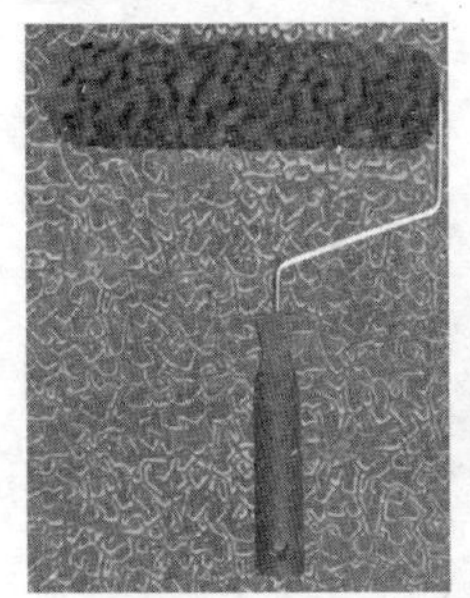

滚花滚筒

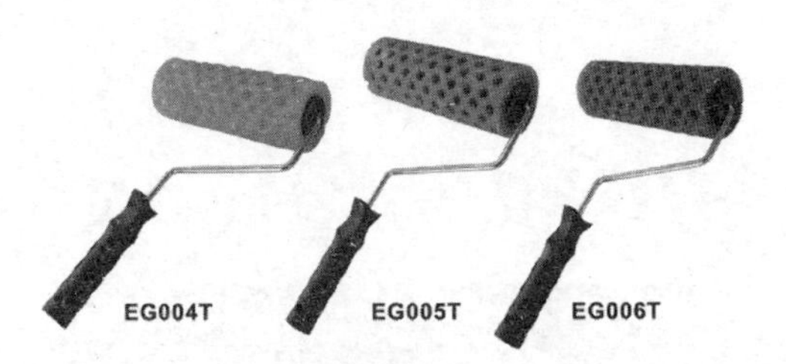

拉毛滚筒

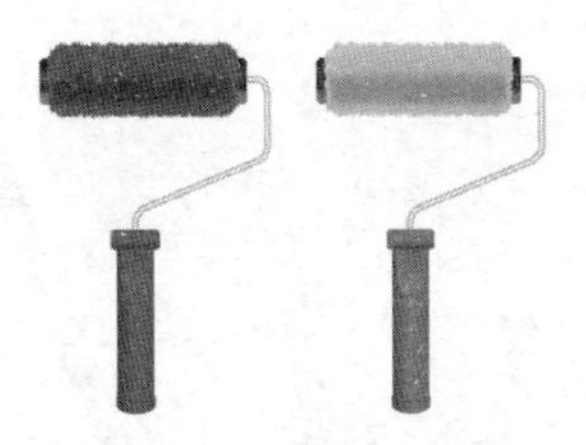

艺术滚筒

油漆刷

油漆排笔刷

灰刀

铲刀

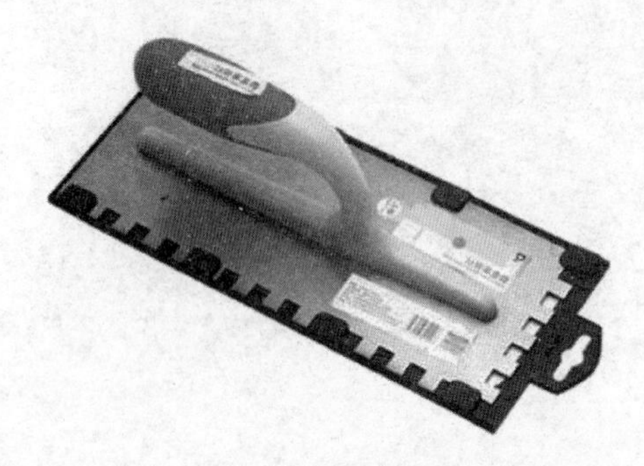

锯齿抹子

平抹子

2. 常用金属连接件

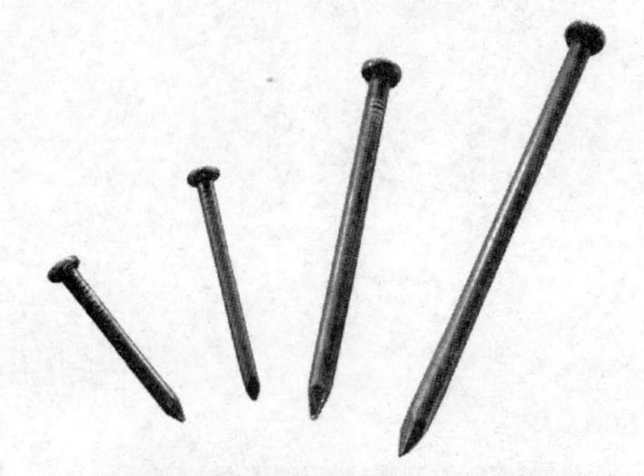

水泥钉

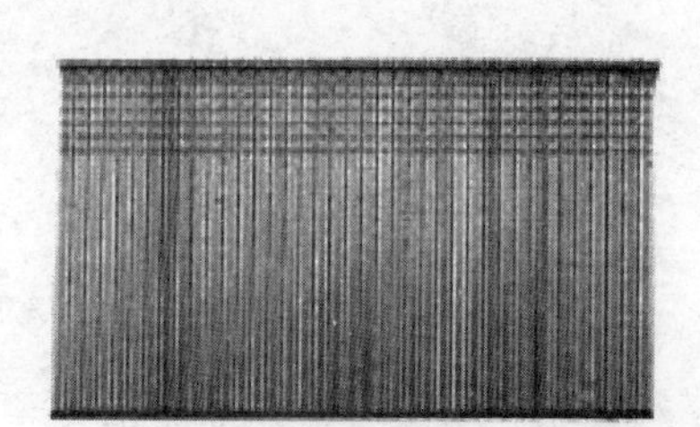

汽钉

蚊钉

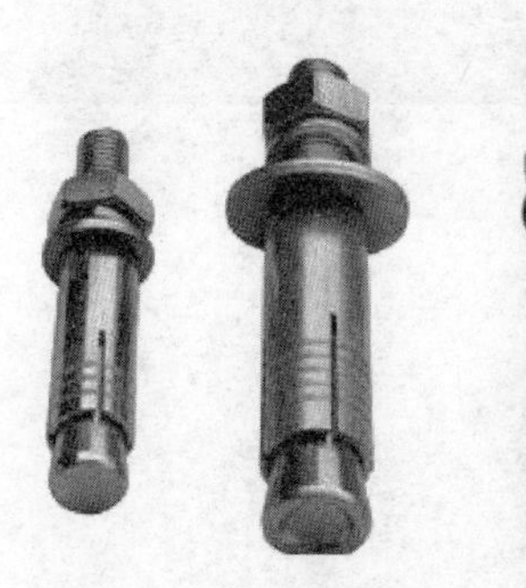

膨胀螺栓

平头自攻螺钉

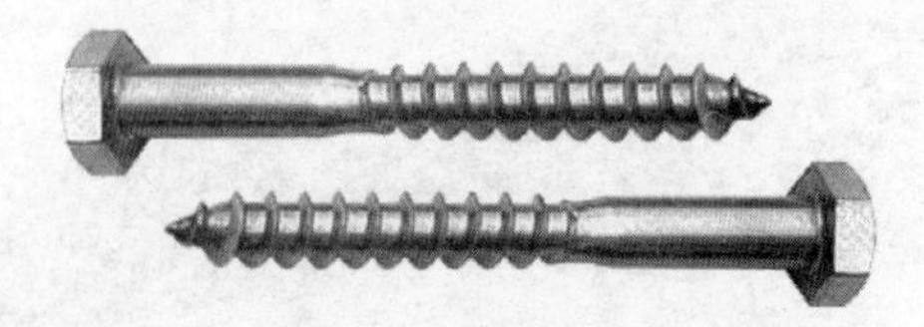

六边形木螺钉

十字螺丝

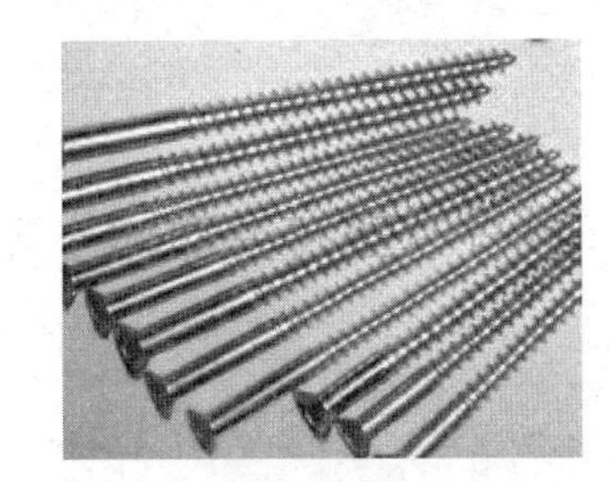

十字木螺钉

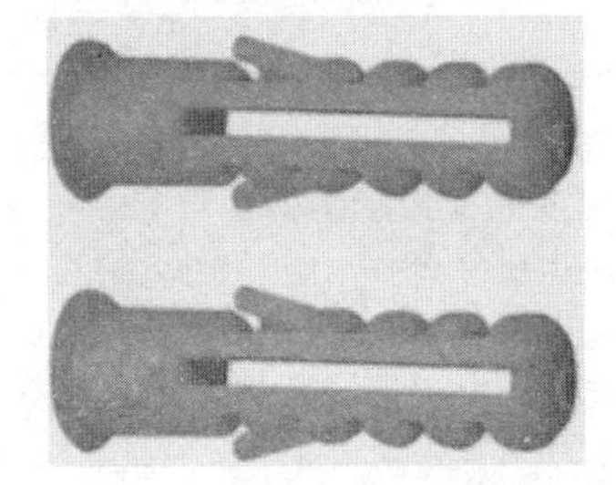

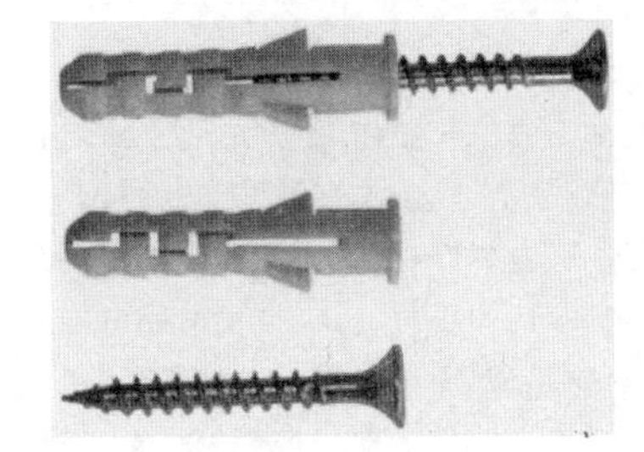

塑料胀塞

3. 轻钢龙骨配件

主吊件

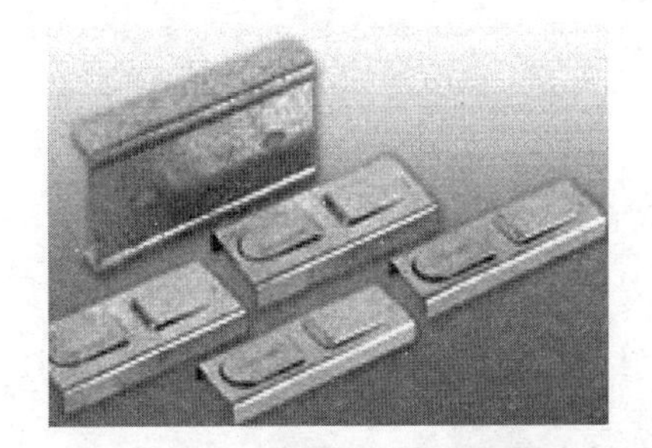

主接件

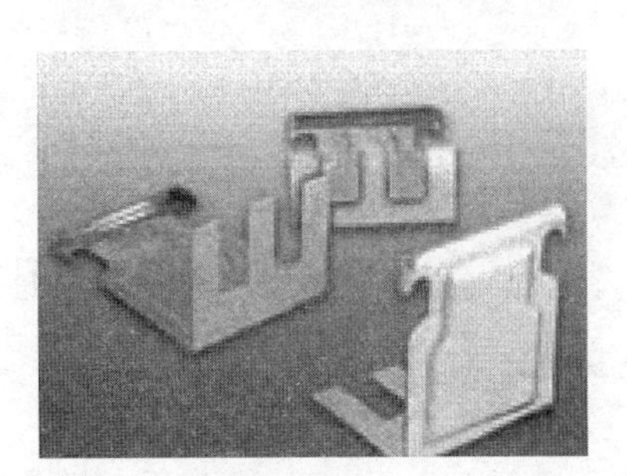

挂件

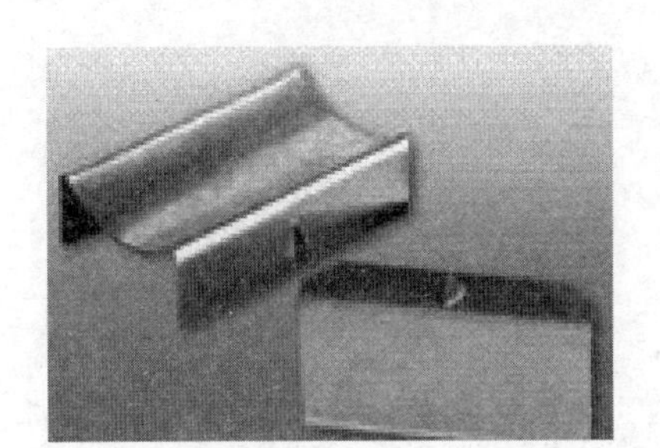

副接件

支托件

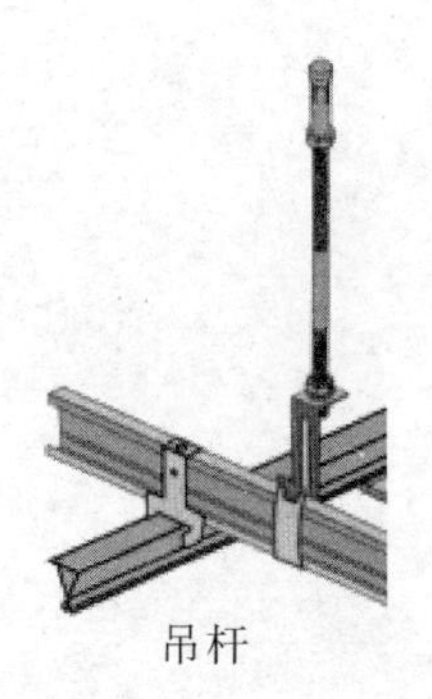

吊杆

参 考 文 献

[1] 全国一级建造师执业资格考试用书编写委员会．装饰装修工程管理与实务［M］．北京：中国建筑工业出版社，2012.

[2] 陈雪杰，张峰．室内装饰施工［M］．北京：中国电力出版社，2011.

[3] 陈祖建．室内装饰工程施工技术［M］．北京：北京大学出版社，2011.

[4] 刘彦，郭益萍，邱波．室内装饰设计与工程［M］．北京：化学工业出版社，2010.

[5] 李书才，周长亮．室内装修材料与构造［M］．武汉：华中科技大学出版社，2009.

[6] 郭洪武，李黎．室内装饰工程［M］．北京：中国水利水电出版社，2010.

[7] 郭谦．室内装饰材料与施工［M］．北京：中国水利水电出版社，2009.

[8] 王宏棣．体育馆用木质地板结构与性能的研究［D］．北京：中国林业科学研究院博士学位论文，2008.

[9] 王军，马军辉．建筑装饰施工技术［M］．北京：北京大学出版社，2009.

[10] 戴信友．家具涂料与涂装技术［M］．3版．北京：化学工业出版社，2008.

[11] 卢长旭，蔡瑾．体育运动木地板结构及铺装工艺研究［J］．科技信息，2009（36）.